电力系统水处理和水分析人员
资格考核用书

电力系统水处理

培训教材

（第二版）

火电厂水处理和水分析人员资格考核委员会
西安热工研究院有限公司　编著

U0260488

中国电力出版社
CHINA ELECTRIC POWER PRESS

内 容 提 要

　　根据火电厂水处理生产岗位需要持证上岗的要求，由火电厂水处理和水分析资格考核委员会于2009年组织编写了《电力系统水处理培训教材》。近几年来，火电厂水处理技术有了新的发展，很多相关标准也相继更新，使得水处理技术更加合理、完善。因此，对本教材进行全面修编。

　　本教材全面、系统地介绍了在火电厂的生产、科研和设计中遇到的各种水处理方面的问题。其主要内容包括：天然水的预处理、锅炉补给水的化学除盐、反渗透水处理技术、发电厂冷却水处理、火电厂废水处理、凝结水处理、锅炉给水处理、锅炉炉水处理、蒸汽系统的积盐及发电机内冷却水处理等。同时还提供了国内外最新的水处理动态和科研成果，对解决日常水处理工作中遇到的各种问题将有很大的帮助。

　　本书可作为火电厂水处理生产岗位培训教材使用，也可作为大专院校有关专业师生的教学参考书。

图书在版编目（CIP）数据

电力系统水处理培训教材/火电厂水处理和水分析人员资格考核委员会，西安热工研究院有限公司编著. —2版. —北京：中国电力出版社，2015.1（2023.7重印）

电力系统水处理和水分析人员资格考核用书

ISBN 978-7-5123-6831-6

Ⅰ.①电…　Ⅱ.①火…②西…　Ⅲ.①火电厂-电力系统-水处理-资格考试-教材　Ⅳ.①TM621.8

中国版本图书馆 CIP 数据核字（2014）第 283152 号

中国电力出版社出版、发行

（北京市东城区北京站西街 19 号　100005　http://www.cepp.sgcc.com.cn）

北京雁林吉兆印刷有限公司印刷

各地新华书店经售

*

2009 年 4 月第一版

2015 年 1 月第二版　　　2023 年 7 月北京第九次印刷

787 毫米×1092 毫米　16 开本　19.5 印张　476 千字

印数 14501—15500 册　　定价 **80.00** 元

编 写 人 员

主　　编　孙本达

参　　编　杨宝红　王广珠　王正江　许　臻

　　　　　宋敬霞　田文华　张维科　王应高

　　　　　吴文龙　马东伟

前言

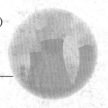

随着科学的进步，火电厂的水处理技术得到了飞速发展，近几年颁布了很多相关标准。这些标准汇集了世界各国最新的水处理技术及国内最新的科研成果，使火电厂的水处理技术更加系统、规范和完善。为了使读者对有关标准有更深、更准确地理解，本书对有关标准所涉及的各项指标进行了详细地说明，使工作人员在执行标准的过程中，能更加准确地把握标准中规定的各项指标，从而使设备更加安全、经济地运行，也给企业带来更大的经济效益。

本书全面、系统地介绍了在火电厂的生产、科研和设计中遇到的各种水处理和防腐、防垢方面的问题。本书的内容是从原水开始，按照火电厂的用水流程对水处理工艺、各种水处理设备在运行中容易出现的问题以及解决方法进行了分类讨论和分析，结合具体实例进行了较为详细地阐述。本书主要介绍了水资源可持续利用的理念和火电厂所用的各种水的预处理、化学除盐、物理除盐、锅炉给水、炉水、蒸汽、凝结水、发电机内冷却水、循环水和火电厂各种废水处理及回用技术。

本书的修编是在火电厂水处理和水分析人员资格考核委员会的统一安排下进行的。修编工作以西安热工研究院为主，华北电科院、河北电科院、安徽电科院等单位参加编写。由于编者水平有限，加之时间仓促，不足和疏漏之处在所难免，敬请广大读者批评指正。

编　者

2014 年 10 月

第一版前言

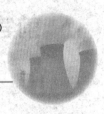

　　随着科学的进步，火力发电厂的水处理技术得到了飞速地发展，最近几年颁布了很多相关标准。这些标准汇集了世界各国最新的水处理技术及国内最新的科研成果，使火力发电厂的水处理技术更加系统、合理和完善。为了使读者对有关标准有更深、更准确地理解，本书对有关标准所涉及的各项指标进行了详细地说明。使您在执行标准的过程中，能更加准确地把握标准中规定的各项指标，使您掌管的设备更加安全、经济运行，从而给企业带来更大的经济效益。

　　本书全面、系统地介绍了在火力发电厂的生产、科研和设计中遇到的各种水处理和防腐、防垢方面的问题。本书内容从原水开始，按照火力发电厂的用水流程对水处理工艺、各种水处理设备在运行中容易出现的问题以及解决方法进行了分类讨论和分析，结合具体实例进行了较为详细地阐述。本书主要介绍了水资源可持续利用的理念和火力发电厂所用的各种水源水的预处理、化学除盐、物理除盐、锅炉给水、炉水、蒸汽、凝结水、发电机内冷却水、循环水和火力发电厂各种废水处理及回用技术。本书由以下人员编写：

第一章	锅炉补给水预处理	许　臻　马东伟
第二章	锅炉补给水的化学除盐	王广珠　许　臻
第三章	反渗透水处理技术	王正江
第四章	发电厂冷却水处理	杨汝周　王应高　吴文龙　孙本达
第五章	火力发电厂废水处理	杨宝红
第六章	凝结水处理	孙本达　韩隶传
第七章	锅炉给水处理	孙本达
第八章	锅炉炉水处理	孙本达
第九章	蒸汽系统积盐	孙本达
第十章	发电机内冷却水处理	孙本达

　　鉴于目前火力发电厂水处理生产岗位需持证上岗，并已经陆续开展，本书可作为电力系统水处理生产岗位培训教材，对电力院校相关专业的师生具有较高的参考价值。

　　本书的编写是在火力发电厂水处理和水分析人员资格考核委员会的统一安排下进行的，在考核委员领导杜红纲、汪德良和孟玉婵等安排下完成编审校等工作，由于时间有限，错误和不妥之处，敬请广大读者批评指正。

编　者

2008 年 12 月

目　录

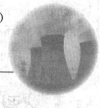

电力系统水处理培训教材（第二版）

前言
第一版前言

第一章　天然水的预处理 ………………………………………………… 1
第一节　火电厂常用的天然水源类型和主要杂质 ………………………… 1
第二节　混凝澄清处理工艺 …………………………………………………… 3
第三节　石灰处理工艺 ………………………………………………………… 17
第四节　过滤处理工艺 ………………………………………………………… 20
第五节　超滤 …………………………………………………………………… 29
第六节　水的吸附和杀菌消毒处理 ………………………………………… 34
第七节　预处理系统的选择 ………………………………………………… 38

第二章　锅炉补给水的化学除盐 ……………………………………… 40
第一节　离子交换基本理论 ………………………………………………… 40
第二节　离子交换树脂的有关性能 ………………………………………… 48
第三节　水的化学除盐 ……………………………………………………… 59
第四节　常用化学除盐水处理设备 ………………………………………… 62
第五节　锅炉补给水处理系统的设计原则 ………………………………… 72

第三章　反渗透水处理技术 …………………………………………… 73
第一节　反渗透技术概述 …………………………………………………… 73
第二节　反渗透脱盐原理及渗透理论 ……………………………………… 74
第三节　反渗透膜的主要特性 ……………………………………………… 76
第四节　反渗透装置及影响性能的因素 …………………………………… 80
第五节　反渗透预处理方法 ………………………………………………… 87
第六节　反渗透水处理装置的设计 ………………………………………… 92
第七节　反渗透水处理装置的安装与运行管理 …………………………… 98
第八节　反渗透水处理装置的清洗 ………………………………………… 104

第四章　发电厂冷却水处理 …………………………………………… 107
第一节　发电厂冷却水系统 ………………………………………………… 107
第二节　循环冷却水系统的结垢及其控制 ………………………………… 116
第三节　循环冷却水的防垢处理方法 ……………………………………… 121
第四节　水质稳定剂处理 …………………………………………………… 125

第五节　循环冷却系统补充水处理及旁流处理 …………………………………… 130
第六节　循环冷却水系统的腐蚀及其控制 …………………………………… 138
第七节　循环冷却水系统中微生物的控制 …………………………………… 145
第八节　循环冷却水系统的运行管理 …………………………………… 154

第五章　火电厂废水处理 …………………………………… 159
第一节　火电厂废水的种类及性质 …………………………………… 159
第二节　火电厂的废水排放控制标准和常见的污染物 …………………………………… 162
第三节　火电厂废水处理的方式及设施 …………………………………… 164
第四节　废水综合利用和废水零排放 …………………………………… 171

第六章　凝结水处理 …………………………………… 174
第一节　凝结水处理概述 …………………………………… 174
第二节　凝结水前置处理 …………………………………… 180
第三节　凝结水除盐 …………………………………… 188

第七章　锅炉给水处理 …………………………………… 209
第一节　火电厂给水系统 …………………………………… 209
第二节　火电厂给水水质特点 …………………………………… 210
第三节　火电厂给水系统的腐蚀与防护方法 …………………………………… 211
第四节　锅炉给水处理 …………………………………… 213

第八章　锅炉炉水处理 …………………………………… 228
第一节　水垢和水渣及其危害 …………………………………… 228
第二节　炉水处理 …………………………………… 233
第三节　炉水加药处理和锅炉排污 …………………………………… 244

第九章　蒸汽系统的积盐 …………………………………… 249
第一节　影响蒸汽系统积盐的因素 …………………………………… 249
第二节　蒸汽携带盐类的途径 …………………………………… 252
第三节　盐类在蒸汽系统的沉积 …………………………………… 257

第十章　发电机内冷却水处理 …………………………………… 260
第一节　有关内冷却水的标准 …………………………………… 260
第二节　现场经常遇到的问题 …………………………………… 264
第三节　发电机内冷却水的处理方法 …………………………………… 267

附录　复习题及参考答案 …………………………………… 272

第一章 天然水的预处理

天然水体中常含有泥沙、黏土、腐殖质等悬浮物和胶体杂质，以及细菌、真菌、藻类和病毒等，它们在水中具有一定的稳定性，是造成水体混浊、有颜色和异味的主要原因。为了除去这些杂质，通常使用混凝、澄清和过滤等工艺，称之为水的预处理。电力锅炉的补给水必须使用除盐水，如不对原水进行预处理以除去这些杂质，后续的除盐工艺将无法进行。因此，预处理是锅炉补给水处理工艺流程中的一个重要环节。

第一节 火电厂常用的天然水源类型和主要杂质

火电厂常用的天然水源主要有地表水和地下水两种。地表水源包括各种河流、湖泊、水库和泉水等。地下水包括表层地下水、层间地下水和深层地下水。地表水和表层地下水的杂质都会随着季节而变化，但地表水的变化通常更快、更明显。

一、地表水

地表水主要以河水、湖水等形式存在。地表水水源主要来自降雨、冰雪融化以及浅层地下水渗出（如泉水）等。地表水的水质易受环境的影响，悬浮物和有机物是地表水中最容易变化的指标。由于存在方式不同，河水和湖水在许多方面有各自的特点。

1. 河水的特点

连续流动、不断更替是河水最大的特点。河水与地表物质接触时间短，因此与其他陆地上的水体相比，含盐量较低，有一定的自净化能力。河水在流动过程中，会接触到各种岩石、土壤，会溶进泥沙、有机物和无机盐等多种杂质。

在各种水质指标中，悬浮物是河水中最容易变化的水质指标。东南沿海和东北地区河流的悬浮物较低；而长江流域和黄河流域因其相连的水系复杂，其悬浮物在较长的时间可以维持在1000mg/L以上。华北和西北地区的河水的悬浮物浓度较高，变化幅度也较大，这方面最典型的例子就是黄河水。在冬季，悬浮物仅几十毫克每升，而在夏季遇暴雨洪峰季节，可达几十万毫克每升。

与悬浮物相比，同一条河水的含盐量相对比较稳定，但地域之间的差别比较明显。一般是在降雨较多的东北和南方地区，河流的含盐量和硬度都比较低，西北、华北干旱少雨地区的含盐量和硬度均较高。无论是哪个地区，入海口河段水的含盐量的变化往往很大，因为海水倒灌的影响，经常会出现含盐量突然升高的情况。

近年来，各种地表水源的工业污染加剧，使得原来水质好的河流受到污染，有机物、含盐量等水质指标大幅度升高。水源水质的恶化，增加了水处理成本。

2. 湖水、水库水

湖水、水库水是地表水资源存在的另一种重要形式。相对河水来讲，湖泊水的水流迟缓，没有整体水的置换，更新期比较长。由于湖水对湖盆中的岩石、土壤的溶蚀，湖水蒸发量大，其含盐量一般都明显升高。对于深水湖泊，不同水深的水质分布也不同。湖泊的水质随水深的变化情况如下。

（1）浊度。与河水相比，因为长时间静止沉降，湖水的浊度一般比较低。

（2）溶解氧。水中的溶解氧在水的表面最高，一般为饱和状态；随着水深的增加，溶解氧稍有降低。

（3）藻类。藻类物质一般漂浮于湖水的表层。水深达到水温跃动层时，藻类含量达到最大值。

（4）CO_2。在水的表面，CO_2的含量很小；随着水深增加，由于温度降低，CO_2含量逐渐加大。

二、地下水

地下水的水质特征相对比较稳定，变化比较缓慢。按照贮存深度划分，地下水可以分为表层地下水、层间地下水和深层地下水。各层水的水质特征是不同的。

1. 表层地下水

表层地下水主要是天然水，是地层中不透水层以上的地下水。这部分水与外界环境的联系紧密，其水量、水质很容易受外界的影响。

2. 层间地下水

层间地下水是在不透水层以上的中层地下水，是雨、雪等降水和地表水经过长距离渗透进入地下而形成的水层。火电厂使用的主要是层间地下水。

层间地下水可以由雨雪降水或地表水通过地层的渗透得到补充。因为在渗透的过程中，补充的水经过了深层过滤，而且贮存时间长、贮存环境稳定，因此层间地下水的水质一般变化不大，其水质指标主要与地下的地质结构有关。由于长期与石灰石、石膏、白云石、菱镁矿和硅酸盐等矿物质接触，大量的钙、镁、纳、锶等元素溶入水中，因此一般地下水的硬度、碱度、含盐量、胶体硅、铁、二氧化碳等水质指标比地表水高。

层间地下水具有以下特征：水质稳定，透明，几乎没有悬浮物、有机物和细菌。

人类对地下水的开采和废水的排放等地面活动会对地下水产生一定的影响。如超量开采，就会产生水位下降、水质变差、地面沉降等一系列问题。

3. 深层地下水

深层地下水是指深度在地表之下 1000m 以上的蓄水层。深层地下水基本与外界隔绝，工业上一般不进行开采。

三、天然水中的主要杂质

通常所说的水质是指水的化学组成，即水中的杂质组分和含量。水中的杂质有多种分类方法。在水处理中，因为属于同一分散体系的杂质其处理工艺往往相同，所以常以杂质的分散体系对杂质进行分类。分散体系是以杂质颗粒大小为基础建立的，按照杂质的颗粒粒径由大到小将杂质分为悬浮物、胶体和溶解物质三部分。

1. 悬浮物

悬浮物是水中存在的可以通过某种过滤材料分离出来的固体物质，其颗粒粒径大于

$0.1\mu m$，是水发生混浊的主要原因。悬浮物在水中是不稳定的，在重力或者浮力作用下会发生沉淀或者上浮。悬浮物主要由水中的沙粒、黏土微粒和一些动植物生命活动过程中产生的物质或死亡后产生的腐败产物等组成。

2. 胶体

胶体是天然水中的主要杂质，也是火电厂水处理中要除去的主要杂质之一。常见的胶体物质有铁、铝、硅的各种化合物。另外，腐殖酸等能溶于水的大分子有机物也具有胶体的性质，通常也列入胶体的范围。

胶体大多是由许多不溶于水的大分子组成的集合体，粒径为 $0.001\sim0.1\mu m$。胶体物质的大小介于溶解物质与悬浮物之间，是在水中存在相分界面最小的颗粒。因为胶体的粒径极小，所以胶体颗粒具有很大的比表面积和界面自由能，这决定了胶体在一定条件下会脱稳而与水分离。但是，在自然条件下，水中的胶体物质能够稳定存在，这就是胶体的稳定性特征。

胶体的稳定性包括动力稳定性和凝聚稳定性。动力稳定性又称沉降稳定性，是由于存在布朗运动，使水中的胶体颗粒可以长时间保持分散状态而又不发生沉降。凝聚稳定性是由于胶体颗粒表面存在双电层，同性电荷的相斥力阻碍了胶体颗粒在碰撞时互相黏附长大，因此，胶体颗粒之间不会自行发生凝聚而脱稳。胶体的稳定性是胶体颗粒不容易沉降的根本原因。

3. 溶解杂质

溶解杂质包括无机盐和溶解气体。无机盐杂质来源于水流经过的地层、土壤等溶解的某些矿物质，如石灰石、石膏、白云石、钠盐矿、钾盐矿以及铝化合物和硅化合物。

天然水中常见的溶解气体杂质包括二氧化碳和硫化氢等。其中，二氧化碳是最主要的溶解气体，也是影响水中碳酸盐平衡的主要因素之一。

4. 有机物

有机物是指水中所含的各种形态的有机物质，这些有机物会以悬浮物、胶体或溶解态存在于水中。过去在水处理中，讨论的重点往往是腐殖酸、富里酸等天然有机物的去除，但近年来因为工业废水污染严重，地表水中存在的有机物主要是工业污染物，因此有机物的组成更为复杂。

天然水中的有机物种类很多，每类有机物又是多种有机分子组成的混合物，从而有很多分类方法。从生物降解的角度，可以将有机物划分为可降解的和不可降解的；从有机物的存在形态来分，又可以分为溶解性的和非溶解性的。

由于组成复杂，无法用确定的分子式表示水中所有的有机物，因此要分别测定有机物十分困难。在水处理中，目前只能用有机物的总量来表示其浓度的高低，而不再细分有机物的组成。在火电厂中一般用化学需氧量（COD）、生物需氧量（BOD）和总有机碳（TOC）来表示有机物的浓度。

第二节　混凝澄清处理工艺

一、混凝澄清的机理和过程

要使胶体颗粒沉降，首先要消除胶体颗粒稳定的因素，使其脱稳。使胶体颗粒脱稳的方法有投加电解质、投加高分子絮凝剂和反电荷胶体等。在水处理中常用的是投加电解质和高分子絮凝剂两种方法。通常使用的混凝剂就是一种电解质，是混凝澄清处理中最重要的药剂。因为天然水中的胶体颗粒带负电荷，所以混凝剂都是水解后能够产生大量带正电荷离子的化合物，如明矾、聚合铝、聚合铁等。

混凝处理的机理是利用混凝剂在水中电离后产生的与胶体颗粒电性相反的离子，通过电中和作用减薄胶体表面的双电层，降低ζ电位，消除静电排斥力，使胶体颗粒相互凝聚而脱稳。在布朗运动（无规则的热运动）的作用下，相互凝聚成细小絮凝物的反应过程称为凝聚。细小絮凝物在范德华引力（即分子间的引力）的作用下或在絮凝剂的吸附架桥作用下，相互黏合成较大絮状物的过程称为絮凝。

所谓混凝过程，就是在水中投加混凝剂后，经过混合、凝聚、絮凝等综合作用，最后使胶体颗粒和其他微小颗粒聚合成较大的絮状物。凝聚和絮凝的全过程称为混凝。按照混凝理论，一个完整的混凝澄清过程包括胶体脱稳凝聚成絮体、絮体长大和絮体沉降三个过程。在此过程中，电中和、絮体相互吸附和泥渣的吸附过滤作用是三种主要的作用形式。从工艺过程来看，混凝澄清处理是由混凝和澄清两个连续的水处理过程组成的。在混凝阶段，水中的胶体杂质脱稳、凝聚，形成絮体。在澄清阶段，絮体不断生长，并发生沉淀分离。胶体和大颗粒悬浮物通过混凝澄清过程如图 1-1 所示。

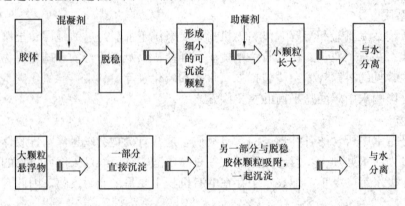

图 1-1　混凝澄清过程示意图

二、混凝澄清处理的主要影响因素

因为混凝处理的目的是除去水中的悬浮物，同时使水中胶体、硅化合物及有机物的含量降低，所以通常以出水的浊度来评价混凝处理的效果。因为混凝澄清处理包括了药剂与水的混合、混凝剂的水解、羟基桥联、吸附、电性中和、架桥、凝聚及絮凝物的沉降分离等一系列过程，因此混凝处理的效果受到许多因素的影响，其中影响较大的因素有水温、水的 pH 值和碱度、水的浊度、泥渣特性、排泥及混凝剂的特性和剂量。

1. 水温

水温对混凝处理效果有明显影响。因为高价金属盐类混凝剂的水解反应是吸热反应，水温低时，混凝剂水解比较困难，所形成的絮凝物结构疏松，含水量多，颗粒细小，不利于胶体的脱稳；水温低时，水的黏度大，水流剪切力大，絮凝物不易长大，沉降速度慢。

在电厂水处理中，为了提高混凝处理效果，冬季常常采用生水加热器提高来水温度，也可增加投药量来改善混凝处理效果。采用铝盐混凝剂时，水温在 20～30℃ 比较适宜，相比之下，铁盐混凝剂受温度的影响较小，针对低温水处理效果较好。

2. 水的 pH 值和碱度

混凝剂的水解过程是一个不断放出 H^+ 的过程，会改变水的 pH 值和碱度。反过来，原水的 pH 值和碱度直接影响到混凝剂水解中间产物的形态，影响絮凝反应的效果。各种混凝剂都有一定的 pH 适应范围。

尽管水的 pH 值和碱度对混凝效果影响较大，但在天然水体的混凝处理中，却很少通过投加碱性或酸性药剂调节 pH 值。这主要是因为大多数天然水体都接近于中性，投加酸、碱性物质会给后续处理增加负担。

3. 水的浊度

原水浊度小于50FTU时，浊度越低越难处理。当原水浊度小于20FTU时，为了保证混凝效果，通常采用加入黏土增浊、泥渣循环、加入助凝剂等方法；当原水浊度过高（如大于3000FTU），则因为需要频繁排渣而影响澄清池的出力和稳定性。我国所用地表水大多属于中低浊度水，少数高浊度原水经预沉淀后也属于中等浊度水。

4. 泥渣特性

在混凝澄清处理中，泥渣特性是影响混凝澄清效果的最主要因素之一。无论是哪一类型的澄清设备，良好的泥渣特性是澄清器稳定运行的基础。所有影响泥渣特性的因素都会影响澄清器的运行效果。泥渣特性主要包括泥渣活性、泥渣浓度和泥渣层高度三方面的内容。

（1）泥渣活性。混凝反应所形成的絮体并不是松散的、互不相关的、类似于沙粒的固体物，而是具有一定吸附能力的活性物质。影响泥渣活性的因素主要是混凝剂的种类、剂量和原水中胶体杂质的组成。对于相同的混凝剂和水质，混凝剂剂量的影响十分明显。剂量不足时，泥渣的活性差，絮体外观松散、易破碎，不易吸附和长大，形成的泥渣层强度差，出水残留的絮体多，影响出水水质。

实质上，泥渣的活性主要是指泥渣的内聚力，即泥渣之间相互吸附的能力。泥渣活性好，相互之间的吸附能力强，絮体容易长大，容易形成稳定的泥渣层。活性好的泥渣层有一定的"抗拉强度"，能够抵抗强的水流冲击，而且一旦泥渣层被破坏，能很快的恢复。

（2）泥渣浓度。泥渣浓度是指在反应区和泥渣悬浮区单位体积水中泥渣的体积，一般用沉降比来表示。在一定的范围内，泥渣浓度高，出水水质好。反应区的泥渣浓度越大，混凝反应速度就越快；分离区的泥渣浓度越大，泥渣层的网捕过滤作用就越强。

影响泥渣浓度的因素主要是澄清池的上升流速（出力）、混凝剂的剂量和原水中胶体、悬浮物的含量。上升流速越大，泥渣受到的剪切力也越大，泥渣之间的距离就越大，因此泥渣浓度就低。混凝剂的剂量和原水中胶体、悬浮物的含量对泥渣浓度的影响是相同的。原水中的胶体、悬浮物的含量越少，泥渣浓度也越小，这就是为什么低浊水反而难处理的原因。混凝剂量大，水解产物数量就越多，泥渣的浓度也越大。

需要说明的是，泥渣浓度过大对澄清器的运行也不利，主要表现在悬浮泥渣层膨胀太快，排泥频繁，水耗大；同时，泥渣容易老化而失去活性。因此，在实际运行中，需要通过一定的手段，维持合理的泥渣浓度范围。

（3）泥渣层高度。悬浮泥渣层的高度是影响澄清效果的另一个重要因素。泥渣层高度越高，泥渣层的网捕过滤作用就越强，出水水质就越好，这与过滤器滤层的高度对出水水质的影响是相似的。

5

悬浮泥渣层高度也是需要控制的。如果渣层高度太高，清水区会缩短，影响水质；内有斜管的澄清器，过高的泥渣层有可能堵塞斜管，使出水变差。

在澄清器运行中的排泥操作，实质上就是控制泥渣的特性。通过排泥，排去活性较差的泥渣、调整泥渣浓度和悬浮泥渣层的高度。

5. 排泥

澄清池在运行过程中，会产生悬浮泥渣层。悬浮泥渣层具有吸附水中小矾花的作用，其高度的变化对澄清池的出水浊度影响很大，必须维持在一定的范围内。若悬浮泥渣层太高，会因清水区变短将矾花带入出水区，增加出水的浊度；反之则起不到吸附水中小矾花的作用，出水水质也要变差。当运行条件固定后，泥渣层高度主要通过排泥来控制。因此，科学合理的排泥控制方式对澄清池的运行极为关键。较为科学的排泥方式有如下两种。

（1）根据泥渣高度自动排泥。这种排泥方式的工作原理是在设备体内设置泥位计检测泥渣高度，以澄清池内的泥渣层高度为信号控制排泥。

（2）根据泥渣浓度自动排泥。这种排泥方式的原理是通过连续监测悬浮泥渣层的泥渣浓度来控制排泥。研究结果表明，在装有斜管时，对于大多数水质来讲，澄清器分离区泥渣浓度是逐渐增大的；当增大到一定程度后，渣层才开始淹没斜管而上升。因此，当浓度到达一定值时开始排泥，就可以控制泥渣层高度。对于很多澄清器，尤其是加装斜管后，运行时并没有清晰的泥渣层界面，甚至不存在泥渣层界面。在这种情况下，渣位的测量已经不可能，因此，采用泥渣浓度控制排泥比泥位高度控制更为合理。

6. 混凝剂的特性和剂量

混凝剂的特性和剂量是影响混凝效果的重要因素。首先要筛选适应于水处理的混凝剂，其次要有合理经济的剂量。当加药量不足时，尚未起到使胶体脱稳、凝聚的作用，出水浊度较高；当加药量过大时，会生成大量难溶的氢氧化物絮状沉淀，通过吸附、网捕等作用，会使出水浊度大大降低，但经济性不好。对于不同的原水水质，需通过烧杯试验确定最佳混凝剂剂量。

三、混凝试验

混凝过程是一个比较复杂的物理化学过程，影响混凝效果的因素很多。对某一具体水质或水处理工艺流程，通常根据混凝剂的特性及具体情况，先用烧杯试验比较筛选出某种混凝剂，然后通过模拟试验来确定最优混凝条件。

模拟试验的内容一般只需确定最优加药量和 pH 值。在电厂补给水预处理中，往往用出水残留浊度和有机物的去除率判断混凝效果。

混凝试验的设备主要采用定时变速搅拌机，搅拌机设 4～6 组叶片，确定最优加药量的方法如下。

（1）测定原水的浊度、pH 值和温度。

（2）在每一个 2000mL 的烧杯中，分别加入代表性水样 1000mL，将搅拌机的叶片放入烧杯中。

（3）在各个烧杯中，同时加入不同的混凝剂量，开动搅拌机，待旋转速度（160r/min）稳定后，转动加药柄，同时向各烧杯注入混凝剂溶液，搅拌混合 1min 后，搅拌机转速降至 40r/min，持续 5 min 后停止。

（4）在搅拌过程中，注意观察各个烧杯产生絮凝物（矾花）的时间、大小及密疏程度。

（5）搅拌结束后，轻轻提起搅拌机叶片，使水样静止 10min，观察矾花沉降情况。

（6）取沉淀后的上层清液，测定各水样的残留浊度、有机物等，计算去除率，通过分析确定最优加药量。

在实际工业设备投运时，还需根据出水水质对最优加药量进行调整，同时确定其他最优混凝条件，如污泥沉降比、水力负荷变化速率、最优设备出力等。

四、常用混凝剂、助凝剂

1. 碱式氯化铝

碱式氯化铝（PAC）又称聚合铝、聚合氯化铝，是一种无机高分子化合物，是目前火电厂应用最广泛的一种混凝剂。PAC 的结构并不固定，一般认为是以 Al^{3+} 为中心，以 OH^- 和 Cl^- 为配位体，通过羟基的架桥交联而形成的聚合物。

混凝处理是一种复杂的过程，有多个凝聚反应同时存在，因此称为混凝。无机盐混凝剂在加入水中后，首先要进行水解反应，在生成带电荷的聚合分子之后才具有使胶体脱稳的能力。影响混凝剂水解的因素很多，pH、水温等都可以影响水解产物的形态，任何一个条件变化都会改变混凝的效果。

如果混凝剂在水中溶解后，能够直接形成混凝效果好的高聚合度、带适量电荷的离子，就可以降低 pH、水温等对混凝效果的干扰，聚合铝就是按照这种思路研制的。该产品的最大特点是将铝盐制成以氢氧化铝为基础的、带有适量正电荷并具有一定聚合度的无机高分子，使水解后处于能够发挥凝聚作用的最佳形态。因此，用它处理水时，没有混凝剂的水解步骤，从而使混凝过程变得简单，影响因素减少，混凝效果易于控制。

总体来讲，与铝盐和铁盐混凝剂相比，聚合铝混凝剂具有以下特点。

（1）混凝反应速度快。烧杯试验发现，最快时仅反应 10s 左右即可发现有矾花生成。

（2）混凝剂剂量范围广。与硫酸铝等混凝剂不同，PAC 的剂量范围较广；对于大多数地表水，剂量在 $20 \sim 100mg/L$ 的范围内都可以取得良好的混凝效果。

（3）低温混凝效果优于硫酸铝、氯化铁等。

（4）适用的 pH 范围比铝盐、铁盐混凝剂广。

聚合铝在使用过程中要注意以下问题。

（1）贮存。因为 PAC 容易潮解成块，贮存时要注意包装袋完好，保持密封。

（2）配药。在配药时应先启动搅拌装置，然后再将药粉缓缓加入配药容器并持续搅拌；否则，药粉遇水后容易快速结块而沉淀在槽底。

（3）加药管道不宜使用不锈钢、碳钢等材质，而应使用衬胶（塑）、铝塑管。ABS 和 PVC 等工程塑料管在使用中容易发生振动破裂或黏接口泄漏的问题，因此，在使用工程塑料管道时要合理地选材，并布置支撑点，减少故障的发生。

2. 聚合硫酸铁

聚合硫酸铁（PFS）简称聚铁，是 20 世纪 70 年代开发的新型混凝剂，最初是利用铁屑（或铁矿粉、铁矿熔渣粉）和硫酸为原料，在氧气和硝酸的作用下，进行聚合反应生成液体产品。PFS 产品有液体和固体两种形式：液体为红褐色或深红褐色，黏稠；固体为淡黄色或者浅灰色的颗粒。其混凝原理与 PAC 完全相同。

PFS 除了具有 PAC 的优点外，还具有絮体沉降速度快、出水不增加氯离子（很多使用场合对氯离子有限制）、适用的 pH 范围更广等优点。但是，在使用 PFS 的过程中要注意剂量的控制，如果剂量过高，出水残留铁较高，则对后续处理不利。如果水中的有机物含量较高时，水中残留的铁离子容易与有机物形成带色的胶体，出水的色度会很大。

3. 硫酸亚铁

硫酸铝、氯化铁等混凝剂在火电厂的应用已经很少，在此不再详述。但是，硫酸亚铁（$FeSO_4$）是一种特殊的亚铁盐混凝剂，在石灰处理系统中的应用还比较广泛。

$FeSO_4 \cdot 7H_2O$，又名绿矾，是一种绿色透明的晶体；在空气中，由于常常有一些 Fe^{2+} 氧化成 Fe^{3+} 而带棕色，其水溶液呈酸性。

用铁盐作混凝剂时，其混凝性能与铝盐相似。但是，在用 $FeSO_4 \cdot 7H_2O$ 进行混凝时，因为 $FeSO_4$ 直接水解生成的 $Fe(OH)_2$ 沉淀，所以混凝效果不好。为此，在混凝过程中必须将 Fe^{2+} 氧化成 Fe^{3+}。但是，当水的 pH 较低时，Fe^{2+} 的氧化反应比较缓慢；只有当 pH ≥ 8.5 时，该反应才比较容易进行。所以，$FeSO_4 \cdot 7H_2O$ 只能用于 pH 较高的石灰处理。

4. 聚丙烯酰胺

聚丙烯酰胺是由丙烯酸酰胺和丙烯酸的盐聚合而成的高分子类水溶性聚合物。其特点是分子为长链结构，且分子量很大，一般为 $10^3 \sim 10^7$；水溶性好，分子量对溶解度的影响较小，能以任何比例溶解于水；水溶液为均匀透明的液体。当浓度超过 10% 时，因为分子间力的作用，会出现凝胶状的结构。聚丙烯酰胺水溶液的黏度随分子量的增高明显增加，温度对溶液的黏度的影响不明显。

固体聚丙烯酰胺的密度为 $1.302 \mathrm{g/cm^3}$（23℃），玻璃熔化温度为 153℃，软化温度为 210℃。

聚丙烯酰胺通过化学转化可以得到非离子型、阴离子型和阳离子型产品。现在火电厂多使用阳离子型聚丙烯酰胺和水解聚丙烯酰胺（HPAM）。

阳离子型聚合物是指大分子结构重复单元中带有正电荷氨基、亚氨基或季氨基。阳离子型聚丙烯酰胺是阳离子单体与丙烯酰胺合成的共聚物。由于水中的胶体一般带负电荷，因此，这类絮凝剂无论分子量大小，均兼有凝聚和絮凝两种作用。

在使用聚丙烯酰胺时应注意以下问题。

（1）贮存。聚丙烯酰胺的产品形态包括水溶液、胶乳和固体粉末三种形式。固体粉末吸湿性强，应注意严密包装。一般固体产品有效年限是 2 年，液态为 3～6 个月。贮存温度为 0～32℃。

（2）工作液的配制。固体粉末产品的溶解比较困难，在溶解过程中容易形成俗称为"鱼眼"的胶团。一般不直接将固体粉末加入大容积的溶药槽，而是先用小容器将固体粉末预溶，浸泡 4h 以上，使其充分溶胀，然后搅拌，使胶团均匀分散后，再加入大容积的溶药槽加水后搅拌、稀释。搅拌的时间不宜太长。因为聚丙烯酰胺为假塑性流体，若长时间受剪切力的影响，可导致大分子链断裂，影响使用效果。通常搅拌时间为 10min。

胶状产品的溶解相对容易，可以先在溶药箱内加一半水，再加入胶状物，搅拌；待药品均匀分散后加足水继续搅拌。液态产品可直接搅拌稀释使用。

（3）因聚合物会缓慢降解，因此配制的稀溶液不宜存放过长时间，一般不超过 5 天。

五、混合设备

混合设备的作用是让药剂迅速、均匀地扩散到水流中，使之形成的带电粒子并与原水中的胶体颗粒及其他悬浮颗粒充分接触，形成许多微小的絮凝物（又称小矾花）。为了增加颗粒间的碰撞，通常要求水处于湍流状态，并在 2min 以内形成絮凝物。为了产生湍流可利用水力或机械设备来完成。混合设备种类很多，包括管道式混合、水泵式混合、涡流式混合和机械混合等。

1. 管道式混合

管道式混合是将配制好的药剂直接加到混凝沉降设备或絮凝池的管道中。因为它不需要设置另外的混合设备，布置比较简单，所以应用较多。为使药剂能与水迅速混合，加药管应伸入水管中，伸入距离一般为水管直径的 1/4～1/3。另外，为了混合均匀，通常规定管道式混合投药点至水管末端出口的距离不小于 50 倍的水管直径，而且管道内的水速宜维持在 1.5～2.0m/s，加药后水在沿途水头损失不应小于 0.3～0.4m。

2. 水泵式混合

水泵式混合是一种机械混合，它是将药剂加至水泵吸水管中或吸水喇叭口处，利用水泵叶轮高速旋转产生的局部涡流，使水和药剂快速混合。水泵式混合不仅混合效果好，而且不需另外的机械设备，是目前经常采用的一种混合方式。

3. 涡流式混合

涡流式混合主要原理是将药剂加至水流的漩涡区，利用激烈旋转的水流达到药剂与水的均匀快速混合。近年来，人们研究了各种形式的"静态混合器"，并得到广泛的应用。这种混合装置呈管状，接在待处理水的管路上。管内按设计要求装设若干个固定混合单元，每一个单元由 2～3 块挡板按一定角度交叉组合而成，形式多种多样，图 1-2 给出了单元的示意结构的一种。当水流通过这些混合单元时被多次分割和转向，达到快速混合的目的。它有结构简单、安装方便等优点。

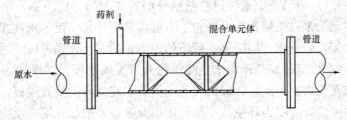

图 1-2 静态混合器示意图

4. 机械混合

机械混合是利用电动机驱动螺旋器或浆板将药剂和水进行强烈混合，通常在 10～30s 以内完成。一般认为螺旋器的效果比浆板好，因为浆板容易使整个水流随浆板一起转动，混合效果较差。

六、混凝澄清设备

（一）机械搅拌澄清池

1. 结构和特点

机械搅拌澄清池是火电厂常见的一种泥渣循环型澄清器，该设备的特点是有动力输入和泥渣回流，利用叶轮旋转完成泥渣的提升与回流。设备设有第一反应室、第二反应室、分离区，如图 1-3 所示。进水通过环形进水槽（三角槽）均匀分配到设备的第一反应室。在叶轮的提升下，水与回流泥渣一起进入第二反应室，在此部分进行絮凝，然后进入分离区，实现渣水分离。

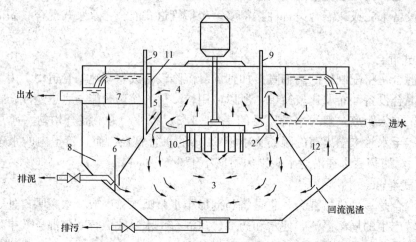

图 1-3　机械搅拌澄清池示意图

1—进水管；2—环形进水槽；3—第一反应室；4—第二反应室；5—导流室；6—分离区；
7—集水槽；8—泥渣浓缩室；9—加药管；10—搅拌叶轮；11—导流板；12—伞形板

按照水在设备内部的流经顺序，将机械加速澄清器各部分的作用简述如下。

（1）环形进水槽。起配水作用，位置在澄清器中部，因为断面近似于三角形，所以又称为"三角槽"。三角槽的底部开有一圈配水孔，可以使水均匀地沿环形分配；三角槽顶部设有排气管，以排除不溶解的空气。

（2）第一反应室（一反）。原水经过三角槽分配后流入第一反应室，在此与回流的泥渣进行混合。混合的动力来自安装在提升叶轮下方的搅拌叶片。一反的水在搅拌叶片的驱动下形成强力的扰动水流，使原水、混凝剂、回流的泥渣快速混合，加速胶体物质的脱稳。

（3）第二反应室（二反）。一反的水经叶轮提升后流入二反。二反的主要目的是进行絮凝，使混凝的小矾花长大。为此，二反内设置了消除水流旋转的垂直隔板，为矾花之间的相互吸附、长大提供了良好的水力环境。如果使用助凝剂，一般加在第二反应室。

（4）分离区。经过二反的絮凝过程，胶体颗粒已经完全脱稳并且长大，具有一定的沉降能力。进入分离区后，水流速度突然减缓（上升流速降为二反的1‰～2‰），泥渣与水发生分离，悬浮于水中形成较高浓度的泥渣层；而水流过泥渣层后成为清水。

（5）排泥斗。排泥斗安装在澄清器侧壁，其数量与设备的直径大小有关，一般为2～3只。排泥斗的作用一是排出多余的泥渣，二是控制泥渣层高度和泥渣浓度。

（6）底部排泥。底部排泥的目的有两个：一是澄清器排空；二是排除沉积在澄清器底部的泥渣。

2. 澄清器运行中常见的问题

澄清器在运行过程中，出现的问题有两类，一类是设备本身的缺陷引起的，另一类是运行维护不当造成的。

（1）澄清器设备常见的缺陷包括偏流和泥渣回流不均匀。

1）偏流。澄清器的偏流是造成澄清池运行效果不好的重要原因。形成偏流的主要原因有两个：一是设备制造完成后灌水，基础发生不均匀沉降使设备整体倾斜，造成偏流，从而导致设备容积利用系数降低，水力分布不均匀，影响处理效果及设备出力；二是设备加工的质量问题，集水槽架水平度差，或者集水孔开孔不准确，造成集水孔的中心线不在一个平面上，上下偏差较大，影响了出水的均匀性。

解决偏流的方法包括：严格控制澄清器基础的施工质量，减少不均匀沉降的发生；集水槽尽量采用钢制，并保证一定的制造精度；有条件下时，在设备完成盛水试验后再组装集水槽并开孔。

2）泥渣回流不均匀。伞形罩底部回流缝宽窄不一，影响了水的均匀回流。严重时，回流缝较窄的地方被堵塞，回流泥渣量减少，反应区泥渣浓度低，形不成泥渣层，出水水质差。

（2）澄清器运行维护方面的问题。与其他设备相比，澄清池是一种稳定性不高、极易受干扰的水处理设备，要取得良好的运行效果，就要求有精心的运行维护。澄清设备运行中常见问题如下。

1）翻池。翻池是指澄清器内部由于水力分布的异常变化，引起水在垂直方向上的强烈对流，使悬浮泥渣层的泥渣上翻至清水区，引起出水浊度的剧增。翻池大多数情况下是由于澄清器负荷升速过快和进水升温过快引起的，因温度变化引起的翻池是北方火电厂冬季常见的问题。生水加热器控制不好是造成进水温度波动的主要原因。对于建在室外的澄清器，冬季池内的水温高于环境温度，池面和靠近池壁处水的温度较低，内部的水温较高，容易引起翻池；在夏季因阳光直射一部分池面也会引起翻池。

有些电厂的澄清池进水采用循环水，欲利用循环水的高水温，省去生水加热器。但是，由于循环水水温因机组负荷变化而波动，使澄清器进水温度频繁波动，容易引起翻池。因此，澄清器应该设置独立的生水加热器。

要解决进水升温过快引起的翻池，应注意控制升温速率，一般升温速率不应大于 $2℃/h$。通过监测澄清池进出水的温差来控制加热器的运行，有助于控制温差的波动。实践证明这是一种控制翻池的有效方法。

除了温度引起的翻池外，负荷升速过快引起的翻池也是经常发生的。悬浮泥渣层在任何一个上升流速下都有一定的适应时间，如果负荷升速太快，泥渣层容易被冲散而使出水水质恶化。因此，需要控制升负荷速度。一般情况下，每次提升的幅度不超过满负荷的20%。

2）加药剂量不足或过量。在澄清池运行中，根据反应区和出水的状态可大致判断剂量是否合理。如果发现出水浑浊（外观与进水相似），二反的泥渣回流正常，但反应区泥渣浓度很低甚至没有泥渣，一般都是剂量不足造成的。混凝剂剂量不足，不能使胶体完全脱稳，形成的絮体尺寸小而且浓度很低、活性差，出水水质很差。

如果发现处理后的水质澄清透明，浊度很低，但水中残留很多白色的氢氧化铝絮体（这些絮体是半透明的，对浊度值影响很小），这一般是混凝剂剂量太大造成的。因为混凝剂剂量过高，产生了大量的氢氧化物沉淀，形成的絮体浓度较高，活性很强，出水的残留浊度一般很低。但是，这种絮体的密度很小，泥渣层上涨很快，排泥频繁，水耗较大。同时，水中残留的铝离子或铁离子浓度较高，不利于后续的除盐处理。

因计量泵堵塞使加药量减少甚至中断是经常遇到的问题。大部分原因是在配药时溶解不彻底，药液箱底部沉积的黏泥进入计量泵，使计量泵的逆止阀堵塞所致。加药量要合理、稳定，即使是短时间的断药都会使混凝效果恶化。

3）泥渣回流不好或中断。对于泥渣循环型澄清器，保证足够的泥渣回流量是稳定运行的关键，泥渣回流不能中断。一旦泥渣回流不正常，会出现泥渣浓度低，泥渣层不稳定，甚至出现渣层高度逐渐降低直至消失，出水水质恶化等现象。

4）排泥不及时。排泥是控制悬浮泥渣层的高度和泥渣浓度的重要操作，对澄清池的正常运行有重要的影响。通过合理的排泥，应该能够使悬浮泥渣层的高度和泥渣浓度保持在适当的范围内。悬浮泥渣层过高或过低都是不利的，因此，要求能够及时、合理地进行排泥操作。

5）其他异常。冬季加热期间，水中的溶解气体因温度升高、溶解度降低而逸出，使得水中不断有微气泡带着絮体上浮（类似于气浮），出水浊度增大。在运行中应注意对水进行彻底脱气，否则影响运行效果。

（二）高密度沉淀池

1. 高密度混凝机理

高密度混凝机理是基于高浓度的回流污泥可以形成絮凝质量更好、密度高、分离性能好的固液两相体系而提出的。

（1）内筒循环和污泥回流产生均质的絮体和高密度的矾花。水流在内筒和外筒之间循环的独特设计，加大了絮体的水力停留时间；浓缩区上部的污泥回流，增大了反应区中絮体颗粒的碰撞几率。由此形成的高密度矾花具有优良的絮凝沉降性能和良好的抗冲击性能。

（2）推流式反应池至沉淀池之间的慢速传输。絮凝区和沉降区的平稳结合过渡，使絮凝后的水平稳慢速地进入沉降区，大部分絮体在进入斜管前就已经沉降，通过斜管后可进一步降低浊度。

2. 高密度沉淀池的结构

高密度沉淀池是一种集絮凝、预沉、污泥浓缩、浓缩污泥回流、斜板分离于一体的高效沉淀池。每座高密度沉淀池工艺区域由凝聚反应区、絮凝反应区、沉淀区、集水区、污泥循环设备、污泥排放设备等部分组成，如图1-4所示。

高密度沉淀池各部分的功能简述如下。

（1）反应区。分为快速搅拌反应池和慢速搅拌反应池。快速搅拌反应池内搅拌器可以使

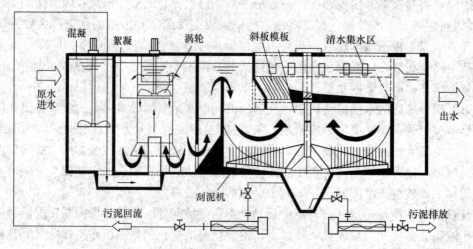

图 1-4　高密度沉淀池示意图

池内水流和混凝剂均匀混合，增大絮体的碰撞几率。在强烈的混合条件下，水中的胶体（包括大分子有机物）脱稳，形成微小絮体。慢速搅拌反应池内设有导流筒，絮凝搅拌机安装于筒内构成上升式推流反应池，搅拌机在絮凝区内形成低强度大流量循环，使投加药品后的待处理水与沉淀/浓缩区回流泥渣充分接触、反应，生成密实的大颗粒矾花，以利于后续沉降分离。

（2）预沉区、浓缩区。预沉区：为避免冲碎已形成的较大絮状物，水流由一个较宽的进水口流到面积较大的区域，矾花的移动速度放缓，这样可以避免造成矾花的破碎及涡流形成，也使绝大部分的悬浮固体在该区沉淀。浓缩区：在刮泥机的作用下，将预沉区的泥渣刮至澄清池底部的中心部位进行浓缩，在预沉区下部的浓缩区分为两层，分别位于排泥斗上部和下部，上层浓缩区部分浓缩污泥通过泥渣回流泵输送回絮凝池，作为接触泥渣（反应晶核），下层浓缩区浓缩污泥通过污泥输送泵送至污泥脱水机。

（3）斜管分离区。为取得更好的沉淀效果，在沉淀区内设置斜管，并在集水区内的每个集水槽底部设隔板，把斜管部分分成几个单独的区域，保证斜管下面的水力平衡。悬浮絮体进入斜管区后沉淀在斜管空腔内，并沿斜边表面滑至下部污泥浓缩室；澄清水进入集水槽系统排入清水池。

3. 高密度沉淀池工艺特点

传统机械搅拌澄清池运行出现的缺点是回流泥渣浓度低，回流量很大，排泥控制不好会导致絮凝效果变差，进而影响出水水质。高密度沉淀池同机械搅拌澄清池相比，高密度沉淀池有以下几方面的优点。

（1）将混合区、絮凝区与沉淀区分离，采用矩形结构，简化池型。

（2）絮凝时间短。由于污泥回流、导流内筒低强度大流量循环设计，大大提高了絮凝效率，缩短了机械搅拌阶段的絮凝时间。

（3）絮凝区与沉淀区分开且流速变化平缓，增大了污泥沉降几率。斜管区上升流速可达 2.5mm/s，超过了斜管沉淀池和机械加速澄清池；同时保证沉淀效果，沉淀分离区下部设污泥浓缩区。

（4）沉淀池水流流向合理。由于进出沉淀池水流是由上而下再由下而上垂直方向 $180°$ 运动的，泥水分离效果更彻底，不易带出矾花。

（5）抗冲击负荷能力强，对进水流量、水质波动不敏感，可承受较大范围的流量变化，对难处理的低温低浊水也有相对较好的处理效果。

（6）排放的污泥浓度高，沉淀池底部采用浓缩刮泥，污泥含固率高。

（7）系统药耗低。

（三）微涡流混凝澄清器

1. 机理

微涡流混凝澄清工艺是基于微涡流混凝技术及浅池理论，主要包括微涡流絮凝反应技术、斜管（板）沉淀分离技术和污泥浓缩技术，其设备如图 1-5 所示。

图 1-5　微涡絮凝反应器

凝聚的效率取决于水中胶体脱稳的程度和碰撞的几率，微涡流混凝工艺能显著地提高凝聚和絮凝的效率，其原因有以下两个方面。其一，混凝剂水解形成胶体在微涡流作用下快速扩散并与水中胶体充分碰撞，使水中胶体快速脱稳。其二，涡流形成流层之间较大的流速差，造成了流层中携带微粒的相对运动，从而增加了微粒的碰撞几率；同时涡流的旋转作用形成离心惯性力，造成微粒沿旋涡径向运动，从而增加了微粒的碰撞几率。这两方面的作用都随涡流的尺寸减小而增大，微涡流是有利于凝聚的水力条件。

微涡流混凝澄清工艺的核心是微涡絮凝反应器，微涡絮凝反应器中的填料有空心网孔球、十字形扰流构件等。这些填料能在反应器内形成微小的高强度的微涡漩，促进水中微粒扩散，通过充分利用流体能量，增加脱稳胶粒碰撞几率，从而提高凝聚和絮凝效率，使之在短时间内即可形成均匀、密实、易于沉淀分离的"矾花"。微涡流混凝工艺形式多种多样，可以根据水质、构筑物形状及前后序工艺配套要求灵活设计。

2. 特点

（1）混凝效率高。微涡流混凝工艺创造了高效率的混合和絮凝水力条件，其混凝效率大大优于传统混凝工艺。与传统工艺相比，产水量可以提高1～2倍，占地少，投资省。

（2）出水质量优。在投加相同混凝剂的情况下，微涡流混凝工艺所产生的絮体质量明显地优于传统工艺，因而具有很好的沉降性能。

（3）水质、水量变化适应能力强。微涡流混凝有利于高浊度水处理，因为微涡流有利于混凝剂的快速扩散，使之不易被高浊度水中大量的杂质胶体包裹而失去活性，即使混凝剂被包裹形成絮体，在微涡流的作用下也容易被破碎，重新形成絮凝能力；微涡流混凝也有利于低浊度水处理，因为即使低浊度水胶体数量少，碰撞凝聚效率下降，而涡流反应器内腔能有效地保持悬浮絮体，可高效地去除水中胶体。低温对微涡流混凝也是不利的，但由于微涡流凝聚、絮凝效率高，只要选用合适的混凝剂，就能有效地处理低温水。

（4）实施简便。微涡流混凝工艺既适于新建水厂，也适于老水厂传统工艺的改造，它对池型及前后序工艺（混合、沉淀）的衔接均无特殊要求。对老水厂改造时施工简便，只要拆除反应池（区）内原有设施并适当分隔和安装涡流反应器支架，反应器直接投入池内即可使用。

（5）运行稳定、药耗低。微涡流使混凝剂高效扩散，提高了混凝剂利用率，使微涡流混凝工艺的混凝剂消耗量明显低于传统工艺。

3. 应用

不管新建水厂还是老水厂的改造和扩建，都可最大限度地挖掘现有供水设施的潜力。只要对反应池（区）进行适当分隔，形成竖向水流条件并合理地控制水流速度，反应池（区）的外形构造可以非常灵活，可以是方形、矩形、圆形或其他复杂形状，池深也可以灵活设计。

对于老水厂改造，有些池形在结构上可以保持不变（如多级旋流反应池），只要在底部加一些支架，然后放入涡流反应器，即可投运。有些池形则需要拆除内部设施，然后根据微涡流混凝工艺要求分隔即可。

对于新建微涡流反应器，可以采取矩形微涡流反应池与矩形平流或斜管沉淀池配合的方案，如图1-6所示。也可以类似于圆形澄清池改造，采取圆中心微涡流反应池（区）与周边环形竖流沉淀池（区）配合的方案，如图1-7所示。

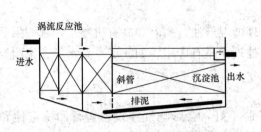

图 1-6　新建微涡流反应池

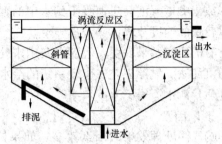

图 1-7　由澄清池改造的微涡流反应池

（四）气浮澄清池

1. 原理

相对于澄清处理而言，溶气气浮（简称气浮）是一种较新的净水工艺。在处理内容方面，气浮与澄清是完全相同的，都是用来去除水中的悬浮物、胶体、油和大分子有机物。从工作原理来讲，二者都是通过混凝反应使水中的胶体杂质脱稳。图 1-8 所示为气浮装置的结构示意图。

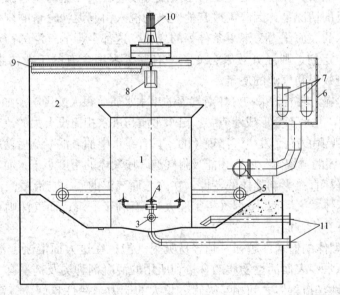

图 1-8　气浮澄清池示意图

1—接触室；2—分离室；3—进水管；4—溶气释放器；5—集水装置；6—集水斗；7—出水装置；8—排渣槽；
9—刮泥机；10—电机及减速机；11—接触室、分离室排污管

在分离阶段，气浮与澄清都是利用固体物与水的密度差进行分离，所不同的是澄清是正密度差，即要分离的固体物的密度比水大；而气浮则是负密度差，即要分离的部分密度比水小。澄清利用颗粒自身的重力沉淀分离，而气浮则是利用水的浮力上浮分离。二者都可以利用斯托克斯公式计算理论分离速度。因此，可以认为气浮工艺是混凝澄清处理之外，混凝处理的另一种形式。

气浮的工作过程是将一部分水加压，使过量的空气溶于水中形成溶气水。该水经过快速减压释放出大量的微气泡，并立即与经过混凝的水（事先已加入混凝剂并已经形成絮体）混

合。释放出的微气泡会迅速吸附到水中的絮体上，使絮体的密度小于水的密度而上浮，从而与水以较快的速度分离。

已有的研究结果表明，气浮设备用来处理低温低浊、高藻和高有机物水，其效果明显优于普通沉淀法。气浮工艺在市政系统的给水处理中早有应用，如武汉东湖水厂、昆明第三水厂、苏州胥江水厂等。

2. 影响因素

影响气浮处理效果的因素较多，如果控制不好，会影响气浮设备运行的稳定性和可靠性。现根据有关研究结果，将影响气浮效果的几个主要因素归纳如下。

（1）原水水质的影响。主要包括以下几个方面。

1）泥沙的含量不宜过高。如果泥沙含量高，形成的絮体比重大，吸附气泡后与水的密度差小，上浮速度慢或者不容易上浮。另外，泥沙含量高的絮体活性差，带气颗粒容易"失气"而下沉，产生所谓"落渣"。

2）含有表面活性剂的水加气后容易形成持久的微气泡。因为水的表面张力小，形成的微气泡细密而稳定，不容易破裂。有些水的表面张力大，形成的微气泡直径大、数量少，而且容易破裂，落渣较多。在废水处理中，水质成分波动较大，这对气浮水处理装置的运行是不利的。比较常见的情况是：因降雨或其他废水的混入引起泥沙含量的剧变；因废水的水质发生变化引起了水的表面张力、混凝条件等的变化，这都会影响气浮的稳定运行。例如，如果水中含有水质稳定剂，则混凝效果会变差。有些废水中含有的工业污染物，即使是微量的，也会影响混凝效果和气泡的质量。

（2）混凝的影响。混凝效果的好坏对气浮的出水水质有很大的影响。如果直接将溶气水加入未混凝的原水中，几乎不会形成浮渣层。出水水质与进水相比没有大的改变，这是因为水中的胶体是不能直接吸附气泡而发生气浮现象的。只有在水中加入混凝剂后使胶体或悬浮物脱稳并生成带有憎水基团的"絮体"后，才能吸附气泡，使絮体的密度小于水而发生上浮。

混凝效果的好坏直接影响絮体的特性，在这方面气浮的要求与混凝澄清有所不同。混凝澄清希望形成的絮体"大"而"重"（指密度大），有利于下沉；而气浮则不然。气浮要求的絮体特性包括以下三个方面。

1）憎水性。絮体的憎水性越强，越容易吸附气泡；在这方面混凝澄清没有要求。憎水性的强弱主要与原水中表面活性物质的含量和所用的混凝剂种类及剂量有关。

2）活性。活性是指絮体之间相互吸附、长大的能力。活性越好，气浮效果越好，这一点与混凝澄清处理相同。

3）颗粒大小和密度。在憎水条件相同的情况下，带较多憎水基团的大颗粒絮体捕捉气泡的机会大，吸附的微气泡也多，更容易上浮。至于絮体的密度则没有要求，这一点与混凝澄清不同。

有一种观点认为，在气浮处理工艺中混凝后形成的絮体尺寸不需要太大，水中只要形成细微的絮粒即可，即微絮凝气浮。对于一些气浮条件好的水质来讲微絮凝气浮是成功的，在这种条件下，溶气水释放出的气泡质量好（数量多，直径小），水的表面张力小，气泡不容易破裂，而且可以牢固地吸附在絮体上。但是，对于气浮条件不好的水质，还是需要彻底的混凝反应，以得到大尺寸、活性高的絮体。絮体颗粒越大，吸附气泡的点越多，气泡越容易吸附，这对气浮处理是有利的。

混凝剂剂量是影响上述特性的一个重要因素。高混凝剂剂量条件下形成的矾花特性好，絮体容易吸附气泡；絮体体积大，吸附的气泡数量多，絮体不容易因失气而下沉。

（3）接触效果的影响。接触室是微气泡与絮体接触、吸附的区域，是决定气浮效果好坏的关键环节。实际上，在接触室内要完成两个过程：一是溶气水中的微气泡迅速、均匀的扩散，二是微气泡与絮体快速的吸附。其中，第二步的速度很快，影响接触效果的主要是微气泡的扩散。

接触时间和水力分布条件是接触室设计要考虑的两个重要因素。接触室的水力条件要满足微气泡快速、均匀的扩散，避免出现偏流、水流短路等情况。其中，水的流速和释放器的布置是影响接触室水力条件的主要因素。

（4）分离负荷的影响。分离区是悬浮物与水分离的区域。分离区的关键设计参数是表面负荷和有效水深。根据已有的研究资料和工业设备运行结果，气浮池的表面负荷范围一般为 $3.6 \sim 7.2 \text{m}^3/(\text{m}^2 \cdot \text{h})$，有时可以达到 $9 \text{m}^3/(\text{m}^2 \cdot \text{h})$，具体的取值取决于原水的水质和对出水水质的要求。如果原水中的有机杂质较多、泥沙含量较少，可以选用较高的分离负荷；反之，则要选用较低的值。

3. 气浮工艺容易发生的问题

（1）气浮池在停运期间有落渣发生；但重新启动后，一般在 30min 内出水即可稳定，这比澄清池所需的 2h 以上的启动时间要快得多。因为气浮池在启动时没有澄清器所需的"积渣"过程，出水浊度一般在出水后 15min 左右即可稳定。启动快是气浮池的优越性之一。

（2）释放器堵塞是常见的问题。需要控制溶气水的水质，要使用清水溶气。同时，改进释放器的结构，以利于防堵。

（3）室外设备因雨淋、风吹等原因会引起落渣，因此，户外设备应有必要的防护设施。

第三节　石灰处理工艺

石灰处理的目的是将水中的碳酸盐硬度（即暂时硬度）除去，软化水质。石灰软化水处理工艺具有处理成本低、可去除水中多种杂质的优点，在水处理和废水处理领域应用极为广泛。我国在 20 世纪 60 年代以前，离子交换软化技术还没有大规模应用，水的软化完全依靠石灰处理。因此，当时石灰处理是火电厂不可缺少的水处理工艺。随着离子交换软化技术的发展，国内火电厂锅炉补给水处理系统使用石灰软化系统的逐渐减少。但是在德国，因为成功地解决了石灰质量问题和石灰粉尘的问题，至今石灰软化处理仍然是火电厂水处理的首选工艺。

石灰处理又称脱碳处理（Decarbonation），按照使用的设备和药剂来分，可分为快速脱碳和慢速脱碳两种方式。慢速脱碳处理工艺主要用于处理碳酸盐硬度较高、浊度较高的地表水、中水，对处理负荷变化不敏感；快速脱碳处理工艺主要用于处理碳酸盐硬度较高、浊度较低的地下水和自来水，水在反应器内停留时间较短，仅为 $10 \sim 20 \text{min}$。由于在反应器中停留时间短，反应器的出水仍夹带有一部分微小的碳酸钙颗粒，因此浊度较高，后续需要增设砂滤池。

国内火电厂快速脱碳工艺使用很少，德国目前还有电厂在应用，如 E-ON 公司的

Schoven火电厂，利用涡流反应器和过滤器软化水，然后补入循环水系统。本节主要介绍德国慢速脱碳处理新工艺。

一、石灰处理的原理

石灰处理反应原理与混凝澄清不同，混凝澄清利用胶体脱稳、絮凝沉淀的原理；而石灰处理则是利用化学沉淀的原理，即向水中投加的 $Ca(OH)_2$ 与水中的 $Ca(HCO_3)_2$ 和 $Mg(HCO_3)_2$ 反应生成 $CaCO_3$、$MgCO_3$ 或 $Mg(OH)_2$ 沉淀而从水中分离出去，达到软化水质的目的。

加入水中的石灰与碳酸化合物是按照以下的顺序进行反应的：

(1) $Ca(OH)_2 + CO_2 \!=\!=\!= CaCO_3 \downarrow + H_2O$；

(2) $Ca(OH)_2 + Ca(HCO_3)_2 \!=\!=\!= 2CaCO_3 \downarrow + 2H_2O$；

(3) $Ca(OH)_2 + Mg(HCO_3)_2 \!=\!=\!= CaCO_3 \downarrow + MgCO_3 \downarrow + 2H_2O$；

(4) $Ca(OH)_2 + 2NaHCO_3 \!=\!=\!= CaCO_3 \downarrow + Na_2CO_3 + 2H_2O$；

(5) $Ca(OH)_2 + MgCO_3 \!=\!=\!= CaCO_3 \downarrow + Mg(OH)_2 \downarrow$。

从上面的原理可以看出，$Ca(OH)_2$ 只能将 $Ca(HCO_3)_2$ 和 $Mg(HCO_3)_2$ 转化为沉淀除去，即只能除去碳酸盐硬度。如果水中的 $Ca(HCO_3)_2$ 和 $Mg(HCO_3)_2$ 的含量较低，则不能单独使用石灰处理，否则软化效果将不明显。在选择软化处理系统时，碳酸盐硬度是否大于 3mmol/L，是判断是否采用石灰处理的一个重要依据。

在多数石灰处理过程中，因为配合了混凝处理，所以水中的胶体（如胶体硅、非溶解态有机物等）也会被除去。

二、慢速脱碳处理新工艺

国内火电厂石灰处理设备大多采用泥渣循环式澄清设备，与德国高效慢速脱碳处理设备均属于慢速脱碳。

1. 慢速脱碳处理新工艺

慢速脱碳处理新工艺采用循环污泥泵回流活性泥渣至絮凝反应池，在絮凝搅拌器作用下，脱稳的微小絮体吸附在较高密度活性泥渣上，并在高效斜板澄清池加以分离，从而达到去除碳酸盐硬度、浊度及有机物的良好效果。

2. 慢速脱碳处理反应池的结构、 工艺过程设计数据及工艺特点

(1) 结构。慢速脱碳处理反应池由凝聚、絮凝、沉淀工艺设备和土建结构组成，包括凝聚区、絮凝区、沉淀区、浓缩区、泥渣回流系统、石灰贮存计量加药装置、凝聚剂加药装置、助凝剂加药装置、硫酸加药装置、污泥浓缩脱水处理装置、压缩空气系统设备、仪表及其与控制系统等组成。图 1-9 所示为华能德州电厂循环水、补充水慢速脱碳处理反应池的示意图。

(2) 工艺过程。在沉淀分离之前，慢速脱碳的反应过程分为四个阶段。

1) 第一阶段：混凝，去除对化学沉淀有干扰的悬浮物、有机物、胶体。投加混凝剂，在强烈的混合条件下开始混凝反应，水中的胶体（包括大分子有机物）脱稳，形成微小絮体。

2) 第二阶段：脱碳。接触泥渣回流，微小絮体吸附在循环回流的活性泥渣上，投加石

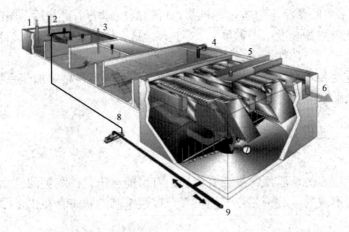

图 1-9 慢速脱碳处理反应池示意图

1—进水；2—絮凝剂；3—石灰乳、助凝剂；4—絮凝池；5—斜板沉淀分
离器；6—净水出水；7—污泥浓缩；8—活性污泥；9—剩余污泥

灰乳，碳酸盐与石灰反应生成碳酸钙结晶。鉴于碳酸钙沉淀析出所需的反应时间，第二阶段可在多个池中进行。

3）第三阶段：絮凝。该阶段投加聚合电解质作为助凝剂，形成较大的絮体，便于沉淀分离。

4）第四阶段：第三阶段形成的较大絮体在该阶段形成更易于沉淀析出的大絮体，并吸附剩余小絮体。

为强化分离效果，在高效澄清反应器上部清水区安装斜管。悬浮絮体进入斜管区后沉淀在斜管空腔内，并沿斜边表面滑至下部污泥浓缩室；上部清液进入集水槽后排入清水池。浓缩器底部泥渣，一部分通过泥渣回流泵输送回第二阶段絮凝池，作为接触泥渣（反应晶核）；另一部分通过污泥输送泵送至板框压滤机，对污泥脱水后外运。脱水过程中形成的滤液回收，返回慢速脱碳反应区，继续处理。

（3）设计数据。进水混合槽停留时间约 2.5min；凝聚反应池停留时间约 3min；絮凝反应池停留时间约 10min；后絮凝反应池停留时间约 4min；高效斜板澄清池停留时间约 25min。

（4）工艺特点。主要包括以下几个方面。

1）水质适用范围广，基本上适用于地表水、各种城市污水的深度处理。

2）表面负荷和效率高（上升流速为 20～25m/h），节约用地。

3）与传统的机械加速澄清池相比，慢速脱碳处理反应池抗负荷变化冲击能力较强，受温度、原水水质影响小，出水水质高且稳定。

4）沉淀区到反应区的污泥循环，使形成的絮状物更均匀密实。

5）由于污泥回流可以回收部分药剂，而循环使得污泥和水的接触时间较长，其耗药量低于其他的混凝澄清设施。

6）排泥浓度高，完全满足直接脱水的要求，无需再建浓缩池。

7）不需砂滤池，不采用酸碱设施，不产生酸碱废水，工艺系统简单。

8）可以除磷，并去除部分钙、镁、硅、氟及某些重金属离子。

9）可以降低水中的悬浮态物质和有机物，可抑制冷却塔生物黏污、藻类的滋生。

10）可以降低碳酸盐硬度（即碱度），减少含盐量，同时还能去除有结垢倾向的 SiO_3^{2-}。

11）水量损失较低、环保性强、运行成本较低。

12）对石灰纯度要求高（86%～93%），低纯度的石灰容易堵塞加药系统。

13）需要石灰贮存和污泥处理设备。

三、影响石灰处理效果的因素

1. 混凝

原水中存在的过多的悬浮物、复杂有机物，有可能会干扰碳酸钙的结晶，使残留的碳酸盐硬度增加，或者形成的碳酸钙晶粒不能长大，以过饱和的状态存在于水中，这些都会影响沉淀反应的效果。

2. 原水中钙镁比

原水中钙镁比过小，会导致镁盐沉淀物析出，而镁盐沉淀絮体结构松散、密度较碳酸钙小，易造成慢速脱碳处理设备在较高负荷条件下翻池。

3. 水温

温度对很多化学反应的速度都有影响。$CaCO_3$ 的结晶反应为吸热反应，所以提高温度可以加快 $CaCO_3$ 的结晶速度，因此石灰软化处理一般带有生水加热装置。

水温除了会影响结晶反应的速度外，还影响出水的残留碱度。提高水温有利于降低残留碱度，其原因有两个方面：其一，温度升高，沉淀物的结晶过程进行得更加完全，晶体致密、细小，从而降低溶液的过饱和度；其二，温度升高，水的黏度下降，有利于沉淀物从水中分离出来。

第四节 过滤处理工艺

水经过澄清处理后，其浊度仍然比较高，悬浮物含量通常为 10～20mg/L。这种水还不能直接送入后续除盐系统，而需要进一步降低水中浊度，最有效的方法就是过滤处理。水的过滤是一种去除水中悬浮颗粒状杂质的过程，过滤不仅可以降低水的浊度，而且还可以除去水中的部分有机物、细菌甚至病毒。

过滤是杂质脱离流线在滤料颗粒表面被截流（大颗粒）、被吸附（小颗粒或带电粒子）的过程。即水通过过滤介质除去悬浮物等颗粒性物质的过程。用于过滤的材料称为滤料或过滤介质。按照截污的原理来分，过滤有深层过滤和表面过滤两类。深层过滤包括粒状过滤和纤维过滤，表面过滤主要有超滤、微滤等膜过滤工艺。本节只讨论粒状过滤和纤维过滤，膜过滤在超滤部分讨论。

一、粒状过滤的一般知识

粒状滤料过滤器是指使用颗粒状滤料的过滤设备，是一种经典的过滤设备，至今仍发挥着巨大的作用。粒状过滤有很多设备形式，在火电厂常用的有机械过滤器（包括单层、双层和三层滤料）以及各种类型的滤池。常用的滤料包括石英砂、无烟煤、活性炭、锰砂和瓷砂等。

1. **常用的粒状滤料**

可以作为滤料的材料很多，但是它们必须具有如下特点：足够的机械强度，以减轻在运行和冲洗过程中因摩擦而磨损、破碎的程度；足够的化学稳定性；外形接近于球状，表面粗糙而有棱角；价格便宜等。

满足上述要求可用作滤料的有：天然砂、人工破碎的石英砂、无烟煤、磁铁矿砂、石榴石、大理石、白云石、花岗石等，其中石英砂、无烟煤和磁铁矿砂较为常用。

（1）石英砂。石英砂迄今为止是应用历史最长、应用最广泛的滤料。一般都是采用天然石英矿石经破碎、水洗、筛选加工而成。

（2）无烟煤滤料。无烟煤滤料一般都是采用优质煤，经精选、破碎、筛选加工而成。质量好的滤料外观有光泽、机械强度高、化学稳定性好。无烟煤在酸性、中性、碱性水中都不溶解。

（3）锰砂滤料。锰砂滤料是采用天然优质锰矿石加工而成的，外观呈褐色，一般用于地下水除铁、除锰。

（4）砾石（卵石）滤料。此种滤料分天然型和机械加工型两种。机械加工型是石英矿石破碎后经球磨、水洗、筛选而成的，外表光滑呈球状，是各种滤料下面必需的承托层。

（5）磁砂滤料。近年来，市场上还出现了人工烧结的磁砂滤料，优点是粒度和形状可以准确控制，大小均匀，可以用于要求匀粒滤料的场合，如V形滤池；缺点是价格很高。

2. **粒状滤料过滤的几种应用形式**

根据不同的水质要求和不同的进水水质，粒状滤料过滤有以下几种应用形式。

（1）混凝澄清水的过滤。混凝澄清水的过滤用于澄清池之后的除浊处理。经过混凝澄清处理后，原水中的大部分悬浮物和胶体已在澄清池（器）中除去，只有少量残留的絮体进入滤池（器），通过过滤大部分可以除去。

（2）微絮凝过滤。微絮凝过滤又称为直流凝聚，是在过滤器中同时进行混凝和过滤两种处理的过滤形式。这种方式可以用于低浊水的处理，也可用于二级混凝处理，可以进一步提高胶体、有机物的去除率。

3. **粒状滤料过滤的类型**

粒状滤料过滤器是水处理中应用最为广泛的过滤设备。按滤层结构分类，这种过滤器有以下几种过滤类型。

（1）单层非均质过滤。这是最普通的过滤方式，装填一种材质的滤料，大多数为石英砂或无烟煤。滤料的粒径范围是按照一定的级配要求选择的，在滤层中滤料的粒径分布一般是上小下大（是反洗时水力筛分自然形成的）。这种过滤方式的优点是设备结构简单，运行可靠；缺点是截污容量小。

（2）变空隙过滤。变空隙过滤又称变粒度过滤，特点是整个滤层是由不同粒径的滤料按照一定的比例混合后组成的，较粗的颗粒占的比例较大。在过滤期间整个滤层的粒径大小是均匀分布的，细颗粒滤料填充在大滤料的空隙中，没有上小下大的分布。为了保证反洗时不会形成上小下大的分布，每次反洗后都要用压缩空气混合滤料。与非均质滤池相比，其截污容量较大，运行周期长。

（3）单层均质过滤。该种滤池内装填一种粒径相近的滤料，滤料的粒径分布在整个滤层深度内是均匀的。与变空隙滤池相似，这种过滤工艺在反洗时也要增加滤料混合过程，使滤料能够均匀分布。代表池型是 V 形滤池，其优点是具有深层截污的能力，有效截污滤层较厚；在运行时，水中的杂质可深入滤层的深处；水流阻力小，过滤周期较长。

（4）多层过滤。采用几种不同材质的滤料组成双层或三层滤料（极少用三层以上），密度较小的大粒径滤料在上层，密度较大的小粒径滤料在下层。由此形成滤层由上至下空隙率由大到小的分布，这样的粒度分布有利于污物向滤层深处转移，可以增大截污容量。双层滤料一般采用无烟煤和石英砂，三层滤料一般采用无烟煤、石英砂和磁铁矿砂或石榴石。

除了具有截污容量大、过滤周期长的优点外，这种过滤器的出水水质好，还可以以较高的滤速运行。但是，多层过滤器也有滤层分布复杂的缺点，对滤料的级配精度要求高，否则难以保证良好的反洗效果。

4. 粒状滤料过滤器的运行控制

（1）过滤速度。过滤速度与来水水质和滤后水的要求有关；在水处理系统中，一般单层滤料的过滤速度为 8～10m/h，双层滤料为 10～14m/h，三层滤料为 18～20m/h。用于接触凝聚过滤时，过滤速度应适当降低。

（2）过滤周期。过滤周期一般按照滤层的水头损失来控制，在水质稳定的情况下，也可以用周期制水量来控制。过滤终点的水头损失控制范围一般为：单双层压力式过滤器控制在 50～60kPa，三层滤料控制在 10kPa 以内，而重力式滤池一般为 1.6kPa。

（3）反冲洗强度。单层滤料采用 12～15L/(s·m²)，双层滤料采用 15～18L/(s·m²)，三层滤料采用 18～20L/(s·m²)。反冲洗强度的大小与滤料的粒径是密切相关的，一般的以滤层膨胀率达到 30%～50%、无粒状滤料流失为准来控制反冲洗强度。

（4）反冲洗时间。反冲洗时间一般为 5～10min，但需要根据反洗排水的情况来调整反洗时间。

二、影响过滤器截污容量的因素

1. 滤层的粒度分布

粒度包含粒径的大小和粒径的均匀性两个方面。小粒径的滤料形成的空隙小，过滤精度高；但是滤层水头损失太大，过滤周期短。大粒径滤料组成的滤层水头损失不大，但过滤精度低，出水水质不好。

如果滤料颗粒的大小不均匀，则会出现以下两种情况。一是反洗强度无法控制，反洗强度大，小滤料会流失；反洗强度小，大滤料又不能松动，反洗效果差。二是滤层压差增长很快，因为过细的滤料在反洗后集中在滤层上部，无法利用滤层深处的截污容量，运行周期将会很短。对于砂滤池，滤料的不均匀系数应不大于 2；对于无烟煤滤料，不均匀系数应不大于 3。

2. 滤层厚度

滤层厚度要大于有效截污厚度。有效截污厚度是指滤层中能够发挥截污作用的部分，其占滤层厚度的比例与滤料的粒径大小有关。粒径越大，需要的滤层厚度越大；反之要求的滤层厚度越小。

3. 反洗效果

如果每次反洗之后滤层能够得到有效的清洁，那么截污容量就大，反之就小。

4. 进水水质

进水中携带的悬浮物性质对截污容量有影响。例如,砂粒和澄清池出水中残留的絮体在滤层中的表现就完全不同:砂粒没有黏附能力,截留在滤层中不会形成透水性差的污泥层,而且容易反洗排出;而絮体则正好相反,容易结块。当处理废水时,如果截留的污物黏度大,在滤层表面容易形成透水性很差的污泥层,滤层的压差会急剧增大,截污容量比较小。例如,在处理加有助凝剂(聚丙烯酰胺)的澄清池出水时,水中残留的絮体带有较大的黏性,容易附着在表层的滤料空隙中阻碍水流的通过;处理污水时,如果杀菌不彻底,也会在滤层中滋生黏性的细菌膜,增大滤层压差,降低截污容量。

5. 运行流速

运行流速越高,滤层压差增长越快,截污容量越小。

三、过滤器的反洗

滤池的反洗是一个非常重要的操作。如果反洗不当,则可能导致滤池的部分面积永久堵塞,有效过滤面积减小,局部滤速过快,过滤效果变差;同时会使滤池的水头损失增长加快、过滤周期缩短。

1. 反洗的机理

反洗是过滤器重要的操作过程。通过反洗,利用由下向上的水流冲洗滤层,使滤料层发生松动、膨胀,将滤层中截留的污物冲出滤层,从而恢复滤层的清洁状态和截污容量。反洗是以下两种机理共同作用的结果。

(1)水力剪切。向上流动的水流高速冲刷滤料表面,带走污物。反洗水的流速越高,水流对滤料的剪切力越强,反洗效果越好。

(2)滤料间的摩擦。反洗时松动的滤料之间因相对运动而产生摩擦,通过摩擦去掉污物。

反洗理论认为,滤料间的摩擦强度与滤料颗粒之间的间隙大小有关,亦即与滤层的膨胀率有关;从这个角度来讲,并不是反洗水流速越大越好,而是控制最佳的反洗膨胀率,使滤料之间产生的摩擦最为强烈时的反洗效果最好。空气擦洗正是在较低的膨胀率条件下,利用气泡加强滤层的扰动和摩擦来改善反洗效果的。

当过滤澄清池出水时,过滤器内截留的污物会与滤料黏附在一起,单用水冲刷不能将其完全洗脱。这些污物在滤层中长期积累,会逐渐形成"泥球"而沉入滤层底部。对于大部分顺流运行的过滤器,滤层底部是出水区,因而会影响其出水水质。此种情况下,一般需要采用空气擦洗,利用气泡产生的强烈扰动和摩擦,将"泥球"或"泥饼"破碎,然后用反洗水流带走。

2. 过滤器的反洗方式

过滤器常见的反洗方式有以下几种。

(1)水反洗。冲洗水从滤池底部通过滤层使滤层流化,凭借水力冲刷作用和滤料的相互摩擦使吸附在滤料上的杂质脱落,随冲洗水带出。这种冲洗方式必须要有一定的冲洗流速,至少使部分滤料流化。最佳反洗流速与滤料的比重、粒径等有关,其大小应该既能保证床层有合理的膨胀率,又不至于使流速太大冲出滤料。一般情况下,滤层的膨胀率至少要达到15%,最佳膨胀率为30%～45%。而流速的上限则取决于最轻或粒径最小的滤料,以不冲出滤料为限。

需要说明的是在对新装的滤料初次反洗时,一定要彻底反洗,冲出一部分细碎滤料。否则,碎滤料"卡"在滤层的微孔中,滤层的压差将会增长很快,截污容量会降低。

(2) 空气擦洗。在用水反洗前,先将压缩空气由滤池的底部通入滤层,借助气泡的搅动使滤料颗粒之间发生强烈的摩擦,加速污物与滤料的脱离,强化反洗的效果。空气擦洗一般用于澄清池出水过滤或直流凝聚等场合,因为此种情况下污物与滤料黏附紧密,单用水反洗效果较差。使用空气擦洗可减少冲洗频率和冲洗水量,缩短冲洗时间。

(3) 气水合洗。气水合洗是空气擦洗的改进。研究发现,单纯空气擦洗时,滤层会发生"收缩",即在气泡的鼓动下发生了类似"夯实"的现象。发生收缩后滤层的阻力增大,气体在滤层中会产生严重的偏流,影响反洗效果。气水合洗是在水反洗的情况下同时通入压缩空气,此时床层松动,阻力较小,有利于气体均匀流动,反洗效果较好。

空气擦洗与气水合洗的不同之处如下。

1) 空气擦洗时,反洗水与空气是分别通入滤层的,空气擦洗是在没有反洗水进入的状态下进行的;其优点是不会发生滤料流失的问题。空气擦洗的过程一般是:水冲洗松动压实的滤层→停水、进压缩空气搅动→停气、进水冲洗→正洗→投运或备用。

2) 气水合洗时,反洗水与空气同时通入滤层。其过程一般是:先将过滤器内的水排放到滤层上缘以上 100～200mm,然后从滤层底部送入压缩空气和反洗水,用气、水同时冲洗(气水合洗),此时过滤器内的水位会上升,滤层发生膨胀;当水位升至排水口(管)附近时,停止进气(以免滤料流失);最后单用水冲洗,待排水变清后进行正洗;正洗合格后进入下一周期运行或备用。

有时在合洗期间采用小的反洗水流量,以延长合洗的时间。需要注意的是在进气时不宜过猛,以免损坏配水装置,特别是 ABS 塑料水帽。

(4) 表面冲洗。这是一种利用高速水流对表层滤料进行强烈冲刷来提高反洗效果的冲洗方式,在自来水系统的砂滤池中比较常见,主要是为了击碎滤层表面形成的"泥饼"。有时候滤层表面形成的泥饼体积较大,直接反洗冲不出去,泥饼反而会逐渐沉入滤层底部。为了防止这种现象发生,在反洗前,先利用表面吹洗装置喷射的高速水流直接冲洗滤层表面,击碎滤层表面的污泥层,然后再进行正常的反洗操作。近年来在电厂废水处理系统开始应用的 V 形滤池,就设有表面冲洗装置。

3. 过滤器反洗方式的选择

要滤除的杂质以泥沙类为主时,因为它们与滤料之间的黏附力较弱,一般只采用水冲洗就可以满足要求。

在下列情况下,一般可采用空气擦洗。

(1) 滤池运行时间很长,截污量大,杂质穿透深,只用水不易冲洗干净。

(2) 滤层中滤料结块或形成纵向沟道,滤池不能正常工作。

(3) 来水中采用了高分子物质作为助凝剂,或者在滤池的进水中添加了助滤剂。

(4) 为提高滤池工作效率、延长过滤周期或减少冲洗水量。

如果污物集中在滤层表面,并形成难以反洗除去的泥饼时,可以设置表面冲洗装置。

如果过滤器的底部配水采用多种粒径的滤料级配,一般不使用空气擦洗或者气水合洗,以免空气进入时打乱滤层的级配。对于厚度较薄的级配层,即使用水反洗也无法恢复原来的结构,将会影响过滤效果。

气水合洗与空气擦洗，都能达到相近的反洗效果，可以根据具体情况选择。

4. 过滤器反洗要注意的问题

对于多层滤料的反洗，要注意反洗强度的控制。例如，使用无烟煤、石英砂双层滤料过滤器时，无烟煤可允许的反洗强度小，要满足石英砂滤层完全膨胀的要求，无烟煤就有可能冲走；要保证无烟煤不被冲走，石英砂滤层就可能因膨胀率过低而反洗不彻底。要解决这类问题，在选择滤料时，一定要注意两种滤料粒径的匹配。

四、火电厂常用的粒状滤料过滤设备

从过滤动力的形式划分，粒状滤料过滤器分为压力式和重力式两大类。压力式过滤是进水带有一定的压力，利用此压力克服滤层的阻力使水通过滤层。机械过滤器就是典型的压力式过滤设备。重力式过滤是指过滤的动力来自水本身的重力；过滤时将进水提升到一定的高度，利用水所具有的势能克服滤层的阻力进行过滤。常见的滤池很多为重力式，如虹吸滤池、V形滤池、无阀滤池等。这里要将重力式滤池和重力式过滤区别开：重力式过滤是一种过滤形式，重力式滤池是重力式过滤的一种池形。重力式过滤的运行方式大多为顺流过滤，一般采用单层滤料。

1. 压力式过滤器

压力式过滤器外壳为一个密闭的钢罐，在一定压力下进行工作，用于水处理的压力式过滤器一般为顺流式。运行时水流自上而下通过滤层，反洗时的水流方向

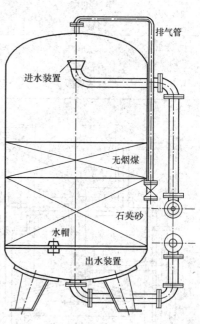

图 1-10　双层滤料压力式过滤器

则相反。因为反洗时的水力筛分作用，反洗后滤料粒径自上而下是由小到大分布的。这种粒度分布不能充分发挥过滤器深层截污的能力，因为水流先接触的是空隙率小的小粒径滤料层，大部分的污物都被截留在滤层上部。这样使得有效截污滤层的高度较低，截污容量小，运行周期较短。尽管如此，因为这种设备具有结构简单、运行可靠、出水水质稳定、管理方便的优点，所以目前仍然是使用最多的一种过滤设备。双层滤料压力式结构示意图如图 1-10 所示，卧式过滤器结构示意图如图 1-11 所示。

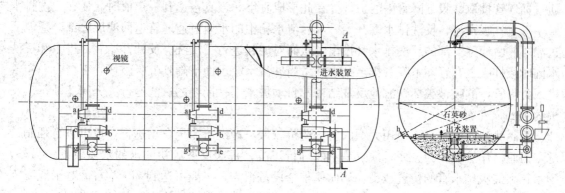

图 1-11　卧式过滤器结构示意图

压力式过滤器的缺点是单台设备的过滤面积较小，还需要配置专用的反洗水泵。

压力式过滤器的滤料及滤层规格见表1-1。

表 1-1 压力式过滤器滤料层规格

滤层	滤料	粒径（mm）	厚度（mm）	不均匀系数 K_{80}
单层	石英砂	0.5～1.0	700	<2
双层	无烟煤	1.2～1.6	300	<2
	石英砂	0.5～1.0	400	<2
三层	无烟煤	0.8～1.6	450	<1.7
	石英砂	0.5～0.8	230	<1.5
	磁铁矿砂	0.25～0.5	70	<1.7

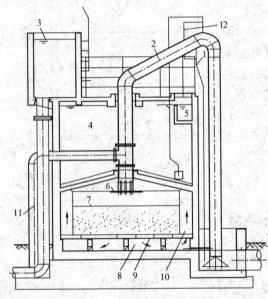

图 1-12 无阀滤池结构示意图
1—辅助虹吸管；2—虹吸上升管；3—配水箱；4—清水箱；5—出水堰；6—过滤室；7—滤层；8—集水区；9—滤板；10—连通渠；11—进水管；12—抽气管

2. 重力式过滤设备

（1）无阀滤池。无阀滤池有重力式和压力式两种形式，但在火电厂应用最多的是重力式。重力式无阀滤池巧妙地利用了过滤过程中滤层水头损失的变化来自动控制滤池的反洗。其特点是设备主管路上没有阀门，在运行过程中不需要任何操作，运行和反洗自动进行。图1-12所示是无阀滤池的结构示意图。

过滤时水的流程：水由进水管送入配水箱，再由配水箱出水管流至过滤室，利用水的重力自上而下通过滤层。过滤后的清水通过连通管由滤池的底部集水区上返至滤层上部的清水箱。清水箱充满后，水从出水堰溢流，进入后面的清水池。

在运行过程中，随着滤层阻力的逐渐增加，虹吸上升管内的水位不断升高。当水位达到虹吸辅助管管口时，水自该管中落下，通过抽气管抽取虹吸下降管中的空气并在此形成真空。当真空达到一定值时，便在反洗排水管中形成虹吸水流，反洗排水管开始排水。清水箱中的水通过连通管返回滤层底部，逆流通过滤层并由滤层上部的反洗排水管排出，从而对滤料进行了反洗。反冲开始后，进水和反洗水同时经虹吸上升管、下降管排至排水井。当冲洗水箱水面下降到虹吸破坏管管口时，空气进入虹吸管，虹吸被破坏，滤池反洗结束，自动进入下一周期的过滤运行。无阀滤池每次反洗约10min左右。

无阀滤池的优点是不使用大型阀门，造价较低，冲洗可完全自动进行，也可进行强制冲洗，因而操作管理较为方便；缺点是不能进行正洗，每次反洗后初滤水的水质较差。另外，配水箱和虹吸排水管的位置较高，从而使整个设备很高，一般可达到7m左右。对于混凝土构筑的滤池，因池体较高，土建结构比较复杂，滤料处于封闭结构中，装卸较为困难。

为了解决无阀滤池不能正洗、高度太高的缺点，经过改造出现了单阀滤池、双阀滤池等设备。这些设备的过滤方式与无阀滤池相同，只是在反洗排水管路上加装了阀门。反洗不是由虹吸排水管自动形成，而是利用排水管路上的阀门控制。由此可以将反洗虹吸排水管的高度降至反洗水箱之下，从而大大降低了设备的高度。例如单阀滤池，在排水管路上安装了一只反洗排水阀，打开该阀门就可以进行反洗。双阀滤池则增加了正洗的控制阀门，解决了无阀滤池不能正洗的问题。

（2）重力式滤池。重力式滤池的过滤方式、滤层结构与无阀滤池基本相似：设备分隔为上下两室，下部为过滤室，上部为反洗水箱，其结构示意图如图 1-13 所示。与无阀滤池的不同之处是：重力式滤池取消了虹吸排水管，增加了进水阀、连通阀、反洗排水阀、正洗排水阀、进气阀等阀门。重力式滤池可以在 PLC 控制下自动过滤、反洗、正洗，出水水质比无阀滤池好，能满足后级除盐系统的水质要求。因为没有虹吸排水管，设备高度比无阀滤池低得多。目前在火电厂主要用于预处理系统或循环水的旁流过滤。

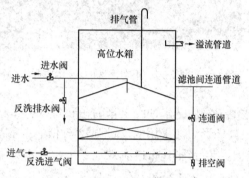

图 1-13 重力式滤池结构示意图

重力式滤池也是顺流运行。设备投运时，首先进行正洗。正洗时间 2～5min，在确认排水满足要求后，停止正洗，进入运行制水过程。

运行终点可以采用固定的制水周期来控制，也可以根据出水水质来控制。很多电厂为了方便程控的实施，采用第一种方式。

（3）V 形滤池。V 形滤池最初是由法国 Degremont 公司设计的一种新型的气水反冲洗滤池，20 世纪 90 年代初逐步在国内的大、中型自来水厂中推广应用。V 形滤池因其沿滤池长度方向设有 V 字形的进水槽而得名，其主要技术特点如下。

1）采用单层匀质滤料，低膨胀率反洗，运行周期长。所谓匀质滤料，并非是滤料粒径完全相同的匀粒滤料，而是指沿整个滤层深度方向的任一横断面上，滤料组成及平均粒径均匀一致。为了保持滤层的匀质，要求滤料层在反冲洗时不膨胀，以免滤料发生水力筛分现象。因此，反洗强度较低，反洗耗水量少。

匀质滤料滤层截污能力远高于单层细砂滤料滤层，并且过滤过程中水头损失增长速率也较低，过滤周期长。单层细砂滤料反洗周期为 12～24h，而匀质滤料滤层反洗周期为 24～36h。

2）滤层上部要求保持较深的水层，采用恒定水头等速过滤的运行方式。V 形滤池采用恒定水头等速过滤运行方式，使通过单座滤池的水量保持恒定值。滤池的正常设计滤速为 8～10m/h，最大滤速可达到 10～12m/h。正常过滤时，滤层表面以上水深一般控制在 1.2m 左右，且要求不得低于 1m，以防止在滤层内部出现"负水头"现象。如果滤层上部的水深不够，由 V 形槽进入滤池的跌水会冲击滤层表面，有可能使落水点的滤层减薄，造成过滤水流的短路，使滤后水的浊度升高；同时，还有可能使空气混入滤层中，影响过滤过程的正常进行。

保持滤池内水位恒定的方法有机械控制、水力控制两种。机械控制是通过控制滤池出水

27

图 1-14 正在反洗的 V 形滤池

阀开度来控制滤池内水位；水力控制是通过水位恒定器调整出水虹吸管真空度来自动控制滤池水位。目前国内的 V 形滤池常用机械控制法。

3）气水反洗与表面扫洗。V 形滤池的反洗操作采用气水反洗与表面扫洗的方式。配水配气系统采用长柄滤头，滤头缝隙总面积与滤池面积之比为 1.25%～2%。反洗分为三步：气洗→气水合洗→水洗。正在反洗的 V 形滤池如图 1-14 所示。

V 形滤池的进水 V 形槽底部设有一排小孔，在反洗时仍有部分原水通过小孔进入滤池，将反洗水冲洗上来的污物带入排水槽，进一步提高反洗效果。

V 形滤池采用的反洗强度较低，并有以下优点：由于反洗强度较低，滤层在冲洗过程中不产生膨胀，可以有效地避免由于水力筛分而引起的滤料分层；由于反洗时滤层不膨胀，基本上避免了滤料流失，减少了滤料的损耗。

目前 V 形滤池已经在火电厂开始投入使用。2002 年，台州发电厂建设的废水综合利用系统，就使用了 V 形滤池技术。该滤池使用的石英砂滤料参数为：有效粒径 $d_{10} = 0.9 \sim 1.2$mm；不均匀系数 $K_{80} < 1.4$；滤层厚度为 1200～1500mm。运行结果表明，V 形滤池具有出水水质优良、过滤周期长、反洗耗水量少、电耗低、操作管理方便等诸多优点。

五、其他类型的过滤设备

除了粒状滤料过滤设备之外，火电厂常用的过滤设备还有纤维过滤器、叠片式过滤器和膜过滤器。膜过滤器将在后面专门介绍，在此只对纤维过滤器和叠片式过滤器进行简单的讨论。

1. 纤维过滤器

（1）纤维过滤技术机理。纤维过滤是近年来火电厂采用较多的新型过滤技术，主要用于预处理系统、循环水旁滤系统。其特点是采用各种类型或形状的纤维作滤料，利用纤维在压实状态下形成的微孔或者通道滤除水中的悬浮杂质。

纤维过滤技术采用的纤维滤料单丝具有巨大的比表面积，而且过滤阻力较小，打破了粒状滤料的过滤精度由于滤料粒径不能进一步缩小的限制。微小的滤料直径，极大地增大了滤料的比表面积和表面自由能，增加了水中杂质颗粒与滤料的接触机会和滤料的吸附能力，从而提高了过滤效率和截污容量。纤维过滤器的截污容量比粒状滤料过滤设备高，有效滤层厚度大。

（2）纤维过滤设备类型及技术特点。纤维过滤设备按滤层密度调节方式可划分为加压室式和无加压室式两大类。

加压室式：在滤层内部设有加压室（气囊），通过加压室对纤维的挤压，使滤层沿水流动方向的截面逐渐缩小，密度逐渐加大，相应滤层孔隙直径和孔隙逐渐减小，实现了理想的深层过滤。当滤层被污染需清洗再生时，可将加压室内的水排出，使纤维束处于放松状态，有利于清洗。对滤料的清洗采用气—水混合擦洗的工艺，能有效的恢复滤元的过滤性能。

无加压室式包括机械挤压调节和水力调节两种。对于采用机械挤压调式式的高效纤维过滤器工作时，水从上至下通过滤层，调节装置向下压缩束状纤维，束状纤维密度沿水流方向逐渐加大，束状纤维的孔隙沿水流方向逐渐减小，由此实现了深层过滤。当滤料堵塞时，即可使用气、水混合进行反冲洗，此时调节装置自动将束状纤维拉直并处于放松状态，黏附于束状纤维上的污物随反洗气、水流排出，设备形式有纤维球过滤器、纤维束过滤器等。

纤维过滤设备技术特点：过滤速度快，一般为 30～45m/h；过滤阻力小，当过滤速度为 30m/h 时，起始压降约为 0.02MPa；设备体积小；截污容量大。

（3）纤维过滤设备的反洗。由于纤维滤料密度很小，反洗时滤料之间的摩擦作用不如石英砂、无烟煤等粒状滤料强烈，所以反洗时必须采用空气擦洗。利用压缩空气的搅动作用，使纤维束产生猛烈地摆动、甩曳而相互碰撞、摩擦或揉搓，将截留的悬浮物质从纤维丝上擦洗掉。纤维球过滤器则设有搅拌器，利用搅拌器产生的强烈旋转水流冲洗滤料。

纤维过滤器的主要问题集中在反洗效果上。有些纤维滤料在使用过程中脏污后不容易清洗干净，即使采用高强度的空气擦洗也无法保证清洗效果，正洗时间较长。

2. 叠片式过滤器

叠片式过滤器是一种较新的过滤设备，由以色列最早发明，近年来国内已有生产。该种过滤器是将一组带有微槽的滤片叠压在一起，滤片之间的微槽形成过滤通道。反洗时，松开压紧弹簧，扩大过滤通道，截留的污物即可用水冲出，叠片式过滤器过滤、反洗如图 1-15所示。叠片式过滤器可以用于超滤的预处理系统、循环水旁滤系统等。

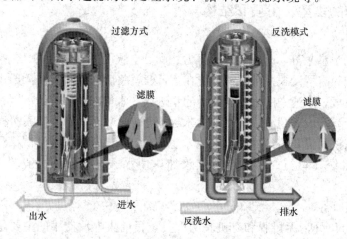

图 1-15 叠片式过滤器过滤、反洗演示图

第五节 超 滤

一、基本概念

超滤也是一种过滤，是膜分离技术中的一部分，它是介于微滤和纳滤之间的一种膜处理。一般用截留分子量的范围来表征超滤膜孔径。超滤在火电厂的典型应用是以压力差为驱动力，从水中分离出悬浮物、大分子和胶体物质、细菌和微生物等杂质，对 BOD 和 COD有一定的去除率。所分离的物质的分子量在几千原子质量单位（等同道尔顿 Dlton）以上，

或者说截留分子量（MWCO）在 $1000 \sim 500\,000$ 之间，其孔径大约在 $0.001 \sim 0.1\mu m$ 范围内。

1. 超滤膜元件

超滤膜元件是指具有端部密封的中空纤维式的膜丝束与外壳组成的元件，有时包括两端连接器和接头，视需要而定。超滤膜元件是超滤装置的最主要基本单元。

2. 超滤膜组件

超滤膜组件是按一定技术要求将超滤膜与外壳、连接器等其他部件组装在一起的组合构件，一般还应包括产水取样或用于检测完整性的透明管等。组件一般至少包含一个膜元件。

3. 超滤装置

超滤装置是指将若干个超滤膜组件并联组合在一起，并配备相应的水泵、自动阀门、检测仪表、支撑框架和连接管路等附件，能够独立进行正常过滤、反洗、化学清洗等工作的水处理装置。通常根据用户的需要，设计出特点各异的超滤装置，如具备在线检测和完整性测试功能的装置；有些超滤膜组件需要气洗系统；有单独的局部控制 PLC 和操作界面等。

许多超滤装置以单套装置为基本单元，当其中一套进行反洗或化学清洗时，其他装置仍可正常制水，从工艺上实现连续产水。

二、超滤膜的类型、材质和结构

1. 类型

按照推动力的类型来分，超滤装置有压力式和真空式两类，压力式又包括内压式和外压式两类；真空式目前只有浸没式一种。该系统在运行时，将膜组件直接浸入原水池中，通过抽真空使产水侧形成负压，水池中的水就会透过滤膜进入产水侧的负压容器。因为过滤动力来自滤膜一侧的真空，所有浸没式超滤膜的推动力永远小于 0.1MPa，其单位膜面积的产水量小于压力式系统。因为清洗时需要将组件吊出水池才能进行，所以需要设置清洗槽和起吊设备。

压力式超滤系统在运行时，通过对进水加压使水透过滤膜，一般的运行压力为 $0.2 \sim 0.4MPa$。

2. 材质

超滤膜材质可以分为无机膜和有机膜两大类，目前火电厂使用的主要是有机膜。有机膜的材料很多，目前在水处理行业常用的有聚醚（PES）、聚偏氟乙烯（PVDF）、聚丙烯（PP）等。当用于工业水处理时，主要考虑超滤膜材质的化学稳定性和亲水性两个方面。

超滤膜在反洗或化学清洗时需要接触酸、碱、氧化剂等腐蚀性物质，所以要求超滤膜具有稳定的化学性质。化学稳定性好的材质，不仅膜的寿命长，而且可以采取多种化学清洗方法，有利于超滤在多种水质条件下的使用。PES、PVDF、PP 在耐酸碱和耐氧化剂方面都可以满足要求，但相比之下，PES 耐氧化剂要弱于 PVDF，PVDF 的化学稳定性最好，PP 耐光降解性能较差。

亲水性的大小对膜的抗有机物污染能力有很大的影响。亲水性好的膜材料，不容易附着疏水性的有机污染物，即使污染后也容易清洗恢复。三种材料亲水性由强至弱顺序为 PES、PVDF、PP。

除了化学稳定性和亲水性之外，不同材质的超滤膜微孔结构也不同，PP 膜往往采用拉伸使聚丙烯微晶断裂而产生微孔，在电镜下观察这种微孔呈细长型；所有过滤尺寸精度不易控制。而其他材质的超滤膜微孔为近似圆形。微孔大小是否均匀对于超滤膜抵抗杂质堵塞也是很重要的，理论上分析认为，细长型的微孔容易发生杂质的卡塞而污堵。

3. 结构

目前，水处理使用的超滤膜大多为高分子聚合物材料制成的中空纤维膜，这种膜具有非对称的断面结构。膜的表面有一层带有致密细孔、厚度很薄、起过滤作用的工作层称为皮层。皮层下面较厚的粗孔材料是支撑层，其作用是增加膜承受压差的能力。

因为超滤膜的截污原理是表面过滤，所以其分离性能主要取决于膜表面皮层的孔径分布。受目前膜制造技术的限制，皮层的微孔孔径并不是单一的，而是存在一定的孔径分布，从 $0.005 \sim 0.1 \mu m$。从理论上讲，膜的孔径分布范围越窄，可以"卡"入微孔的杂质越少，膜越不容易被污堵。如果膜分离皮层存在过大的微孔，虽然透水能力较强，但是膜孔容易被堵塞（堵塞物在反洗时不易去除），膜通量衰减很快，最终结果是产水水质和水量都下降。因此，超滤膜孔径分布范围的宽窄和有无过大孔的存在，是影响膜性能的关键因素。

三、内压式和外压式超滤膜组件

中空纤维超滤膜组件可分为内压式和外压式两种。

1. 内压式

内压式在运行时，水由中空膜丝的内部向外渗透，膜丝外侧汇集的是产品水。内压式中空纤维超滤组件是将数千根甚至数万根中空纤维丝平行地装入耐压容器中，两个端头用环氧树脂密封，露出中空纤维丝的空心，这样进水从容器的一端就可以进入纤维丝内，并从容器的另一端以浓水的形式排出。透过膜的产品水则在膜丝外侧汇集并引出外壳。

内压式超滤的特点是丝内水的流动分布比较均匀，不易产生死角。因为外部流动的是产品水，所有污垢不会在膜丝之间堆积。图 1-16 所示为内压式中空纤维超滤组件运行示意图。

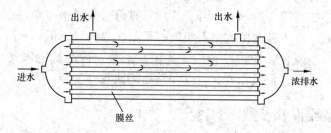

图 1-16　内压式中空纤维超滤组件运行示意图

2. 外压式

外压式是指原水在膜丝的外侧流动，膜丝管内腔汇集的是产品水。因为膜丝壁厚的影响，外压式的过滤面积比内压式的大；另外，反洗时由于水力分布均匀而更为有效。但进水在纤维束之间流动，截留的污物分布有可能不均匀，反洗时可能会留有死角。图 1-17 所示为外压式中空纤维超滤组件运行示意图。

外压式中空纤维超滤组件的进水是通过一只多孔中心管均匀地向纤维束布水。浓水从外

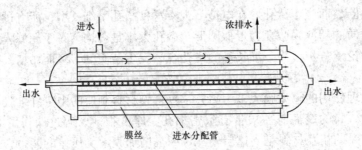

图 1-17　外压式中空纤维超滤组件运行示意图

壳排水口排出，透过膜的产品水则在纤维管内汇集并在另一端被引出。

四、死端过滤和错流过滤

死端过滤（dead end filtration）即进水全部透过滤膜形成产品水没有浓水排出滤元的过滤方式，理论回收率为 100%。死端过滤具有水回收率高、能量消耗小的优点。但是膜容易被污染，因为滤除的所有杂质都将截留在膜的表面并逐渐压实，所以运行压差上升很快，一般适用于较少污堵物水的处理。

错流过滤（cross filtration）即进水中只有一部分水透过超滤膜成为产品水，另一部分水没有透过膜，由进水侧流动到组件的另一端排出，排出的水称为"浓水"。根据浓水循环还是排放又分为错流排放过滤和错流回流过滤两种运行方式：如果将浓水直接排放，就是错流排放过滤；如果将浓水用循环泵打回到组件进口进行循环，就是错流回流过滤。

对死端过滤来说，频繁的反洗降低了膜的生产能力。当水中能被膜截留的物质浓度很高时，膜的过滤阻力增长很快，此时多采用错流过滤的方式。错流过滤时，水分成两股，水主体平行于膜面流动，透过水垂直透过膜，高速流动的水能将沉积在膜面的物质带走，从而减缓过滤阻力的增长速度，这是膜组件在工业应用中经常采用的操作方式。死端过滤的优点是回收率高，而膜污染严重；错流过滤尽管能减少污染，但回收率较低。

综合这两种操作方式的优点，开发出死端、错流联合流程，又称半死端系统，被过滤的水平行流过中空纤维膜内腔，溶剂等小分子物质垂直透过膜后被收集在中心渗透管内，被截留的物质沉积在膜面。由于被截留物质在膜面的积累，膜通量降低。一段时间后，反洗泵通过中心渗透管对膜进行反洗。反洗结束后，关闭反洗阀，被过滤的水又经过水泵进入膜组件，如此循环反复。采用这种操作方式可以在较高的回收率下维持较高的膜通量。

五、超滤的主要设计参数

1. 透膜压差

超滤装置在运行中，超滤膜进水侧与产水侧的压力差称为透膜压差（TMP），透膜压差是衡量超滤膜性能的一个重要指标，它能够反映膜表面的污堵程度。实际上水在膜表面流动的过程中要损失一定的压头，膜两侧的压差沿水流的方向是逐渐下降的，因此只能用平均透膜压差评估膜的污堵程度。压力式超滤透膜压差的计算公式为 $TMP = \dfrac{进水压力 + 浓水压力}{2}$ 一产水压力，对死端过滤可以近似认为进水压力和浓水压力相等。

透膜压差是超滤装置运行中非常重要的一个运行参数，膜的透水通量、表面污堵程度等直接影响透膜压差的大小。随着运行时间的延长，膜的污染加重，膜透水阻力将增大，流量将逐渐衰减。为了维持一定的产水流量，需要增加进水压力。

2. 膜通量

超滤膜通量（water flux）是指在一定的水温和透膜压差运行时，单位时间内单位膜面积的产水量，它是衡量膜透水能力的参数。

将膜通量除以透膜压差便可得到膜渗透率（permeability）。膜渗透率的数据可用于不同膜之间性能的对比，不同材质膜的渗透率相差很大。

膜生产厂家列出膜的纯水透过率是在一定水温和透膜压差下（水温为 20℃ 或 25℃，透膜压差为 0.1MPa），测得的每平方米膜纯水的透过量。在实际运行中，由于水中杂质对膜的污染、反洗不彻底等因素的影响，运行条件和测试条件相差很大，因此实际的透水率远远低于纯水透过率。在目前条件下，通过模拟试验选择膜通量是最为可靠的手段。

膜被污染的速度主要取决于膜通量的大小。膜通量越大，膜的污染速度就越快，为减缓膜的污染，应根据来水的污染性选择合理的膜通量。

3. 平均回收率

平均回收率指超滤装置的净产水量占进水量的百分比。净产水量的含义是实际产水量减去自用水量（主要是反洗耗水）后的值。

超滤在运行中，污堵是不可避免的，在整个制水周期内其产水量是逐步下降的，由此计算的回收率也是逐渐变化的，所以只能计算一个运行周期的平均回收率。

影响回收率的主要因素是反洗耗水量。因此，在实际运行中要对反洗条件进行优化，在保证反洗效果的前提下，尽量减少反洗用水量，以提高超滤系统水的回收率。也可将反洗水返回预处理系统，提高水处理系统的总回收率。

4. 制水周期

制水周期的长短主要与膜通量、水质悬浮物、胶体和细菌杂质的性质、膜的性能、反洗及化学清洗的效率等因素有关。大部分超滤装置的制水周期为 20~60min。如果制水周期过短，反洗过于频繁，则水回收率较低，同时膜组件和自动阀门等部件的寿命会缩短，故障率会提高。

六、超滤在预处理中的应用条件

超滤使用的水质条件，目前尚无明确的标准。在火电厂，大多数超滤是作为反渗透的预处理设备。因为超滤对水质的针对性较强，使用前要进行详细的可行性研究。但是决定超滤膜能否正常使用的关键因素不是水质问题，而是抗污堵能力，尤其是不可逆污堵。污堵后通过反洗或者化学清洗其透水量能够较好地恢复，说明超滤膜的抗污堵性能好，压差增长速度慢。因此，在使用超滤前，应在实际的水质条件下，对超滤的类型、运行方式、运行条件和处理效果进行试验，对其可行性进行充分论证。

七、超滤易发生的问题

1. 不可逆污堵

超滤装置在运行过程中，膜的不可逆污堵的速度和化学清洗后的恢复率是决定超滤能否使用的关键因素，由于影响因素太多，缺乏可靠的分析手段和方法。因此目前超滤的选择还只能通过模拟试验来进行。通过试验，选择超滤膜的种类、运行方式，并对反洗工艺、杀菌工艺和化学清洗工艺进行试验，找到减小超滤膜通量下降速度的方法，并对不可逆污堵的情况进行预测。

2. 断丝

大部分超滤设备采用中空纤维膜丝，在运行中发生断丝是常见的故障，断丝的原因一般是由于膜丝长期振动疲劳引起的。膜丝的振动对于改善反洗效果是不可缺少的，例如使用空气反洗时，就是利用膜丝的强烈振动提高反洗效率的。一般来讲，一只膜元件内装有上万根膜丝，少量的断丝不会立即影响水质，因此运行中不易察觉。在自来水处理领域，因水质要求严格，尤其对细菌含量要实时检测，并要求在最短时间内查清漏点，因此对超滤膜组件有断丝率的要求，在火电厂水处理领域，没有这么严格的要求，但是一旦发现有产水质量变化，应迅速确定断丝发生的准确位置，并采取相应的措施。

如果断丝已经影响了水质，首先要查找断丝的组件，可以利用水质检测判断，方法是从膜组件产水侧设置的取样点取样分析产水的水质，判断膜组件是否完好。对于少量断丝情况，因为水质没有明显变化，所以这种方法无效，只能通过完整性检测（integrity testing）来判断。

完整性检测是指检查超滤膜以及整个装置是否发生破损和泄漏的试验，完整性检测有压力衰减法和气泡观察法。

（1）压力衰减法。试验步骤为：①将膜组件彻底润湿；②排尽组件内的存水，开启产水阀；③将洁净无油的压缩空气通入进水管，逐渐升压，升压过程中随时检查管阀接头与连接紧密处是否漏气；④当气压升到 $0.1\sim0.15MPa$ 时，停 2min，再继续升至预期压力 $0.25MPa$；⑤关闭进气阀，并确认产水侧处于开始状态；⑥开始计时，10min 后记录气压压力值；⑦如果装置的压力衰减值大于 $0.025MPa$，则需要将膜组件分为若干支一组，按上述方法分组检测，直至找出故障组件为止。

（2）气泡观察法。在超滤膜组件的一端管路上加装一段透明检查管（如有机玻璃管）。检查时，将洁净无油的压缩空气通入膜组件，空气会从膜组件内破裂的膜丝或有缺陷的大孔漏入膜的另一侧，在检查管中可以看到气泡。如果在透明管中看到不连续、尺寸大小不一的气泡，即可确定该组件有缺陷，有可能发生了断丝。

对断丝的处理方法一般是找出断的膜丝进行封堵。当断裂或已被封堵的膜丝数量太多时，如大于 30%，则需要更换整只元件。

3. 机械损坏

运行或设计不当引起膜的物理损坏，如水锤及超限高压运行导致膜的压密；进水和浓水之间压差过大造成的膜卷窜动；产水背压造成的膜破裂等情况。

4. 化学损坏

超滤膜组件的化学损坏为不可恢复性的损伤，如料液中含有的氧化性物质没有得到有效处理导致膜被氧化；超限酸碱清洗导致膜材料降解等。化学损坏难以恢复，只能更换膜元件。

第六节　水的吸附和杀菌消毒处理

通过混凝澄清与过滤等处理已除去天然水中的部分细菌和微生物，但剩余的仍会造成后续离子交换树脂和反渗透膜等部位滋生繁衍，有机物为它们提供食粮。另外，如有机物和微生物进入热力系统，会分解出一些低分子有机物，影响汽水品质。

在锅炉补给水的预处理中，有时需要考虑处理水的吸附与杀菌消毒处理。特别是天然水源受到污染程度日益严重，加强水的吸附和杀菌消毒处理十分重要。

一、活性炭吸附处理

采用混凝、澄清、过滤的预处理过程对于水中的悬浮物、浊度的去除是十分有效的，但对有机物的去除率仅为40%～50%。另外，在锅炉补给水的预处理中，为了减少水中有机物而进行氯化处理，然而余氯会对后续水处理材料（如离子交换树脂、反渗透膜）造成危害，所以必须考虑除去余氯。除去水中余氯和有机物的主要方法是采用活性炭吸附处理工艺。

1. 活性炭的性质

活性炭是由多种含碳原料经脱水、炭化、活化、筛分加工制成。制造活性炭的原料包括木材、褐煤、泥煤、硬果壳、甘蔗渣、锯末、动物骨头及石油残渣。

（1）物理性质。活性炭具有不规则的结晶或无定形多孔结构，其吸附能力强，吸附容量大，比表面积为500～1500m^2/g。活性炭在制造过程中，一些挥发性有机物去除以后，在活性炭粒中形成形状和大小不同的细孔，这些细孔的构造和分布与生产活性炭的原料、活化方法和活化条件等因素有关。

（2）化学性质。活性炭在制造过程中有多种表面氧化物生成。这些表面氧化物一般带有羟基、羧基、羰基等含氧官能团，使得活性炭表面带有微量电荷，表现出一定的选择性吸附特征。活性炭表面所带的含氧官能团和电荷的量随原料组成、活化条件不同而异。低温（约500℃）活化的炭可以生成表面呈酸性的氧化物，水解后放出H^+，使炭表面带有负电荷；高温（800～1000℃）活化的炭可以生成表面碱性氧化物，水解后放出OH^-，使炭表面带有正电荷。

（3）活性炭的理化性能。活性炭用作吸附处理时，表征其理化性能的技术指标有粒度、视密度、亚甲基蓝脱色力和碘吸附值。其中碘吸附值的含义是指在50mL浓度为0.1mmol/L的碘溶液中，加入活性炭0.5g左右，振荡5min，测定剩余碘量，计量单位为"mg/g"，即每克活性炭吸附碘的毫克数。

2. 影响活性炭吸附性能的内在因素

因活性炭对水中有机物的吸附量与很多因素有关，并处于亚平衡态，因此它通常不能百分之百地将有机物除尽，去除率在20%～80%之间，差别很大。

（1）活性炭的结构及特性。活性炭的孔径、空容分布及比表面积影响吸附容量。因活性炭吸附有机物主要在微孔中进行，微孔所占空容和表面积的比例越大，吸附容量越大。

由于活性炭表面带微弱的电荷，水中极性溶质竞争活性炭表面的活性位置，导致活性炭对非极性溶质的吸附量降低，而对某些金属离子产生离子交换吸附或络合反应。

（2）被吸附有机物的性质。主要包括以下几个方面。

1）分子结构和表面张力。通常，芳香族有机物比脂肪族有机物易被活性炭吸附；越是能降低溶液表面张力的有机物越容易被活性炭吸附。

2）有机物的分子量。一般水中有机物的分子量增加，吸附量也增加。但也有个别物质出现随分子量的增大，吸附速度降低的现象。据有关文献介绍，当活性炭微孔大小为有机物分子的 3～6 倍时能够有效地吸附，但是由于分子筛的作用而使扩散阻力增加，吸附速度就降低。有试验结果证明，经二级处理后的污水中低分子量的有机物更容易被吸附除去，分子量超过 1500 时则吸附速度显著降低。

3）有机物的溶解度。活性炭在本质上是一种疏水性物质，因此被吸附有机物的疏水性越强越易被吸附。换言之，在水中溶解度越小的有机物越易被活性炭吸附。

3. 影响活性炭吸附性能的外在的因素

（1）水中有机物的浓度。大多数的有机物在浓度和吸附量之间存在特定的关系，而且一般是浓度增加吸附量按指数关系增加。但也有例外，如对烷基苯磺酸（ABS）的吸附，浓度改变对吸附量基本无影响。

（2）pH 值。在多数情况下，先把水的 pH 值降低到 2～3，然后再进行活性炭吸附往往可以提高有机物的去除率。这是因为水中的有机酸在低 pH 值下电离的比例较小，为活性炭提供了容易吸附的条件。

（3）温度和共存物质。活性炭对水中的有机物进行吸附时，温度的影响可以忽略不计。一般天然水中存在的无机离子对活性炭吸附有机物也几乎没有影响。但汞、铬、铁等金属离子含量较高时，则可能因为在活性炭表面起化学反应并生成沉淀、积累在炭粒内，而使活性炭的孔径变小，影响活性炭的吸附效果。

（4）接触时间。因为吸附是液相中的吸附质向固相表面的一个转移过程，所以吸附质与吸附剂之间需要一定的接触时间，才能使吸附剂发挥最大的吸附能力。在处理水量一定的情况下，增加接触时间，意味着增加设备或增大设备，而且接触时间太长时，吸附量的增加并不明显。因此，一般设计时接触时间按 20～30min 考虑。

4. 活性炭过滤器

（1）活性炭过滤器工作原理。活性炭过滤器示意图如图 1-18 所示。当水通过活性炭过滤器时，水中被吸附的物质从液相转移到固相活性炭的表面上，这个过程可以看作是由液相扩散、细孔内扩散和细孔内表面的吸附反应三个过程组成的。由于活性炭具有发达的细孔结构和巨大的比表面积，因此对水中溶解性的各种有机物具有很强的吸附能力，而且对用生物法或其他化学法难以去除的有机物如色度、异臭、表面活性剂、合成洗涤剂和染料等都有较好的去除效果。活性炭还有去除余氯的作用，其对 Cl_2 的吸附不仅有物理吸附作用，而且也有化学吸附的作用。其化学吸附原理为 $2Cl_2 + C + 2H_2O \rightarrow 4HCl + CO_2$。

活性炭过滤器的作用是保护后续离子交换树脂和分离膜免受有机物的污染。

（2）主要工艺参数。具体的工艺参数应根据进水水质、活性炭品种及试验结果决定，下述数据仅是一般范围。

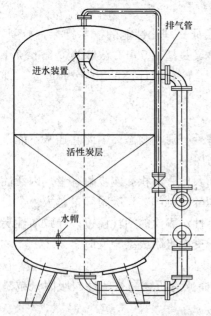

图 1-18　活性炭过滤器示意图

1）通水空塔流速：8～20m/h。

2) 进水浊度：小于 5FTU。

3) 活性炭层厚度：1.5～2.0m。

4) COD 吸附量：200～800mg/kg 炭。

5) 反洗水流速：28～32m/h。

6) 反洗历时：4～10min。

7) 反洗时间间隔：72～144h。

8) 反洗炭层膨胀率：30%～50%。

5. 活性炭过滤器的运行管理

(1) 活性炭的性能应符合有关标准或设计规范的要求。在选用时应仔细阅读产品的使用说明书，并检查其品种、规格、数量是否符合设计要求。

(2) 装料。按设计要求的层高和到货活性炭的视密度，估算装填数量。装料前设备应充水至水帽上方约 500～800mm 处，以免活性炭下落时损坏水帽。

(3) 清洗。过滤器在装料后应按流速 5～8m/h 水流由下往上冲洗，反洗水由上部排污口排出，主要除去滤料中的脏物和形成滤层粒度的合理分布，至出水澄清为止。

(4) 过滤。装料后正洗，查看排水是否澄清，如已澄清，即可投入正常过滤，每小时观察出水一次，发现水质达不到要求时，立即停止，进行反洗或根据进出口压差（一般压差不超过 0.098MPa）来决定反洗的时间。

(5) 空气擦洗。先关闭进水阀，打开排水阀，将水面降至观察孔中心位置，关闭排水阀，打开压缩空气阀及排空阀，将压缩空气从底部进入，将滤层松动 3～5min，气体从排气阀排出。

(6) 水反洗。缓慢地打开反洗进水阀，水从底部进入，当空气阀向外溢水时，应立刻关闭空气阀，打开排水阀，水从上部排出，流量逐渐增加，最后保持一定的反洗强度，通常为 7～14L/（m²·s），以出水中不含有正常颗粒的过滤介质为宜，直至反洗出水水质完全无色透明为止，一般需 20min 左右，然后关闭反洗进水阀及上排水阀。

(7) 正洗。正洗时先打开进水阀及下排水阀，水由上往下冲洗，正洗强度 1～1.5L/（m²·s），时间通常为 120min，原则上出水透明时即关闭排水阀，打开出水阀，投入正常运行。

二、大孔吸附树脂吸附处理

在电厂锅炉补给水处理领域内，为了除去水中的有机物，除了采用活性炭以外，有时也采用大孔吸附树脂，目前常用的有 DX-906 大孔苯乙烯和大孔丙烯酸两种吸附树脂。

(1) DX-906 大孔苯乙烯吸附树脂的工艺参数。该树脂在运行流速 20～30m/h 的条件下，对水中有机物去除率平均为 35% 左右，对 COD_{Mn} 的吸附容量大约为 4g/L（树脂）。其运行的失效终点通常按 COD_{Mn} 去除率不小于 20% 为准，失效后可用 3～4 倍床层体积的 8% NaCl 和 4%NaOH 的混合液复苏再生。

(2) 大孔丙烯酸吸附树脂。树脂装填高度为 0.8～2.5m，工作交换容量（湿）大于 1200mol/m³（树脂）。失效后可用 2%～4%NaOH 复苏再生；再生剂用量为 50～70kg/m³（按 100%NaOH 含量计算）；再生液流速为 4～6m/h；再生接触时间为 30～50min；正洗流速为 12～15m/h；正洗时间为 25～45min。

另外，废弃的强碱阴树脂也可以用作吸附剂除去水中有机物。

三、水的杀菌消毒处理

水中微生物大部分都黏附在悬浮颗粒上，因此在水的混凝沉降和过滤处理中可除去一部分（40%～50%），但达不到饮用水标准。所以，杀菌消毒处理是保证处理水细菌指标达到饮用要求的一个必不可缺的水处理单元。

水的杀菌消毒处理分为化学法和物理法。化学法包括加氯、次氯酸钠、二氧化氯或臭氧处理等；物理法包括加热和紫外线处理等。目前，中国生活饮用水处理大多采用氯及其衍生物（如二氧化氯等）处理。下面主要简要介绍氯气的杀菌消毒原理。

1. 氯杀菌原理概述

氯（Cl_2）易溶于水，并与水发生复分解反应形成 HCl 和 HClO，即 $Cl_2 + H_2O \rightarrow HCl + HClO$。

氯的杀菌消毒作用有两种观点：一种认为是 HClO 分子起消毒作用，因为 HClO 是一个很小的中性分子，比较容易扩散到带有负电荷的细菌表面，并通过细胞壁到达菌体表面，进入到菌体内部，氧化分解细菌的酶系统使细菌死亡，而 ClO^- 带负电荷，不宜扩散到菌体表面，所以杀菌效果差；另一种观点认为是生成物中的 HClO 能分解出原子氧，能对细菌的酶系统起氧化作用，使细菌死亡。

生产实践表明：加氯处理不仅有消毒作用，使水中的病原微生物控制在水质标准以下，而且能明显降低水的色度和有机污染物含量。另外，还能除去水中的臭味。pH 低时，氯的杀菌消毒能力较强。

2. 需氯量与加氯点

需氯量是指用于杀死病原微生物、细菌、氧化水中有机物和还原性物质所消耗的氯的总和；余氯是为了防止残存的病原微生物在输水管网中再度繁殖而多加的氯。中国饮用水卫生标准中，管网末端水中余氯不低于 0.05mg/L，加氯量应为需氯量与余氯之和。

加氯地点可根据处理水质选用滤后加氯和滤前加氯。滤后加氯是指加氯点布置在过滤设备之后，因前面的混凝沉降和过滤已除去了一部分微生物，所以加氯量比较小；滤前加氯的加氯点布置在过滤设备之前，加氯与混凝处理同时进行，故也称预氯化，它适用处理含有机物污染严重或色度较高的水。

第七节 预 处 理 系 统 的 选 择

一、地下水

（1）以地下水作水源时，水中悬浮物含量极少，一般可不考虑预处理的设立。如果含沙量较高，应考虑除砂设施。

（2）当水中含有非活性硅，并经核算锅炉蒸汽质量不能满足要求时，应采用接触混凝、过滤或混凝、澄清、过滤等方法去除。

（3）当地下水中铁、锰含量较高时，应采取除铁、锰措施。当重碳酸盐型铁小于 20mg/L、pH≥5.5 时，可用曝气和天然锰砂过滤法除铁；当重碳酸盐型铁小于 4mg/L 时，可用曝气和石英砂过滤除铁，并使曝气后 pH>7，必要时加碱调节。

二、地表水

（1）地表水预处理宜采用混凝、澄清、过滤处理。主要工艺包括混凝澄清设备（机械加速澄清池、高密度沉淀池、反应沉淀池）和机械过滤器或超滤、直接超滤等。

（2）水中悬浮物含量较小时，可采用直流混凝和机械过滤。

（3）如果水中出现季节性含沙量或悬浮物含量较高，影响混凝澄清处理时，则要在供水系统中设置降低泥沙含量的预沉设施或增加蓄水池等。

（4）如果原水中重碳酸盐硬度或硅酸盐含量较大，或原水受到污染要综合治理、改善水质时，可通过技术、经济比较，考虑进行石灰或其他药剂联合处理。如当水中胶体硅含量较高（大于 0.5mg/L 以上）时，可能会使锅炉蒸汽中含硅量超标，可采用钙化—镁剂处理，以去除部分硅酸化合物。采用镁剂除硅后，可使水中硅化合物去除约 40%，出水中 $HSiO_3^-$ 含量降至 1mg/L 以下。

（5）当原水有机物含量较高时，可采用氯化、混凝、澄清、过滤处理工艺，对水中有机物去除率一般可为 40%～60%，出水浊度可小于 2mg/L，基本上可以满足离子交换工艺对入床水质的要求。如需进一步除去水中有机物，可考虑在系统中增设过滤床或吸附树脂罐等设施。

（6）活性炭床既可除去某些有机物，也可除去水中游离氯，在深度预处理时使用较多。在使用活性炭床时要注意：当活性炭床以除去有机物为主时，宜放在阳床之后，研究证明，活性炭在酸性介质中可以较好的吸附水中有机物；当以除活性氯为主时，应放在阳床之前。

三、自来水

在用自来水作水源时，由于自来水要进行杀菌消毒，通常水中余氯含量超过离子交换床的要求（余氯小于 0.1mg/L），所以应在工艺中设置除氯设施，如投加还原剂（如 Na_2SO_3、$NaHSO_3$等）或增加活性炭吸附。

第二章 锅炉补给水的化学除盐

第一节 离子交换基本理论

一、离子交换原理

离子交换树脂是一类带有活性基团的网状结构高分子化合物。在它的分子结构中，可分为两部分，一部分为离子交换树脂骨架，是高分子化合物的基体，具有庞大的空间结构，支撑着整个化合物；另一部分为活性基团，它结合在高分子骨架上起着交换离子的作用。

离子交换树脂之所以在水处理工艺中能得到广泛应用，就是因为它具有离子交换的性能。离子交换树脂类似于电解质，有酸碱性，具有中和反应和水解反应的特征。

1. 交换反应的可逆性

离子交换反应是可逆的，例如用含 Ca^{2+} 的水通过 Na 型树脂时，其交换反应为

$$2RNa + Ca^{2+} \rightleftharpoons R_2Ca + 2Na^+$$

当此反应进行到离子交换树脂大都转化为 Ca 型，以致它已不能继续使水中 Ca^{2+} 交换成 Na^+ 时，可以用 NaCl 溶液通过此 Ca 型树脂，利用上式的逆反应，使树脂重新恢复成 Na 型。

离子交换反应的可逆性是离子交换树脂可以反复使用的重要性质。

2. 酸、碱性和中性盐分解能力

H 型阳离子交换树脂和 OH 型阴离子交换树脂，分别在水中可以电离出 H^+、OH^-，这种性质被称之为树脂的酸、碱性。根据电离出 H^+ 和 OH^- 能力的大小，它们又有强弱之分。在水处理工艺中，常用的树脂有以下几种。

（1）磺酸型强酸性阳离子交换树脂：$R—SO_3H$。

（2）羧酸型弱酸性阳离子交换树脂：$R—COOH$。

（3）季铵型强碱性阴离子交换树脂：$RN\equiv OH$。

（4）叔仲伯型弱碱性阴离子交换树脂：$R\equiv NHOH$、$R=NH_2OH$、$R—NH_3OH$。

离子交换树脂酸性或碱性的强弱，在水处理应用中很重要。强型 H 型阳树脂在水中电离出 H^+ 的能力较强，所以它很容易和水中其他阳离子进行交换反应；而弱酸性 H 型阳树脂在水中电离出 H^+ 的能力较弱，故当水中存在一定量 H^+ 时，交换反应就难以进行。如强酸 H 型阳树脂与中性盐（如 NaCl）等反应进行容易，而弱酸 H 型阳树脂与中性盐交换时，因产生强酸，抑制反应向右进行，可示意为

$$R—SO_3H + NaCl \longrightarrow R—SO_3Na + HCl$$

$$R—COOH + NaCl \longrightarrow R—COONa + HCl$$

强碱性和弱碱性 OH 型阴树脂与中性盐（如 NaCl）进行离子交换时，其交换 Cl^- 等强酸阴离子并向溶液中释放出 OH^- 的能力也有很大的差别，其中季铵型强碱性阴离子交换树

脂在水中电离 OH^- 的能力较强，相应也容易和水中其他阴离子进行交换反应，可示意为

$$R \equiv NOH + NaCl \longrightarrow R \equiv NCl + NaOH$$

$$R{-}NH_3OH + NaCl \longrightarrow R{-}NH_3Cl + NaOH$$

离子交换树脂与水中的中性盐进行离子交换反应，同时生成游离酸或碱的能力，通常称之为树脂的中性盐分解能力。显然，强酸性阳树脂和强碱性阴树脂中性盐的分解能力强；而弱酸性阳树脂和弱碱性阴树脂中性盐分解能力弱。

3. 中和与水解

在离子交换过程中可以发生类似于水溶液中的中和反应和水解反应。H 型阳树脂可与碱溶液进行中和反应，OH 型阴树脂则可与酸溶液进行中和反应，由于在溶液中的反应产物是水，所以不论树脂酸性、碱性强弱如何，反应都容易进行。

二、离子交换过程

水中所含的各种离子，因为树脂对它们具有不同的选择性系数，所以它们在离子交换器上会发生离子间的互相排代作用，其排代关系与溶液中的离子组成和树脂中各种离子所占的比例有关。当含有多种离子的水溶液通过氢离子交换器时，其主要规律为被交换离子在交换器中的分布，是按照它被交换树脂吸着能力的大小，沿水流方向分布的，最上部是吸着能力最大的离子，下部为吸着能力小的离子。

在实际应用中，由于在离子交换器内横断面上的各个部位再生程度的差异和运行中水力特性的不均匀等因素的影响，各层的断面不是水平的，而是互相交错的。所以，上述离子的排代现象，只是大致符合上述规律。

下面以阳离子交换为例，讨论动态离子交换过程。

天然水中通常含有 Ca^{2+}、Mg^{2+}、Na^+ 等多种阳离子和 HCO_3^-、$HSiO_3^-$、SO_4^{2-}、Cl^- 等多种阴离子。在水通过阳离子交换器的初期，水中的各种阳离子都与 RH 型树脂中 H^+ 进行交换，依据它们被树脂吸着能力的大小，最上层以最易被吸着的 Ca^{2+} 为主，自上而下依次排列的大致顺序为 Ca^{2+}，Mg^{2+}，Na^+。随着通过水量的增加，进水中的 Ca^{2+} 也与生成的 Mg 型树脂进行交换，使 Ca 型树脂层不断扩大；当被交换下来的 Mg^{2+} 连同进水中的 Mg^{2+} 一起进入 Na 型树脂时，又会将 Na 型树脂中的 Na^+ 交换出来，结果 Mg 型树脂层也会不断的扩大和下移；同理，Na 型树脂层也会不断的扩大和下移，逐渐形成 R_2Mg-Ca，RNa-Mg，RH-Na 的交换区域。

三、工作层及工作交换容量

1. 工作层

在离子交换器中，当水流顺流通过离子交换层时，树脂可分为三个区，上层树脂是已失去交换能力的失效层；中层是正在进行离子交换的工作层；下层是尚未进行交换反应的保护层。

交换器在运行过程中，随着运行时间的延长，失效层逐渐增加，工作层不断向水流方向推移，保护层不断降低。当工作层下缘的某一处移到交换树脂的出水端，即保护层高度为零时，欲除去的离子便开始泄漏于出水中。为了保证出水水质，此时应停止交换器运行。因此，出水端总有一部分树脂层的交换容量未能完全发挥。工作层越厚，穿透点出现越早，交

换柱内树脂的交换容量利用率就越低。

2. 影响工作层厚度的因素

影响工作层厚度的因素很多，这些因素大致可分为两个方面：一是影响离子交换速度的因素，若能使交换速度加快，则离子交换越易达到平衡，工作层便越薄；另一方面是影响水流沿交换器过水断面均匀分布的因素，若能使水流均匀，则可降低工作层厚度。归纳起来，这些因素有树脂种类、树脂颗粒大小、空隙率、进水离子浓度、出水水质的控制标准、水通过树脂层时的流速以及水温等。

（1）树脂的选择性系数越大，树脂与水中离子的交换反应势就越大，工作层就越薄。

（2）树脂颗粒越大，单位体积树脂比表面越小，离子在树脂相中的扩散所需要的时间就越长，工作层就越厚。

（3）进水中离子浓度越高，交换反应所需时间就越长，工作层就越厚。

（4）水的流速越大，水与树脂接触的时间就越短，工作层就越厚。

（5）水温越高，树脂颗粒外水膜的厚度就越薄，交换反应速度就越快，工作层就越薄。水温对弱型树脂的影响更为明显。

3. 工作交换容量

工作交换容量是指在一定条件下，一个交换周期中单位体积树脂实现的离子交换量，即从再生型离子交换基团变为失效型基团的量。它可以用下式计算

$$q_工 = q'_v(R_初 - R_残) \tag{2-1}$$

式中　$q_工$——树脂工作交换容量，mmol/L；

　　　q'_v——树脂体积全交换容量，mmol/L；

　　　$R_初$——整个树脂层平均初始再生度；

　　　$R_残$——整个树脂层平均残余再生度。

树脂的工作交换容量除了和树脂本身的性能有关以外，还和树脂的再生度有关。对给定的树脂层，再生度与再生前树脂层的离子成分及分布情况有关，也与再生条件（再生剂种类、浓度、用量、再生液温度、流速和配制再生液用水质量等）有关。

4. 影响工作交换容量的因素

（1）影响 $R_初$ 的因素。它包括水源的成分、杂质浓度、温度、流速及对出水水质要求、树脂层高度、运行方式、设备结构的合理性等。

1）树脂的酸、碱性。弱型树脂对氢离子或氢氧根离子的亲和力最大，所以它的再生度比较高；强型树脂则相反，再生度较低。Ⅱ型强碱树脂的碱性比Ⅰ型强碱树脂的弱，所以在一般再生状况下，它的再生度较高，初始容量也较高。

2）再生剂用量。再生剂用量越大，树脂的再生度越高，但随着再生剂用量的增大，再生度增加的幅度越来越小，最后趋于平稳。

3）再生剂纯度。树脂再生度与再生剂的纯度有关。从离子交换平衡可知，再生剂纯度越高，再生度也越高。

4）再生液温度。再生液的温度会影响选择性系数和离子交换的速度，从而影响再生度。强碱树脂的再生温度还会影响硅的聚结程度，从而影响其再生程度。

5）再生液流速。为了保证树脂和再生液有足够的接触时间，必须限制再生液流速。为了防止在再生过程析出硫酸钙沉淀和产生胶体硅，又必须保证足够的再生液流速。为此，往

往调整再生液浓度，以保证足够的再生时间和再生流速。

6）再生液浓度。在保证足够的再生时间，且不会析出沉淀和形成胶硅的情况下，较浓的再生液对树脂获得较高的再生度是有利的。

7）失效树脂的离子组成。不同离子的选择性不同，在同样再生条件下，失效树脂的离子组成不同，再生度也不同。

（2）影响 $R_残$ 的因素。主要有以下几个方面。

1）水中离子总量。水中欲被去除的离子总量越大，工作层高度越高，残留再生度也越高。

2）水中离子组成。欲被去除的离子和树脂的亲和力越大，树脂残留容量就越低，这一特性对再生不利。

3）运行流速。根据离子交换速度可知，运行流速对弱型树脂的离子交换过程影响较大，其工作层高度随流速的提高而增加，因而残留容量也随着增加。强型树脂的残留容量受流速影响较小。

4）运行水温。与运行流速相似，温度对弱型树脂的离子交换影响较大，运行水温越高，残留容量就越低。

（3）树脂层高度。从整个树脂层看，残留容量的分布是不均匀的，出水端处工作层内树脂的残留容量最多。在一定条件下运行时，工作层高度和树脂层高度有关。因此，树脂层高度越高，工作交换容量就越大。但是树脂层高度过高，水的压头损失也越大，所以树脂层也不能太高。

（4）树脂的性质。除了树脂层高度以外，上述的每一项都和树脂本身的性质有关，它包括树脂的体积全交换容量、选择性系数和动力学性质。

仅就一对离子的交换而言，树脂的工作交换容量就受到上述诸因素的影响，其中有些影响尚不能用一个简单的数学关系式表示，而各因素又互相影响。当有几种离子同时发生离子交换，以及交换结果形成难解离物质，则离子交换现象变得很复杂。在实际运行中，离子交换设备还会出现水流分布不均的现象，同一层面上各点的树脂再生度和失效度也不同。树脂在使用一段时间后，其性能会发生一定的变化或受到一定程度的污染。这些都使得对离子交换树脂的工作交换容量难以定量描述。

（5）标准条件下测定结果。根据以上所述，在不同条件下测定的工作交换容量没有可比性，只有在统一标准条件下（如 ASTM 所规定的统一条件）测定的工作交换容量才具有可比性，才能用于比较不同生产厂的产品。表 2-1 为离子交换树脂工作交换容量参考指标。

表 2-1　　　　　　　　　　　离子交换树脂工作交换容量参考指标

树脂牌号	工作交换容量（mmol/L）	测定方法
001×7	＞1350	ASTM 1782
D001	＞1200	ASTM 1782
201×7	＞500	ASTM 3087
201×4	＞600	ASTM 3087
D201	＞450	ASTM 3087
202	＞850	ASTM 3087

树脂牌号	工作交换容量（mmol/L）	测定方法
D202	>650	ASTM 3087
D301	>1050	ASTM 3087
D111	>2000	进水硬度与碱度比大于1、运行终点漏过碱度10%，再生用酸量200g/L HCl
D113	>1600	同树脂 D111，再生用酸量250g/L HCl

四、失效树脂的再生

运行制水和再生是离子交换水处理的两个主要操作过程，运行制水是树脂交换容量的发挥过程，再生是树脂交换容量的恢复过程。

树脂失去继续交换离子的能力，称为失效。通常交换柱运行时要除去离子泄漏到一定程度，即认为失效。失效树脂需经再生，才能恢复其交换能力。恢复树脂交换能力的过程称为再生，再生所用的化学药剂称为再生剂。

1. 再生工艺

（1）强酸 H 型交换器的再生。强酸 H 型交换器失效后，必须用强酸进行再生，通常用 HCl 或 H_2SO_4。再生时的交换反应如下：

$$R_2\begin{Bmatrix}Ca\\Mg\end{Bmatrix}+2HCl \longrightarrow 2RH+\begin{Bmatrix}Ca\\Mg\end{Bmatrix}Cl_2 \quad 或 \quad RNa+HCl \longrightarrow RH+NaCl$$

$$R_2\begin{Bmatrix}Ca\\Mg\end{Bmatrix}+H_2SO_4 \longrightarrow 2RH+\begin{Bmatrix}Ca\\Mg\end{Bmatrix}SO_4 \quad 或 \quad 2RNa+H_2SO_4 \longrightarrow 2RH+Na_2SO_4$$

由以上反应式可知，用硫酸再生时，产物中有易沉淀的 $CaSO_4$，因此应采取措施，防止在树脂层中析出 $CaSO_4$ 的沉淀。

再生过程中，是否析出 $CaSO_4$，与进水水质、再生流速和再生液浓度有关，如果进水中 Ca^{2+} 含量占全部阳离子含量的比值越大，则失效后树脂中 Ca^{2+} 的相对含量也越大。若用浓度高的 H_2SO_4 再生，就很容易在树脂层中析出 $CaSO_4$ 沉淀，故必须对 H_2SO_4 的浓度加以限制。除了控制再生液的浓度外，加快再生流速也是有效的。这是因为 $CaSO_4$ 从过饱和到析出沉淀还需要一段时间。

为了防止用 H_2SO_4 再生时在树脂层中析出 $CaSO_4$ 沉淀，可以采用以下的再生方式。

1）用 H_2SO_4 溶液进行再生。再生液浓度通常为 0.5%～2.0%，这种方法比较简单，但要用大量的稀 H_2SO_4，再生时间长、自用水量大，再生效果也较差。

2）分步再生。先用低浓度的 H_2SO_4 溶液以高流速通过交换器，然后用较高浓度的 H_2SO_4 溶液以较低的流速通过交换器。先用低浓度的目的是降低再生液中 $CaSO_4$ 的过饱和度，使它不易析出；先采用高流速的原因是因为 $CaSO_4$ 从过饱和到析出沉淀物常需一定的时间，加快流速，缩短硫酸对树脂的接触时间，使 $CaSO_4$ 在发生沉淀前就排出树脂层。分布再生可分为二步法、三步法和四步法，也可采用将 H_2SO_4 浓度不断增大的办法，以达到先稀后浓的目的。

由于 HCl 再生时不会有沉淀物析出，所以操作比较简单。再生液浓度一般为 2%～4%，再生流速一般为 5m/h 左右。

（2）强碱 OH 型交换器的再生。失效的强碱阴树脂一般都采用 NaOH 再生，其交换反应为

$$R_2\left\{\begin{matrix}SO_4\\Cl_2\\(HCO_3)_2\end{matrix}\right. + 2NaOH \longrightarrow 2ROH + Na_2\left\{\begin{matrix}SO_4\\Cl_2\\(HCO_3)_2\end{matrix}\right.$$

为了有效除硅，强碱 OH 型交换器除了再生剂必须用强碱（NaOH、KOH）外，还必须满足 3 个条件：①再生剂用量应充足；②提高再生液温度③增加接触时间。

试验表明，当再生剂用量达到某一定值后，硅的洗脱效果才明显。因此，增加再生剂用量，不仅能提高除硅效果，而且能提高树脂的交换容量；提高再生温度，可以改善对硅的置换效果，并缩短再生时间，但由于树脂热稳定性的限制，故再生温度也不宜过高。通常 I 型强碱性阴树脂再生温度为 40℃左右，II 型以 35±3℃为宜；提高再生接触时间是保证硅酸型树脂得到良好再生的一个重要条件，一般不得低于 40min，而且随硅酸型树脂含量增加，再生接触时间应有所延长。

强碱 OH 型交换器再生液浓度一般为 1%～3%（浮床为 0.5%～2%），流速不大于 5m/h（浮床为 4～6m/h）。

此外，再生剂的纯度对强碱性阴树脂的再生效果影响很大。工业碱中的杂质主要是 NaCl 和铁的化合物，强碱性阴树脂对 Cl^- 有较大的亲和力，制水时 Cl^- 不仅易被树脂吸着，而再生时不易被洗脱下来。所以当用含 NaCl 较高的工业碱再生时，会大大降低树脂的再生度，导致工作交换容量降低，出水质量下降。

（3）弱型树脂的再生。失效的弱型树脂很容易再生，不论再生方式如何，都能得到较好的再生效果。用作弱酸树脂再生剂的可以是 HCl、H_2SO_4，也可以是 H_2CO_3。用作弱碱树脂再生剂的可以是 NaOH，也可以是 $NH_3 \cdot H_2O$、Na_2CO_3 或 $NaHCO_3$。弱型树脂的再生通常都是与强型树脂串联进行的，即再生液先经过强型树脂，再流经弱型树脂，用强型树脂排液中未被利用的酸或碱再生弱型树脂。

2. 再生剂耗、比耗

树脂失效后，用相应的盐、酸或碱再生以恢复其工作能力。一般用再生剂耗和比耗来衡量树脂再生能力。再生剂耗又分为盐耗、酸耗或碱耗。

再生离子交换过程也受树脂对各种离子的选择性和其动力学性能影响，容易再生和再生速度快的树脂耗用的再生剂量较小。根据离子交换的选择性可知，用酸或碱再生弱型树脂时反应容易进行，耗用的再生剂少。强型树脂的再生效果，与再生工艺关系很大，与失效树脂中高价离子比例有关。这些情况都可以从再生剂耗或比耗反映出来。

在失效的树脂中再生每摩尔交换基团所耗用的再生剂质量（g）称为再生剂耗（单位为 g/mol）。在树脂中再生每摩尔交换基团所耗用的 HCl 或 NaOH 的摩尔数称为比耗（单位是 mol/mol），以无量纲形式表示。理论上再生 1mol 的失效型交换基团应耗用 1mol 的 NaOH、HCl。因此，比耗表示了再生剂实际用量是理论用量的倍数。显然，在用 HCl 和 NaOH 再生时，比耗越接近于 1，再生效率越高。

当采用多元酸（H_2SO_4）或多元碱来分别再生阳离子交换树脂或阴离子交换树脂时，由于再生液浓度较高，它们不能按理论值离解出全部 H^+ 或 OH^- 来。如 1mol 的 H_2SO_4 并不一

定解离出 2mol 的 H^+，实际解离出来的 H^+ 量是一个变值（随再生工况而变）。通常将 H_2SO_4 作二级解离来计算，结果硫酸再生的比耗往往高于盐酸再生的比耗，但这并不能说明硫酸再生能力低于盐酸。根据以上原因，一元酸、碱与多元酸、碱的比耗是不能类比的。

再生时耗用的再生剂量是很容易计算的。如以采用酸、碱计量箱的再生系统为例，若计量箱中再生液的浓度为 c（%），每次再生用再生液的体积为 V（m^3），则耗用再生剂量（M）为

$$M = c \times V \times d \tag{2-2}$$

式中 d——再生剂溶液密度，kg/m^3。

但要计算再生的交换基团量是十分困难的，直接测定再生时从交换基团上再生下来的离子量也是困难而复杂的。如果树脂的再生和交换过程达到稳定工况，即一周期交换量和前后两周期交换量相等时，则树脂在一周期中吸收的离子必定被全部排代交换下来。下周期吸收的离子量，必定是上周期被取代下来的离子量。此时，单位体积中得到再生的交换基团量必等于工作交换容量。这样不用测定再生排代量就可以求出再生基团量。显然，当离子交换过程处于不稳定工况时，不能采用这种方法。不稳定工况的再生剂耗和比耗是没什么实用意义的。

根据以上所述，计算再生剂耗的公式为

$$R = \frac{M}{q_{工} \times V_R} \tag{2-3}$$

式中 R——再生剂耗，g/mol；

M——周期再生剂量，g；

$q_{工}$——工作交换容量，mol/m^3

V_R——树脂体积，m^3。

比耗的计算公式为

$$R_。 = R/M_。 \tag{2-4}$$

式中 $R_。$——比耗，mol/mol（或无量纲）；

R——再生剂耗，g/mol；

$M_。$——再生剂摩尔质量数，g/mol。

所谓再生剂摩尔质量数是指能生成 1mol 的 H、OH、Na 等的再生剂质量。根据上述，对多元酸或多元碱按其全部解离计算，硫酸再生剂摩尔质量数是 49g/mol（不是硫酸摩尔质量数）；盐酸、氢氧化钠的再生剂摩尔质量数分别为 36.5g/mol 和 40g/mol，其余类推。

在一般情况下，各种离子交换树脂的再生剂耗和比耗见表 2-2。

表 2-2 各种离子交换树脂的再生剂耗和比耗（供参考）

树　脂	再生工艺	再生剂耗（g/mol）	比　耗
强酸性阳离子交换树脂	顺流	NaCl 100~200 HCl ≥73 H_2SO_4 100~150	NaCl≈2 HCl≥2 H_2SO_4 2~3
	对流	NaCl 100~180 HCl 50~55 H_2SO_4 ≤70	NaCl≈1.4 HCl 1.4~1.5 H_2SO_4 ≤1.9

续表

树　　脂	再生工艺	再生剂耗（g/mol）	比　　耗
弱酸性阳树脂	—	HCl　38～44	HCl　1.05～1.2
强碱性阴树脂	顺流	80～120	2～3
	对流	液碱 60～65 固碱 48～60	液碱 1.5～1.6 固碱 1.2～1.4
弱碱性阴离子交换树脂	—	44～48	1.1～1.2

3. 自用水率

整个离子交换周期包括反洗、再生、清洗和交换等过程。根据床层干净程度，定期或不定期的反洗，要耗用一定量的水。再生时要耗用一定量的水来配再生剂溶液，置换时也要耗用相当于床层 1～2 倍体积的水，清洗时还要耗用更多的水。每周期耗用的这些水量之和与周期制水量的比，称为离子交换设备的自用水率。其中清洗用水量最大，它和树脂的性能有直接的关系。所以，自用水率也表示了树脂的一种性能。

新品种树脂在投入使用前，应测定自用水率。自用水中再生和置换用水量是比较小的，一般可计算而得。但清洗用水量和树脂结构及树脂污染情况等有关，是一个变值，需实际测定。一般说来，阳离子交换树脂清洗用水量较少，清洗时间约为 20min；阴树脂清洗用水量较大，清洗时间约为 40min。

自用水率计算公式如下

$$R_W = \frac{W_1 + W_2 + W_3 + W_4}{Q_T} \times 100\% \qquad (2-5)$$

式中　R_W——树脂自用水率，%；

　　　W_1——配制再生液用水量，m^3；

　　　W_2——置换用水量，m^3；

　　　W_3——清洗用水量，m^3；

　　　W_4——反洗用水量，m^3；

　　　Q_T——周期制水量，m^3。

其中，各种用水量计算公式为

$$
\left.
\begin{aligned}
W_1 &= Q_T \times V_R \times R\left(\frac{1}{c_1} - \frac{1}{c_2}\right) \times d \times 10^{-6} \\
W_2 &= V_R \times n \\
W_3 &= Q_T \times t_1 \\
W_4 &= Q_2 \times t_2
\end{aligned}
\right\} \qquad (2-6)
$$

式中　Q_T——树脂工作交换容量，mol/m^3；

　　　V_R——树脂体积，m^3；

　　　R——再生剂耗，g/mol；

　　　c_1——再生液质量百分浓度，%；

　　　c_2——浓再生液的百分含量（以质量百分数计），%；

　　　d——水的密度，g/ml；

　　　n——设计置换水倍率；

Q_2——反洗水流量，m^3/h；

t_1——清洗时间，h；

t_2——反洗时间，h。

如果不是每周期都进行反洗，则每次反洗用水量按周期数平均分配计算。

当离子交换设备完好时，如发现清洗水用量逐渐增大，这是树脂性能劣化的一种反映，与树脂受到污染或有其他树脂的混杂有关。通常以清洗时间长短来判断清洗水用量的情况。

在设计水处理系统时，必须考虑各级设备的自用水量。从考虑整个水处理系统时，前级设备总制水量不但包括阳床本身用水，还包括后级设备用水，计算设备制水量时必须考虑自用水量。各种设备自用水的种类（如清水、氢交换水、除盐水）和离子交换工艺有关。

第二节　离子交换树脂的有关性能

一、离子交换树脂的物理性能

1. 外观

离子交换树脂的外观包括颗粒的形状、颜色、完整性以及树脂中的异样颗粒和杂质等。目前各种产品标准中水处理用离子交换树脂外观指标见表2-3。

表2-3　　　　　　　　　　水处理用离子交换树脂外观指标

树脂牌号	常 见 外 观	树脂牌号	常 见 外 观
001×7	棕黄色至棕褐色透明球状颗粒	D201	乳白色或浅灰色不透明球状颗粒
002	棕黄色至棕褐色透明球状颗粒	D202	乳白色或浅灰色不透明球状颗粒
D001	浅棕色不透明球状颗粒	D301	乳白色或浅黄色不透明球状颗粒
D111	乳白色或浅黄色不透明球状颗粒	FB	乳白色不透明球状颗粒
D113	乳白色或浅黄色不透明球状颗粒	YB	无色透明球状颗粒
201×4	浅黄色或金黄色透明球状颗粒	S-TR	黄色或浅褐色球状颗粒
201×7	浅黄色或金黄色透明球状颗粒		

2. 水溶性浸出物

将新树脂样品浸泡在水中，经过一定时间以后，可以在水中发现从树脂中浸出许多水溶性杂质，尤其是聚苯乙烯系强酸性阳离子交换树脂。通常新树脂浸泡几天后，水就呈棕色，时间越长颜色越深。水的颜色大多是由生产中残留的低聚物和化工原料形成。

浸出物的性质表现如下。

（1）阴离子交换树脂的浸出物主要含有胺类和钠。

（2）强酸性阳离子交换树脂的浸出物为低分子磺酸盐，氧化物为硫酸根。不断从阳树脂中释放出硫酸根，会污染阴树脂，因此必须控制浸出物的含量。

食品工业、核工业等对树脂的水溶性浸出物有严格的限制。对一般工业所使用的树脂的水溶性浸出物允许量应根据使用场合加以限制。

近年来，人们越来越重视强酸性阳离子交换树脂水溶性浸出物的危害，并要求对其进行定量测定。因此，在新树脂投入使用初期，最好先进行1至2周期的试运行，尽量清洗树脂中的水溶性浸出物，在使用一段时间后，可取出阳树脂，进行水溶性浸出物的测定，以了解对阴树脂的污染状况。

3. 含水量

含水量指单位质量树脂所含的非游离水分的多少，一般用百分数表示。

离子交换树脂颗粒内的含水量是树脂产品固有的性质之一。它用单位质量的、经一定方法除去外部水分后的湿树脂颗粒内所含水分的百分数来表示。离子交换树脂的含水量与树脂的类别、结构、酸碱性、交联度、交换容量、离子形态等因素有关。树脂在使用过程中，如果发生链断裂、孔结构变化、交换容量下降等现象，其含水量也会随之发生变化。因此，从树脂含水量的变化也可以反映出树脂内在质量的变化。

若将干态的离子交换树脂颗粒放在水中，它就会不断地汲取水分，经过一定时间后，其吸收的水量达到稳定值，此时的含水量称为平衡含水量。平衡含水量和树脂本身的状态有关，通常将平衡含水量简称为"含水量"。吸收了平衡含水量的树脂颗粒离开水环境置于空气中，颗粒表面还会附有一层水膜，树脂颗粒内含水量没有变化。显然，水膜是树脂颗粒离开水环境时的机械携带，其厚度主要取决于树脂表面性质、水的黏度、粒径和水的相对运动速度。另外树脂颗粒之间的空隙也会夹带水分。但是当树脂的水膜不断蒸发，水膜的完整性遭破坏时，内部水分就要逸出，久之就变为干树脂。由于树脂颗粒内外水分无法分离，如何除去膜外水及水膜水，而又能保持内部水分不损失是测定树脂含水量的关键。

(1) 常用凝胶型强酸性阳离子交换树脂的含水量波动较小，各地产品大致相同，工艺较稳定。

(2) 国产苯乙烯系阴离子交换树脂201×4、201×7含水量的差别比较大，这是各厂产品交换容量相差较大、反应时形成的副交联程度不同等原因所致。

(3) 大孔树脂含水量要比相同交联度凝胶型树脂的含水量高。大孔树脂的孔隙度没有明确规定，因此含水量有较大的差别。如特大孔的 Amberlite IRA-938 强碱型阴离子交换树脂的含水量可达80%（氢氧型）左右，而同类的凝胶型树脂的含水量为56%左右。含水量越高，越有利于离子扩散，交换速度越快；含水量越低，体积全交换容量越高。

(4) 同种树脂含水量随离子形态的不同而不同。一种基团带有不同离子时，其结合水的能力不同，树脂含水量就不同。因此在表示树脂含水量时，必须指明离子形态。

4. 密度

离子交换树脂的密度分为湿真密度、湿视密度和装载密度。

湿真密度是指单位真体积湿态离子交换树脂的质量（单位 g/mL）。湿视密度是指单位视体积湿态离子交换树脂的质量（单位 g/mL）。装载密度是指容器中树脂颗粒经水力反洗自然沉降后单位树脂体积湿态离子交换树脂的质量（单位 g/mL）。

所谓湿态离子交换树脂，是指吸收了平衡水量并除去外部游离水分后的树脂。为使各种密度的测定结果有可比性，在测定样品时都应使之处于这种湿状态。真体积是指离子交换树脂颗粒本身的固有体积，它不包括颗粒间的空隙体积。视体积是指离子交换树脂以紧密的无规律排列方式在量器中占有的体积，它包括颗粒间的空隙体积和树脂颗粒本身的固有体积。

5. 粒度和粒度分布

一般用悬浮法制得的球状颗粒的粒径并不一致，大体上为0.2～1.5mm。经筛分取0.3～1.2mm 的颗粒用于制造树脂，其中 0.3～0.6mm 的占 60%左右，0.6～1.0mm 的占

30％左右。未经筛分的样品中，各种粒径的白球所占体积百分数一般呈正态分布。如果在正态概率坐标纸上作图，其粒径和体积累计百分数的关系是一直线。经过筛分后的树脂，其粒径和体积累积百分数的关系就不是直线。

在一般情况下，树脂颗粒的粒径是连续分布的，不能用一个简单的数来描述这种粒径的大小。仅规定粒径范围（如 0.3～1.2mm 的颗粒体积占全部体积的 95％以上）是不合理的，因为在这样粒径范围内可能有大部分树脂的颗粒粒径为 0.3～0.6mm，也可能为 0.6～1.0mm，这两种情况都符合规定的范围，但颗粒大小相差甚远。

为了正确说明商品用离子交换树脂的颗粒大小，应该用范围粒度、有效粒度、均一系数和上下限粒度 4 个指标来规范树脂颗粒的分布。

6. 机械性能

离子交换树脂的机械性能是保持颗粒的完整性的重要性能。在使用中，如果树脂颗粒不能保持其完整性，发生破裂或破碎，会给使用带来困难。主要表现为：破碎树脂在反洗时排出、细末漏过通流部分进入后续设备，会导致树脂层高下降、交换容量降低、水流阻力增加、污染后续设备中的树脂、系统出水水质下降、进入高温系统污染水汽品质等。所以，应对树脂的机械性能或物理强度有一定要求。

7. 不可逆膨胀和转型膨胀

新离子交换树脂的体积是不稳定的，由于生产过程时间短，高分子链缠结后未能充分膨胀。经过几个周期的使用，高分子骨架充分膨胀后，树脂体积才稳定下来。装入交换器的树脂层高度，在使用几个周期后会增加。因为这种膨胀是不可逆的，故称不可逆膨胀。

影响树脂不可逆膨胀的因素，主要是树脂制造工艺的后处理。如后处理时间较长，转型和清洗又比较充分，则不可逆膨胀就比较小。

树脂的离子形态不同，其体积也不相同。当树脂从一种离子形态变为另一种离子形态时，树脂的体积就发生了变化，这种变化称为转型膨胀，是一种可逆膨胀。当恢复到原来的离子形态时，树脂的体积就会恢复到原来的体积。

8. 耐热性与抗氧化性

(1) 耐热性。离子交换树脂的耐热性表示其在受热时保持其理化性能的能力。如 I 型强碱性阴离子交换树脂耐热性差，说明其受热后的强碱基团易降解或脱落，使交换容量下降，碱性降低，影响使用效果。通过对耐热性的研究，可以确定：树脂长期使用的允许温度、不同离子形态时树脂耐热性的差别、树脂结构和耐热性关系、及热分解产物。

1) 阳树脂的耐热性。强酸性阳离子交换树脂耐热性比较高，通常最高使用温度为 100～120℃，所以它在水处理中使用是足够稳定的。丙烯酸系弱酸性阳树脂的热稳定性更高一些。

2) 阴树脂的耐热性。强碱性阴树脂受热后的变化主要表现在基团的脱落和强碱基的降解。实际测定表明，在一定受热条件下，部分强碱基团转变为弱碱基团，部分脱落，因此交换容量和碱性往往同时降低。

热降解的反应为

$$RCH_2N(CH_3)_3OH + H_2O \longrightarrow RCH_2OH + NH(CH_3)_3OH$$
$$RCH_2N(CH_3)_3OH + H_2O \longrightarrow RCH_2N(CH_3)_2 + CH_3OH$$

这些反应都是季胺受热不稳定的结果，是霍夫曼降解反应的一种形式。

季胺基的热降解试验证明，201×4 强碱性阴离子交换树脂的降解主要是去胺化反应，

201×7 强碱性阴离子交换树脂的降解主要是强碱基变为弱碱基的反应。

季胺盐和季胺碱相比，其耐热性能要好得多，因此，盐型强碱树脂的耐热性比氢氧型要好。各种离子型阴树脂的热稳定性的顺序为

$$RCl > R_2SO > R_3BO > ROH（Ⅰ型） > ROH（Ⅱ型）$$

对不同离子型的阴树脂规定了不同的允许使用温度，即 ROH（Ⅱ型）为 40℃，ROH（Ⅰ型）为 60℃，RCl 为 80℃。

弱碱阴树脂在受热时会发生交换容量的下降，其主要原因是胺基的脱落，但它们的耐热性能要比强碱性阴离子交换树脂的好得多。通常规定的使用温度是：聚苯乙烯类为 100℃，丙烯酰胺类为 60℃。

根据以上所述，离子交换树脂的热稳定性顺序为：弱酸性＞强酸性＞弱碱性＞Ⅰ型强碱性＞Ⅱ型强碱性。

同一性质、不同牌号树脂的热稳定性，也会因其骨架、交联度、基团的不同而不同。

在水处理中经常碰到的问题是强碱性阴离子交换树脂交换容量迅速下降。这要特别注意水温，在我国某些地区夏天因冷却水温度高，致使凝结水温度有时达 50~60℃，空冷机组高达 70℃，这对混床中强碱性阴离子交换树脂威胁很大。

测定离子交换树脂耐热性的方法很简单，即将待测样品置于一定温度的溶液中，经过规定时间后，取样测定其各项理化性能的变化状况，判断它的耐热性。

（2）抗氧化性。由苯乙烯和二乙烯苯交联的共聚物受氧化剂作用时是比较稳定的。强酸性阳离子交换树脂在 $3\%H_2O_2$ 内（含 Fe^{3+}）加热至 70℃，经 24h 后发现质量有损失。损失的量和交联度有关：在交联 1% 时，损失 62%；在交联 2% 时，损失 46%；在交联为 8% 时，损失 11.6%。这说明了交联度对树脂抗氧化性能有很大的关系，即交联度越高，树脂的抗氧化性越好。

水中的铁、铜离子和重金属离子是氧化降解的催化剂。强酸阳离子交换树脂氧化产生的低分子有机磺酸（水溶性的），可以从树脂中溶出，随出水进入后续阴床，污染阴树脂。在水处理系统中，最容易遭受氧化的是第一级阳离子交换树脂。因此，对进入除盐系统的水中含氯量有所规定。强碱性阴树脂也易遭受氧化，但进水中游离氯主要在第一级阳树脂交换器中即被消耗，因而它受氧化的程度较轻。

二、离子交换树脂的化学性能

1. 交换容量

（1）质量全交换容量。质量全交换容量通常简称为全交换容量，它表示的是单位质量树脂所具有的全部交换基团的数量。它是离子交换树脂固有性质的一个重要指标，反映在实际使用中可交换离子量的极限值。质量全交换容量是指干基交换容量，单位为 mmol/g。

离子交换树脂质量全交换容量是由其本身结构决定的，和外界条件无关。

（2）干基和湿基交换容量。在实际中，经常使用的是湿态树脂的体积交换容量，它表示单位体积完全浸泡在水中的树脂所具有的交换基团总量。湿态体积全交换容量和干基质量全交换容量有如下关系

$$q_v = qd_s(1-x) \tag{2-7}$$

式中 q_v——全交换容量，湿态；

51

q——质量全交换容量，干基；

x——含水量；

d_s——湿视密度。

（3）基团容量。某些离子交换树脂具有两种或两种以上的离子交换树脂基团，它们各有不同的特性。基团交换容量是用来表示质量或单位体积树脂中某种离子交换基团的量，如磺酸基团容量、羧酸基团容量、季胺基团容量和仲胺基团容量等。

（4）平衡交换容量。平衡交换容量用于表示达到平衡状态时单位质量或单位体积的树脂中参于反应的交换基团的量。它表示在给定条件下，该树脂可能发挥的最大交换容量，是离子交换体系的重要参数。

平衡交换容量和平衡条件有关，它不是一个恒定值，平衡条件不同，平衡交换容量就不同。在同一条件下，不同树脂的平衡交换容量也不同，它反映了树脂化学性能的不同。

（5）交换容量和离子形态。由于反离子种类不同，每个单元交换基团的质量也不相同。例如1mol的离子交换基团RSO_3Na的质量为x(约为222g)，则当它转变为RSO_3H时，即交换基团中的钠离子被氢离子所取代，质量减少为$x-(23-1)$g(约为200g)。在计算单位质量(如1000g)树脂中交换基团的量时，显然由于反离子不同，其交换容量不同，前者约为4.5mmol/g(钠型)，后者约为5.0mmol/g(氢型)。在计算树脂交换基团时必须注意其离子形态。

2. 阳离子交换树脂交换容量

常用的强酸性阳离子交换树脂是聚苯乙烯骨架经磺化反应而得的，反应后苯环上接上磺酸基-SO_3H，可能含有少量的弱酸基-$COOH$。常用的弱酸树脂是聚丙烯酸甲酯经水解反应而得的，反应后聚合物上酯基变为羧酸基-$COOH$，但不会带有磺酸基。因此常用强酸阳树脂交换容量测定包括测定全交换容量及基团交换容量，而常用弱酸树脂只测定全交换容量即弱酸基团容量。

按上述原理制订的方法测定了一些阳树脂的交换容量，结果见表2-4。

表2-4　　　　　　　　阳树脂交换容量测定结果（mmol/g，干）

树脂牌号	全交换容量	强酸基团容量	弱酸基团容量
001×7	5.09	4.99	0.10
001×10	4.94	4.83	0.11
001×14.5	4.73	4.56	0.17
D001×16	4.36	4.64	0.22
D113	11.36	—	11.36

表2-4数据表明，同类树脂牌号001×7、001×10、001×14.5的交换容量随交联度增大而减少。D001×16大孔树脂磺化反应温度较其他树脂高，其产生弱酸基的量也较大。

3. 阴离子交换树脂交换容量

阴离子交换树脂交换容量测定包括对强碱性和弱碱性两种阴树脂的全交换容量、强碱基团容量及弱碱基团容量的测定。

表2-5列举了一些阴树脂测定结果，可以看出：无论何种聚苯乙烯类阴树脂都存在强、弱两种基团，新的强碱性阴离子交换树脂中含有约10%的弱碱基团，而弱碱阴树脂中可能含有约15%的强碱基团。

表 2-5   常用阴树脂交换容量测定结果（mmol/g，干）

树脂牌号	全交换容量	强碱基团容量	弱碱基团容量
201×7（1）	3.93	3.80	0.13
201×7（2）	3.45	3.25	0.20
D301（1）	4.59	0.62	3.97
D301（4）	5.10	0.53	4.57
D201	4.30	3.73	0.57
AmberliteIRA402	4.3	4.24	0.06
AmberliteIRA410	3.63	3.15	0.48
AmberliteIRA-93	4.76	0.23	4.53
BtratabedIRA-93	5.21	0.39	4.82

4. 离子交换的选择性

（1）平衡常数。离子交换反应是可逆反应，以一价离子交换反应 $RM_1 + M_2 \longrightarrow RM_2 + M_1$ 为例，正方向反应速度（$v_正$）和反方向反应速度（$v_反$）均与反应物的活度成正比，即

$$\begin{cases} v_正 = K_1(RM_1)(M_2) \\ v_反 = K_2(RM_2)(M_1) \end{cases} \tag{2-8}$$

式中 K_1、K_2——分别表示速度常数；

        （ ）——表示活度。

当反应达到平衡时，正、反方向的反应速度相等，即

$$K_1(RM_1)(M_2) = K_2(RM_2)(M_1)$$

由此可得

$$\frac{K_1}{K_2} = \frac{(RM_2)(M_1)}{(RM_1)(M_2)} \tag{2-9}$$

其中，$\frac{K_1}{K_2}$ 为平衡常数，用 K_S 表示。平衡常数是一个只与温度有关的常数。

（2）选择性系数。物质的活度等于浓度和活度系数的乘积，因此式（2-9）可用下式表示

$$K_S = \frac{f_1[RM_2]f_2[M_1]}{f_3[RM_1]f_4[M_2]} \tag{2-10}$$

式中 f_1、f_2、f_3、f_4——分别表示 RM_1 树脂、RM_2 树脂、溶液中的 M_1 离子和 M_2 离子的活度系数；

        ［ ］——溶液中的离子浓度。

由式（2-10）可以得出

$$K_S \frac{f_3 f_4}{f_1 f_2} = \frac{[RM_2][M_1]}{[RM_1][M_2]} \tag{2-11}$$

其中，$K_S \frac{f_3 f_4}{f_1 f_2}$ 为 M_1 离子对 M_2 离子的选择系数，用 $K_{M_1}^{M_2}$ 表示。由于平衡常数 K_S 随温度变化，活度常数随浓度变化，所以选择常数是一个与温度和浓度有关的常数。

（3）选择性顺序。离子交换基团和反离子之间的吸引力是库仑力（静电引力），连在树

脂骨架上的基团带有一个固定电荷，和反离子电荷相反，从而互相吸引。固定电荷是不变的，而反离子的电荷及其半径是可变的，因此反离子的电性能是影响树脂和离子结合能力的主要因素。

1）溶液中选择顺序

$$Fe^{3+} > Al^{3+} > Ca^{2+} > Mg^{2+} > K^+ > NH_4^+ > Na^+$$

$$SO_4^{2-} > HSO_4^- > ClO_3^- > NO_3^- > HSO_3^- > NO_2^- > Cl^- > HCO_3^- > F^-$$

2）溶液中选择顺序为

$$K^+ > NH_4^+ > Na^+, Ca^{2+} > Mg^{2+}, Fe^{3+} > Al^{3+}$$

$$HSO_4^- > NO_3^- > Cl^-$$

不等价离子的选择性顺序还应根据溶液浓度而定。

三、使用离子交换树脂应注意的事项

1. 运输和存放

（1）订购。根据确定的质量指标向树脂厂订购树脂，而不是根据树脂牌号订购树脂，这是十分重要的。

（2）包装。离子交换树脂的包装应保证其在搬运中不损坏。四大树脂的包装应有明显区别。弱酸、弱碱、大孔强碱树脂的外观很相似，必须从包装上能明显地识别，否则在搬运、贮存时容易混杂，一旦错误装入交换器则会导致全部树脂无法正常使用。

包装上应有树脂牌号、名称、数量、树脂厂名，在包装容器应有产品合格证、生产日期、产品批号。为防止离子交换树脂在使用前脱水干燥，要用两层塑料袋包装并封口，再装入包装箱、桶等容器。

（3）运输。离子交换树脂不属于危险品和有毒物品，可用各种运输工具运输。离子交换树脂不能冰冻，因此，发货时期应避开冰冻季节。产品包装中应无游离水分，包装损坏时不应有水漏出，否则运输单位应拒绝发运。

（4）验收。目前收货单位的验收工作做得较少。这项工作需要使用人员和收货人员配合共同实施。首先是清点到货数量，识别标志，组织存放。

到货后应立即按标准方法取样进行检验，并提出验货报告，然后密封存样。在样品容器标签上注明取样日期、货物名称、数量、牌号、批号、生产厂名、取样及检验人员，作为长期保存的档案材料。

保存验收报告及存样是一项很重要的工作，它们和设备仪器说明书一样，应列入档案。若验收不合格的可请树脂厂及测试单位复验、确证。

（5）存放。离子交换树脂不能露天存放，存放处的温度为0～40℃。当存放处温度稍低于0℃时，应向包装内加入澄清的饱和食盐水、浸泡树脂。此外，当存放处温度过高时，树脂容易脱水，还会加速阴树脂的降解。一旦树脂失水，使用时不能直接加水，否则会引起树脂破裂，尤其是凝胶型树脂。可用澄清的饱和食盐水浸泡，然后再逐步加水稀释、洗去盐分，贮存期间应使其保持湿润。长时期存放的树脂，应定期检查其是否失水。

强碱阴树脂不宜长期存放，即使贮存处温度低于40℃，也会有所降解，有胺释放出来，存放处应有通风设施。离子交换树脂应分类存放，并有明显的标志。一种树脂不能改装在另一类树脂的包装容器内，否则应清除原有标志，增添永久性的新标志。一旦标志模糊或失落，必须进行鉴别，重新标志。

（6）装填。在向离子交换设备内装树脂前，必须做好下列准备工作。

1）彻底清扫设备。

2）各通流部位经过检查，确认安装可靠，不跑漏树脂。

3）水压试验合格。

4）测定正常流速下设备的压差，为测定树脂层压差做好准备。

5）计算应装树脂数量时，应考虑到树脂离子形态及可逆膨胀。一般装填量宁少勿多，因为少装可补装，多装的树脂取出后，往往因无法抽滤除去多余水分而难以贮存。

当用水力装卸器装填树脂时，事先要仔细清洗装卸器，防止异类树脂混入。用澄清水装填阳树脂，用除盐水装填阴树脂。在装入树脂前先往交换器内装入 1m 左右的水层，树脂从上进脂口进入设备时就不会直接冲击底部装置和垫层了。

按设计数量装完树脂后，测量层高，符合要求后封闭设备。对树脂层进行反洗、沉降、排水、打开设备、平整树脂层，将漂浮在树脂层上的细颗粒树脂刮去。对于大孔树脂，尤其是弱酸树脂，还应检查是否有软球和透明球，它们易黏在通流部位上，即使数量很少，也会影响正常使用，必须在使用前除去。经除去细颗粒和异样颗粒以后，还应补入相应数量的树脂，保证层高符合设备要求。

（7）投运前的处理。在正式投运前应对树脂进行预处理，最好的办法是用酸碱反复处理两次，即按树脂床层体积的 5 倍量通过 1mol/L 的酸和碱（要注意转型膨胀对设备的损害，当用硫酸时要加大流量，防止结硫酸钙），在进酸、碱之间，必须用水洗至中性。

若设备和系统不能进行酸碱处理时，可将树脂再生两次，清洗干净后投入使用。如果处理不彻底，初期运行的几个周期出水水质较差，以后才达到正常的出水指标。

2. 使用中可能出现的问题

（1）反洗流失。反洗流量过大或反洗操作失常，会发生树脂流失，在地沟及废水池中常发现有大量树脂。

（2）通流部位损坏。树脂从设备中漏出，进入后级设备或供水系统，造成后级设备运行困难，出水水质恶化。

（3）树脂分层不清。双层床和混床都要求两种树脂能很好地分层，否则会降低其制水量和出水水质，严重时，使出水达不到要求的指标。

发生混脂现象的原因很多，主要有下列几种情况。

1）操作和设备问题。当水流不均匀发生偏流（可能由于局部通流面积的损坏或污堵）和反洗操作不当时，树脂分层不佳，应该检查设备或重新操作。

2）上层树脂受污染，使其密度增大。弱酸树脂被铁污染、结钙垢等，弱碱阴树脂（双层床）和强碱阴树脂（混床）被有机物污染等都会使阴树脂密度增大，影响分层效果。

3）下层树脂破碎，碎树脂不易和上层树脂分层，此时应通过盐水使它们分离，并除去碎树脂。

4）必须在装入新树脂前经过小型试验，测定颗粒沉降速度，验证选用树脂的粒度和密度是否适于水力分层，并在装树脂时除去细颗粒树脂。

（4）浊度对阳树脂的污染。进水浊度超出要求或直流凝聚发生沉淀现象，有较多的悬浮物进入第一级离子交换器时，会发生污染树脂现象。这些悬浮物往往含有凝聚剂，一般是高价金属离子的盐，在再生和反洗时难以除去，此时往往要用大流量水反洗（但应防止树脂流失）、空气擦洗和热浓盐酸溶液溶解等方法清除。

（5）结硫酸钙沉淀。当用硫酸再生阳树脂时，如果硫酸浓度过高、流速过慢，会发生硫酸钙沉积在树脂颗粒表面以及管道上，导致出水有硬度。此时可用盐酸再生一次，将沉积的硫酸溶解，或及时用大量的水冲洗。

（6）铁污染。阳阴树脂都有被污染的问题，但是这两种树脂铁污染的机理却不相同。一级除盐设备中阳树脂接触的是原水中的铁离子、铁的聚凝物和腐蚀产物。水中的铁离子被阳树脂吸收后，较难再生出来，腐蚀产物在再生时反而变为铁离子，在较低的再生剂量下，还会被出水端树脂吸收。铁离子污染，会使颜色变深、加速氧化降解、性能逐渐降低、出水水质恶化，制水量减少；阴树脂受铁污染情况则不同，往往是由再生液带入的铁沉积在阴树脂上，并和硅化物、有机物等结合在一起成为一种复杂的物质形态使阴树脂受污染，而且这种污染会逐渐累积。混床树脂受污染也是很严重的，尤其是机组刚投入运行和长期停运后重新启动运行时，会带入大量的氧化铁，污染树脂。如果每 100g 树脂中含有 150mg 铁，就认为树脂被铁污染了。

（7）结胶体硅。结胶体硅是强碱阴树脂再生不当产生的现象。当原水中二氧化硅和强酸阴离子比值较大或有弱碱阴树脂吸收水中强酸时，在阴树脂再生中可能出现结胶体硅的现象。一般在碱液浓度较高、温度和流速较低时更易发生这种现象。结胶体硅一般出现在再生液排出端的树脂层中，这是由于到达出口处再生碱液的 pH 急剧下降，形成结胶体硅的环境。防止结胶体硅的方法有以下几种。

1）预热树脂床层。

2）采用再生液先稀后浓，流速先快后慢的再生方法。

3）将部分初期的再生废液从树脂层中部排出。

树脂层中结胶体硅会影响出水水质，而且在运行初期较长时间内会发生放硅现象。一旦出现结硅现象，可用稀的温碱溶解。

（8）热降解。正常一级除盐水处理系统中的水温是不高的，原则上不会引起Ⅰ型强碱阴树脂的严重降解。但是对于凝结水处理，凝结水温有时可高达 60℃以上，这对混床阴树脂很不利。强碱树脂长时间在较高温度下工作，会发生降解，强碱基团损失使除硅能力下降；同时其除硅能力也比低水温时的差，导致出水含硅量增加。

Ⅱ型强碱阴树脂容易发生热降解。实际使用情况证明，Ⅰ型强碱树脂强碱基团损失情况仅占 20%，而Ⅱ型强碱树脂这种情况却高达 50% 左右。因此，Ⅱ型强碱树脂的热降解问题不容忽视。

（9）有机物污染。有机物污染树脂是水处理中存在的主要问题。随着天然水的污染越来越严重，树脂的污染给水处理带来了很大的威胁。树脂碱性越强，受到有机物污染的程度越严重，进水中有机物和强酸阴离子比值越大，对树脂污染程度越大。阴树脂受到有机物污染程度的顺序为：凝胶强碱Ⅰ型＞大孔强碱Ⅰ型＞强碱Ⅱ型＞弱碱。

可以说，强碱阴树脂被有机物污染的问题很普遍，是需要认真对待的一个问题。

3. 停运

一般来说，短期停运的离子交换设备，不需要采取特别措施。设备正常的几天停运，不会对离子交换树脂有损害，但以失效态停运为好。强碱树脂以再生态停运还容易引起降解。

长期停用，必须考虑有适当的保护措施防止树脂失水和受冻，还要防止树脂发霉和细菌繁殖。树脂及吸附的有机物是细菌繁殖的良好环境，应该定期地用水冲洗来保护树脂的清洁。也可用1%左右的甲醛溶液浸泡树脂，以避免细菌繁殖，在启用前必须进行清洗。当用离子交换水供食用时，要特别小心清洗。长期停运的树脂都应采用失效状态备用，并将设备压力释放。

当发现树脂发霉、长菌时，可先用空气擦洗和水清洗方法除去一部分污物，然后再用1%左右的甲醛溶液杀菌。甲醛溶液浸泡时间为 5～10h，用清水洗至出水中甲醛含量小于0.1mg/L。清洗水量为 10～15 倍床层体积，清洗流量为每小时 5 倍的床层体积。

4. 定期检查

离子交换树脂的性能是逐渐下降的，如果周期制水量突然下降和出水水质突然恶化的情况，一般不应是树脂的问题，主要应从设备、操作、进水水质及再生剂方面找原因。由于设备损坏和反洗操作不当使树脂突然大量损失的情况也有发生，这很容易从树脂层高度明显降低检查出来。

定期检查离子交换树脂，可以了解设备工作性能下降的趋势和制水量减少、出水质量变差的原因，还可以预测树脂的寿命，确定树脂是否需要复苏的方法。从离子交换树脂性能下降趋势，还可以验证树脂品种和质量选择是否合理。所以，离子交换树脂定期检查工作是水处理化验工作的一个重要组成部分。

离子交换树脂的分析项目较多，分析周期比较长，也由于树脂质量是渐变的，因此不需要经常性地监测。取样分析树脂的周期，一般半年或一年一次，从逐年积累的分析数据中找出树脂性能变化的规律。

新树脂必须进行全面分析并留样。分析结果要和产品说明书对照，并存档保存。定期取样的树脂也应留样。

5. 离子交换树脂的补充

设备中离子交换树脂的数量是会发生变化的，经常碰到的是设备内树脂减少，但也曾有过在使用一段时间后树脂体积增多的情况。这可能是因为：①前级树脂漏入后级设备；②树脂氧化断链，使之含水量增加，体积膨胀。

发现这种情况时，应立即采取相应措施，查出原因给予消除和补救。

补充的树脂一般要和原树脂的性能相同，同一牌号的树脂。如果多台设备要补充树脂时，最好将其中一台设备的树脂分别补充到别的设备中，在该台设备中全部装填新树脂。这样，这台设备出水将有一个稳定质量的过程，并可继续定期监视原用树脂性能下降情况。一般不要将不同牌号、不同制造厂的树脂装在一个交换器内。

6. 离子交换树脂的寿命

经过检查合格的产品可以使用多久，即树脂寿命有多长是一个普遍关心的问题。

不同的设计、运行条件以及进水水质都可能使树脂寿命有很大的不同，因此不可能提出一个统一的树脂标准。当前没有树脂寿命的数据，也不可能得出一个使用不同用户的寿命数据，因此树脂的寿命或者树脂是否需要更换仍应由树脂使用的状况来确定。

显然，衡量树脂能否继续使用的主要依据是交换器制水周期和出水水质能否满足要求，值得注意的是设备的压降及树脂溶出物有时也会影响树脂的寿命。

1983 年曾对我国 167 个电厂树脂更换和补充情况进行过调查，其结果见表 2-6。总的来看，绝大部分厂的树脂年补充率小于 10%，可以作为树脂寿命的估计数据；个别电厂阳树脂年补充率高达 40% 左右，应该考虑新树脂质量不佳或有氧化剂的影响。个别电厂阴树脂的年补充率高达 30%，主要原因是树脂被有机物污染。

表 2-6 树脂年补充率统计结果（%）

树脂年补充率下的统计百分率	强酸性阳树脂	强碱性阴树脂
被统计电厂总数	74	71
年补充率小于 5% 的厂百分数	54	62
年补充率为 5%～10% 的厂百分数	35	24
年补充率大于 15% 的厂百分率	11	14

（1）离子交换树脂报废技术指标和经济指标。DL/T 673—1999《火力发电厂水处理用 001×7 强酸性阳离子交换树脂报废标准》明确规定了 001×7 树脂的更换及报废的技术及经济指标，DL/T 807—2002《火力发电厂水处理用 201×7 强碱性阴离子交换树脂报废标准》明确规定了 201×7 树脂的更换与报废的技术及经济指标，见表 2-7～表 2-9。

表 2-7 强酸性阳离子交换树脂（001×7）报废技术指标

项　目	报废指标	项　目	报废指标
含水量[钠型(%)]	≥60	含铁量(μg/g，湿)	≥9500
体积交换容量下降(%)	≥25	圆球率(原样,%)	≤80

表 2-8 强碱性阴离子交换树脂(201×7)报废技术指标

项　目	指标值	项　目	指标值
工作交换容量下降(%)	≥16	圆球率(%)	≤80
强型基团容量下降(%)	≥50	有机物含量(COD)$_{Mn}$(mg/L)	≥2500
含水率(%)	≤40	铁含量(mg/kg)	≥6000

表 2-9 水处理单床用离子交换树脂报废经济指标

项　目	报废经济指标	说　明
回收年限	≤3	回收年限为 3～4 时酌情处理

（2）树脂报废规则。主要包括以下几个方面。

1）当含水量、体积交换容量其中任一项超过表 2-7、表 2-8 指标值时，离子交换器继续运行将影响水处理系统的安全，可以判定该树脂应当报废。

2）通过现场除铁处理后，如果树脂中的铁含量仍大于表 2-7、表 2-8 指标值时，即可判定该树脂遭受严重铁污染，应当报废。

3）圆球率是反映运行树脂破碎程度的一项重要指标，尽管它并不直接影响树脂的工作交换容量，但却直接影响树脂床层的运行压降或床层阻力，从而间接影响到系统的出力。另一方面，破碎树脂又可通过反洗来除去一部分，再通过补充新树脂的方法来消除对树脂床层压降和系统出力的影响。但是反洗只能除去细小的树脂碎片，大的碎片无法通过反洗除去，而除去这些大的碎片后补充新树脂就能恢复系统出力，即可将破碎树脂部分报废。其方法为：现场通过反洗后，从上至下逐层取样分析圆球率（每层取样高度 10～20cm），若该层树脂的圆球率低于 80% 的指标值，即报废该层及该层以上各层的树脂，直到取样层树脂的圆球率大于表 2-7、表 2-8 指标值为止。

（3）树脂更换规则。有时树脂性能并没有下降到可以直接报废的程度，但其运行经济性不一定合理。通常可根据测定其理化性能参数或工艺性能的变化，通过比较计算购买新树脂的经济合理性，确定回收年限，根据表 2-9 确定是否更换新树脂。具体步骤如下。

1）必须了解离子交换器调试后设定的各种参数。若进水水质、运行工艺有较大的变动，应以变动后的调试结果为准。

2）应尽可能实际测定离子交换器内树脂的工作交换容量，并根据调试后设定的工作交换容量计算工作交换容量下降百分率。若有困难，也可根据理化性能的测定结果计算其工作交换容量下降分率，取最大值。

3）计算购买新树脂所需的回收年限值。在经济比较计算中应预测下一年度的酸、碱、树脂的价格，并考虑到排废处理方式可能的变动。

4）若回收年限值不大于 3，即可判断该树脂应当更换。

5）若回收年限值处于 3～4 之间，应根据以后可能发生的水处理系统的改造、新型离子交换树脂的出现、水处理系统的负荷变动等各种因素酌情处理。

7. 离子交换树脂的分离

依靠两种树脂粒度和密度差通过反洗实现离子交换树脂的分离。如果两种树脂的粒度和密度发生某种程度变化，则反洗分层不能达到满意的效果，此时可用浮选分离法。此法只依靠两种树脂的密度差来实现分层，和粒度无关。

当两种树脂的密度有较明显的差别，选择密度介于这两者之间的溶液作介质，将混合树脂逐渐地通入溶液中部，使较轻的树脂浮起，重的树脂沉下，实现分离。

根据不同树脂可以采用各种浓度的酸、碱或盐溶液作为浮选介质，使分离后的树脂易于再生，特别要指出，被铁严重污染的强碱阴树脂也可能沉于饱和氯化钠溶液的底部，此时应先用浓盐酸（加温）处理后再用盐水使之与阳树脂分离。

动态连续分离效果比静态分离效果好得多。

第三节　水 的 化 学 除 盐

一、化学除盐原理

水的化学除盐是水中所含各种离子和离子交换树脂进行化学反应而被除去的过程。当水中的各种阳离子和 H 型离子交换树脂反应后，水中的阳离子就只含从 H 型离子交换树脂上交换下来的氢离子；而水中的各种阴离子与 OH 型离子交换树脂反应后，水中的阴离子就只含从阴树脂上交换下来的氢氧根离子。这两种离子互相结合而生成水，从而实现了水的化学除盐。

当水中各种离子都被交换成氢离子和氢氧根离子，则实现了水的深度化学除盐。如果水中还残留某种或某几种阳离子或阴离子，则实现的是水的部分化学除盐。

为了实现深度化学除盐，必须采用具有强酸性阳树脂和强碱性阴树脂的系统。只要求实现部分化学除盐，可以采用各种阳树脂和各种阴树脂组合的系统，包括弱酸性阳树脂和弱碱性阴树脂构成的系统。

经过深度化学除盐，可将很多地表水、井水制成纯水；经过部分化学除盐，可将含较多盐分的地表水、井水制成淡水。

在 H 型阳离子交换后，水中存在大量的 H^+，并与 HCO_3^- 结合生成难解离的 H_2CO_3。它可以用真空脱碳器或大气式除碳器除去，也可以用强碱性阴离子交换树脂交换除去。前者操作简单，能节约运行费用，因此在化学除盐系统中，一般均设有除碳器。

二、化学除盐系统设备的设置原则

1. H 型离子交换器设在强碱 OH 离子交换器之前

H 型离子交换器设在强碱 OH 离子交换器之前，其理由如下。

（1）强碱 OH 型离子交换树脂交换容量低，在酸性水中离子交换反应的效率高。

（2）原水先经 H 型离子交换，生成的 H_2CO_3 可用脱碳器除去，减少了强碱 OH 型离子交换器的负担。

（3）若原水先经氢氧型阴离子交换器，则会产生氢氧化钙沉淀。

2. 除碳器应设在 H 离子交换器之后、强碱 OH 型离子交换器之前

这样可以有效地将水中的 HCO_3^- 以 CO_2 的形式除去，以减轻强碱 OH 型交换器的负担和降低碱耗。当原水碱度不大于 0.6mmol/L 时可不设。

综上所述，最简单的化学除盐系统为：原水→H 型阳离子交换器→除碳器→强碱 OH 型阴离子交换器→除盐水。

循序进行一次阳、阴离子交换反应的系统称为一级化学除盐系统，一级化学除盐系统出水进入混床的系统称为二级化学除盐系统。

3. 经过一级化学除盐后不再设置除碳器

经过一级化学除盐后，水中几乎不含游离 CO_2，因此在二级除盐系统中不再设置除碳器。

4. 深度除盐采用一级除盐系统加混床

除采用多级阳、阴离子交换反应的系统外，还可采用一级除盐系统加混床。在混床内，实现了无穷多级的阳、阴离子交换反应，由于反离子作用极小，这种反应相当彻底，出水质量较好。对于除硅要求高的水也应采用带混床的除盐系统。

5. 强、弱型树脂联合

当原水水质差，一级除盐系统的交换器运行周期短，酸、碱耗大时，可以采用强、弱型树脂联合应用工艺。该工艺发挥了弱型树脂交换容量高，再生效率高的特点，扩大了化学除盐适用的水质范围。

（1）当原水中强酸阴离子含量较高时，在系统中增设弱碱 OH 型交换器，利用弱碱树脂交换容量大、容易再生等特点，提高系统的经济性。弱碱 OH 型交换器应放在强碱 OH 型交换器之前。

（2）当原水碳酸盐硬度比较高时，在除盐系统中增设弱酸 H 型交换器，弱酸 H 型交换器应置于强酸 H 型交换器之前。

三、除盐设备的进水质量要求

为保证化学除盐系统的安全、经济运行，进入化学除盐系统的原水水质应达到表 2-10 要求。

表 2-10　　　　　　　　化学除盐系统进水水质参考指标

项　目	要　求　值	项　目	要　求　值
浊　度	顺流再生设备：<5FTU 对流再生设备：<2FTU	铁	一级除盐设备：<0.3mg/L 混合床：<0.1mg/L
游离氯	<0.1mg/L	化学耗氧量	COD_{Mn}：<2mg/L

四、化学除盐系统的出水水质

化学除盐系统的出水水质指标见表 2-11。

表 2-11　　　　　　　　化学除盐系统的出水水质指标

项　目	一级除盐水	混床出水
电导率（$\mu S/cm$，25℃）	<10	<0.2
SiO_2（$\mu g/L$）	<100	<20

五、常用的除盐系统及适用情况

常用离子交换除盐系统适用情况及特点见表 2-12。

表 2-12　　　　　　　　常用离子交换除盐系统适用情况及特点

序号	系统组成	出水水质		适用情况及简要特点
		电导率 （$\mu S/cm$，25℃）	SiO_2 （mg/L）	
1	H-C-OH	<10	<0.1	中压锅炉
2	H-C-OH-H/OH	<0.2	<0.02	高压及以上汽包炉、直流炉
3	H_R-H-C-OH	<10	<0.1	中压锅炉； 进水碳酸盐硬度大于3mmol/L
4	H_R-H-C-OH-H/OH	<0.2	<0.02	高压及以上汽包炉、直流炉； 进水碳酸盐硬度大于3mmol/L
5	H-C-OH-H-OH	<1.0	<0.02	较高含盐量水
6	H-C-OH-H-OH-H/OH	<0.2	<0.02	高压及以上汽包炉、直流炉； 较高含盐量水
7	H-C-OH_R-OH	<10	<0.1	中压锅炉； 进水强酸阴离子浓度大于2mmol/L
8	H-C-OH_R-H/OH	<0.2	<0.05	进水强酸阴离子含量较高，但SiO_2含量低

续表

| 序号 | 系统组成 | 出水水质 | | 适用情况及简要特点 |
		电导率 ($\mu S/cm$, 25℃)	SiO_2 (mg/L)	
9	H-C-OH$_R$-OH-H/OH	<0.1	<0.02	高压及以上汽包炉、直流炉； 适用于进水强酸阴离子浓度大于 2mmol/L 或进水有机物含量较高
10	H$_R$-H-C-OH$_R$-OH	<10	<0.1	中压锅炉； 进水碳酸盐硬度、强酸阴离子都较高
11	H$_R$-H-C-OH$_R$-OH-H/OH	<0.2	<0.02	高压及以上汽包炉、直流炉； 进水碳酸盐硬度、强酸阴离子都较高
12	RO-H/OH	<1.0	<0.02	高含盐量水或苦咸水

注 H—强酸 H 型离子交换器；H$_R$—弱酸 H 型离子交换器；OH—强碱 OH 型离子交换器；OH$_R$—弱碱 OH 型离子交换器；H/OH 型—混合离子交换器；C—除碳器；RO—反渗透装置。

第四节 常用化学除盐水处理设备

火电厂水处理中应用最广泛的是固定床离子交换器。所谓固定床是指交换剂在一个容器内先后完成制水、再生等过程的设备。固定床离子交换器按水和再生液的流动方向分为顺流再生式、对流再生式（包括逆流再生和浮床式）和分流再生式。按交换器内树脂种类和状态分为单层床、双层床、双室双层床、满室床及混合床。按设备的功能又分为阳离子交换器（包括钠离子交换器和氢离子交换器）、阴离子交换器和混合离子交换器。本节主要介绍常用化学除盐设备的工艺特点和工作过程。

一、顺流再生离子交换器

顺流再生离子交换器是离子交换装置中应用最早的一种形式。这种设备运行时，水流自上而下通过树脂层；再生时，再生液也是自上而下通过树脂层，即水和再生液的流向是相同的。

1. 顺流再生离子交换器的工艺特点

（1）设备结构简单，运行操作方便，工艺控制容易。

（2）对进水悬浮物含量要求不很严格（≤5mg/L）。

（3）再生度较低的树脂处于出水端，因此出水水质较差。

（4）失效后残留再生度较高的树脂正处于再生液排出端，再生时上层再生排出液中大量的失效离子将这部残留再生树脂消耗掉。

（5）再生液首先再生较难再生的两价离子，并依次取代，使再生液主要消耗于再生高交换势的离子，因此再生剂用量大，再生度低，导致树脂工作交换容量低。

鉴于以上工艺特点，这种交换器通常适用于下述情况：①对经济性要求不高的小容量除盐装置；②原水水质较好的情况，以及（Na$^+$/阳）比值较低的水质；③采用弱酸树脂或弱碱树脂时。

2. 顺流再生离子交换器的运行

顺流再生离子交换器的运行通常分为五步，从交换器失效后算起为反洗、进再生液、置换、正洗和制水。这五个步骤，组成交换器一个制水循环，称运行周期。

（1）反洗。交换器中的树脂失效后，在进再生液之前，通常先用水自下而上进行短时间的强烈反洗。反洗的目的如下。

1）松动树脂层。在交换过程中，带有一定压力的水持续地自上而下通过树脂层，因此树脂层被压紧。为了使再生液在树脂层中均匀分布，需在再生前进行反洗，使树脂层充分松动。

2）清除树脂上层中的悬浮物、碎粒。在交换过程中，上层树脂还起着过滤作用，水中的悬浮物被截留在这层中，使水通过时的阻力增大。此外，在运行中产生的树脂碎屑，也会影响水流通过。反洗可以清除这些悬浮物和碎屑，这一步骤对处于最前级的阳离子交换器尤为重要。

反洗水的水质应不污染树脂。反洗强度可由试验确定，一般应控制在既能使污染树脂层表面的杂质和树脂碎屑被带走，又不使完好的树脂颗粒跑掉，而且树脂层又能得到充分松动。经验表明，反洗时使树脂层膨胀50%～60%效果较好。反洗要一直进行到排水不浑为止，一般需10～15min。

反洗也可以依据具体情况在运行几个周期后，定期进行。这是因为，有时在交换器中悬浮物颗粒的积累并不很快，而且树脂层并不是在1个周期内就压得很紧，所以有时没有必要每次再生前都要进行反洗。

（2）进再生液。进再生液前，先将交换器内的水放至树脂层以上约100～200mm处，然后使一定浓度的再生液以一定的流速自上而下流过树脂层。再生是离子交换器运行操作中很重要的一环。影响再生效果的因素很多，如再生剂的种类、纯度、用量、浓度、流速和温度等。

（3）置换。当全部再生液送完后，树脂层中仍有正在反应的再生液，而树脂层面至计量箱之间的再生液则尚未进入树脂层。为了使这些再生液全部通过树脂层，需用水按再生液流过树脂的流程及流速通过交换器，这一过程称为置换，它实际上是再生过程的继续。置换水一般用配再生液的水，水量一般为树脂层体积的1.5～2倍，以排出液离子总浓度下降到再生液浓度的10%～20%以下为宜。

（4）正洗。置换结束后，为了清除交换器内残留的再生产物，可应用运行时的进水自上而下清洗树脂层，流速约10～15m/h，正洗一直进行到出水水质合格为止。正洗水量一般为树脂层体积的3～10倍，因设备和树脂不同而有所差别。

（5）制水。正洗合格后即可投入制水。

二、逆流再生离子交换器

为了克服顺流再生工艺出水端树脂再生度低的缺点，现在广泛采用对流再生工艺，即运行时水流方向和再生时再生液流动方向相反的水处理工艺。习惯上将运行时水向下流动、再生时再生液向上流动的对流水处理工艺称逆流再生工艺，采用逆流再生工艺的装置称逆流再生离子交换器；将运行时水向上流动、再生时再生液向下流动的对流水处理工艺称浮床水处理工艺。这里先介绍逆流再生离子交换器。

由于逆流再生工艺中再生液及置换水都是从下而上流动的,如果不采取措施,流速稍大就会发生和反洗那样使树脂层扰动的现象,有利于再生的层态会被打乱,这通常称乱层。若再生后期发生乱层,那么会将上层再生差的树脂或多或少地翻到底部,这样就发挥不出逆流再生工艺的优点。为此,在采用逆流再生工艺时,必须从设备的运行操作采取措施,以防止溶液向上流动时发生树脂乱层。

1. 逆流再生离子交换器的工艺特点

与顺流再生工艺相比,逆流再生工艺具有以下优点。

(1) 对水质适应性强。当进水含盐量较高或 Na^+/阳离子比值较大而顺流工艺达不到水质要求时,可采用逆流再生工艺。

(2) 出水水质好。由逆流再生离子交换组成的除盐系统,强酸 H 型交换器出水 Na^+ 含量低于 $100\mu g/L$,一般为 $20\sim30\mu g/L$;强碱 OH 型交换器出水 SiO_2 低于 $100\mu g/L$,一般为 $10\sim20\mu g/L$,电导率通常低于 $2\mu S/cm$。

(3) 再生剂比耗低。一般为 1.5 左右。视水质条件的不同,再生剂用量比顺流再生节约 $50\%\sim100\%$,因而排废酸、废碱量也少。

(4) 自用水率低。一般比顺流低 $30\%\sim40\%$。

但逆流再生设备和运行操作更复杂一些,对进水浊度要求较严,一般浊度应小于 2FTU,以减少大反洗次数。

2. 交换器的运行管理

在逆流再生离子交换器的运行操作中,制水过程和顺流式没有区别。设备再生时,必须保证再生液达到中排装置时失去向上流动的可能。操作是随防止乱层措施的不同而异,主要有顶压和无顶压两种方法,顶压还可分为空气顶压和水顶压。下面将空气顶压再生法和无顶压再生法的操作做简要的介绍。

(1) 空气顶压再生法。主要介绍以下几个方面。

1) 小反洗。为了保持有利于再生的失效树脂层不乱,不能像顺流再生那样,每次再生前都对整个树脂层进行反洗,而只对中间排液管上面的压脂层进行反洗,以冲洗掉运行时积聚在压脂层中的污物。小反洗用水为该级交换器的进口水,流速按压脂层膨胀 $50\%\sim60\%$ 控制,反洗一直到排水澄清为止。系统中的第一个交换器小反洗时间,一般为 $15\sim20min$,串联其后的交换器一般为 $5\sim10min$。

2) 放水。小反洗后,待树脂沉降下来以后,打开中排放水门,放掉中间排液装置以上的水,使压脂层处于无水状态。

3) 顶压。从交换器顶部送入压缩空气,使气压维持在 $0.03\sim0.05MPa$。用来顶压的空气应经除油净化。

4) 进再生液。在顶压的情况下,将再生液送入交换器内,控制再生液浓度和再生流速,进行再生。

5) 逆流清洗。当再生液进完后,关闭再生液计量器出口门,按再生液的流速和流程继续用稀释再生液的水进行清洗。清洗时间一般为 $30\sim40min$,清洗水量约为树脂体积的 $1.5\sim2$ 倍。逆流清洗结束后,应先关闭进水门停止进水,然后再停止顶压,防止乱层。在逆流清洗过程中,气压应稳定。

6）小正洗。再生后压脂层中往往有部分残留的再生废液，如不清洗干净，将影响运行时的出水水质。小正洗时，水从上部进入，从中间排液管排出，流速一般阳树脂为 $10\sim15m/h$，阴树脂为 $7\sim10m/h$，时间约 $5\sim10min$。小正洗用水为运行时的进口水，此步也可以用小反洗的方式进行。

7）正洗。最后按一般运行方式用进水自上而下进行正洗，流速 $10\sim15m/h$，直到出水水质合格，即可投入运行。

8）大反洗。交换器经过多个运行周期后，下部树脂层也会受到一定的污染，因此必须定期的对整个树脂层进行大反洗。由于大反洗扰乱了树脂层，所以大反洗后再生时，再生剂用量应比平时增加 $50\%\sim100\%$。大反洗的周期应视进水浊度而定，一般为 $10\sim20$ 个周期。大反洗用水为运行时的进口水。大反洗前应进行小反洗，松动压脂层和去除其中的悬浮物。进行大反洗的流量应由小到大，逐步增加，以防中间排液装置损坏。

水顶压法就是用压力水代替压缩空气，使树脂层处于压实状态。再生时将压力 0.05 MPa 的水以再生流量的 $0.4\sim1$ 倍引入交换器顶部，通过压脂层后，与再生废液一起由中间排液管排出。水顶压法的操作与气顶压法基本相同。

（2）无顶压再生法。对逆流再生离子交换器再生时，为了保持树脂层稳定，通常采用气顶压或水顶压，这不仅增加了一套顶压设备和系统，而且操作也比较麻烦。研究指出，如果将中间排液装置上的孔开的足够大，使这些孔的水流阻力较小，并且在中间排液装置以上仍装有一定厚度的压脂层，那么在无顶压情况下进行逆流再生操作时就不会出现水面超过压脂层的现象，因而树脂层就不会发生扰动，这就是无顶压逆流再生。无顶压逆流再生的操作步骤与顶压再生操作步骤基本相同，只是不进行顶压。

研究结果表明，对于阳离子交换器来说，只要将中间排液装置的小孔流速控制在 $0.1\sim0.15m/s$，压脂层厚度保持在 $100\sim200mm$ 之间，再生液的上升流速为 $7m/h$ 以下时不需任何顶压措施，树脂层也能保持稳定，并能达到逆流再生的效果。

无顶压再生法操作如下。

1）小反洗。开启小反洗进水阀门和反洗排水阀门，对中排装置以上的压脂层进行冲洗，以除去进水带入压脂层中的污泥。进水流速一般控制在 $5\sim10m/h$，以反洗排水不溢出树脂为限，冲洗至排水清澈为止，关反洗排水阀门。小反洗时间一般为 $15min$。

2）放水。小反洗后，待树脂沉降下来后，开启中间放水门，放掉中间排水装置以上的水，使树脂处于无水状态。

3）进再生液和置换。在无顶压情况下，开启再生液阀门和中间排水阀门，将再生液送入交换器内，控制再生液浓度和再生流速。当再生液进完后，关闭再生液计量箱出口门，按再生液的流量用除盐水进行置换，置换时间一般为 $30\sim40min$。置换结束后，关进水门。

4）小正洗。开启进水阀门和排气阀门，待排气门有水排出时关闭排气门，并开启中间排水阀门，从上部进水清洗压脂层中残留的再生废液。小正洗时间 $5\sim10min$，流速阳床为 $10\sim15m/h$，阴床为 $7\sim10m/h$。

5）正洗。开启进水阀门和正洗排水阀门，从上部进水进行清洗，流速控制在 $10\sim15m/h$，直至出水水质合格，即可投入运行。

6）运行。开启进水门和出水门，即可实现制水。

7）大反洗。交换器运行过若干周期后，下部树脂也会受到一定程度的污染，因此，应定期进行大反洗。开启大反洗进水门和反洗排水门，从交换器下部进水，冲洗树脂层。大反洗流量应从小到大，逐步增加，以防损坏中排装置。大反洗时应控制流量，使树脂膨胀高度至上部视镜为宜，否则流量过大会冲跑树脂。大反洗后再生剂用量应比正常再生时增加50%～100%。

三、分流再生离子交换器

分流再生工艺又称顺、逆流再生或双流再生工艺，其交换器结构和逆流再生离子交换器基本相似，只是将中间排液装置设置在树脂层表面下 400～600mm 处，不设压脂层。

1. 工艺特点

（1）分流再生流过上部的再生液可以起到顶压作用，所以无需另外用水或空气顶压，中排管以上的树脂起到压脂层的作用，并且也能获得再生，所以交换器中树脂的交换容量利用率较高。

（2）尽管每周期对中排管以上树脂进行反洗，但中排管以下树脂层仍保持着逆流再生的有利层态，所以可取得较好的再生效果。

（3）用硫酸进行再生时，这种再生方式可以有效地防止硫酸钙沉淀在树脂层中析出。因为分流再生时，可以用两种不同浓度的再生液同时对上、下树脂层进行再生，由于上部树脂层主要是钙型树脂，最易析出硫酸钙沉淀，为此可用较低浓度的硫酸以较高流速进行再生以除去钙离子，加之含有钙离子的水流经树脂层距离短，可防止硫酸钙沉淀在这一层树脂中析出。

2. 工作过程

分流再生离子交换器和逆流再生离子交换器的工作过程大体相同，树脂失效后，先进行上部反洗，然后再生。反洗时水由中间排液装置进入，由交换器顶部排出，使中排管以上的树脂得以反洗。再生时再生液分两股，小股自上部，大股自下部同时进入交换器，废液均从中间排液装置排出。置换与进再生液相同，运行时水自上而下流过整个树脂层。

四、浮床

浮床式离子交换器一般简称浮床。浮床运行时水流自下而上，同时将整个树脂层托起，离子交换反应是在水向上流动的过程中完成。树脂失效后，停止进水，使整个树脂层下落，再生时，再生液流动方向自上而下。

1. 浮床的工艺特点

（1）浮床成床时，为了使成床保持原床层状态，水流不宜缓慢上升，应使其流速突然增大。在制水过程中，应保持足够的水流速度，不得过低，以避免出现树脂层下落的现象。为了防止低流速时树脂层下落，可在交换器出口设回流管。此外，浮床制水周期中不宜停床，尤其是后半周期，否则会导致交换器提前失效。

（2）由于浮床制水时和再生时的液流方向相反，因此，与逆流再生离子交换器一样，可以获得较好的再生效果，再生后树脂层中的离子分布，对保证运行时出水水质也是非常有利的。

（3）浮床除了具有对流再生工艺的优点之外，还具有水流过树脂层时压头损失小的特点。这是因为它的水流方向和重力方向相反，在相同流速条件下，与水流从上至下的流向相比，树脂层的压实程度较小，因而水流阻力也小，这也是浮床可以高流速运行和树脂层可以较高的原因。

（4）浮床体外清洗需增加设备和操作操作更为复杂，为了不使体外清洗次数过于频繁，因此对进水浊度要求严格，一般应不大于 2FTU。

2. 浮床的运行管理

（1）浮床的运行过程为制水→落床→进再生液→置换→下流清洗→成床、上流清洗→转入制水。

上述过程构成浮床的一个运行周期。

1）落床。当运行至出水水质达到失效标准时，停止制水，靠树脂本身重力从下部起逐层下落，在这一过程中同时还起到疏松树脂层，排除气泡的作用。

2）进再生液。一般采用水射器输送，先启动再生专用水泵（也称自用水泵），调整再生流速；再开启再生计量箱出口门，调整再生液浓度，进行再生。

3）置换。待再生液进完后，关闭计量箱出口门，继续按再生流速和流向进行置换，置换水量约为树脂体积的 1.5～2 倍。

4）下流清洗。置换结束后，开清洗水门，调整流速至 10～15m/h 进行下流清洗，一般需 15～30 min。

5）成床、上流清洗。用进水以 20～30m/h 的较高流速将树脂层托起，并进行上流清洗，直至出水水质达到标准时，即可转入制水。

（2）浮床树脂的体外清洗。由于浮床内树脂基本是装满的，没有反洗空间，故无法进行体内反洗。当树脂需要反洗时，需将部分或全部树脂移至专用清洗装置内进行清洗。经清洗后的树脂送回交换器后再进行下一个周期的运行。清洗周期取决于进水中悬浮物含量的多少和浮床在制水工艺流程中的位置，一般是 10～20 个周期清洗一次。清洗方法有下述两种。

1）水力清洗法。将约一半的树脂输送到体外清洗罐中，然后在清洗罐和交换器串联的情况下进行水反洗，反洗时间通常为 40～60 min。

2）气—水清洗法。将树脂全部送到体外清洗罐中，先用净化的压缩空气擦洗 5～10 min，然后再用水以 7～10m/h 流速反洗至排水透明为止。该法清洗效果好，但清洗罐容积要比交换器大一倍左右。清洗后的再生，也应像逆流再生交换器那样增加 50%～100% 的再生剂用量。

五、双层床/双室床

双层床和双室床都属于强、弱型树脂联合应用的离子交换装置，是将强型和弱型两种离子交换树脂放在同一个交换床内的水处理设备。

1. 双层床

在复床除盐系统中的弱型树脂总是与相应的强型树脂联合使用，为了简化设备可以将它们分层装填在同一个交换器中，组成双层床的形式。装填弱酸性阳树脂和强酸性阳树脂的称阳双层床，装填弱碱性阴树脂和强碱性阴树脂的称阴双层床。

在双层床离子交换器中，通常是利用弱性树脂的比重比相应的强型树脂小的特点，使其处于上层，强型树脂处于下层。在交换器运行时，水的流向自上而下先通过弱型树脂层，后通过强型树脂层；而再生时，再生液的流向自下而上先通过强型树脂层，后通过弱型树脂层。所以，双层床离子交换器属逆流再生工艺，具备逆流再生工艺的特点。双层床的特点及注意事项如下。

（1）双层床充分发挥了弱型树脂工作交换容量高、再生比耗低、周期制水量大，以及强型树脂能确保出水质量的特点，对高含盐量的原水处理具有独特的优势。

（2）阳双层床再生时，弱酸树脂层出现大量钙离子。当用硫酸再生时，为防止硫酸钙沉淀析出，必须采用分步再生。

（3）阴双层床再生时，弱碱树脂层出现大量硅酸根离子。为防止胶硅析出，再生碱应加热至 40℃ 左右，并采用先稀后浓（先 1% 后 2%～3%）、先高速后低速（先 5m/h 后 3m/h）的再生法。

（4）当原水水质变化时，两种树脂的负担就发生变化，这会使双层床提前失效或降低经济性。可根据原水水质变动，对强弱树脂比例作相应调整。

（5）双层床中的弱、强两种树脂虽然由于密度的差异，能基本做到分层，但要做到完全分层是很困难的。如强弱两种树脂再生后反洗分层不好，混层范围大，则混入强型树脂层中的弱型树脂不能充分发挥交换作用，混入弱型树脂层中的强型树脂得不到有效再生，都会影响周期制水量和出水水质，会直接影响运行的经济性。

2. 双室床

为克服双层床中强弱两种树脂混脂的缺点，在双层床交换器中加一块多孔板将交换器分隔成上、下两室，弱、强树脂各处一室，强型树脂在下室，弱型树脂在上室，这样就避免了因树脂混层带来的问题。

双室双层床是上、下两室间通常装有带双向水帽的多孔板，以沟通上、下室的水流。为了防止细碎的强型树脂堵塞水帽的缝隙，可在强型树脂的上面填充密度小而颗粒大的惰性树脂层。在此种设备中，由于下室中是装满树脂的，所以不能在体内进行清洗，需另设体外清洗装置。双室双层床的运行和再生操作与双层床相同。

六、满室床

所谓满室床就是交换器内装满树脂。可以是单室满室床或双室满室床，其结构类似普通浮床和双室双层浮床。满室床系统是由满室床离子交换器和体外树脂清洗罐组成。

满室床运行时，水流由下而上流经树脂层的过程中完成交换反应，处理后的水由顶部出水装置引出。再生前先将树脂层下部约 400mm 高度的树脂移入清洗罐中进行清洗，清洗后的树脂再送回满室床树脂层的上部。后续的再生、置换、清洗等步骤与浮床相同。

满室床的工艺特点如下。

（1）交换器内是装满树脂的，没有惰性树脂层。为防止细小颗粒的树脂堵塞出水装置的网孔或缝隙，采用了均粒树脂。由于没有惰性树脂层，因此增加了交换器空间的利用率。

（2）树脂的这种清洗方式有以下优点：①清洗罐体积可以很小，清洗工作量小；②基本上没有打乱有利于再生的失效层态，所以每次清洗后仍按常规计量进行再生；③在树脂移出或移入的过程中树脂层得到松动。

（3）满室床的运行和再生过程与浮床一样，因此具有对流再生工艺的优点。但这种床型要求树脂粒度均匀、转型体积改变率小以及有较高的强度，并要求进水悬浮物含量小于 1mg/L。

七、混合离子交换器

1. 混床工作原理

混合离子交换器简称混床，它是将阴、阳两种离子交换树脂按一定比例混合装填于同一交换床中，在运行前，先把它们分别再生成 OH 型和 H 型，然后用压缩空气混合均匀后再投入制水。由于运行时混床中阴、阳树脂颗粒互相紧密排列，所以阴、阳离子交换反应几乎是同时进行的。因此，经阳离子交换所产生的氢离子和经阴离子交换所产生的氢氧根都不会积累，而是立即生成水，基本上消除了反离子的影响，因此交换反应进行彻底，出水水质好。它常用在串接在一级复床后用于初级纯水的进一步精制，处理后的纯水可作为高压及以上锅炉的补给水。

混床失效后通常采用体内再生法。再生时首先利用失效时两种树脂的密度不同，用反洗的方法使阴、阳树脂彻底分离，阳树脂沉在下面，阴树脂浮在上面，然后阳树脂用盐酸再生，阴树脂用氢氧化钠再生。再生技术的关键有两点：一是两种树脂应彻底分离；二是两种再生剂应彻底隔离。这对于常用体内再生混合床是比较困难的，主要原因有：①树脂粒度选择不合理，树脂颗粒在使用中发生破碎，树脂因污染密度发生变化等均会造成分层不彻底；②体内再生混床的中排位置不会正处于两种树脂界面线上，即使新装树脂能达到这一要求，也会因树脂体积变化或树脂的损失而使树脂分界面偏离中排；③阴树脂卸脂口不处在两种树脂界面线上或水力卸脂时不能按界面划分两种树脂。

2. 混合床的运行操作

（1）反洗分层。开启排气阀门和反洗进水阀门，缓慢开启反洗排水阀门，待空气排尽后关排气阀门。反洗水从反洗进水阀门流入，从反洗排水阀门流出。开始反洗时流速宜小，待树脂层松动后，逐步加大流速，直至全部床层都能松动，此时流速大约为 10m/h，阳树脂的膨胀率应达到 50% 以上，阴树脂层的膨胀率应达到 70% 以上，这样经过 10～15min，就可使阴、阳树脂分开。

（2）再生和置换。反洗分层后，开启排气门、正洗排水门，放水至阴树脂层表面上约 200mm 处。关闭正洗排水门、排气门，开启进碱门、中间排水门，从上部进碱再生阴树脂，然后关闭碱计量箱出口阀，让清水对阴树脂进行清洗。开启进酸门，从下部进酸再生阳树脂，然后关闭酸计量箱出口阀，让清水对阳树脂进行清洗，清洗结束后，关闭进碱门、进酸门。

（3）正洗。开启排气阀门和进水阀门，待空气排尽后关闭排气门，开正洗排水阀门。正洗 30min 左右后，测出水电导率，待电导率小于 10μS/cm 时，停止正洗，关进水阀门和正洗排水阀门。

（4）阴、阳树脂混合。开启正洗排水门，把交换器中的水面降低到阴树脂层表面上 100～150mm，然后关闭正洗排水门，打开排气门和进压缩空气门，从下部通入压力为 0.1～0.15MPa，经净化的压缩空气 1～5min，树脂层被搅匀后，开启正洗排水门，关闭进气门，快速排水，迫使树脂层迅速沉降，树脂沉降完毕，关闭正洗排水门。

（5）混合树脂后正洗。开启进水阀门，待排气门有水排出时，关闭排气门，开启正洗排水阀门，正洗流速在 25～50m/h，自上而下进行整体冲洗。正洗 20min 左右后，检测排水电导率，待电导率小于 0.2μS/cm，二氧化硅小于 20μg/L 时，停止正洗，关进水阀门和正洗排水。

混床运行中需要注意的问题如下。

1）阳、阴树脂的分层操作要控制好。阳、阴树脂分层的好坏是混床再生操作的关键。目前大都采用水力分层的方法，即借助反洗水将树脂悬浮起来，当其达到一定膨胀高度后，停止反洗，同时进行大排水，使树脂尽快沉降下来，由于阳树脂密度较大，沉于阴树脂的下面。

2）阳、阴树脂要混合均匀。若再生后的阳、阴树脂混合不均匀，会影响出水水质和制水量。

八、除碳器

1. 除 CO_2 原理

水中的碳酸、二氧化碳有如下的平衡关系

$$H^+ + HCO_3^- \longrightarrow H_2CO_3 \longrightarrow CO_2\uparrow + H_2O$$

由以上平衡关系可知，水中 H^+ 浓度越大，平衡越易向右移动。经 H^+ 交换后的水呈强酸性，因此水中碳酸化合物几乎全部以游离 CO_2 形式存在。

CO_2 气体在水中的溶解度服从于亨利定律，即在一定温度下气体在溶液中的溶解度与液面上该气体的分压成正比。通常在阳床出水中游离 CO_2 的浓度较高，所对应的液面上的分压也较高。只要降低与水相接触的气体中 CO_2 的分压，溶解于水中的游离 CO_2 便会从水中解吸出来，从而将水中游离 CO_2 除去，除碳器就是根据这一原理设计的。降低气体分压的办法：一是在除碳器中鼓入空气，即大气式除碳；另一办法是从除碳器的上部抽真空，即为真空式除碳。

2. 除碳器工作过程

电厂补给水处理系统常用大气式除碳器。水从除碳器上部进入，经布水装置淋下，通过填料层后，从下部排入水箱。用来除 CO_2 的空气是由风机从除碳器底部送入，通过填料层后由顶部排出。在除碳器中，由于填料的阻挡作用，经 H 交换处理的水在下落的过程中被分散成许多小股水流或水膜，增大了空气与水的接触面积。

由于空气中的 CO_2 的量约为 0.03%，当空气和水接触时，水中多余的 CO_2 便会逸出并被空气流带走。在正常情况下，阳床出水通过除碳器后，可将水中的 CO_2 含量降至 5mg/L 以下。

3. 影响除 CO_2 效果的因素

当处理水量、原水中碳酸化合物含量和出水中 CO_2 要求一定时，影响除碳效果因素如下。

（1）水温。除 CO_2 效果与水温有关，水温越高，CO_2 在水中溶解度越小，因此除去的效果也就越好。

（2）水和空气的流动工况和接触面积。水和空气的逆向流动以及比表面积大的填料能有效地将水分散成线状、膜状或水滴状，从而增大了水和空气的接触面积，也缩短了 CO_2 从水中析出的路程，降低了阻力。

（3）风压和风量。风机的风量和风压是根据处理水量、填料类型等因素决定的。通常，当用 $\phi25\times25\times3$ 瓷环作填料、在淋水密度为 60m³/（m²·h）时，每处理 1m³ 水需空气量为

$30\sim50m^3$，风水比低于上述数值时，会影响除碳效果。填料层阻力通常为 $200\sim400Pa/m$，当选用用轻质的 $\phi50$ 塑料多面空心球时可降至 $120\sim140Pa/m$。

九、连续电去离子（EDI）

1. EDI 工作原理

EDI（Electrodeionization）是一种不耗酸、碱而制取纯水的新技术，又称"填充床电渗析"。它是将传统的电渗析技术和离子交换技术有机地结合起来，既克服了电渗析不能深度除盐的缺点，又弥补了离子交换不能连续制水、需要用酸碱再生等不足。EDI 适用于处理反渗透出水等低含盐量水，其产水水质满足锅炉用水对电导率、硬度和硅等要求。

EDI 除盐机理主要有两种理论：一种说法是利用离子交换原理除去水中离子，利用水在直流电能的作用下分解产生 H^+ 和 OH 去再生混合离子交换树脂，从而实现在通电状态下，连续制水、再生；另一种理论是在电场作用下，离子在树脂相的迁移速率要比水中高 $2\sim3$ 个数量级，阴、阳离子会与树脂颗粒不断发生交换过程而构成"离子迁移通道"，即阴、阳离子主要通过树脂相迁移至阳膜和阴膜而进入浓水室。

EDI 装置包括膜堆、直流电源、控制保护等设备。膜堆由淡水室、浓水室和电极室组成，EDI 工作原理图如图 2-1 所示。

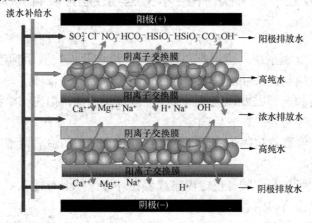

图 2-1　EDI 工作原理图

淡水室内填充常规混合离子交换树脂，给水中离子由该室除去；淡水室和浓水室之间装有阴离子交换膜或阳离子交换膜，淡水室中阴（阳）离子在两端电极作用下不断通过阴（阳）离子交换膜进入浓水室；H_2O 在直流电能作用下可分解成 H^+ 和 OH^-，使淡水室中混合离子交换树脂经常处于再生状态，因而不会失效，而浓水室中浓水不断地排走。因此，EDI 在通电状态下，可以不断地制出纯水，其内填的树脂无需使用工业酸、碱进行再生。EDI 的每个制水单元均由一组树脂、离子交换膜和有关的隔网组成。每个制水单元串联起来，并与两端的电极组成一个完整的 EDI 设备。

2. EDI 产品的应用

EDI 装置通常用于处理反渗透出水，用于制备超纯水。EDI 对进水含盐量、弱电解质含量要求比较严格，主要是因为 EDI 对弱电解质的脱除能力受限于这些物质在水中电离度的大小。EDI 要求进水硬度小于 $1.0mg/L$（$CaCO_3$），当原水硬度不能满足该要求时，可以使用钠离子软化器等工艺去除硬度。

目前世界上主要由美国 Ionpure、GE、Omexell 等大公司占领市场。GE 的膜堆在淡水室中填充了阴、阳离子交换树脂，并在浓水室中设置了浓水循环系统，一方面可通过增加浓水室的电导率以减小浓水室电阻，另一方面浓水室保持较高的流速增强混合效果以减少结垢的可能，浓水中的离子通过从循环回路排出一部分以达到盐量平衡。Ionpure 公司的膜堆与其他公司不同之处在于将浓水室中也填充了离子交换树脂，通过树脂的导电能力维持装置电流，系统较为简化，不需要加入 NaCl 维持浓水室的电导率，也不需要使用浓水循环泵。

3. EDI 与传统混床的比较

EDI 与传统混合离子交换技术相比，具有以下特点。

（1）能够连续运行，不需要因为再生而备用一套设备。

（2）模块化组合方便，运行操作简单。

（3）水回收率高，EDI 的浓水可以回收至反渗透进水。

（4）占地面积小，不需要再生和中和处理系统。

（5）运行费用低，不使用酸碱。

第五节　锅炉补给水处理系统的设计原则

锅炉补给水处理系统的设计原则如下。

（1）锅炉补给水处理系统，应根据原水水质、给水及锅炉质量标准、补给水率、排污率、设备和药品的供应条件及环境保护等因素，经技术经济比较确定。

（2）水处理设备的全部出力，应根据发电厂全部正常水汽损失与机组启动或事故而增加的水处理设备出力，经必要的校核后确定。

（3）高压及以上参数汽包锅炉和直流锅炉，补给水处理的最后两道工序应选用一级除盐＋混床或 RO＋EDI。

（4）当原水含盐量较高、酸碱供应困难或者在环境保护上有特殊要求时，经技术经济比较可选用反渗透、电渗析、闪蒸等与离子交换联合除盐系统。

（5）除盐系统进水的 COD_{Mn} 大于 2mg/L 时，宜选用抗有机物污染的离子交换树脂。

（6）当进水中的强、弱酸阴离子比值比较稳定时，一级除盐可选用阳床先失效的单元制系统，此时，阴离子交换树脂装入量宜为计算值加 10%～15%余量。

（7）当除盐系统设备台数较多时，一级除盐设备可采用母管制系统。

（8）应在保证除盐系统出水质量前提下采用能降低酸、碱耗量和减少废酸、碱排放量的设备和工艺。

（9）碱再生液宜加热，加热温度通常为 35～40℃。

（10）对除盐（软化）系统对流离子交换器配制再生液及置换所用的水，单元制系统宜为除盐（软化）水，母管制系统可使用本级交换器的出口水。

（11）逆流再生离子交换器顶压用气和混床用气的气源，应无油并有稳压装置。

（12）对氢、钠离子交换的软化水管及除盐水管应进行防腐处理。

第三章 反渗透水处理技术

第一节 反渗透技术概述

一、反渗透技术的发展历史及其应用

1953 年美国 C. E Reid 教授在弗罗里达大学首先发现醋酸纤维素类具有良好的半透膜性，由此提出了反渗透膜分离技术的设想。随后美国加利福尼亚大学的尤思特（Yuster）、罗布（Loeb）和 Sourirsjan 等对膜材料进行了广泛的筛选工作，经过反复试验研究和试验，终于在 1960 年首次制成了世界上具有历史意义的高脱盐率（98.6%）、高通量 [10.1MPa 下渗透通量为 259L/（d·m²）]、膜厚约 $100\mu m$ 的非对称醋酸纤维反渗透半透膜，促进了膜技术的发展。从此，反渗透技术开始作为经济实用的苦咸水和海水的淡化技术进入了实用装置的研制阶段。20 世纪 70 年代初期，杜邦公司的芳香族聚酰胺中空纤维反渗透器 "Permasep B-9" 问世，使反渗透的性能有了大幅度的提高。20 世纪 80 年代初，全芳香族聚酰胺复合膜问世，80 年代末高脱盐全芳香族聚酰胺复合膜工业化，90 年代中超低压高脱盐全芳香族聚酰胺复合膜也开始进入市场，从而为反渗透技术的进一步发展，开辟了广阔的前景。

目前反渗透技术被广泛地应用在苦咸水脱盐、超纯水制备、电厂锅炉用水脱盐净化、工业废水处理、城市中水回用处理、食品和饮料加工以及各种化工领域中的浓缩分离和净化过程，成为 21 世纪水处理领域的主导高新技术之一。

二、中国反渗透技术的发展状况

中国对反渗透技术的研究始于 1965 年，1967~1969 年在国家科学技术委员会（1988 年改为科技部）和国家海洋局组织的海水淡化会战中为醋酸纤维素不对称膜的开发打下了研制基础。20 世纪 70 年代还曾经对复合膜进行了广泛的研究，后一度停了下来，80 年代中期重新开始复合膜的开发。经 "七五" "八五" 攻关，中试放大成功，中国反渗透技术开始从试验室研究走向工业规模应用。反渗透技术是膜分离技术领域中投资高、难度大的一项技术。首先，原材料的质量很难保证均一和稳定；其次，在制膜、制器工艺和环境条件上的要求也非常严格和苛刻。因此，尽管中国某些反渗透工艺理论技术已接近国际水平，但膜及组件的技术和性能与国外相比仍有较大的差距，复合膜性能比国外同类产品低且还未规模化生产，还有很长的路要走。

三、中国火电厂反渗透技术的发展及其应用

反渗透膜能阻挡 99% 以上的溶解性盐和分子量大于 100 道尔顿杂质，因此，在火电厂中可用作锅炉补给水的制水系统。在反渗透—离子交换除盐联合系统中，除盐设备一个运行周期可多生产 5~10 倍去离子水，再生剂用量大幅度减少，废水排放显著减少。1979 年中

国在电厂水处理领域开始采用反渗透技术，在以含盐量 1000mg/L 左右苦咸水作为水源的离子交换补给水处理中取得了良好的效果。20 世纪 80 年代多家电厂相继采用反渗透技术进行离子交换系统的预脱盐处理，到 90 年代反渗透技术在电厂锅炉补给水处理系统中已得到了广泛应用。2000 年以后，随着火电厂节水工作的开展，反渗透处理技术拓展至循环水排污水处理、海滨电厂海水淡化、中水回用处理及工业废水回用等各个方面。

第二节　反渗透脱盐原理及渗透理论

一、反渗透脱盐的原理

在一定的温度下，用一张易透水而难透盐的半透膜将淡水和盐水隔开［如图 3-1（a）所示］，淡水即透过半透膜向盐水方向移动，随着右室盐水侧液位升高，产生一定的压力，阻止左室淡水向盐水侧移动，最后达到平衡［如图 3-1（b）所示］，此时的平衡压力称为溶液的渗透压，这种现象称为渗透现象。若在右室盐水侧施加一个超过渗透压的外压［如图 3-1（c）所示］，右室盐溶液中的水便透过半透膜向左室淡水中移动，使淡水从盐水中分离出来，此现象与渗透现象相反，称反渗透现象。

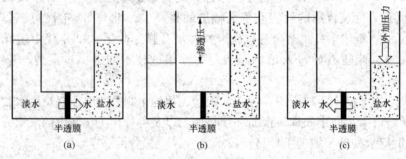

图 3-1　反渗透现象图解
(a) 渗透；(b) 渗透平衡；(c) 反渗透

由此可知，反渗透脱盐的依据是：①半透膜有选择地让淡水透过而不允许盐水透过；②盐水室的外加压力大于盐水室与淡水室的渗透压力，提供了水从盐水室向淡水室移动的推动力。一些溶液的典型渗透压见表 3-1。

表 3-1　　　　　　　　　　一些溶液的典型渗透压（25℃）

化合物	浓度（mg/L）	渗透压（kPa）	化合物	浓度（mg/L）	渗透压（kPa）
NaCl	35000	2742.2	$CaCl_2$	1000	57.19
NaCl	1000	78.55	蔗糖	1000	7.23
$NaHCO_3$	1000	88.2	葡萄糖	1000	13.78
Na_2SO_4	1000	41.34	海水	32000	2400
$MgSO_4$	1000	24.80	苦咸水	2～5000	105～280
$MgCl_2$	1000	66.83			

上述用于隔离淡水与盐水的半透膜称为反渗透膜。反渗透膜多用高分子材料制成，目前，用于火电厂的反渗透膜多为芳香聚酰胺复合材料制成。

二、膜渗透理论

关于膜的渗透理论，各学派先后提出了多种不同的解释，主要理论有以下几种：氢键理论，优先吸附毛细孔流动理论，扩散—细孔流动理论，细孔理论，溶质扩散理论。

（1）氢键理论。氢键理论是由里德（Reid）、布雷顿（Breton）等人提出的。该理论认为水在透过膜时，首先水分子聚集在醋酸纤维素非结晶性的无定型区，与醋酸纤维素羧基中的氧形成氢键并充满于膜的空隙内。水分子在孔径小的膜空隙中吸得紧密牢固，在孔径大的膜空隙中则较松弛。溶液中与醋酸纤维素羧基中的氧形成氢键的水分子和具有形成氢键能力的离子、分子，沿膜内氢键位置逐次移动，以扩散的方式在膜内部移动。扩散移动与膜内细孔的形成有关。细孔不易形成，则依靠细孔扩散而进行透过的离子、分子就难以透过膜。水分子在膜内的扩散速度比溶质在膜内的扩散速度要快得多，所以水大量透过而溶质透过数量且少得多。

这一理论表明，水分子向膜内进入的现象，首先是在醋酸纤维素的无定型区发生。若纤维素的结晶程度高，则水分子不容易进入膜内，而且孔径变小，已进入的水分子越来越密实而牢固地充满膜内，使细孔难以形成，溶质也难以通过细孔扩散透过膜，因此，溶质的透过量就越少。用它可以解释纤维素结晶程度高会使溶质透过量减少的现象。

（2）优先吸附毛细孔流动理论。索里拉金等人提出的优先吸附毛细孔流动理论，其机理如图3-2所示。以氯化钠水溶液为例，在氯化钠—水—醋酸纤维素体系中，由于膜材料的介电常数比水低，而且膜材料具有极性，所以膜的表面是斥盐吸水的。盐是负吸附，离子在膜附近受到排斥，水优先吸附在膜的表面，压力使优先吸附的流体通过膜，形成了脱盐过程。根据这个机理，反渗透是由两个因素控制的：表征膜表面附近优先吸附情况的平衡效应；表征溶质和溶剂通过膜孔的流动性的动态效应。平衡效应与膜表面附近呈现的排斥力或吸引力有关；动态效应既与平衡效应有关，又与溶质在膜孔中的位阻效应有关。位阻取决于溶质分子的结构、大小以及膜孔的结构大小。因此，膜表面具有合适的化学性质以及合适的孔径、孔数是顺利进行反渗透的两个必不可少的条件。反渗透膜表面层应尽可能地薄，以减少液体流动的阻力，此外，膜的孔结构必须是非对称的。

（3）扩散—细孔流动理论。扩散—细孔流动理论是由舍伍德（Sherwood）等人提出的。该理论假设水分子和溶质的透膜现象是以扩散和细孔流动并存为基础的，即水分子、溶质从膜表面进入被水膨润的高分子基体内，再通过扩散移动，最后由膜的另一侧流出，与膜表面接触的溶液穿透膜内通道或细孔的流速与压力成正比。

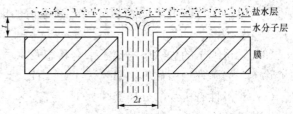

图3-2　优先吸附毛细孔流动机理示意

按这种理论可以解释选择性不同的膜盐透过率不同的现象。水分子或溶质的透过现象，除了受膜特有的水分子、溶质的扩散因素影响外，还受细孔流动因素的影响。对于选择性高的膜，穿过膜内通道或细孔，流到膜的另一侧的溶质量，占膜的总透过水量的比例极小；选择性低的膜，这个比例增大，因而透过液的质量差。水分子的扩散速度也随着膜的选择性不同而不同，但比溶质的扩散速度要大得多。

（4）细孔理论。由格卢考夫（Glueckauf）提出的细孔理论，是从膜的细孔和介电常数的观点来说明膜的透过现象。该理论认为，选择性高的膜醋酸纤维素膜有选择地阻止离解度高的溶质透过的原因，是由于醋酸纤维素膜的介电常数低，因而电解质不能进入膜内细孔而被阻留在膜表面。

（5）溶质扩散理论。溶质扩散理论是朗斯代尔（Lonsdale）、默顿（Merten）等提出的。这种理论把膜当作扩散场来考虑，认为水分子、溶质都可溶解于膜内，并在膜内进行扩散，而压力差与浓度差则是透过膜的推动力。分子在膜内的扩散系数随膜的纤维素酯的乙酰化程度不同而不同。一般溶质的扩散系数比水分子的扩散系数要小得多。含乙酰率高时，溶质与水的扩散系数差变大，溶质的透过率小，透过水质也好。当施加压力太大时，水在膜内移动的速度增快，透过膜的水分子数量也比通过扩散而透过的溶质数量多。用这个原理，可以解释施加压力越高，透过水质越好的现象。

对于膜的透过机理，各学派有不同的看法，有些现象单靠一种理论尚不能做出令人满意的解释，目前尚无一种理论能对所有反渗透现象做出圆满的解释，反渗透脱盐的机理还有待进一步研究。

第三节　反渗透膜的主要特性

一、反渗透膜的主要特性

1. 膜分离的方向性和分离特性

实用性反渗透膜均为非对称膜，由表层和支撑层组成，具有明显的方向性和选择性。所谓方向性就是将膜表面置于高压盐水中进行脱盐，压力升高膜的透水量、脱盐率也增高；而将膜的支撑层置于高压盐水中，压力升高脱盐率几乎为 0，透水量却大大增加。由于膜具有这种方向性，应用时不能反向使用。

反渗透对水中离子和有机物的分离特性不尽相同，归纳起来大致有以下几点。

（1）有机物比无机物容易分离。

（2）电解质比非电解质容易分离。高电荷的电解质更容易分离，其去除率顺序一般如下：$Al^{3+} > Fe^{3+} > Ca^{2+} > Na^+$；$PO_4^{3-} > SO_4^{2-} > Cl^-$。对于非电解质，分子越大越容易去除。

（3）无机离子的去除率与离子水合状态及水合离子半径有关。水合离子半径越大，越容易被除去，去除率顺序如下：Mg^{2+}、$Ca^{2+} > Li^+ > Na^+ > K^+$；$F^- > Cl^- > Br^- > NO_3^-$。

（4）对极性有机物的分离规律如下：醛 > 醇 > 胺 > 酸，叔胺 > 仲胺 > 伯胺，柠檬酸 > 酒石酸 > 苹果酸 > 乳酸 > 醋酸。

（5）对异构体的分离规律如下：叔（tert-）> 异（iso-）> 仲（sec-）> 原（pri-）。

（6）有机物的钠盐分离性能好，而苯酚和苯酚的衍生物则显示了负分离。极性或非极性、离解或非离解的有机溶质的水溶液，当它们进行膜分离时，溶质、溶剂和膜间的相互作用力决定了膜的选择透过性，这些作用包括静电力、氢键结合力、疏水性和电子转移四种类型。

（7）一般溶质对膜的物理性质或传递性质影响都不大，只有酚或某些低分子量有机化合物会使醋酸纤维素在水溶液中膨胀，一般会使膜的水通量下降，有时还会下降很多。

（8）硝酸盐、高氯酸盐、氰化物、硫代氰酸盐的脱除效果不如氯化物好，铵盐的脱除效果不如钠盐。

（9）而相对分子质量大于150的大多数组分，不管是电解质还是非电解质，都能很好地脱除。

此外，反渗透膜对芳香烃、环烷烃、烷烃及氯化钠等的分离顺序是不同的。

在反渗透系统的设计和运行过程中，有许多工作是相互制约的。因此在理论指导的前提下，必须进行试验验证，掌握物质的特性或规律，才能正确运用反渗透技术。

2. 物质迁移系数 （k）

表示膜高压侧溶液浓度极化的指标。膜分离时溶液透过速度（J_v）、溶质透过速度（J_s）和溶质浓度（c）在膜两侧的变化示意如图 3-3 所示。由于溶剂透过膜的量远大于溶质透过膜的量，导致膜表面处溶质浓度 c_2 升高，溶液透过速度下降，溶质透过速度增加。

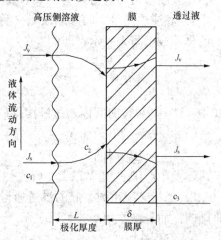

由 Fick 扩散定律可以导出膜两侧浓度有如下关系

$$\frac{c_2 - c_3}{c_1 - c_3} = \exp(J_v/k) \tag{3-1}$$

式中 c_1——高压侧主体溶液中溶质浓度；

c_2——高压侧膜表面处溶质浓度；

c_3——透过液溶质浓度；

J_v——溶液透过速度；

图 3-3 膜两侧的浓度分布和溶液溶质透过速度变化示意

K——物质迁移系数，$k=D/L$，D 为溶质的扩散系数，L 为极化层厚度。

k 是雷诺数的函数，当其他条件不变时，k 与流速的关系如下

$$k = bu^n \tag{3-2}$$

式中 b——常数，由试验测定；

u——高压侧溶液流速；

n——系数，随装置不同而异，一般为 $0.6\sim0.8$。

k 与温度（T）成指数关系，即 $k \propto \exp(0.005T)$。

式（3-1）中，当 $k \to +\infty$ 时，$c_2 = c_1$，膜不发生浓差极化；当 k 为有限正值时，$c_2 > c_1$，即膜表面处浓度大于主体溶液浓度；k 值越小，c_2 与 c_1 之差值越大，浓差极化越厉害。浓差极化发生后，膜透过性能下降，膜表面可能析出沉淀物。增加水流扰动是减少浓差极化的有效途径之一，也是设计应考虑的重要问题。

（1）溶质分离率。分离率又称截留率。对于溶液脱盐体系，分离率又称脱盐率或除盐率。由于采用的参比浓度不同，分离率有如下两种表示形式。

1）真实分离率（R）

$$R = \left[1 - \frac{c_3}{c_2}\right] \times 100\% \tag{3-3}$$

2）表观分离率（R_E）

$$R_E = \left[1 - \frac{c_3}{c_1}\right] \times 100\%$$ (3-4)

式（3-3）与式（3-4）比较可以看出，真实分离率与表观分离率的不同之处在于，两者参比浓度不同，因 $c_2 > c_1$，故 $R > R_E$。

在火电厂水处理系统，常用溶解性固形物总量（TDS）或电导率带入式（3-3）中，计算反渗透装置的脱盐率。由于 c_1 与 c_3 可以直接测定，因此在现实工业生产中，常用表观分离率来衡量反渗透装置的性能。因此，在无特殊说明时，所称的分离率系指表观分离率。

（2）膜渗透通量与通量衰减系数。

1）膜渗透通量。膜渗透通量又称膜通量（J_w），通常用单位时间内通过单位膜面积溶剂的体积或重量来表示，即

$$J_w = \frac{V}{S \times t}$$ (3-5)

式中　V——单位时间内透过液溶剂的体积或重量；

　　　S——膜的有效面积；

　　　t——运转时间。

工业生产中 J_w 通常以 L/（$m^2 \cdot h$）为单位。

2）通量衰减系数。膜的渗透通量由于过程的浓差极化、膜的压密以及膜孔堵塞等原因将随时间而衰减，用下式可以表示

$$J_t = J_1 t^m$$ (3-6)

式中　J_t、J_1——分别为膜运转 th 和 1h 后的渗透通量；

　　　t——运转时间。

式（3-6）两边同时取对数，得到以下线性方程

$$\lg J_t = \lg J_1 + m \lg t$$ (3-7)

由式（3-7）通过双对数坐标系作直线，可求得直线的斜率 m，即衰减系数。

（3）稳定性。膜的稳定性主要指膜本身的水解稳定性和化学稳定性。膜稳定性越好，使用寿命越长。

膜的水解稳定性与膜材料和接触的介质性质有关。温度升高，膜的水解速度会加快。一般水处理用的反渗透膜的最高使用温度为 45℃。工业生产中，不宜在较高的温度下长期使用，一般控制运行温度在 25℃ 左右，最高不超过 30℃。

氧化剂会对膜造成不可逆的损坏。聚酰胺类复合膜比醋酸纤维膜更容易受到氧化剂的侵蚀。水中的氧化剂有游离氯、次氯酸钠、溶解氧和 6 价铬离子等。在工业生产中，膜分离装置允许进水的游离氯的最高含量：醋酸纤维素膜为 1mg/L；芳香聚酰胺类复合膜为 0.1mg/L。

乙醇、酮、乙醛、酰胺等有机溶剂，对膜有一定的影响，必须防止此类有机物与膜的接触。

微生物可以通过酶的作用分解膜的成分，防止微生物的侵蚀，对延长膜的寿命比较

重要。

此外，运行压力的大小也会影响膜的使用性能。在压力的作用下，膜会产生变形，分为弹性变形和非弹性变形。当压力过高时，膜处于非弹性变形范围，将发生不可逆压实状态，影响膜的使用寿命。相比醋酸纤维膜而言，聚酰胺类复合膜具有高交联结构，因而抗压密能力强，透水性能稳定。不同的膜元件，其耐压极限不同，使用时应查阅相关产品说明书。

二、火电厂典型的反渗透膜

膜的性能与膜材料的分子结构密切相关，膜主要由高分子材料制成，几种主要的膜材料见表 3-2。

表 3-2　　　　　　　　　　　用于超滤和反渗透膜的主要高分子材料

序号	类别	典型膜的化学组成	已制成的膜类型
1	聚酰胺系	芳香族聚酰胺	RO、UF、MF
		脂肪族聚酰胺	RO、UF、MF
		芳香族聚酰胺肼	RO
		聚砜酰胺	RO、UF、MF
2	复合膜表面活性层聚合物系	糖醇催化聚合（NS-200）	RO
		糖醇-三聚异氰酸三羟乙酯催化聚合（PEC-1000）	RO
		聚乙烯亚胺，间苯二甲酰氯界面缩合（PA-100）	RO
		聚环氧氯丙烷乙二胺，间苯二甲酰氯界面缩合（PA-300）	RO
		均苯三甲酰氯，间苯二胺界面缩聚（FT-30）	RO
		丙烯腈-醋酸乙酯共聚物表面等离子体处理	RO
		水合氧化锆-聚丙烯酸动态复合	RO
3	芳香杂环聚合物系	聚吡嗪酰胺	RO
		聚苯并咪唑	RO
		聚苯并咪唑酮	RO
		聚酰亚胺	RO、UF
4	离子型聚合物	磺化聚砜	RO、UF
		磺化聚苯醚	RO、UF
5	乙烯基聚合物和共聚物系	聚乙烯醇交联	RO、UF、MF
		聚乙烯醇-聚磺化苯乙烯	RO
		聚丙烯酸交联	RO
		聚丙烯腈	UF、MF

40 年来，醋酸纤维素在膜材料中曾占有十分重要的位置，主要原因是其具有资源广、无毒、耐氯、价格便宜、制造工艺简单、便于工业化生产等优点。此外，制得的膜用途广，水渗透率高，截留率也好。尽管具有众多优点，但其抗氧化能力差，易水解，易压密，抗微生物侵蚀性能较弱，这些缺点限制了它在某些领域的应用。自聚酰胺复合材料问世以来，复合膜在火电厂水处理领域就很快取代了醋酸纤维素分离膜，占据了反渗透膜应用领域的主导

地位。目前用于火电厂的反渗透膜大多为聚酰胺复合膜。

复合膜是用两种以上膜材料复合而成。从结构上来说，复合膜属于非对称膜的一种，实际只不过是两层的薄皮复合体。它的制法是将极薄的皮层刮至在一种预先制好的微细多孔支撑层上。

研究结果表明，由单一材料制成的非对称膜，致密层与支撑层之间并没有一个明显的界限，即存在一个过渡区，膜的压密主要发生在这个区域。复合膜不存在过渡区，因而抗压密能力强。单一材料膜的另一缺点是脱盐率与透水速度相互制约，难以自由控制，因为同种材料很难兼具脱盐与支撑两者均优。复合膜则不同，它用异种材料制成，容易实现制膜材料和制膜工艺的最优化，可以分别针对致密层的功能要求选择一种脱盐性能最优的材料。针对支撑层的功能要求选择另一种机械强度高的材料，从而实现高脱盐率、高渗透通量。此外，复合膜脱盐层可以做的很薄，有利于降低膜的推动压力，降低能耗。复合膜的这种结构形式，可以实现膜的高脱盐率、高透过性、低推动力、良好的化学稳定性、耐热性和强抗压密能力。复合膜易制成干膜，便于存放。图3-4所示是复合膜的横断面结构放大示意图。

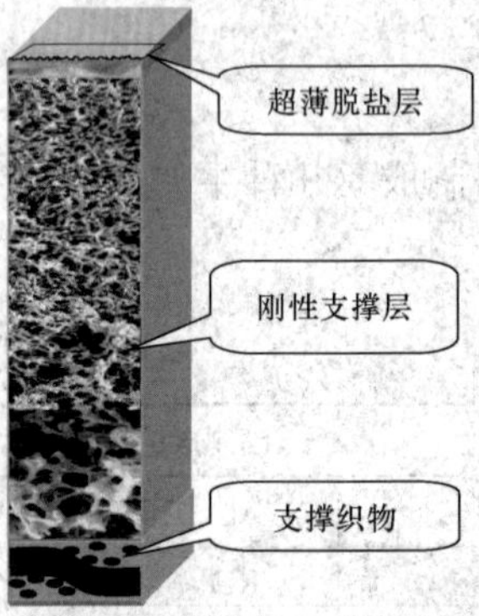

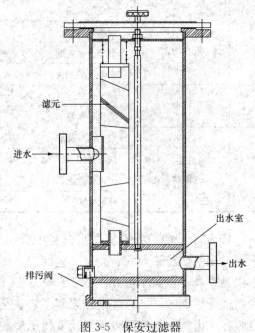

图3-4 复合膜横断面结构放大图

超薄脱盐层

刚性支撑层

支撑织物

第四节 反渗透装置及影响性能的因素

反渗透水处理装置是包括从保安过滤器的进口法兰至反渗透淡水出水法兰之间的整套单元设备，包括保安过滤器、高压泵、反渗透本体装置、电气、仪表及连接管线、电缆等可独立运行的装置。此外，包括化学清洗装置和反渗透阻垢剂加药装置，海水脱盐系统中还包括能量回收装置。

一、反渗透水处理装置

1. 保安过滤器

为保证反渗透本体的安全运行，即使有良好的预处理系统，仍需要设置精密过滤设备，起安全保障作用，故称之为保安过滤器（又称精密过滤器）。在反渗透系统中，保安过滤器不应作为一般运行过滤器使用，仅应作保安过滤使用，通常设在高压泵之前。保安过滤器有多种结构形式，常用的如图3-5所示，滤元固定在隔板上，水自中部进入保安过滤器内，由隔板下部出水室引出，杂质被截留在滤元上。

滤元的种类也有多种，常见的有线绕式、熔喷式和碟片式。以线绕式滤元为例，线绕式滤元又称蜂房式滤元。滤元的内骨架材质多为聚丙烯

滤元

进水

出水室

排污阀

出水

图3-5 保安过滤器

(polypropylene，PP) 或不锈钢。在内骨架上按照一定规律缠绕 PP 棉、脱脂棉、玻璃纤维及聚丙烯纤维等。目前国内生产的标准线绕式滤元尺寸多为 $\phi65\times$（$250\sim1000$）mm，内径 28mm，特殊尺寸可根据要求定制。线绕滤元最大出水量约为 $1\sim4m^3/h$，大流量折叠滤元出水流量为 $20\sim30m^3/h$。根据材质不同运行温度不同，聚丙烯纤维-PP 骨架滤元运行最高温度为 80℃，脱脂棉—不锈钢骨架最高运行温度为 120℃。反渗透水处理系统所选择保安过滤器的滤元过滤精度一般为 $5\mu m$。这种滤元的优点是过滤精度高，制造方便，价格便宜，使用安全，杂质不易穿透，但反洗和化学清洗效果不明显，只能一次性使用，当运行压差达到 0.2MPa 左右时需要更换滤元。

2. 高压泵

反渗透膜运行时，需要经高压泵将水升至规定的压力后送入，才能完成脱盐过程。目前火电厂使用的高压泵有离心式、柱塞式和螺杆式等多种形式，其中多级离心式水泵使用最广泛，这种泵的特点是效率较高，可以达到 90% 以上。

选择高压泵时，应使泵的扬程、流量和材质符合要求。泵的扬程应根据反渗透组件的操作压力大小及高压泵后水流程的阻力损失来计算。泵的材质不仅对泵运行寿命有影响，而且对保证反渗透入口水质有很大关系，一般水泵过流部件应根据水质特性选择不锈钢材料，以防止高含盐量和低 pH 值的原水对钢材发生腐蚀，增加铁对膜的污染。

3. 反渗透本体

反渗透本体是将反渗透膜组件用管道按照一定排列方式组合、连接而成的组合式水处理单元，图 3-6 所示为某火电厂反渗透本体装置。单个反渗透膜称膜元件，将一只或数只反渗透膜元件按一定技术要求串接，与单只反渗透膜壳组装构成膜组件。

图 3-6 某火电厂反渗透本体装置

（1）膜元件。反渗透膜元件是由反渗透膜和支撑材料等制成的具有工业使用功能的基本单元。目前在火电厂中应用的主要是卷式膜元件，图 3-7 所示为卷式膜元件断面图。

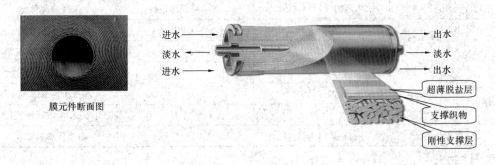

图 3-7 卷式膜元件断面图

目前制造商针对不同行业用户，生产出多种用途的膜元件。在火电厂应用的膜元件按照水源特点大致可分为：高压海水脱盐反渗透膜元件；低压和超低压苦咸水脱盐反渗透膜元件；抗污染膜元件。表 3-3 中分别列出了这几种膜的性能参数对比。

表 3-3   美国陶氏化学公司（Filmtec）膜元件性能参数表

膜元件类型	海水膜元件 SW30HR 系列	低压苦咸水膜元件（包含抗污染膜） BW30 系列	超低压苦咸水膜元件 XLE 系列
进水压力（bar）	25	10	5
脱盐率（%）	99.7	99.4	98.6
测定条件	膜通量 30L/（m² · h），2000mg/L NaCl 溶液，25℃，pH 7～8，回收率 10%，4in 长膜元件		

注 1bar＝10^5Pa；1in＝25.4mm。

（2）膜壳。反渗透本体装置中用来装载反渗透膜元件的承压容器称为膜壳，又称"压力容器"。

膜壳的外壳一般由环氧玻璃钢布缠绕而成，外刷环氧漆。也有部分生产商的产品为不锈钢材质的膜壳。由于玻璃钢具有较强的耐腐蚀性能，目前，国内大多数火电厂选用玻璃钢材质的膜壳。膜壳的结构如图 3-8 所示。在 2000 年以前膜壳大部分为进口产品，目前国内也有不少生产商生产的产品在火电厂得到广泛的应用。表 3-4 为某公司膜壳产品参数表。

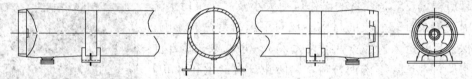

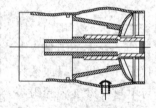

图 3-8 膜壳的结构

表 3-4   某公司膜壳产品参数表

直径（in）	工作压力〔MPa（Psi）〕	装填膜元件根数	适应膜种类
8	1.05（150）	1～7	超低压反渗透膜元件
8	2.1（300）	1～7	低压反渗透膜元件
8	6.9（1000）	1～7	海水反渗透膜元件
4	1.05（150）	1～4	超低压反渗透膜元件
4	2.1（300）	1～4	低压反渗透膜元件
4	6.9（1000）	1～4	海水反渗透膜元件

注 1in＝25.4mm。

4. 能量回收装置

反渗透海水淡化系统中，由于排放浓水压力还很高，为了节约系统能耗，应进行能量回收，高压泵结合能量回收装置为反渗透提供正常运行的压力。能量回收装置分三种形式：佩尔顿能量回收装置、涡轮式能量回收装置和 PX 能量回收装置。

（1）佩尔顿能量回收装置。工作原理是反渗透的高压浓水进入佩尔顿回收装置，进行能量交换后，其能量传递给高压泵，再经过高压泵提升压力至海水反渗透装置所需的运行压力。佩尔顿能量回收装置只接触反渗透的浓水部分。图 3-9 所示为佩尔顿能量回收装置原理图，图 3-10 所示为某公司佩尔顿能量回收装置图片。

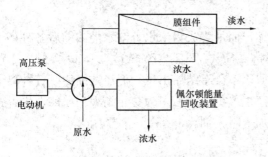

图 3-9　佩尔顿能量回收装置原理图　　　　图 3-10　某公司佩尔顿能量回收装置图片

（2）涡轮式能量回收装置。工作原理是原水经高压泵增压后，进入涡轮式能量回收装置，与经反渗透的高压浓水进行能量交换后，使原水进一步增压至海水反渗透所需的运行压力。涡轮式能量回收装置接触原水与浓水。图 3-11 所示为涡轮式能量回收装置原理图，图 3-12 所示为涡轮式佩尔顿能量回收装置图片。

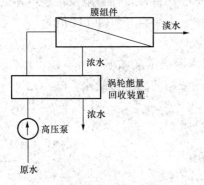

图 3-11　涡轮式能量回收装置原理图　　　　图 3-12　涡轮式佩尔顿能量回收装置图片

（3）PX 能量回收装置。其工作原理是进入反渗透装置的原水分成两路，一路是 $40\%\sim45\%$ 的水量通过高压泵增压至反渗透的运行压力，另外一路 $55\%\sim60\%$ 的水量通过 PX 装置进行能量交换，使给水的压力增加接近反渗透的运行压力，不足部分由增压泵升压补偿达到与高压泵出口相同的压力。图 3-13 所示为 PX 能量回收装置原理图，图 3-14 所示为 PX 能量回收装置图片。

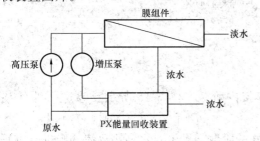

图 3-13　PX 能量回收装置原理图　　　　图 3-14　PX 能量回收装置图片

因 PX 能量回收装置具有运行费用低、能量转换率高、多个串联可承受无限制的流量、维护量少及装置占地面积小等优点，因此，目前在国内海水反渗透淡化系统有一定的应用业绩。

5. 阻垢剂加药装置

在反渗透的工作过程中，原水逐步得到浓缩，而最终成为浓水，浓水经浓缩后各种离子浓度将成倍增加。自然水源中 Ca^{2+}、Mg^{2+}、Ba^{2+}、Sr^{2+}、HCO_3^-、SO_4^{2-}、SiO_2等倾向于产生结垢的离子浓度积一般都小于其平衡常数，所以不会有结垢出现，但经浓缩后，各种离子的浓度积都有可能大大超过平衡常数，因此会产生严重的结垢。为防止结垢现象的发生，在反渗透系统中通常需要通过加药装置向系统中加入阻垢剂。

6. 化学清洗加药装置

反渗透膜元件内的膜片在长期的运行过程中，会受到无机盐垢、微生物、胶体颗粒和不溶性有机物的污染，这些污染物沉积在膜表面会导致反渗透装置产水量和脱盐率下降。因此，膜受到污染后，需要对反渗透装置进行化学清洗，其清洗装置详细介绍见本章第八节。

二、反渗透水处理系统技术术语及其性能的影响因素

针对特定的系统条件，水通量和脱盐率是反渗透膜的特性，而影响反渗透本体的水通量和脱盐率的因素较多，主要包括压力、温度、回收率、进水含盐量和 pH 值等。

1. 技术术语

为便于理解，结合图 3-15 对反渗透系统关键技术术语定义如下。

（1）浓水。反渗透水处理装置运行过程中形成的浓缩的高含盐量水，Q_C（m^3/h）。

（2）淡水。反渗透水处理装置的产水，Q_p（m^3/h）。

（3）回收率。淡水流量占进水流量的百分比，计算公式为

$$Y = \frac{Q_p}{Q_f} \times 100\% \tag{3-8}$$

式中　Y——回收率，%；

　　　Q_p——淡水流量，m^3/h；

　　　Q_f——进水流量，m^3/h。

（4）脱盐率。反渗透水处理装置除去的盐量占进水含盐量的百分比，用来表征反渗透水处理装置的除盐效率。在工业生产过程中，反渗透水处理装置的脱盐率有两种计算方法，一种是将水中的含盐量代入公式计算，另一种是将水的电导率代入式（3-9）计算，即

$$R = \left(1 - \frac{c_p}{c_f}\right) \times 100\% \tag{3-9}$$

式中　R——脱盐率，%；

　　　c_p——淡水含盐量，mg/L（$\mu S/cm$）；

　　　c_f——原水含盐量，mg/L（$\mu S/cm$）。

（5）段。反渗透膜组件按浓水的流程串接的阶数。图 3-15 所示反渗透水处理装置为两段。

（6）级。反渗透膜组件按淡水的流程串联的阶数，表示对水利用反渗透膜进行重复脱盐处理的次数。图 3-15 所示系统为一级反渗透水处理装置系统，若增设一套反渗透水处理装

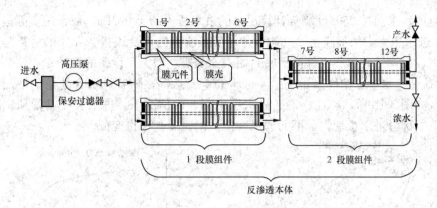

图 3-15　一级二段反渗透水处理装置系统图

置对其淡水进行再次处理，则新增设的反渗透脱盐装置称为二级反渗透水处理装置。

（7）产水通量。又称膜渗透通量或膜通量，指单位反渗透膜面积在单位时间内透过的水量，L/(m^2·h)。

（8）背压。反渗透膜组件淡水侧压力与进水侧压力的压力差，MPa。

2. 影响反渗透水处理系统性能的因素

反渗透膜运行性能与膜本身的表面性能运行参数和原水水质有关。

（1）膜表面特性的影响。反渗透膜表面特性对膜通量、脱盐率和抗污染性等有很大影响。由于进水中的黏土、细菌、病菌胞囊、胶体杂质、有机物等绝大多数物质为负电性，故一般情况下膜电负性越强，污染物质与膜之间的静电排斥越强，反渗透膜抗污染性越强。膜表面越光滑，污染物沉降几率就越小；此外，膜的亲水性能越强其抗污染的能力就越强。因此通过对膜表面进行改性，可以提高其抗污染能力。

（2）运行参数的影响。主要包括以下几个方面。

1）压力。反渗透进水压力直接影响膜通量和脱盐率，如图 3-16 所示，膜通量的增加与反渗透进水压力呈直线关系；脱盐率与进水压力成非线性关系，但压力达到一定值后，脱盐率变化曲线趋于平缓，脱盐率不再增加。

2）温度。脱盐率随反渗透进水温度升高而降低，而膜通量则几乎呈线性地增大，如图3-17 所示。主要是因为，随着温度的提高，盐分透过反渗透膜的速度也会加快，因而脱盐率会降低。随着温度的升高，水分子的黏度下降，扩散能力强，因而产水通量升高。

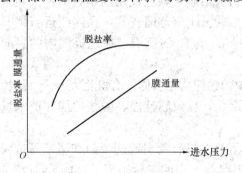

图 3-16　反渗透进水压力对膜通量和脱盐率的影响趋势

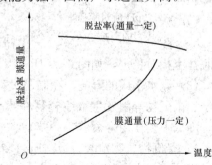

图 3-17　温度对膜通量和脱盐率的影响趋势

原水温度是反渗透系统设计的一个重要参考指标。如某电厂在进行反渗透工程技术改造时，设计时原水水温按 25℃ 计算，计算出来的进水压力为 1.6MPa，而系统实际运行时水温只有 8℃，进水压力必须提高至 2.0MPa 才能保证淡水的设计流量。导致的后果是，系统运行能耗增加，反渗透装置膜组件内部密封圈寿命变短，增大了设备的维护量。

3）含盐量。水中盐浓度是影响膜渗透压的重要指标，随着进水含盐量的增加，膜渗透压也增大。如图 3-18 所示，在反渗透进水压力不变的情况下，进水含盐量增加，因渗透压的增加抵消了部分进水推动力，因而通量变低，同时脱盐率也变低。

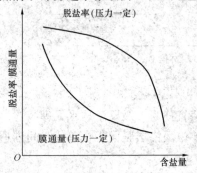 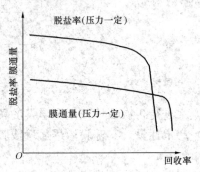

图 3-18　含盐量对膜通量和脱盐率　　　　　　图 3-19　回收率对膜通量和
　　　　　的影响趋势　　　　　　　　　　　　　　脱盐率的影响趋势

4）回收率。反渗透系统回收率的提高，会使膜元件进水沿水流方向的含盐量更高，从而导致膜渗透压增大，这将抵消反渗透进水压力的推动作用，从而降低了膜通量。膜元件进水含盐量的增大，使淡水中的含盐量随之增加，从而降低了脱盐率。图 3-19 所示为回收率对膜通量和脱盐率的影响趋势。

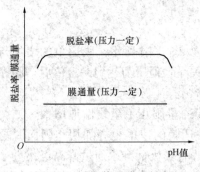

图 3-20　pH 值对膜通量和
　　　脱盐率的影响趋势

在系统设计中，反渗透系统最大回收率并不取决于渗透压，往往取决于原水中盐类的成分和含量大小。因为随着回收率的提高，在浓缩过程中像碳酸钙、硫酸钙和硅等杂质会发生结垢现象。

5）pH 值。不同种类的膜元件适用的 pH 值范围差别较大，如醋酸纤维膜在 pH 值为 4～8 的范围内膜通量和脱盐率趋于稳定，在 pH 值低于 4 或高于 8 的区间内，受影响较大。目前工业水处理使用的膜材料绝大多数为复合材料，适应的 pH 值范围较宽，在连续运行情况下 pH 值可以控制在 3～10 的范围。在此范围内的膜通量和脱盐率相对稳定，如图 3-20 所示。

（3）原水水质的影响。在制水过程中，原水中的颗粒物、胶体、有机物大分子、结垢性离子、微生物等因发生浓缩容易在膜表面吸附、沉积，导致膜性能、脱盐性能和产水量下降，降低了膜使用寿命。

1）有机物。腐殖酸、蛋白质、多聚糖等高分子有机聚合物引起的吸附和堵塞易造成反渗透膜污堵。大多数有机物中含有羧基和酚羟基，会与水中的二价阳离子（如 Ca^{2+}）发生相互作用，使得有机物的聚合度增大，形成的污染层结构致密，导致运行阻力增大。

2）胶体类物质。水中铁、锰、硅以及在流程中加入的铁系、铝系混凝剂形成的胶体，超过反渗透膜进水限制时，随着运行时间的延续，胶体类物质在膜表面逐渐沉积形成凝胶层，造成反渗透膜污堵。

3）微生物。当水中的有机物、微生物、细菌和各类悬浮杂质被反渗透膜截留后，在膜组件内部潮湿阴暗的环境下，微生物生长速度增快，则易在膜表面生成一层难于剥除、透水性能差的生物膜。微生物在膜组件内的大量繁殖，可能会吞食膜材质，破坏膜自身性能。此外，微生物的繁殖和代谢，产生大量的胶体物质和聚合物，致使膜污堵现象加快。

4）无机结垢类物质。Ca^{2+}、Mg^{2+}、Ba^{2+}、Sr^{2+}、HCO_3^-、SO_4^{2-}、SiO_2等倾向于产生结垢的离子在超过其饱和极限时，会从浓水中沉淀出来，在膜面上形成结垢，降低反渗透膜的通量，增加运行阻力，并导致出水水质下降。这些污染中最常见的是碳酸钙、硫酸钙、硫酸钡、硫酸锶等。

第五节　反渗透预处理方法

反渗透膜过滤方式与滤床式过滤器过滤不同，滤床式过滤器是全过滤方式，即原水全部通过滤层，而反渗透膜过滤是横向过滤方式，如图3-21所示。在过滤过程中，原水中的一部分水沿与膜垂直的方向透过膜，此时盐类和各种污染物被膜截流下来，并被与膜面平行方向流动的剩余的另一部分原水携带出，但污染物并不能完全带出。随着时间的推移，残留的污染物会使膜元件污染加重，而且原水污染物浓度及回收率越高，膜受污染的速度就越快。

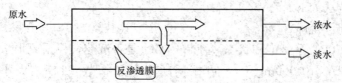

图 3-21　反渗透膜横向过滤示意图

应根据水源选取适宜的预处理方案。目前火电厂用于反渗透处理的水源大致可分为地下深井水、地表水（系指水库、江河水）、海水和废水（包括城市中水用于火电厂补充水、火电厂自身产生的废水，如循环水排污水），这几种水源的预处理工艺要区别对待。通常情况下，地下深井水水质稳定，污染可能性低，仅需要简单的预处理，如设置细砂过滤和加阻垢剂。相反，当火电厂采用城市中水作为补充水源时，预处理工艺则比较复杂。城市中水中含有复杂的有机和无机成分，有时工业有机物可能会严重影响反渗透膜的使用寿命，引起产水量严重下降和膜的降解，因此必须设计更加周全的预处理系统。

在工程实践中，不同的原水水质，最终确定的预处理工艺各不相同；另外，即使原水水质相近，最终确定的工艺流程也未必相同。无论采取何种预处理工艺，最终目标是通过经济可靠的处理工艺，将反渗透装置进水污染物浓度控制在一个较低的水平，以满足反渗透装置的进水要求，详见表3-5。

表 3-5　　　　　　　　　　　　反渗透膜元件对进水水质的要求

水源类型	地表水	地下水	海水	废水
浊度（NTU）	≤1.0	≤1.0	≤1.0	≤1.0
游离氯（mg/L）	复合膜小于0.1			

水源类型	地表水	地下水	海水	废水
pH	3~11			
温度（℃）	<45			
其他（mg/L）	有些膜元件对化学耗氧量和铁也有一定的要求，COD（KMnO₄法）<1.5，Fe<0.05			

一、温度调整

反渗透膜元件都有一个使用温度范围，一般为 0~45℃。适当提高原水温度，可以提高膜通量，减少膜元件的数量，降低了设备一次投资费用。在工程实践中，反渗透装置的进水水温一般控制在 15~25℃。

二、结垢控制

当原水中的难溶盐在膜元件内不断被浓缩且超过其溶解度极限时，它们就会在反渗透膜表面上沉淀，通常称之为"结垢"。当水源确定后，随着反渗透系统的回收率的提高，结垢的风险就加大。从水源短缺或排放废水对环境的影响考虑，提高回收率是一种常用做法。在这种情况下，考虑周全的结垢预防措施尤为重要。在反渗透系统中，常见的难溶盐为 $CaCO_3$、$CaSO_4$ 和 SiO_2，偶尔也会见到 CaF_2、$BaSO_4$、$SrSO_4$ 和 $Ca_3(PO_4)_2$ 等化合物。几种结垢物质的判断方法如下。

1. $CaCO_3$ 结垢判断

原水中的 $CaCO_3$ 几乎呈饱和状态，判断 $CaCO_3$ 是否沉淀，根据原水水质分为两种情况：对于苦咸水（TDS≤10 000mg/L），可根据朗格利尔指数（LSI）大小判断；对于海水（TDS>10000mg/L），可根据斯蒂夫和大卫饱和指数（S&DSI）大小判断。当 LSI 或 S&DSI 为正值时，水中 $CaCO_3$ 就会沉淀。LSI 和 S&DSI 的计算公式如下

$$LSI = pH - pH_s \qquad (3-10)$$

$$S\&DSI = pH - pH_s \qquad (3-11)$$

式中   LSI——朗格利尔指数；

   S&DSI——斯蒂夫和大卫饱和指数；

     pH——运行温度下，水的实测 pH 值；

     pH_s——对应运行温度下，$CaCO_3$ 饱和时水的 pH 值。

2. 硫酸盐结垢判断

水中某硫酸盐是否沉淀，可以通过该硫酸盐离子的浓度积（IP_b）与其溶度积（K_{sp}）比较来进行判断：当 $IP_b > K_{sp}$ 时，则有可能生成硫酸盐垢；当 $IP_b < K_{sp}$ 时，没有硫酸盐结垢倾向。

预处理系统中，常见防止结垢的措施主要有加药、水质软化。

（1）加药。主要包括以下两个方面。

1）加酸调整 pH 值。由式（3-10）和式（3-11）知，为防止 $CaCO_3$ 沉淀，通常方法是加酸降低水中 pH 值，使 LSI 或 S&DSI 值小于或等于零，$CaCO_3$ 无法在膜表面上沉淀出来。

在苦咸水系统中，一般采用盐酸调整水的 pH 值，而海水反渗透系统一般加入硫酸进行 pH 值调整。

2）加阻垢剂。阻垢剂可以用于控制碳酸盐垢、硫酸盐垢、氟化钙垢和硅垢，通常有三类阻垢剂：六偏磷酸钠（SHMP）、有机磷酸盐和多聚丙烯酸盐。

六偏磷酸钠（SHMP）能少量吸附于微晶体的表面，阻止结垢晶体的进一步生长和沉淀。但六偏磷酸钠的最大弱点是不稳定，在水中易发生水解，降低了阻垢效率。六偏磷酸钠是在火电厂早期的反渗透系统曾得到广泛应用的一种阻垢剂，通常与加酸 pH 调整联合使用。

聚合有机阻垢剂是目前在火电厂反渗透系统使用最为广泛的阻垢剂，针对不同的原水水质，产品开发商开发出适应不同水质特点的多类产品。聚合有机阻垢剂具有以下特点：具有极佳的溶解性和稳定性；在很宽的 pH 值范围内有效；在不加酸的情况下，能够在 LSI 较高的条件下有效地控制 $CaCO_3$ 结垢；能够在很大的范围内降低 $CaSO_4$、$BaSO_4$、$SrSO_4$ 等的结垢倾向。

例如，某公司聚合有机型反渗透阻垢剂性能参数如下：LSI 最大允许值为 3.2；$CaSO_4$ 离子浓度积（IP_b）最大允许值为 10 倍溶度积（K_{sp}）；$BaSO_4$ 离子浓度积（IP_b）最大允许值为 2500 倍溶度积（K_{sp}）；$SrSO_4$ 离子浓度积（IP_b）最大允许值为 1200 倍溶度积（K_{sp}）；pH 值使用范围为 5～10；加药量为 3～5mg/L。不同水质，可根据药剂公司提供的加药计算软件计算确定。

对于海水反渗透系统，由于回收率比较低（30％～45％），结垢问题没有苦咸水那么突出，但为安全起见，在工程实践中，当回收率高于 35％时，往往使用阻垢剂。

在实际生产中发现，有些聚合有机性阻垢剂遇到阳离子聚合电解质或高价阳离子时，可能会发生沉淀反应，所产生的胶状反应物造成保安过滤器滤元更换频繁，更有甚者造成膜元件的污染，这些污染物通过化学清洗也难以去除。因此，在选择阻垢剂时，应进行筛选试验。

早期进入市场上的聚合有机阻垢剂大都为国外产品，目前市场上也出现了国内厂家生产的产品。由于阻垢剂在反渗透系统中至关重要，许多大的膜生产商也把阻垢剂选型作为产品性能担保的条件，为慎重起见，建议用户在选择阻垢剂时，应与膜供应商或工程承包方沟通，避免影响其对反渗透膜的产品性能担保和售后技术服务。正规的反渗透阻垢剂生产商除了能够提供相关机构的检测证书外，通常能够为用户提供计算软件，以便当水质恶化时，用户能够通过计算，及时调整加药量，以保证系统运行稳定。

（2）水质软化。随着火电厂节水措施的加强，反渗透逐步在废水处理上得到应用。当原水水质比较恶劣时，靠加酸和加阻垢剂也无法控制水中盐类结垢时，则需要对原水进行软化处理。

用于反渗透预处理的软化工艺包括石灰软化、钠软化和弱酸阳树脂软化。

1）石灰软化。石灰软化主要可以去除碳酸盐硬度，同时也能够显著降低钡、锶和有机物含量。但石灰软化处理的问题是需要使用反应器以便在高浓度下形成沉淀晶种，通常要采用上升流固体接触澄清器。澄清器的出水还需要设置多介质过滤器，并在进入膜单元之前要调节 pH。使用铁系混凝剂，无论是否同时使用聚合物絮凝剂（阴离子型和非离子型），均可提高石灰软化的固液分离效果。

另外，采用石灰—碳酸钠联合处理的工艺，不但可以降低非碳酸盐硬度，还可以进一步降低水中 SiO_2 的浓度。在加入铝盐和三氯化铁时会形成碳酸钙以及硅酸、氧化铝和铁的复合物沉淀。通过加入多孔氧化镁和石灰的混合物，采用 $60\sim70℃$ 热石灰脱硅酸工艺，能将硅酸浓度降低到 $1mg/L$ 以下。

只有大型苦咸水/废水处理系统（处理量大于 $200m^3/h$）才会考虑选择石灰软化工艺。目前，在城市中水和高浓缩倍率循环水排污水作为反渗透系统水源时，多用石灰处理工艺。

2）钠软化。采用钠离子软化器能够去除水中的结垢阳离子，如 Ca^{2+}、Ba^{2+} 和 Sr^{2+}，可除去各种碳酸盐硬度和硫酸盐硬度，是非常有效和保险的阻垢方法，但 $NaCl$ 的消耗量相当高，存在环境污染问题，运行也不经济。在大型常规反渗透水处理系统中很少应用，仅对特殊水源才考虑此软化工艺。

3）弱酸软化。对于重碳酸根含量很高的原水，可采用弱酸软化脱除水中碱度，它能够实现部分软化以达到节省再生剂的目的。

由于弱酸树脂的饱和度在运行时会发生变化，其出水 pH 值将在 $3.5\sim6.5$ 的范围内变化，这种周期性的变化，会影响反渗透系统的脱盐率。采用弱酸阳树脂软化时，通常需要在弱酸软化出水投加 $NaOH$ 调整 pH 值，或并联弱酸软化器在不同时间进行再生，以均匀弱酸软化出水 pH 值。

4）树脂软化。具体包括以下两种方法。

a. 强酸型树脂软化。使用钠离子置换除去结垢型阳离子，如 Ca^{2+}、Ba^{2+}、Sr^{2+}，树脂失效后用盐水再生。钠离子软化法在常压锅炉水处理中广泛应用，这种处理方法的弊端是耗盐量高，增加了运行费用。另外，还有废水排放问题。

b. 弱酸型树脂脱碱度。主要在大型苦咸水处理系统中采用弱酸阳离子交换树脂脱碱度。脱碱度处理是一种部分软化工艺，可以节约再生剂。通过弱酸性树脂处理，用氢离子交换除去与碳酸氢根（暂时硬度）等摩尔量的 Ca^{2+}、Ba^{2+} 和 Sr^{2+} 等，这样原水的 pH 值会降低到 $4\sim5$。由于树脂的酸性基团为羧基，当 pH 达到 4.2 时，羧基不再解离，离子交换过程也就停止了。因此，仅能实现部分软化，即与碳酸氢根相结合的结垢阳离子可以被除去。因此这一过程对于碳酸氢根含量高的水源较为理想，碳酸氢根也可转化为 CO_2。

三、胶体和固体颗粒污染的控制

胶体和颗粒等的污堵会严重影响反渗透膜元件的性能，如大幅度降低淡水产量，有时也会降低脱盐率，胶体和颗粒污染的初期症状是反渗透膜组件进出水压差增加。

判断反渗透膜元件进水胶体和颗粒最通用的办法是测量水中的淤泥密度指数（SDI）值，有时也称污染指数（FI）值，它是监测反渗透预处理系统运行情况的重要指标之一。

SDI 是以单位时间内水滤过速度的变化来表示水质的污染性。水中胶体和颗粒物的多少会影响 SDI 大小。SDI 值可用 SDI 仪来测定，如图 3-22 所示。图中压膜器内的微孔滤膜过滤器直径为 $47mm$，微孔滤膜直径也为 $47mm$，有效过滤直径为 $42mm$，膜孔径为 $0.45\mu m$。测定方法如下。

（1）测定器材。SDI 测定仪、微孔滤膜、$500mL$ 量筒、秒表和镊子。

（2）测定步骤。用镊子将滤膜装入压膜器内；调整调节阀、稳压阀，在压力为 $0.21MPa$ 的条件下，记录开始时过滤 $500mL$ 水样所需的时间 t_0（min）；在供水压力为

0.21MPa 的条件下，连续过滤 15min 后，继续测量过滤 500mL 水样所需的时间 t_1（min）；根据测定的 t_0、t_1 进行如下计算

$$SDI = \left(1 - \frac{t_0}{t_1}\right) \times \frac{100}{15} \tag{3-12}$$

一般要求反渗透进水 SDI 值小于 4。

反渗透进水中的胶体和颗粒物种类很多，通常有黏土、胶体硅、细菌和铁的腐蚀产物。防止方法也有多种，主要方法有混凝澄清、石灰处理、砂滤、超滤、微滤以及滤芯过滤，这些处理技术可在本教材其他章节或单独查阅相关的文献获得，这里不再介绍。

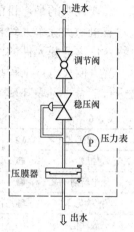

图 3-22 SDI 测量原理图

四、膜微生物污染控制

原水中微生物主要包括细菌、藻类、真菌、病毒和其他高等生物。反渗透过程中，微生物伴随水中溶解性营养物质会在膜元件内不断浓缩和富集，成为形成生物膜的理想环境与过程。反渗透膜元件的生物污染，将会严重影响反渗透系统的性能，使反渗透组件间的进出口压差迅速增加，导致膜元件产水量下降，有时产水侧会出现生物污染，导致产品水受污染。如某些火电厂反渗透装置在检修时发现，膜元件及淡水管侧长满绿青苔，这是一种典型的微生物污染。

膜元件一旦出现微生物污染并产生生物膜，其清洗就非常困难。此外，没有彻底清除的生物膜将引起微生物的再次快速地增长。因此微生物的防治也是预处理的最主要任务之一，尤其是对于以海水、地表水和废水作为水源的反渗透预处理系统。

防止膜微生物的方法主要有：加氯、微滤或超滤处理、臭氧氧化、紫外线杀菌、加亚硫酸氢钠。在火电厂水处理系统常用的方法是加氯杀菌和在反渗透前采用超滤水处理技术。

氯作为一种灭菌剂，它能够使许多致病微生物快速失活。氯的效率取决于氯的浓度、水的 pH 值和接触时间。在工程应用中，水中余氯一般控制在 0.5～1.0mg/L 以上，反应时间控制在 20～30min，氯的加药量需要通过调试确定，因为水中有机物也会耗氯。采用加氯杀菌，最佳 pH 值为 4～6。

在海水系统中采用加氯杀菌与苦咸水中的情况不同。通常海水中还有 65mg/L 左右的溴，当海水进行氯的化学处理时，溴会首先与次氯酸反应生成次溴酸，这样起杀菌作用的是次溴酸而不是次氯酸，而次溴酸在 pH 值较高的情况下不会分解，因此，海水采取加氯杀菌效果比在苦咸水中要好。

由于复合材质的膜元件对进水余氯有一定要求，因此，采用加氯杀菌后，需要进行脱氯还原处理。

五、有机物污染控制

有机物在膜表面上的吸附会引起膜通量的下降，严重时会造成不可逆的膜通量损失，影响膜的实用寿命。

对于地表水来说，水中大多为天然物，通过混凝澄清、直流混凝过滤及活性炭过滤联合处理的工艺，可以大大降低水中有机物，满足反渗透进水要求。而对于废水，尤其是含有工业有机物的废水去除，则需要结合具体情况进行模拟小试后确定预处理工艺方案。

需要说明的是，目前超滤技术在火电厂得到推广，超滤对有机物的去除率与混凝澄清工艺对有机物去除率大致相当，因此在确定工艺流程时，不能认为超滤可以彻底防止原水中有机物对反渗透膜元件的污染。

为方便火电厂工程技术人员对比反渗透各种预处理工艺的处理效果，特将各种预处理方法进行汇总，见表3-6。

表 3-6   预处理工艺处理效果汇总表

预处理工艺	$CaCO_3$	$CaSO_4$	$BaSO_4$	$SrSO_4$	CaF_2	SiO_2	SDI	Fe	Al	细菌	氧化剂	有机物
加酸	●							○				
加阻垢剂	●	●	●	●	●	○		○	○			
钠软化	●	●	●	●	●							
弱酸软化	○	○	○	○	○							
石灰软化	○	○	○	○	○	○		○	○	○		○
混凝澄清						○	●	○	○			●
直流混凝						○	●	○	○			
超滤/微滤							●	○				
加氯										●		
脱氯											●	
活性炭过滤											●	●
滤芯式过滤										○		

注 ○可能有效，●非常有效。

六、浓差极化控制

在反渗透过程中，膜表面的浓水与进水之间有时会产生很高的浓度梯度，这种现象称为浓差极化。产生这种现象时，在膜表面会形成一层浓度比较高、比较稳定的所谓"临界层"，它妨碍反渗透过程的有效进行。这是因为，浓差极化会使膜表面溶液渗透压增大，反渗透过程的推动力会降低，导致产水量和脱盐率均降低。浓差极化严重时，某些微溶盐会在膜表面沉淀结垢。避免浓差极化的有效方法是使浓水的流动始终保持紊流状态，即通过提高进水流速来提高浓水流速的方法，使膜表面微溶盐的浓度减少到最低值；另外，在反渗透水处理装置停运后，应及时冲洗置换浓水侧的浓水。

第六节   反渗透水处理装置的设计

反渗透水处理装置的设计合理与否将直接影响反渗透膜元件的寿命。反渗透水处理装置设计时，主要按如下步骤进行：①收集详细的系统设计资料及原水分析报告；②根据反渗透膜组件进水的特点，选择合理类型的膜元件；③确定膜组件的排列组合；④合理选择系统过水部件的材料；⑤合理配置系统仪表；⑥合理配置阀门；⑦合理组装反渗透水处理装置。

一、设计资料及原水分析报告

反渗透水处理装置的取决于将要处理的原水和产水的用途，因此必须首先收集详细的设计资料和原水分析报告，表 3-7 为系统设计资料内容，表 3-8 为原水分析项目内容。

表 3-7　　　　　　　　　　　　　　　系统设计资料内容

项目类别：□新建　　□技改

设计淡水产量或处理原水水量（m³/h）：_____　　期望的回收率_____

高峰用水量（m³/h）：_____　　　　　　　　　高峰用水连续运行时间_____

水源特性：

　　　□地下深井水　□水库水/江河水　□海水　　　　□循环水排污水　　□自来水

　　　□软化水　　　□超滤产水　　　□反渗透淡水　　□城市二级中水　　□电厂生活污水

　　　□电厂工业废水　□浅层地下水（如河床浅井井水）

常年水源四季水温情况：最高_____℃　最低_____℃　平均_____℃　设计_____℃

预处理情况：

药剂种类：□混凝剂　　□助凝剂　　□杀菌剂　　□还原剂

　　　　　□石灰处理□加酸 pH 调整（□HCl □H₂SO₄）□阻垢剂

预处理系统的描述（若为技改项目，需要列出已有预处理设备名称及技术规格）：

_____

产水用途：□锅炉补给水　　□废水处理回用　　□电厂补充水源　　□其他

后处理设备及流程_____

系统运行方式：□24h 连续运行　　　□ 8h 连续运行　　　□其他_____

其他要求及说明：

表 3-8　　　　　　　　　　　　　　　原水分析项目内容

水源：_____　　日期：_____

电导率：_____ μS/cm　　　　　pH 值：_____　　　水样温度：_____℃

铵离子（NH_4^+）	mg/L	二氧化碳（CO_2）	mg/L	总固体含量（TDS）	mg/L
钾离子（K^+）	mg/L	碳酸根（CO_3^{2-}）	mg/L	生物耗氧量（BOD）	mg/L
钠离子（Na^+）	mg/L	碳酸氢根（HCO_3^-）	mg/L	总有机碳（TOC）	mg/L
钙离子（Ca^{2+}）	mg/L	亚硝酸根（NO_2^-）	mg/L	化学耗氧量（COD）	mg/L
镁离子（Mg^{2+}）	mg/L	硝酸根（NO_3^-）	mg/L	总碱度	mmol/L
钡离子（Ba^{2+}）	mg/L	氯离子（Cl^-）	mg/L	碳酸根碱度	mmol/L
锶离子（Sr^{2+}）	mg/L	氟离子（F^-）	mg/L	碳酸盐硬度	mmol/L
亚铁离子（Fe^{2+}）	mg/L	硫酸根（SO_4^{2-}）	mg/L	非碳酸盐硬度	mmol/L
总铁（Fe^{2+}/Fe^{3+}）	mg/L	磷酸根（PO_4^{3-}）	mg/L	含油量	mg/L
锰离子（Mn^{2+}）	mg/L	硫化氢（H_2S）	mg/L	浊度	NTU
铜离子（Cu^{2+}）	mg/L	活性二氧化硅（SiO_2）	mg/L	细菌	个/mL
锌离子（Zn^{2+}）	mg/L	胶体二氧化硅（SiO_2）	mg/L	蒸发残渣	mg/L
铝离子（Al^{3+}）	mg/L	游离氯（Cl_2）	mg/L	灼烧残渣	mg/L

二、膜元件的选型

根据反渗透进水含盐量、进水污染情况、所需要系统脱盐率、产水量及耗能等方面的要

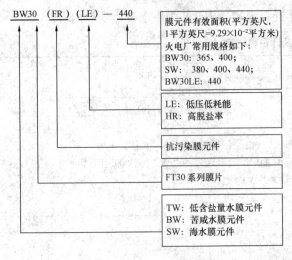

求来选择膜元件。按直径分类，目前市场上可分为 2.5in、4in 和 8in 三种规格，其中用于火电厂水处理系统的绝大多数为 8in 膜元件，水处理系统规模较小的小型火电厂也使用 4in 膜元件；按用途分类，目前各反渗透膜生产商开发出不同种类膜元件以满足各种用途要求。这里以美国 DOW 公司生产的直径为 8in 的膜元件为例，介绍其膜元件的种类及选型方法。

（1）美国陶式（DOW）公司 Filmtec 系列 8in 膜元件命名及在火电厂常用的规格。图 3-23 所示为 Filmtec 系列 8in 膜元件命名及规格。

（2）推荐的选型方法见表 3-9。

图 3-23　Filmtec 系列 8in 膜元件命名及规格

表 3-9　　　　　　　　　　　　　**Filmtec 系列 8in 膜元件选型方法**

反渗透装置进水类型	苦咸水或废水 （TDS＜10 000mg/L）	地下深井水和 低污染表水	地下深井水	BW30-400
			地表水	BW30-365
		高污染地表水和废水	采用常规预处理	BW30-365FR
			采用超滤预处理	BW30-400FR
	海水 （TDS≥10 000mg/L）	TDS＞25 000mg/L	低污染	SW30HR-380
			高污染	SW30HRLE-370/34i
		TDS≤25 000mg/L		SW30-380

注　本表格所列方法仅供参考，因反渗透膜元件选型影响因素较多，具体需要依据实际情况选型。

三、膜组件的排列组合

（1）膜元件膜通量的确定。当产水量一定时，设计膜元件膜通量取值越高，则计算出的膜元件数量越少。尤其是在工程招标时经常发现，即使选用的膜元件型号相同，各工程公司配置的膜元件数量也不一样，这就与膜元件膜通量设计取值大小有关。在工程实践中，很少通过这种方法来减少设备一次性投资，因为，当设计膜通量取高值时，对应的进水压力很高，在这种运行工况下，反渗透膜元件污染速度会加快，从而需要频繁的化学清洗，影响反渗透膜元件的使用寿命。

膜元件的膜通量取值应首先遵循膜生产商从实践中总结出来的设计导则。下面介绍美国陶式（DOW）公司提供的 8in 膜元件的设计导则，见表 3-10。

表 3-10　　　　　　**8in Filmtec 膜在水处理应用中膜元件膜通量的设计导则**

反渗透装置进水类型	SDI	膜通量 [L/（m² · h）]	备　　注
一级反渗透产水	＜1	39	
地下深井水	＜3	32	

反渗透装置进水类型	SDI	膜通量 [L/ (m² · h)]	备　注
地表水	<3	27	采用超滤预处理工艺
	<5	25	传统预处理工艺
废水	<3	20	采用超滤预处理工艺
	<5	17	传统预处理工艺
海水	<3	15	深井取水或采用超滤预处理工艺
	<5	12	传统预处理工艺

目前，由于反渗透经常用于处理高污染的废水，单靠膜厂家提供的设计导则并不能保障系统的可靠运行。因此，针对复杂原水应进行现场模拟试验，以确保设计系统的可靠性。大量实践经验表明，除了有可靠的预处理系统外，确保装置中每根膜元件有合理的膜通量也很关键。

（2）系统回收率的确定。在反渗透应用过程中，为减少浓水排放，最大限度地利用水源，用户总是希望工程技术人员尽量提高系统的回收率。回收率主要有以下两方面的影响因素。

1）浓水中的微溶盐的浓度。反渗透脱盐系统回收率越高，原水中的微溶盐被浓缩的倍率越高，产生结垢的可能就越大。

2）膜元件的最低浓水流速。为防止浓水极化现象发生，膜元件生产商对系统中膜元件的最低浓水流速做了要求，同时膜厂家也对膜元件最大回收率做了规定，在设计过程中需要遵循。由于流速难以测量，对于选定的膜元件，通常用流量来控制流速，以 8in Filmtec 膜为例，其参数分别见表 3-11、表 3-12。

表 3-11　　　　8in Filmtec 膜在水处理应用中膜元件浓水侧最低流速的设计导则

反渗透装置进水类型	SDI	最低浓水流量（m³/h）		
		BW365	BW400/BW440	SW
一级反渗透产水	<1	3.6	3.6	—
地下深井水	<3	3.6	3.6	—
地表水	<3（采用超滤预处理工艺）	3.6	3.6	—
	<5（传统预处理工艺）	4.1	4.1	—
废水	<3（采用超滤预处理工艺）	3.6	4.1	—
	<5（传统预处理工艺）	4.1	4.1	—
海水	<3（深井或超滤）	—	—	3.6
	<5（传统预处理工艺）	—	—	4.1

表 3-12　　　　8in Filmtec 膜在水处理应用中膜元件回收率的设计导则

反渗透装置进水类型	SDI	膜元件最大回收率（%）	备注
一级反渗透产水	<1	30	
地下深井水	<3	19	
地表水	<3	17	采用超滤预处理工艺
	<5	15	传统预处理工艺

续表

反渗透装置进水类型	SDI	膜元件最大回收率（%）	备注
废水	<3	14	采用超滤预处理工艺
	<5	12	传统预处理工艺
海水	<3	13	深井取水或采用超滤预处理工艺
	<5	10	传统预处理工艺

实际上，回收率与膜通量有着必然的联系，提高系统回收率则意味着膜通量的提高。在设计中，单根膜元件膜通量可用于测算需要的膜组件数量，而回收率则用于计算膜组件的排列组合。

（3）膜组件的排列组合。膜组件排列组合形式由原水水质、回收率大小和膜元件的性能所决定。反渗透膜组件的排列组合形式举例如图 3-24 所示。

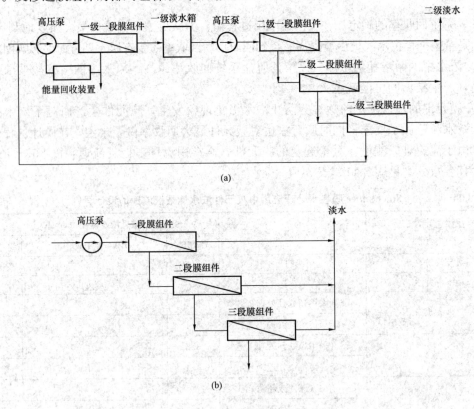

图 3-24 典型反渗透膜组件排列组合形式
(a) 二级四段系统；(b) 一级三段系统

图 3-24（a）为典型的海水淡化反渗透膜组件排列组合形式，图 3-24（b）为水源是苦咸水的反渗透膜组件排列组合形式。

膜组件排列组合形式与回收率的关系。膜组件的具体排列组合方式应由详细的计算（可通过膜厂商提供的计算软件进行计算）得来。以 6 芯装和 4 芯装 8in 膜组件不同的排列组合为例，排列方式与系统回收率的关系和各段与回收率的关系分别见表 3-13 和表 3-14。

表 3-13   6 芯装 8in 膜组件排列组合与回收率的关系

排列方式	一级一段	一级二段	一级三段
系统回收率（%）	50	75	87.5
各段回收率（%）	50	一段 50，二段 25	一段 50，二段 25，三段 12.5

表 3-14   4 芯装 8in 膜组件排列组合与回收率的关系

排列方式	一级一段	一级二段	一级三段
系统回收率（%）	40	64	78.4
各段回收率（%）	40	一段 40，二段 24	一段 40，二段 24，三段 14.4

四、系统过水部件的材料

反渗透水处理系统中，腐蚀产物会加速膜元件的污堵和膜元件的非正常降解。因此，从预处理系统开始，就应重视所有过水部件的腐蚀问题。而对反渗透水处理装置来说，保安过滤器、高压泵、化学清洗精密过滤器、高压管路均宜选择不锈钢材质，低压管路可选用防腐材料，如 PVC、UPVC、ABS 工程塑料、钢制内防腐或孔网钢塑复合管等，配套的箱槽可采用钢制内防腐箱体。不锈钢材质建议如下。

（1）含盐量在 2000mg/L 以下时可以选用 S304 系列不锈钢。

（2）含盐量在 2000～5000 mg/L 时，建议选用 S316 系列不锈钢。

（3）含盐量在 5000～7000 mg/L 时，建议选用含碳量小于 0.03% 的 S316L 系列不锈钢。

（4）含盐量在 7000～30000 mg/L 时，建议选用含钼量为 4.0%～5.0% 的 S904L 系列不锈钢。

（5）含盐量在 32000 mg/L 以上时，建议选用含钼量大于 6.0% 的 254SMo 不锈钢。

五、仪表配置

为保证对反渗透水处理装置的正常操作与运行监督，必须设置必要的仪表，基本仪表配置如下。

（1）压力表。保安过滤器进出口、泵出口、膜本体装置各段组件进出位置和淡水管均应配置压力表。

（2）流量计。反渗透本体装置淡水管、浓水管和进水管均应配置流量计。

（3）pH 计。反渗透本体装置进水管和浓水管（采用加酸处理）均应配置 pH 计。

（4）电导率仪。反渗透本体装置进水管和淡水管应配置电导率仪。

（5）SDI 仪。反渗透水处理装置进水母管应配置 SDI 仪。

（6）余氯仪（或 ORP）。反渗透水处理装置进口（采用加氯处理）应配置余氯仪。

（7）压力开关。高压泵进口和出口应配置压力开关。

（8）温度测量仪。反渗透水处理装置进口（原水采用加热器加热系统）应配置温度测量仪。

六、阀门配置

反渗透水处理装置通常配置如下阀门。

（1）系统进水总阀。

（2）泵出口调节阀，用于控制操作压力，同时控制启动升压速度，以免启动过快造成膜元件的冲击损坏。

（3）泵出口止回阀。

（4）浓水管流量控制阀，用于调节回收率。

（5）浓水管线排放阀，便于低压冲洗时用淡水置换浓水侧浓水。

（6）淡水管线排放阀，便于低压冲洗和开机时排放不合格水。

（7）反渗透本体装置各段之间清洗联络阀。

七、反渗透水处理装置的组装

反渗透水处理装置在加工设计组装时应注意如下事项。

（1）尽量减少管路缝隙及死角。

（2）高压管路设计流速应高于 1.5m/s。

（3）不锈钢管道采用亚弧焊。

（4）防止反渗透本体装置产生背压，背压的大小不应超过 0.05MPa。

（5）清洗装置系统设计时，应注意能够对各段进行化学清洗。

（6）应考虑装填膜元件的空间。

（7）应在反渗透本体装置进水管、淡水管、浓水管、各单根膜组件及各段设置取样口。

（8）反渗透本体装置应设置单独的低压冲洗接口，尤其是处理废水时。

第七节　反渗透水处理装置的安装与运行管理

一、膜元件的安装

膜元件的安装是在系统具备可以投运的条件后进行的。

1. 安装准备工作

（1）安装前应准备如下工具：安全胶靴、橡胶手套、钳子、甘油、防护眼镜、干净的白布条及医用凡士林。

（2）在安装前准备好一张用于记录每只膜元件的具体情况的表格，安装过程中在表中记录每只膜元件的出厂编号与对应的安装位置。

（3）对反渗透水处理装置进行充分的冲洗，以确保焊渣、金属碎片、油脂及灰尘的去除，必要时需要化学清洗。

（4）按照膜壳厂家安装示意图打开膜壳两端的端板和锥形挡环（又称止推环），用净水冲洗内部。推荐一种有效的方法：用干净的白布条裹成团状（用水浸湿后，在径向能够塞满膜壳）并固定在一根长细绳的中间，将细绳穿过膜壳，通过数次来回拉动将膜壳内壁擦干净后，再将布团用 50% 的甘油溶液浸透并继续来回拉动，直至膜壳内壁润滑为止。

2. 安装膜元件

（1）从包装箱内小心取出膜元件，检查膜元件上的密封圈是否与膜生产厂商提供的技术资料相符。膜元件密封圈主要用于防止进水从膜元件与膜壳之间的缝隙"短路"。盐水密封圈如图 3-25 所示，其剖面多呈 V 形。在膜元件密封圈和两端

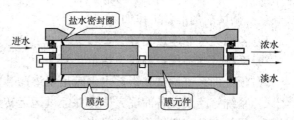

图 3-25 反渗透膜组件内部结构示意图

中心管接头表面上涂抹适量医用凡士林（也可以用甘油代替），并将膜元件沿与盐水密封圈 V 形开口相反方向平行推入，直到元件露在膜壳外端约 100mm 左右。

（2）将膜元件之间的接头套入已经安装的膜元件中心管接头上，在套入之前需要在接头内的 O 形密封圈表面涂抹适量的凡士林。

（3）从包装箱取出第二根膜元件，按（1）的要求检查和涂抹凡士林，将膜元件的中心管接头水平方向小心插入连接膜元件的连接接头内，并平行推入膜壳内直到第二根膜元件露在膜壳外端约 100mm 左右。

（4）重复（2）和（3）步骤，直至所有膜元件全部装入膜壳内，转移到组件浓水端，在第一根膜元件的中心管接头上套入膜元件连接接头。

（5）在膜组件浓水端装入锥形挡环，定位锥形挡环可参考膜壳制造商的示意图。

（6）按以下步骤安装膜壳端板（先装浓水侧，后装进水侧），可参考图 3-8。

1）膜壳壳体与端板之间的密封圈取出，涂抹适量的凡士林后重新装入。

2）认真检查适配器（膜元件与端板之间的过渡连接件，"手榴弹"形状），将适配器密封圈涂抹适量凡士林后插入浓水端板内，对准第一根膜元件连接接头将浓水端板组合件平行推插进入膜壳。

3）旋转端板组合键，使之与外部连接管对准。

4）安装端板紧固件。

（7）转移至膜组件进水侧，将膜元件推向浓水侧直至第一根安装的膜元件与浓水端板牢固接触。

（8）与步骤（6）相似，安装进水端板。

（9）重复上述操作，在每一根膜壳内安装膜元件，并连接膜组件外部的进水、浓水和淡水管路。

（10）安装过程中，若发现需要拆卸膜元件时，按以下步骤进行。

1）首先拆掉膜组件两端的连接管路，按压力容器生产商要求的方法拆卸端板，将拆下的部件编号并按次序放好。

2）必须从膜组件进水侧将膜元件依次推出，每次只允许推出一根元件，当元件推出的过程中，应保证被推出的膜元件处于水平方向，以免造成膜元件和连接接头的损坏。

二、运行管理

1. 反渗透水处理装置的调试

反渗透水处理装置的调试是进入生产运行前的重要环节，正确的调试是保障反渗透水处理装置性能指标的重要基础。

（1）调试前的准备工作如下。

1）各相关电源连接完好。

2）系统各连锁保护和仪表指示正常。

3）预处理系统调试完毕，出水满足反渗透装置进水要求。

4）系统管路及设备冲洗完毕，并经试运运转正常。

5）相关药品配置工作准备妥当。

6）监督用的相关实验室仪器准备完好。

7）系统经打压试验后，无渗漏。

（2）启动步骤。以某厂地下苦咸水反渗透水处理装置为例（如图 3-26 所示），启动步骤如下。

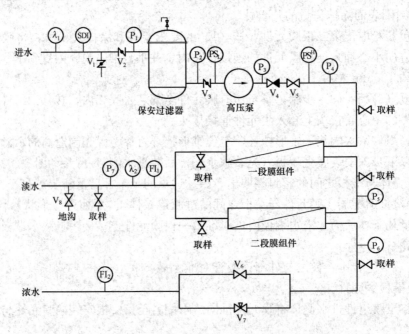

图 3-26　某厂反渗透水处理装置流程图

λ_1、λ_2—电导率仪；SDI—SDI 仪；P_1、P_2、P_3、P_4、P_5、P_6、P_7—压力表；

PS_L—低压保护开关；PS^H—高压保护开关；FI_1、FI_2—流量计

1）启动预处理系统，调整出水温度，控制在 25 ± 2℃并测量出水 SDI 值，待 SDI 值小于 4 后具备反渗透水处理装置启动条件。

2）确定反渗透本体装置各阀门的开闭状态（开状态阀门有 V_1、V_3、V_6、V_7 和 V_8，关状态阀门有 V_2 和 V_5）。

3）对膜元件进行低压冲洗，操作过程如下：缓慢关闭 V_1 并开启保安过滤器排气阀（待出水后关闭），同时缓慢开启 V_5，用低压、低流量水将膜组件内的空气排出，控制进水压力为 $0.2\sim0.4$MPa，每支 8in 压力容器流量应控制在 $2.4\sim12$m³/h，连续冲洗 $6\sim8$h（干膜，湿膜为 30min）。低压冲洗过程中预处理系统不投加阻垢剂。

4）投运阻垢剂加药装置，关闭 V_5、V_6，启动高压泵，缓慢开启 V_5 同时缓慢调小 V_7 的

开度，通过来回调整 V_1 和 V_7 使淡水流量、浓水流量 FI_2 达到设计流量（浓水流量大小通过淡水流量和回收率计算得来），在调整过程中浓水流量首先应不低于膜生产厂的设计导则推荐值（见表 3-11）。

5）确定淡水电导达到设计值后，关闭 V_8 向后续系统供水。

6）每 1h 抄表 1 次，记录系统各运行参数，连续运行 24h 后，比较 24h 内的记录数据，主要包括压力、温度、流量及电导率，来判断系统制水能力、回收率、脱盐率、膜组件进出口压差和保安过滤器进出口压差是否稳定。

7）比较运行值与设计值的差异。

8）若系统运行稳定，将 6）～7）获得的数据作为系统初始运行值，作为以后评估系统运行状况的基础数据。

（3）停运步骤如下。

1）开启 V_8，关闭 V_5，停运高压泵。

2）停运阻垢剂加药泵。

3）进行低压冲洗 5～10min（通过调试确定，即浓水的电导率与进水的电导率接近）。

4）开启 V_1，关闭 V_2，停运预处理系统。

2. 运行监督

（1）SDI 值每 4h 记录一次。

（2）P_1～P_7 值每 2h 记录一次。

（3）λ_1、λ_2 值每 2h 记录 1 次。

（4）FI_1、FI_2 值每 2h 记录 1 次。

（5）余氯值每 8h 记录 1 次。

3. 反渗透系统停运保护

（1）若反渗透装置停运在 7 天内，装置可以每 12h 低压冲洗一次，每 24h 启动 30min。

（2）若反渗透装置停运时间超过 7 天，应采取如下措施。

1）用 1‰的食品级亚硫酸氢钠溶液置换出反渗透本体装置系统内的水，确定彻底置换后，关闭装置所有进出口门。

2）保护液 pH 值不能低于 3，若 pH 值低于 3 则需要重新更换保护液。

4. 反渗透水处理装置故障诊断与解决措施

反渗透本体装置的故障主要有如下现象。

（1）淡水流量下降，需要提高压力才能达到设计值。

（2）脱盐率下降。

（3）膜组件进出口压差增大。

具体解决措施见表 3-15。

表 3-15　　　　　　　　　反渗透本体装置主要故障与解决措施

故障现象			直接原因	间接原因	解决措施
淡水流量	脱盐率	压差			
↑	↓↓	→	膜元件损坏	预处理氧化剂氧化	更换膜元件并调整预处理氧化剂加药系统

101

故障现象			直接原因	间接原因	解决措施
淡水流量	脱盐率	压差			
$\uparrow$	$\downarrow\downarrow$	$\rightarrow$	膜片渗漏	背压损坏或进水颗粒划破膜片	更换膜元件,并查找背压产生的原因或检查保安过滤器的过滤效果
			膜元件连接接头密封不严	安装不正确或老化损坏	冲洗安装膜元件或更换密封圈
			高温水长时间通过膜元件	加热器控制系统故障	更换膜元件并检修加热设备
$\downarrow\downarrow$	$\downarrow$	末段组件$\uparrow$	结垢	预防结垢措施不当	清洗并改进阻垢措施
$\downarrow\downarrow$	$\downarrow$	一段组件$\uparrow$	胶体污染	预处理系统不当	清洗并改进预处理措施
$\downarrow$	$\rightarrow$	$\uparrow\uparrow$	生物污染	预处理系统不当	清洗、消毒并改进预处理措施

注 $\downarrow\downarrow$ 或 $\uparrow\uparrow$ 表示主要现象;$\uparrow$ 表示升高;$\downarrow$ 表示下降;$\rightarrow$ 表示不变。

5. 膜元件的管理

(1) 膜元件的保护。当经过运行的膜元件需要从膜壳中取出单独贮存时,需要进行如下处理。

1) 首先对反渗透本体装置进行化学清洗。

2) 配置1%的食品级亚硫酸氢钠溶液。

3) 将膜元件从膜壳中取出,将膜元件在配置好的亚硫酸氢钠溶液中垂直放置浸泡1h左右,取出垂直放置沥干后装入密封的塑料袋内,将塑料袋内的空气排出并封口,建议用膜生产商原来的包装袋。

(2) 膜元件的再湿润。当不慎造成膜元件干燥后,可能会造成膜通量不可挽回的损失,应首先向膜供应商咨询,以下介绍某制造商提供的几种恢复性试验。

1) 用50%的乙醇水溶液或丙醇水溶液浸泡15min。

2) 将膜元件装入装置中,将反渗透本体装置淡水阀微开,将反渗透本体装置一段进水缓慢加压至1.0MPa左右,加压过程中应通过控制淡水阀门的开度使装置产水压力和浓水压力接近。

3) 将膜元件在1%的盐酸或4%的HNO_3中浸泡1~100h,元件应垂直浸泡,以便将空气全部排出。

(3) 膜元件的贮存。膜元件应存放于干燥避光处;膜元件贮存的环境温度范围应在-4~45℃(干膜可以低于-4℃)。

三、案例

1. 反渗透膜氧化损伤

某双膜法除盐水处理系统投运半年后,一级反渗透系统脱盐率下降至80%左右,不满足膜性能要求。对一级 RO 系统故障前后运行数据进行了分析汇总，分析结果如下。

在一级反渗透系统单列进水流量保持在 $170\sim180\mathrm{m}^3/\mathrm{h}$ 条件下，产水量随进水压力的下降而增大；产水电导率逐渐升高，Na^+ 去除率只有 70% 左右，脱盐率由 98% 下降到 83%。

通过对整个系统的调查了解，除盐水系统有三个加氯点：一是原水添加杀菌剂；二是超滤运行 5 个周期后，超滤进水投加杀菌剂；三是超滤运行 20 个周期后，采用次氯酸钠进行反洗。在超滤进水投加次氯酸钠后，测得反渗透进水余氯大于 0.3mg/L。反渗透膜对余氯比较敏感，当余氯超过反渗透膜安全运行标准（余氯小于 0.1mg/L）时，反渗透膜被缓慢氧化。

对一级 RO 各产水取样口水样电导率进行了现场测试，一级 RO 产水电导率均为 $70\sim90\mu\mathrm{S/cm}$，远高于正常运行时的产水电导率（$10\sim20\mu\mathrm{S/cm}$）。每个压力容器出水电导率无明显差别，说明每个膜组件的损坏情况基本一致，膜被均匀氧化。由于膜氧化损伤是不可逆的，只能更换膜元件，才可恢复反渗透系统的脱盐能力。

2. 循环水阻垢剂对反渗透膜的污堵

某电厂循环水回用采用微涡混凝澄清＋高效过滤器＋超滤＋反渗透处理工艺。为了防止反渗透结垢，在反渗透前加入盐酸和阻垢剂。2008 年 4 月投产后，在设备额定工况下各设备运行良好，符合设计要求。2010 年 5 月反渗透和保安过滤器出现严重污堵现象，污堵物为乳白色，呈黏稠疏松状，保安过滤器滤芯污堵物厚度约 $3\sim4\mathrm{mm}$。

对保安过滤器上的污堵物质进行分析，污堵物至少有两种以上物质组成，均为有机物质，其中一部分容易被氧化反应掉；另一部分抗氧化能力比较强，部分污堵物遇碱溶解。经调查了解，污堵严重期间，循环水杀菌频繁且加药量过大，水色呈浅绿色，有机物有所上升。在氧化性杀菌剂加入量过大或频繁加入时，水中动植物完全腐烂，全部溶解在水中，增加了水中有机物的量，增加了反渗透的运行负担。这些有机物在微碱性（pH 为 8.6）的循环水中呈带负电荷的胶体，当进入保安过滤器前，由于加入了盐酸，pH 降低至 7.0，致使胶体电性发生了变化，转化成带正电荷的粒子，与循环水阻垢剂中有机磷单体进行电负性中和，产生凝聚析出物。

通过污堵产生原因的分析，提出将加酸点提前到高效过滤器入口，让凝聚物提前析出，并通过超滤滤除掉。在加酸点前移之前，保安过滤器及反渗透设备运行不到 120h，压差达到 0.2MPa 以上；在加酸点前移后，保安过滤器及反渗透设备运行 2500h 后，压差仍稳定在 0.015MPa，且运行一年多，压差保持平稳。

3. 滨海电厂膜法海水淡化应用现状

某港口电厂全厂的生产、生活用淡水全部来源于采用"双膜法"工艺的海水淡化系统，2006 年 3 月 24 日制出合格的淡水，有力地保证了该电厂 $4\times1000\mathrm{MW}$ 超超临界机组的安全稳定运行。

该电厂膜法海水淡化工艺为反应沉淀池＋超滤＋反渗透，反应沉淀池设两组四座，单座出力为 $800\sim1300\ \mathrm{m}^3/\mathrm{h}$。反应沉淀池通过 2 条直径 800cm 的玻璃钢管道和超滤配水槽相连；超滤设置六套，共用配水槽配水，并且配水布置在配水槽底部；超滤设备的产水可通过 2 条管道进入超滤水箱；超滤产水可通过 2 条直径 700cm 的管道进入一条直径 1000cm 的 6 套反渗透进水共用母管。一级反渗透设置 6 套，每套产能为 240t/h。

该电厂大容量海水淡化技术在 $4\times1000\mathrm{MW}$ 火电厂的开发利用关键技术主要包括：创新

的取水方案；"微涡旋"混凝澄清技术在海水中首次应用；大规模使用超滤作为海水淡化的预处理；配置了高效能量回收装置；双相不锈钢在海水淡化中大量使用及利用海水淡化的浓水作为制取次氯酸钠的原料等。

目前许多深海电厂等均采用膜法海水淡化系统给电厂产生和生活提供淡水水源，既实现了不与当地居民"争水"，又能保障机组安全运行。

第八节　反渗透水处理装置的清洗

反渗透膜在运行过程中，会受到各种各样的污染问题，如胶体、微生物、结垢、金属氧化物污染，当膜受到污染后，会引起脱盐率、产水量的下降和膜组件压差的上升，影响工业安全生产，为了恢复膜元件的初始性能，需要对膜元件进行化学清洗。化学清洗一般为 3～6 个月进行一次，若过于频繁，则需要对预处理系统进行检查。

当遇到下述情况，则需要清洗膜元件：①产水量低于初始产水量的 10％～15％；②反渗透本体装置段间压力差值超过初始运行时的 10％～15％；③脱盐率比初始脱盐率降低 5％以上。

注意：上述数据应在系统运行条件与初始运行条件相同的情况下进行比较。

一、清洗系统设备选择

化学清洗装置系统流程如图 3-27 所示。化学清洗装置主要由清洗箱、清洗泵、精密过滤器、系统管道、阀门、流量计、pH 计及温度计组成。清洗液的 pH 值可能在 1～12 之间，因此清洗装置的材料应当具有相应的防腐能力。

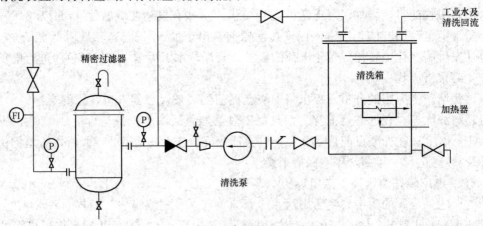

图 3-27　化学清洗装置系统流程

清洗箱可选用玻璃钢、聚氯乙烯或钢衬胶等，因有些污染物的化学清洗对清洗温度有一定的要求，因此，清洗箱内应设置加热器并设有温度控制装置。一般清洗温度不低于 35℃。

1. 清洗箱

清洗箱的体积是根据膜组件的数量、精密过滤器的体积及清洗循环管线的长度计算而来。

例如某厂反渗透本体装置膜组件排列方式为一级二段，膜组件直径为 8in，每支膜组件内包含 6 根膜元件，膜组件按 8:4 排列，系统精密过滤器直径为 800mm，有效高度为 1.0m，化学清洗管线规格为 $\phi 89 \times 3.5$ 不锈钢管，长约 30m。确定清洗箱体积的计算如下。

(1) 每支膜壳的体积 $V_1 = \pi r^2 L = 3.14 \times \left(\dfrac{25.4 \times 8}{2 \times 1000}\right)^2 \times 6 = 0.194\,5\text{m}^3$，则 12 支膜组件的总体积 $V_2 = 0.194\,5 \times 12 \times 70\% = 1.633\,4\text{m}^3$。70% 是考虑膜元件占 30% 的体积后剩余充水体积占的百分比。

(2) 精密过滤器体积 $V_3 = \pi \times r^2 H = 3.14 \times \left(\dfrac{800}{2 \times 1000}\right)^2 \times 1.0 = 0.502\,4\text{m}^3$，管线体积 $V_4 = \pi \times r^2 L = 3.14 \times \left(\dfrac{82}{2 \times 1000}\right)^2 \times 30 = 0.158\,4\text{m}^3$。

(3) 清洗箱体积 $V = 1.25 \times (V_2 + V_3 + V_4) = 1.25 \times (1.633\,4 + 0.502\,5 + 0.158\,4) = 2.868\text{m}^3$。

另外，清洗过程中，要保证清洗水泵的气蚀余量，需要考虑 0.8m³，因此水箱最终需选择 4.0m³ 的水箱。

2. 清洗泵

清洗泵的过流部件应选择 316L 不锈钢材质或非金属防腐材料复合材料。

清洗泵选型扬程在 0.3～0.5MPa。膜厂家对最大清洗流量有一定限制，清洗泵选型流量一般按照第一段膜组件数量×每根膜组件的最大清洗流量来选型。表 3-16 列举某膜生产厂建议的不同规格膜组件的清洗流量与压力的数据供参考。

表 3-16　　　　　　　　膜组件化学清洗过程中膜组件的流量与压力

元件直径（in）	清洗压力（MPa）	每根膜组件的流量值（m³/h）
4	1.5～4.0	1.8～2.3
8	1.5～4.0	6.0～9.1

3. 精密过滤器

精密过滤器结构与本章第四节保安过滤器相同，材质应选择牌号 316L 不锈钢材质，过滤精度为 $5\mu\text{m}$。

二、清洗药剂的选择

反渗透膜元件发生的污染主要有碳酸钙结垢、硫酸钙结垢、有机物污染、微生物污染及铁氧化物污染等。不同种类的污染，选择的清洗药剂种类也不尽相同，各膜生产商在产品技术手册中也各自推荐了相应的清洗配方。表 3-17 列举了火电厂常规化学清洗的配方。

表 3-17　　　　　　　　膜污染与对应的清洗药剂配方

膜元件污染类型	清洗药剂配方
碳酸钙、磷酸钙、金属氧化物（铁）	pH 为 3，2% 柠檬酸溶液＋氨水，温度 40℃，有时也可用 pH 为 2～3 的盐酸水溶液清洗
硫酸钙、混合胶体、小分子天然有机物、微生物	pH 为 10，2% 三聚磷酸钠溶液，温度 40℃，有时也可用 pH 小于 10 的 NaOH 水溶液清洗
大分子天然有机物、微生物	pH 为 10，2% 三聚磷酸钠溶液，0.25% 十二烷基苯磺酸钠溶液，温度 40℃

复合膜的性能会受到较高或较低 pH 的影响，pH 大于 11 的碱性洗液会引起膜的"伸张"，渗透水流量将大于原来渗透水流量，脱盐率稍有降低，不过这种状况持续时间不长，一般膜性能会在几天内恢复至正常；pH 小于 3 的酸清洗液，会引起膜的"压紧"，标准渗透水流量可能低于原来的值，并有稍高的脱盐率，当膜与较高 pH 给水接触后，会在几天内恢复至正常。

三、化学清洗工艺的优化

1. 化学清洗药剂

化学清洗剂需要根据原料水质和膜污染类型来确定。为了确保清洗效果，需要对膜污堵物质进行定性分析，根据特定物质选择适宜药剂进行清洗。注意每一种化学清洗剂洗涤后要用纯净水对膜进行彻底漂洗，以免不同清洗剂相互作用，造成膜"二次污染"。

2. 化学清洗参数

清洗参数包括清洗流量、清洗液温度、清洗时间等。较高的温度有助于提高清洗效果，可设置加热装置，在清洗液通过膜组件后进行缓慢加热，当水温达到预期值之后再进行循环浸泡。

清洗流量对清洗效果也有影响，较高的清洗流量可以增加紊流程度，从而增强清洗效果。通常根据膜厂家提供的清洗流量进行合理选择。

清洗时间主要包括循环时间和浸泡时间。清洗液循环时间不少于 60min，在确保膜元件完全充满化学清洗液并达到要求的浓度后，开始浸泡。对浸泡时间进行适当调控，确保膜表面黏附物和化学清洗剂之间有足够的反应时间。

四、清洗过程的注意事项

对于 8in 多段膜元件，对反渗透本体装置各段组件应能够分段清洗，清洗水流方向与运行水流方向一致。若污染较轻，仅为定期的保护性清洗，则可以将各段串洗。

用于配置清洗药剂的水应为反渗透淡水或除盐水，清洗过程中应检测清洗液的温度、pH 值、运行压力以及清洗液颜色的变化。

当清洗过程中清洗液 pH 值变化超过 0.5h，需要加酸或氨水进行 pH 值调整。清洗 pH 值与清洗温度应严格遵照各膜厂家规定的范围。表 3-18 为 DOW 公司膜元件产品规定的清洗 pH 与清洗温度要求。

表 3-18　　　　　　　　　Filmtec 系列膜元件清洗 pH 值和温度极限

膜元件类型	最高温度 50℃ pH 值范围	最高温度 35℃ pH 值范围	连续操作 pH 值范围
SW30，SW30HR	3～10	1～12	2～11
BW30，BW30LE，TW30，XLE，LP	2～10	1～12	2～11

当遇到经过前面介绍常规清洗方案效果不明显时，应及时与膜供应商联系解决。

第四章 发电厂冷却水处理

在电力生产过程中，汽轮机做功后的乏汽需要冷凝成水后再进入下一个热力循环；各种转动设备运转时会产生大量的热，必须及时冷却。水是吸收和传递热量的良好介质，因此通常用水冷却。用冷水塔冷却的火电厂中冷却用水的比例一般约占全厂用水量的70%以上。

天然水中含有许多无机物和有机物，在冷却水循环冷却过程中，盐类会浓缩、温度会升高，如果不进行处理，就会产生腐蚀、结垢等问题。

第一节 发电厂冷却水系统

一、冷却水系统及设备

（一）冷却水系统

用水作冷却介质的系统称为冷却水系统。常用的冷却水系统有三种形式，即直流式冷却水系统、敞开式循环冷却水系统和密闭式循环冷却水系统。

1. 直流式冷却水系统

直流式冷却水系统如图 4-1 所示。此系统的冷却水直接从河、湖、海洋中抽取，一次通过换热设备（如凝汽器、热交换器和冷油器等）后排回天然水体，不循环使用。此系统的特点是：用水量大，水质没有明显的变化。由于此系统必须具备充足的水源，因此在我国长江以南地区及海滨电厂采用较多。

2. 敞开式循环冷却水系统

敞开式循环冷却水系统如图 4-2 所示。该系统中，冷却水经循环水泵送入凝汽器，进行热交换，被加热的冷却水经冷却塔冷却后，流入冷却塔底部水池，再由循环水泵送入凝汽器

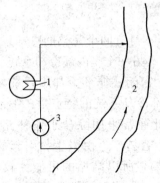

图 4-1 直流式冷却水系统

1—凝汽器；2—河流；3—循环水泵

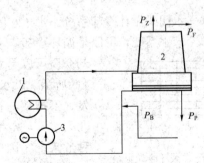

图 4-2 敞开式循环冷却水系统

1—凝汽器；2—冷却塔；3—循环水泵；P_B—补充水；P_Z—蒸发损失；P_F—吹散及泄漏损失；P_P—排污损失

循环使用。此循环利用的冷却水则称循环冷却水。此系统的特点是：①有 CO_2 散失和盐类浓缩，易产生结垢和腐蚀问题；②水中有充足的溶解氧，有光照，再加上温度适宜，有利于微生物的滋生；③由于冷却水在冷却塔内洗涤空气，会增加黏泥的生成。

此系统较直流式系统的主要优点是节水，对一台 300MW 的机组，循环水量按 32000t/h 计，如果补充水量为 2.5%，则每小时的耗水量仅 800t。因此，该系统在水资源短缺的中国北方地区被广泛采用。随着今后水资源短缺现象越来越严重，中国南方地区也将有更多的火电厂采用敞开式循环冷却水系统。

从该系统的特点可知，由于循环冷却水的水质比补充水水质明显恶化，给冷却水系统带来了结垢、腐蚀等一系列问题，所以对循环冷却水的水质进行控制与处理是非常必要的。后面叙述的水质控制主要是针对敞开式循环冷却水系统，其他冷却水系统可作为参考。

3. 密闭式循环冷却水系统

密闭式循环冷却水系统在火电厂中主要有以下两种应用形式。

（1）间接空冷系统。该系统用水来冷却汽轮机的乏汽，然后用空气来冷却循环冷却水。我国早期在严重缺水地区建设的空冷机组，多采用此系统。例如大同第二电厂、丰镇电厂的海勒式间接空冷系统已投入商业运行近二十年，如图 4-3 所示；太原第二热电厂的哈蒙式间接空冷系统也已投入商业运行十多年，如图 4-4 所示。近几年来北方缺水地区还新建了许多直接空冷机组，它们的冷却系统也属于闭式循环冷却水系统。

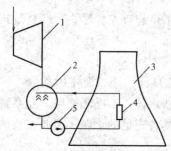

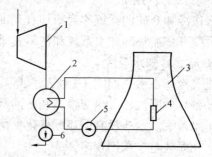

图 4-3　闭式循环冷却水系统
（海勒间接空冷系统）
1—汽轮机；2—混合式凝汽器；3—冷却塔；
4—空冷元件；5—循环水泵

图 4-4　闭式循环冷却水系统
（哈蒙间接空冷系统）
1—汽轮机；2—凝汽器；3—冷却塔；4—空冷元件；
5—循环水泵；6—凝结水泵

（2）水—水闭式循环冷却系统。水—水闭式循环冷却系统本身有两个完整的冷却系统：一个是外部冷却水系统，可以是循环冷却，也可以是直流冷却；另一个是内部冷却系统，冷却介质可以是水，也可以是油。密闭式循环冷却水系统如图 4-5 所示。以水为冷却介质的内部冷却系统的特点是：①不蒸发、不排放，补充水量小，因此通常采用除盐水作补充水；②因水不与空气相接触，所以不容易产生由微生物引起的各种危害；③因为没有盐类的浓缩，所以结垢的可能性较小；④为了防止换热设备的腐蚀，除选择耐腐蚀性的热交换管材（如黄铜管、紫铜管、钛管和不锈钢管等）外，还应在该系统的冷却水中投加缓蚀剂或其他药剂。

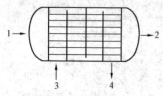

图 4-5　密闭式循环冷却水系统
1—外部冷却水进；2—外部冷却水出；3—内部冷却介质进；4—内部冷却介质出

密闭式循环冷却系统一般只是在传热量较小及有特殊要求的设备上使用，例如，水内冷发电机的冷却，某些大型转动设备的冷却等。

（二）凝汽器

在火电厂循环冷却水系统中，其主要换热设备为凝汽器。凝汽器是用水冷却汽轮机排汽的设备，在火电厂使用的主要是管式凝汽器，如图 4-6 所示。

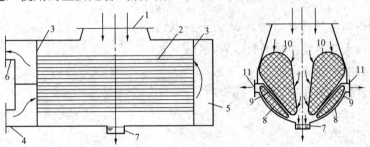

图 4-6　管式凝汽器结构简图

1—蒸汽入口；2—冷却水管；3—管板；4—冷却水进水管；5—冷却水回流水室；
6—冷却水出水管；7—凝结水集水箱（热井）；8—不凝气体抽取区；
9—气气冷却区挡板；10—主凝结区；11—空气抽出口

凝汽器由壳体、管板、管子等组成，冷却水在管内流动，蒸汽在管外被凝结成水。凝汽器的壳体和管板一般为碳钢，管子为黄铜、不锈钢或钛等材质。管与管板的连接为胀接或焊接。凝汽器传热性能的好坏，可由凝汽器的真空度和端差来判断。

1. 凝汽器的真空度

在正常运行时，凝汽器内会形成一定的真空度，其压力一般为 0.005MPa。

2. 凝汽器的端差

汽轮机的排汽温度与凝汽器冷却水的出口温度之差，称为端差，用 δ_t 表示。它与汽轮机排汽温度和冷却水温度之间有如下关系

$$t_p = t_1 + \Delta t + \delta_t \tag{4-1}$$

其中
$$\Delta t = t_2 - t_1$$

式中　t_p——汽轮机的排汽温度，℃；

t_1——冷却水的进口温度，℃；

t_2——冷却水的出口温度，℃。

新投运的机组，端差一般为 3～5℃。如换热管内结垢或附着黏泥，端差甚至可上升到 20℃以上。此外，汽轮机排汽量的增加、凝汽器中抽汽量的减小、冷却水流量的减少，都会使凝结水温度升高、端差上升或凝汽器内压力升高、真空度降低，影响机组的热经济性。

3. 凝汽器的传热

凝汽器的传热方程式为

$$Q = KS(t_p - t_w) = KS\Delta t_m \tag{4-2}$$

式中　Q——凝汽器的传热量，J/h；

K——总传热系数，W/（m² · K）；

S——传热面积，m²；

t_w——冷却水平均温度，℃；

Δt_m——流体间温差的平均值，℃。

在式（4-2）中，传热量越大，冷却水的热负荷越高，也越容易发生水垢故障。总传热系数 K 值越高，则导热越佳。总传热系数可按下式求出

$$K = \cfrac{1}{\cfrac{1}{\alpha_1} + \cfrac{\delta_1}{\lambda_1} + \cfrac{1}{\alpha_2} + \cfrac{\delta_2}{\lambda_2}} \qquad (4\text{-}3)$$

式中　α_1——蒸汽侧界膜传热系数，W/（m²·K）；

　　　α_2——冷却水侧界膜传热系数，W/（m²·K）；

　　　λ_1——管材的热导率，W/（m²·K）；

　　　λ_2——附着物的热导率，W/（m²·K）；

　　　δ_1——管壁厚度，m；

　　　δ_2——附着物厚度，m。

在凝汽器的运行中，K 值随结垢、腐蚀产物和黏泥附着的增长而减小。

总传热系数 K 的倒数称之为总污垢热阻，表示某换热器的污垢程度，也称污垢系数，可由式（4-4）计算：

$$\gamma = \frac{1}{K_\mathrm{S}} - \frac{1}{K_0} \qquad (4\text{-}4)$$

式中　γ——污垢系数，（m²·K）/W；

　　　K_S——运行一定时间后的总传热系数，（m²·K）/W；

　　　K_0——运行初期的设计总传热系数，（m²·K）/W。

污垢系数还可根据污垢的热导率和厚度计算，即

$$\gamma = \delta/\lambda \qquad (4\text{-}5)$$

式中　δ——污垢厚度，m；

　　　λ——附着物的热导率，W/（m·K）。

对开式循环冷却系统的年污垢热阻值，中国目前的控制标准是小于 3.44×10^{-4} （m²·K）/W。设备传热面水侧黏附速率不应大于 15mg/（cm²·月）。

（三）冷却设备

在循环冷却水系统中，用来降低水温的构筑物或设备称为冷却构筑物和冷却设备。按水与空气接触的方式不同，可分为天然冷却池、喷水冷却池和冷却塔等。

1. 天然冷却池

天然冷却池是利用现成的水库、湖泊、河段、海湾或人工水池等天然水池对循环冷却水进行冷却。因为它的冷却是通过水面向大气散发热量来进行的，因而又称水面冷却。经热交换器排出的热水排入天然水体，在缓慢地流向下游取水口的过程中与空气接触，借助自然对流蒸发作用散热使水冷却。这种冷却方式的流向与直流式冷却水系统刚好相反，取水口在下游，排水口在上游，以适应河流流量满足不了直流式冷却水量的情况。由于热水与天然水体之间存在着一定的温度差，所以可在水体内形成温差异重流。热水在上面成为高温水区，冷水在下面成为低温水区，两层水流相对流动，有利于传热。下游取水口多插入低温水区中。

2. 喷淋冷却池

喷淋冷却池是在人工或天然水池（池塘）中布置喷水设备（喷水管道和喷嘴），循环水

经喷嘴在空气中喷散成细小水滴，增加了水与空气的接触面积，也增加了水的蒸发速度，在使用较小的水池时也能提供较快的冷却速度。

喷淋冷却池适用于冷却水量较小的企业，其缺点是占地面积大，冷却效果差，水损失大，且增加了水中悬浮物的含量。此外由于良好的日照，会促进菌、藻类的繁殖。

3. 自然通风冷却塔

冷却塔是一种塔形构筑物，它用来冷却换热器中排出的热水。在冷却塔中，热水从塔顶由上向下喷散成水滴或水膜状，空气则由下向上与水滴或水膜成逆流运动，或者在水平方向与水滴或水膜成交流（横流）运动，使水与空气接触，进行热交换，来降低循环水的温度。冷却塔具有占地面积小，冷却效果好，水量损失小，处理水量的幅度较宽等优点，因此，在电力行业应用很广泛。

冷却塔按塔的构造以及空气流动的控制情况，可分为自然通风冷却塔和机械通风冷却塔两大类。

自然通风冷却塔具有特殊形状的通风筒，以提供循环冷却所需要的空气流量，如图 4-7 所示。运行时，冷却水从腰部喷下，由于塔内空气与塔外空气温度差而形成密度差，通风筒具有很强的抽风能力，使新鲜空气从塔下部进入，与水发生热量交换，湿蒸汽从塔顶排出，循环水得到冷却，其冷却效果较为稳定。塔内装有填料，以增加水与空气的接触面积，大型塔内还装有收水装置，以减少风吹损失。

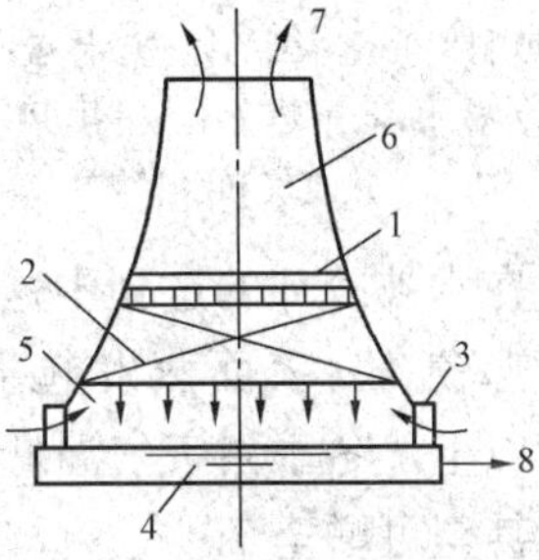

图 4-7　自然通风冷却塔图
1—配水系统；2—填料；3—百叶窗；4—集水池；5—空气分配区；6—风筒；7—热空气和水蒸气；8—冷却水

自然通风冷却塔的冷却效果取决于塔高，塔越高则抽力越大，冷却效果也越好。大型自然通风冷却塔可以高达100m 以上，并且设计成双曲线型，使塔内空气动力学形态较好，有利于空气流动和水的冷却，这种冷却塔又称为双曲线形冷却塔。该类型冷却塔不需要动力设备，因此，节省动力，冷却效果也好，设备维护简单，但投资较高。目前，大型火电厂多采用自然通风冷却塔。

4. 机械通风冷却塔

在机械通风冷却塔中，循环水冷却所需要的空气流量是由风机供给的，因此，通风量稳定，冷却效率较高，占地面积较小，投资少，在相同条件下，冷却后的水温比自然通风冷却塔要低3～5℃。但是，由于需要风机通风，运行耗电量大，维护工作量大，在大型和特大型冷却塔中，风机的制造和运行都存在很多问题；往往被双曲线形冷却塔所取代。但机械通风冷却塔在中小型冷却水系统中应用较多，其结构如图 4-8 所示。

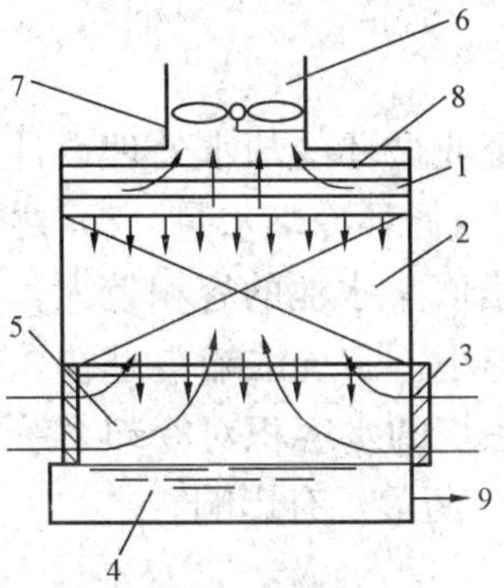

图 4-8　机械通风冷却塔图
1—配水系统；2—填料；3—百叶窗；4—集水池；5—空气分配区；6—风机；7—风筒；8—热空气和水蒸气；9—冷水

目前，市场上出售的一种玻璃钢冷却塔，如图 4-9 所示。其作用原理与机械通风冷却塔相似，所不同的是塔体外壳全部采用玻璃钢（一种玻璃布与树脂组成的复合材料）预制成块状部件，运输到现场后再拼装而成。填料通常为聚氯乙烯材料压制成波纹板式或板式，根据需要还可采用铝合金。

机械通风冷却塔，由于在塔内加装了风扇，进行强力通风，因而可以降低冷却塔的面积和高度，但由于要另外消耗动

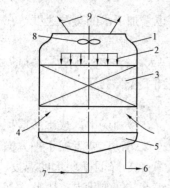

图 4-9　玻璃钢冷却塔图

1—玻璃钢塔体；2—淋水装置；
3—填料；4—空气；5—接水盘；
6—冷却水；7—热水；8—排风
扇；9—热空气和水蒸气

力，且风扇的维护工作量较大，所以限制了它的使用。

5. 水的冷却原理

在冷却塔中，循环水的冷却是通过水和空气接触，由蒸发散热和接触散热起主要作用。借传导和对流散热，称为接触散热，较高温度的水与较低温度的空气接触，由于温差使热水中的热量传到空气中去，水温得到降低。因水的蒸发而消耗的热量，称为蒸发散热。进入冷却塔的空气，湿分含量一般均低于饱和状态，而在水汽界面上的空气已达饱和状态，这种含湿量的差别，使水、汽不断扩散到空气中去，随着水汽的扩散，界面上的水分就不断蒸发，把热量传给空气。假如冷却塔进水温度为 35℃，则蒸发 1kg 水大约要吸收 24094J 的热量，带走的这些热量大约可以使 576kg 的水降低 1℃。除冷却池外，辐射散热对其他各型冷却构筑物的影响不大，一般可忽略不计。

在水被冷却的过程中这三种散热方式所起的作用随气温不同而异，春、夏、秋三季，室外气温较高，表面蒸发起主要作用，以蒸发散热为主。夏季的蒸发散热量占总散热量的 90％以上，冬季由于气温低，接触散热为主，可以从夏季的 10％～20％增加至 50％，严寒天气甚至可增至 70％。

二、循环冷却系统的设计、运行参数

循环冷却系统的设计、运行参数包括循环水量，系统水容积，水滞留时间，凝汽器出水最高水温，冷却塔进、出水温差，蒸发损失，吹散及泄漏损失，排污损失，补充水量，凝汽器管中水的流速等。

1. 循环水量

一般用 50～80kg 水冷却 1kg 蒸汽是经济的。通常按 50kg 水冷却 1kg 蒸汽来估算循环水量。如果年平均气温偏低，循环水量的设计值还可以再降低。如北方某电厂 2×600MW 机组，锅炉额定蒸发量为 2008t/h，凝结水流量 1548t/h，设计循环水量仅为 72 000t/h，即冷却 1kg 蒸汽用 46.5kg 冷却水。

2. 系统水容积

火电厂冷却系统的水容积一般选择的比其他工业大。《工业企业循环冷却水处理设计规范》（GB 50050—2007）中规定，开式循环冷却系统水容积（V）与循环冷却水量（q）之比宜小于 1/3，而中国火电厂由于多数采用大直径的自然通风塔，塔底集水池的容积较大，所以多数电厂的水容积与循环冷却水量的比值为 1/3～1/2。比值越小，系统浓缩得越快，即达到某一浓缩倍率的时间就比较短，可参见表 4-1。此外，冷却系统的水容积对冷却系统中水的滞留时间（算术平均时间）及药剂在冷却系统中的停留时间（药龄）有影响。

表 4-1　　　　　　　　V/q 对达到某一浓缩倍率 φ 时所需时间　　　　　　　　单位：h

浓缩倍率 φ ＼ V/q	1	1/2	1/3	1/5
1.1	11.9	5.95	3.97	2.38
1.2	23.8	11.9	7.93	4.76

续表

浓缩倍率 φ　　　V/q	1	1/2	1/3	1/5
1.5	59.5	29.8	19.8	11.9
2.0	119	59.5	39.7	23.8
2.5	179	89.3	59.5	35.7
3.0	238	119	79.3	47.6
4.0	357	179	119	71.4
5.0	476	238	159	95.4

注　V—系统水容积；q—循环冷却水量。计算条件为 $P_Z=0.84\%$，$P_F+P_P=0.2\%$，冷却塔温差 $\Delta t=7℃$。

3. 水滞留时间

水的滞留时间表示水在冷却系统中的停留时间，也可表示冷却水系统中水的轮换程度，滞留时间可用下式计算

$$t_R = \frac{V}{P_F + P_P} \qquad (4\text{-}6)$$

式中　t_R——滞留时间，h；

V——系统水容积，m^3；

P_F——吹散及泄漏损失，m^3/h；

P_P——排污损失，m^3/h。

显然，系统水容积越大，水的滞留时间越长；排污量越少，滞留时间越长。

4. 凝汽器出口最高水温

当冷却塔和凝汽器正常工作时，凝汽器出口循环冷却水的最高水温一般均小于 $45℃$。采用机械通风冷却塔时，凝汽器出口循环水最高水温可达到 $50℃$。

5. 冷却塔进、出水温度差

冷却塔进、出水温度差一般为 $6\sim12℃$，多数为 $8\sim10℃$。

6. 蒸发损失

蒸发损失是指因蒸发而损失的水量。蒸发损失量以每小时损失的水量表示，单位为 m^3/h。蒸发损失率用蒸发损失量占循环水量的百分数表示，此值一般为 $1.0\%\sim1.5\%$ 左右。

蒸发损失率 P_Z 可根据以下经验公式估算

$$P_Z = k\Delta t \qquad (4\text{-}7)$$

式中　k——系数，夏季采用 0.16，春、秋季采用 0.12，冬季采用 0.08；

Δt——冷却塔进、出口水的温度差，℃。

P_Z 的取值还可参见表 4-2。

表 4-2　　　　　　　　　　　冷却设备的蒸发损失率 P_Z

冷却设备名称	每5℃温差的蒸发损失（%）		
	夏 季	春、秋季	冬 季
喷水冷却池	1.3	0.9	0.6
机械通风冷却塔	0.8	0.6	0.4
自然通风冷却塔	0.8	0.6	0.4

7. 吹散及泄漏损失

吹散及泄漏损失是指以水滴的形式由冷却塔吹散出去和系统泄漏而损失的水量，吹散及泄漏损失率 P_F 因冷却设备的不同而异，参见表 4-3。

表 4-3 冷却设备的吹散和泄漏损失率 P_F

冷却设备名称	P_F（%）	冷却设备名称	P_F（%）
小型喷水冷却池（<400m³）	1.5~3.5	自然通风冷却塔（有捕水器）	0.1
大型和中型喷水冷却池	1~2.5	自然通风冷却塔（无捕水器）	0.3~0.5
机械通风冷却塔（有捕水器）	0.2~0.3		

8. 排污损失

排污损失是指从防止结垢和腐蚀的角度出发，控制系统的浓缩倍率而强制排污的水量。浓缩倍率是指循环冷却水中某种不结垢离子的浓度与其补充水的浓度比值，由于水中 Cl^- 不会与阳离子生成难溶性化合物，所以通常用下式表示

$$\varphi = \frac{c_{Cl^-,x}}{c_{Cl^-,B}} \tag{4-8}$$

式中 φ ——冷却系统的浓缩倍率；

$c_{Cl^-,x}$ ——循环水中 Cl^- 的质量浓度，mg/L；

$c_{Cl^-,B}$ ——补充水中 Cl^- 的质量浓度，mg/L；

如果知道 P_Z、P_F 和 φ 值，就可求出排污损失率 P_P。

9. 补充水量

补充水量是指补入循环冷却系统中的水量。当冷却系统中的总水量保持一定时，补充水量相当于单位时间内，因蒸发、吹散、排污损失的总和。对于一定的冷却系统，蒸发、吹散损失是一定的，也就是说排污损失的大小决定了补充水量的多少。

10. 凝汽器管中水的流速

GB 50050 中规定，间冷开式循环冷却水管程流速不宜小于 0.9m/s，从黏泥及微生物的附着角度和循环水泵的经济性考虑，凝汽器管中水的流速一般设计在 2m/s 左右，但有些电厂，为了节省厂用电，在冬季少开循环水泵，此时铜管中实际水流速可能小于 1m/s，应注意黏泥的沉积。

三、敞开式循环冷却水系统中水和盐的平衡

1. 水量平衡

开式循环冷却系统中，水的损失包括蒸发损失、吹散和泄漏损失以及排污损失。要使冷却系统维持正常运行，对这些损失量必须进行补充，因此，水的平衡方程式为

$$P_B = P_Z + P_F + P_P \tag{4-9}$$

$$P_B = \frac{补充水量}{循环水量} \times 100\%$$

式中 P_B ——补充水率，%；

P_Z ——蒸发损失率，%；

P_F ——吹散及泄漏损失率，%；

P_P——排污损失率,%。

2. 盐类平衡

由于蒸发损失不带走水中盐分,而吹散、泄漏、排污损失带走水中盐分,假如补充水中的盐分在循环冷却系统中不析出,则循环冷却系统将建立如下的盐类平衡

$$(P_Z + P_F + P_p)c_B = (P_F + P_p)c_X \qquad (4\text{-}10)$$

式中 c_B——补充水中的含盐量,mg/L;

c_X——循环水中的含盐量,mg/L。

将上式移项得

$$\varphi = \frac{P_Z + P_F + P_P}{P_F + P_P} = \frac{c_X}{c_B} \qquad (4\text{-}11)$$

式中 φ——开式循环冷却系统的浓缩倍率。

如果冷却水系统的运行条件一定,那么蒸发损失量和吹散损失量就是定值,通过调整排污量可以控制循环冷却系统的浓缩倍率,即

$$P_P = \frac{P_Z + P_F - \varphi \cdot P_F}{\varphi - 1} \qquad (4\text{-}12)$$

由公式计算出的补充水量、排污水量和浓缩倍率的关系,如图4-10所示。从图4-10中可看出,提高冷却水的浓缩倍率,可大幅度减少排污量(也意味着减少药剂用量)和补充水量;随着浓缩倍率的提高,补充水量明显降低,但当浓缩倍率超过5时,补充水量的减少已不显著。此外,过高的浓缩倍率,严重恶化了循环水质,容易发生各种类型的腐蚀故障。各种水质稳定药剂的效果与持续时间有关,过高的浓缩倍率,使药剂在冷却系统中的停留时间超过其药龄,将降低处理效果。上述情况说明,需要选定合适的浓缩倍率。一般开式循环冷却系统的浓缩倍率应控制在4～6。

减少循环冷却系统排污,提高浓缩倍率,可取得良好的节水效果。如某火电厂总装机容量为1000MW,设 $P_Z=1.4\%$,$P_F=0.1\%$($P_F=0.5\%$,加捕水器后可节水80%),循环水量为 12.6×10^4 t/h。由式4-12可以得出 $P_P = \frac{1}{\varphi - 1}P_Z - P_F$,浓缩倍率与节水量的关系的计算结果见表4-4中。从表4-4中可看出,浓缩倍率为5时比浓缩倍率为1.5时节水3087t/h,而浓缩倍率为6时只比浓缩倍率为5时节水88t/h。

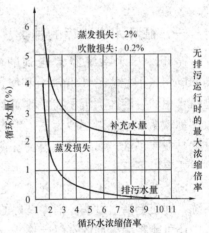

图4-10 补充水量、排污水量和浓缩倍率的关系

表4-4　　　　　　　　　　浓缩倍率与节水量的关系

浓缩倍率 φ	1.5	2	2.5	3	4	5	6	10
排污率 P_P（%）	2.7	1.3	0.83	0.6	0.37	0.25	0.18	0.056
排污量（m³/h）	3402	1638	1046	756	466	315	227	71
以 $\varphi=1.5$ 为基数的节水量（m³/h）	0	1764	2356	2646	2936	3087	3175	3331

由式（4-12）可以推导出补充水率 P_B 与浓缩倍率 φ 的关系为 $P_B = \dfrac{\varphi}{\varphi-1}P_Z$；药剂耗量 $D = \dfrac{1}{\varphi-1}P_Zd$，$P_Z + P_P = \dfrac{1}{\varphi-1}P_Z$，不同的浓缩倍率对 P_B、(P_F+P_P) 和 D 的影响见表4-5。从表中可看出，随着浓缩倍率的提高，药剂的耗量也显著降低。

表 4-5 　　　　　　　　　浓缩倍率 (φ) 对 P_B，(P_F+P_P) 和 D 的影响

φ	P_B	P_F+P_P	D	φ	P_B	P_F+P_P	D
1.1	$11P_Z$	$10P_Z$	$10P_Zd$	2.5	$1.67P_Z$	$0.67P_Z$	$0.67P_Zd$
1.2	$6P_Z$	$5P_Z$	$5P_Zd$	3.0	$1.5P_Z$	$0.5P_Z$	$0.5P_Zd$
1.5	$3P_Z$	$2P_Z$	$2P_Zd$	4.0	$1.33P_Z$	$0.33P_Z$	$0.33P_Zd$
2.0	$2P_Z$	P_Z	P_Zd	5.0	$1.25P_Z$	$0.25P_Z$	$0.25P_Zd$

注　D 表示药剂耗量，g/h；d 表示循环水中药剂浓度，mg/L。

第二节　循环冷却水系统的结垢及其控制

一、循环水中水垢的种类、来源和危害

循环冷却水系统经常遇到的严重问题是污垢沉积。污垢包括水垢（scale）、淤泥（sludge）、生物黏泥（slime）和腐蚀产物（corrosion products）。水垢又称硬垢或无机垢，是由水中的微溶盐类沉积在换热面上而形成的垢层。相对水垢而言，后三种沉积物较疏松，故又称软垢。淤泥以泥沙为主；生物黏泥由微生物及其分泌物和残骸组成，为具有滑腻感的胶状黏泥或黏液；腐蚀产物为设备腐蚀产生的金属氧化物，主要是氧化铁、氧化铜等。沉积物主要有以下五个来源。

（1）补充水。未经预处理或预处理不良的补充水会将泥沙、悬浮物、微生物带入冷却水系统，即使澄清、过滤、消毒良好的补充水也会有一定的浑浊度并带有少量微生物。澄清过程中还可能将混凝剂的水解产物——铝或铁离子留在水中。另外，补充水会带入一定量的难溶或微溶盐类。

（2）空气。空气中的灰尘、昆虫、微生物及其孢子等会随空气进入冷却系统中。当冷却设备周围大气污染时，硫化氢、二氧化硫、氨等腐蚀性气体有可能随空气进入循环水系统中对设备造成腐蚀，并产生腐蚀产物沉积。

（3）水处理药剂。如含磷药剂可能形成磷酸盐水垢，锌盐阻垢剂可能使冷却水结锌垢。

（4）系统腐蚀所形成的腐蚀产物。

污垢特别容易沉积在传热面上，影响传热的正常进行，使换热器效率下降。严重时甚至使换热器堵塞，系统阻力增大，水泵和冷却塔效率下降。据报道，1.5mm $CaCO_3$ 垢将增加10%～20%的能耗。此外，污垢还会引起间接腐蚀、滋生微生物和输水困难。

在讨论污垢对传热的危害时，常使用"污垢热阻"。污垢传热系数的倒数为污垢热阻。因污垢的导热系数很小（见表4-6），所以污垢的厚度并不大时污垢热阻就很大。换热器用材的导热系数一般为34.9～349W/（m·K）。由表4-6可见污垢的热阻仅为碳钢的数十分之

一，与铜等热的良导体相比，差别就更大了。

表 4-6 污垢和一些传热物质的导热系数

物质	导热系数 [W/ (m·K)]	物质	导热系数 [W/ (m·K)]
碳钢	34.9~52.3	氧化铁垢	0.12~0.23
铸铁	29.1~58.2	生物黏泥	0.23~0.47
紫铜	302.4~395.4	硫酸钙垢	0.58~2.91
黄铜	87.2~116.3	碳酸盐垢	0.58~0.70
铝	201	硅酸盐垢	0.058~0.233
铅	35	水	0.6
不锈钢	17	空气	0.02

二、循环水中主要水垢成分及形态

1. 碳酸钙

在敞开式循环冷却系统中，水中的重碳酸钙由于受热分解及二氧化碳在冷却塔中的散失，使式（4-13）的平衡破坏，而析出碳酸钙。

$$Ca(HCO_3)_2 \rightarrow CaCO_3 \downarrow + CO_2 \uparrow + H_2O \tag{4-13}$$

水在冷却塔中冷却时，由于水是以水滴及水膜的形式与大量空气接触，水中二氧化碳散失，造成碳酸钙析出。水温决定了水中残留二氧化碳的多少，如图 4-11 所示。

碳酸钙为难溶盐，它在蒸馏水中的溶解度如图 4-12 所示。

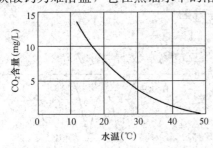

图 4-11 水中残留 CO_2 与水温
的关系

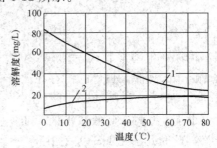

图 4-12 蒸馏水中碳酸钙的溶解度
1—大气压下；2—完全除去 CO_2 后

随着水在敞开式循环冷却系统中的浓缩，各种离子浓度不断升高，碳酸钙因达到其溶度积而成为过饱和溶液。不同温度下，碳酸钙的溶度积见表 4-7。

表 4-7 不同温度下碳酸钙的溶度积

温度（℃）	碳酸钙的溶度积 K_{sp}	温度（℃）	碳酸钙的溶度积 K_{sp}
0	9.55×10^{-9}	25	4.57×10^{-9}
5	8.13×10^{-9}	30	3.98×10^{-9}
10	7.08×10^{-9}	40	3.02×10^{-9}
15	6.03×10^{-9}	50	2.34×10^{-9}
20	5.25×10^{-9}	—	—

碳酸钙水垢是传热面上最常见的水垢，外观为白色或灰白色，质硬而脆，附着牢固，难

以剥离刮除。在各种水垢中碳酸钙水垢是最易溶于稀酸的，常见的无机酸和有机酸均可将其溶解。在用酸溶解碳酸钙时，将产生大量二氧化碳气泡，这是其主要特征。

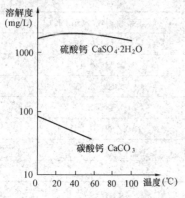

图 4-13　硫酸钙和碳酸钙的溶解度

2. 硫酸钙

当温度升高、pH 降低时，硫酸钙的溶解度降低，硫酸钙在普通水中的溶解度如图 4-13 所示。从图 4-13 中可见，它的溶解度约为碳酸钙的 40 倍以上，这也就是凝汽器很少结硫酸钙水垢的原因。只有在高浓缩倍率下运行的换热设备，才可能在水温高的部位析出硫酸钙。

硫酸钙垢非常硬，难以用化学清洗法除去，也不易采用常规的机械方法清除，通常采用碱煮＋酸洗的方法除垢。

3. 磷酸钙

为了缓蚀、阻垢，往往向冷却水系统中加入聚磷酸盐和有机磷，由于受温度、停留时间、微生物、氧化性物质等的影响，这些含磷药剂会部分水解为正磷酸盐，当水的 pH 较高，正磷酸盐与钙离子反应，生成非晶体的磷酸钙。磷酸钙水垢外观为灰白色，质地较为疏松，水垢附着能力差，容易用捅、刷、刮、磨等方法除去。不受热部分的磷酸钙垢松软，呈堆积状。随着受热面的热流强度和金属温度升高，结垢加重，垢质也变得坚硬难除。

4. 二氧化硅

水中所含硅酸浓度与地质环境有关，如火山地区，水中硅酸浓度就高。硅酸的电离按下式进行

$$H_2SiO_3 \rightleftharpoons HSiO_3^- + H^+ \qquad (4\text{-}14)$$
$$HSiO_3^- \rightleftharpoons SiO_3^{2-} + H^+$$

硅酸的第一电离常数 $K_1 = 7.9 \times 10^{-10}$；硅酸的第二电离常数 $K_2 = 1.7 \times 10^{-12}$。

在不同 pH 值时，偏硅酸的存在比率如图 4-14 所示。从图 4-14 可看出，当 pH 值小于 8.0 时，硅酸几乎处于非离解状态，此时几乎无 $HSiO_3^-$ 存在。

当 pH 值大于 9 时，由于 $HSiO_3^-$ 量明显增加，因而硅酸的溶解度也明显上升。当硅酸的含量超过其溶解度时，硅酸缩聚，以聚合体存在。随着聚合体分子量的增加，就会析出坚硬的硅垢。当循环冷却水中二氧化硅含量小于

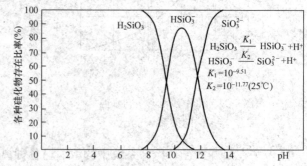

图 4-14　不同 pH 值与偏硅酸存在比率的关系

150mg/L 时，一般不会析出沉淀。如循环水的 pH 值大于 8.5，二氧化硅含量达到 200mg/L，也不会析出沉淀。

5. 镁垢

冷却水系统中的镁垢有橄榄石（Mg_2SiO_4）、蛇纹石 $[Mg_3Si_2O_5(OH)_4]$ 和滑石 $[Mg_3Si_4O_{10}(OH)_2]$ 等，一般常见的镁垢是滑石。

温度对硅酸镁的沉淀影响很大，例如在 20℃ 时，放置一个月，硅酸镁也不会产生沉淀，

而在 70℃ 时，则很快会产生。

关于硅酸镁结垢指数的规定如下

$$I_{MgSiO_3} = Mg^{2+}(以 CaCO_3 计,mg/L) \times SiO_2(mg/L) < 15000 \tag{4-15}$$

硅酸镁的形成可分为两步，首先是氢氧化镁沉淀，而后氢氧化物与溶硅和胶硅反应形成硅酸镁。

三、水质稳定性的判断

在敞开式循环冷却水系统中，最容易形成水垢的物质是碳酸钙，这不仅是因为这里有盐类浓缩过程，而且水中 CO_2 因挥发而减少，使碳酸氢钙分解为碳酸钙。

碳酸钙垢的形成必然是因水中碳酸钙超过了它的溶解度。但是，并不是碳酸钙超过溶解度时一定会成垢，因为在天然水中还存在着许多干扰成垢过程的物质，典型的物质是有机物，它们常常会抑制水垢的形成。为此，碳酸钙是否会成垢的问题不能仅凭溶度积判断，而需采用理论与经验相结合的方法。下面介绍一些常用的判断水质稳定的方法。

（一）极限碳酸盐硬度

如果将循环水的补充水，在其工作温度下进行蒸发，则通常可以发现在其浓缩的初期水中碳酸盐硬度逐渐升高，但当达到某一极限值时，它便不再升高，而是停留在某一数值上。这个值称为此循环水在此温度下的极限碳酸盐硬度，之所以有一个极限是因为在此以后浓缩过程中有"多余的"的碳酸钙沉淀析出，水中碳酸盐硬度不再随着升高。

用此值判断水质稳定性的方法为

$$\varphi H_{B,T} < H_{TJ}, 不结垢 \tag{4-16}$$
$$\varphi H_{B,T} > H_{TJ}, 结垢$$

式中 φ——浓缩倍率；

$H_{B,T}$——补充水碳酸盐硬度，mmol/L；

H_{TJ}——水的极限碳酸盐硬度，mmol/L。

水的极限碳酸盐硬度值，通常是由模拟试验求得，也可用经验公式估算。

1. 国外经验公式

在循环冷却水未进行任何处理的情况下，前苏联学者提出了很多计算极限碳酸盐硬度的公式，常用的有阿贝尔金公式，即

$$H_{TJ} = k(CO_2) + b - 0.1H_F \tag{4-17}$$

式中 k——与水温有关的系数，参见表 4-8；

b——水中基本无 CO_2 时极限碳酸盐硬度值，mmol/L，参见表 4-8；

H_F——循环水的非碳酸盐硬度（永久硬度），mmol/L。

表 4-8　　　　　　　　　计算极限碳酸盐硬度的 k、b 值

水温（℃）	k 值	b 值			
		循环水的耗氧量（mg/L）			
		5	10	20	30
30	0.26	3.2	3.8	4.3	4.6
40	0.17	2.5	3.0	3.4	3.8
50	0.10	2.1	2.6	3.0	3.3

2. 国内经验公式

西安热工研究院经试验归纳整理，提出了如下计算极限碳酸盐硬度的经验公式

$$H_{TJ} = fH_{B,T}(A + B - C - D) \qquad (4\text{-}18)$$

式中　H_{TJ}——极限碳酸盐硬度，mmol/L；

　　　f——用于工业冷却系统控制时的系数，取 $0.8 \sim 0.85$；

　　$H_{B,T}$——补充水的碳酸盐硬度，mmol/L；

　　　A——与水中碳酸盐硬度有关的系数；

　　　B——与水中镁的硬度有关的系数；

　　　C——与水中重碳酸有关的系数；

　　　D——与水中钙的硬度有关的系数。

处理循环冷却水，采用的药剂不同，其计算系数也不同。详见由能源部西安热工研究所主编的《热工技术手册》电厂化学篇。

（二）饱和指数 I_B（Langelier 指数）

饱和指数是根据碳酸钙的溶度积和各种碳酸化合物之间的平衡关系推导出来的一种指数概念，用以判断某种水质在一定的运行条件下是否有 $CaCO_3$ 水垢析出。其式如下

$$I_B = pH_Y - pH_B \qquad (4\text{-}19)$$

式中　I_B——碳酸钙饱和指数；

　　pH_Y——水的实测 pH 值；

　　pH_B——碳酸钙饱和 pH 值。

$I_B = 0$ 时，水质是稳定的；$I_B > 0$ 时，水中 $CaCO_3$ 呈过饱和状态，有 $CaCO_3$ 析出的倾向；$I_B < 0$ 时，水中 $CaCO_3$ 呈未饱和状态，有溶解 $CaCO_3$ 固体的倾向，对钢材有腐蚀性。

一般情况下，I_B 值为 $\pm (0.25 \sim 0.30)$，可以认为水质是稳定的。

式中 pH_B 可以根据某些测得的数据估算，或者利用水质化学稳定性（又称考德威尔-劳伦斯，Caldwell-Lawrence）计算图。

（三）稳定指数 I_W（Ryznar 指数）

在朗格里尔（Langelier）所做工作的基础上，雷兹纳（Ryznar）进行了一些实验室试验和现场校正试验，提出了雷兹纳稳定指数 I_W，即

$$I_W = 2pH_B - pH_Y \qquad (4\text{-}20)$$

$$pH_Y = 1.465 \lg x + 7.03 \qquad (4\text{-}21)$$

式中　x——水的全碱度，mmol/L。

饱和指数（I_B）和稳定指数（I_W）与结垢程度的关系见表 4-9。

表 4-9　　　　　　　　　　　　　I_B、I_W 与结垢程度的关系

I_B	I_W	结垢程度	I_B	I_W	结垢程度
3.0	3.0	非常严重	0.5	5.5	中　等
2.0	4.0	很严重	0.2	5.8	稍　许
1.0	5.0	严　重	0	6.0	稳定水

续表

I_B	I_W	结垢程度	I_B	I_W	结垢程度
−0.2	6.5	无结垢倾向	−2.0	9.0	无结垢倾向，已经结了垢有明显溶解倾向
−0.5	7.0	无结垢倾向，已经结了垢稍有溶解倾向	−3.0	10.0	无结垢倾向，已经结了垢有非常明显的溶解倾向
−1.0	8.0	无结垢倾向，已经结了垢有中等溶解倾向	—	—	

  对于稳定剂处理的敞开式循环冷却系统，由于腐蚀和结垢问题不能只由碳酸钙的溶解平衡来决定，加之出现了一个很宽的介质稳定区，同时冷却水的腐蚀和结垢倾向已被其中的缓蚀剂和阻垢剂所抑制，因此难以用单一的饱和指数来判定。实际应用结果说明，在火电厂，对于不处理的直流式冷却系统及用酸处理的敞开式循环冷却系统，一般可用饱和指数来判定水的结垢性。

（四）ΔA 法和 ΔB 法

  为了适应于现场快速判断循环水是否结垢，西安热工研究院研制并一直使用 ΔA 法和 ΔB 法。只要控制 ΔA 或 ΔB 小于 0.2，循环水就不结垢。经多年的实践表明，此方法非常有效。

$$\Delta A = \varphi_{Cl} - \varphi_A = \frac{c_{X,Cl}}{c_{B,Cl}} - \frac{c_{X,A}}{c_{B,A}} < 0.2 \tag{4-22}$$

应用条件：不能直接向循环水中加酸处理。

$$\Delta B = \varphi_{Cl} - \varphi_B = \frac{c_{X,Cl}}{c_{B,Cl}} - \frac{c_{X,Ca}}{c_{B,Ca}} < 0.2 \tag{4-23}$$

式中 φ——浓缩倍率；

  $c_{B,Cl}$——补充水中的 Cl^- 含量，mg/L；

  $c_{X,Cl}$——循环水中的 Cl^- 含量，mg/L；

  $c_{B,A}$——补充水中的碱度，mmol/L；

  $c_{X,A}$——循环水中的碱度，mmol/L；

  $c_{B,Ca}$——补充水中的 Ca^{2+} 含量，mg/L；

  $c_{X,Ca}$——循环水中的 Ca^{2+} 含量，mg/L。

注意事项：Ca 的滴定终点拖后或不明显时，可以加隐蔽剂或用除盐水稀释后滴定。

第三节 循环冷却水的防垢处理方法

一、循环冷却水防垢处理方法的选择

循环冷却水防垢处理方法，按处理场合，可分类为

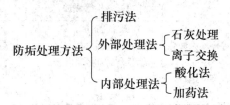

也可按处理方法的作用分类为

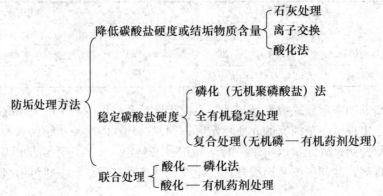

循环冷却水防垢处理方法有很多种，选用时应根据水质条件、循环冷却系统的水工况、环境保护的要求、水资源短缺情况及水价、药品供应情况等因素，因地制宜地选择有效、安全、经济、简单的方法。在选择处理方法时，应注意节约用水，同时要十分重视凝汽器换热管的腐蚀和防护。各种循环水处理方法的适用条件及优缺点见表4-10。

表 4-10　　　　　　　　　　各种循环水处理方法的适用条件及优缺点

常用的处理方法		适　用　条　件	优　点	缺　点
排污法		①补充水碳酸盐硬度与浓缩倍率的乘积小于循环水的极限碳酸盐硬度； ②水源水量充足	①方法简单，不需任何处理设备和药品； ②运行维护工作量小	①适用水质范围窄； ②受水资源限制； ③排污水量大时，将造成受水体的热污染
酸化法		①可处理碳酸盐硬度较高的补充水； ②使用硫酸时，应注意防止硫酸钙沉淀及高含量 SO_4^{2-} 对普通硅酸盐水泥的侵蚀	①设备简单； ②运行维护工作量小	①酸消耗量大，浓缩倍率低时，处理费用较高； ②硫酸是一种危险性较大的药剂，需采取完善的安全措施
阻垢剂处理法	(1) 三聚磷酸钠	①适用于低浓缩倍率，通常 $\varphi < 1.6$； ②循环水温度小于50℃	①设备简单，运行维护方便； ②基建投资小； ③处理费用较低	①稳定的极限浓缩倍率较低； ②有利于循环冷却系统中菌、藻类的繁殖
	(2) 有机磷酸盐	在通常水质条件下，适用于较高浓缩倍率（$\varphi > 4$）	①运行维护方便； ②加药设备简单	①在未加缓蚀剂时凝汽器铜管易腐蚀； ②药剂价格贵； ③需加强杀菌灭藻处理
	(3) 全有机复合药剂	在通常水质条件下，可在较高浓缩倍率（$\varphi > 4$）下运行	①加药设备简单； ②运行维护方便； ③兼有阻垢分散作用； ④可减缓铜管腐蚀	①药剂价格较高； ②药剂中含磷，仍需加强杀菌灭藻处理，如无磷、氮，有利于环保； ③目前有的药剂质量不稳定
联合处理法（硫酸＋水质稳定剂）		①适用于原水碳酸盐硬度较高的水； ②可在高浓缩倍率下运行	①设备简单，基建投资少； ②处理费用较低； ③循环水中的 SO_4^{2-} 低于单一酸化处理	①运行控制较单一，稳定剂处理复杂； ②需加强杀菌、灭藻处理； ③采用 H_2SO_4＋水质稳定剂时，缓蚀剂量不足时，铜管易腐蚀

续表

常用的处理方法	适 用 条 件	优 点	缺 点
石灰处理法	①原水碳酸盐硬度高；②需在高浓缩倍率（φ=4～6）下运行	①适用的水质范围广；②运行费用较低	①基建投资大；②需进行辅助处理，以确保处理效果
离子交换法	适用于水源非常紧张条件下的高浓缩倍率（φ>5）运行	浓缩倍率高	①基建投资大；②运行费用较高
反渗透处理法	适用于水源紧缺，含盐量高，高浓缩率下运行	浓缩倍率很高	基建投资大

二、排污法

1. 原理

当补充水的碳酸盐硬度小于循环水的极限碳酸盐硬度时，可通过排污来控制循环冷却系统的浓缩倍率，以满足循环水极限碳酸盐硬度（H_{TJ}）小于浓缩倍率和补充水碳酸盐硬度的乘积（$H_{TJ} \leqslant \varphi H_B$），以达到防垢的目的。

用排污法防垢时，必需的排污率可按式（4-24）计算，还可以从图 4-15 查得排污率和补给水率。

$$P_P = \frac{H_{T,B}P_Z}{H_{TJ} - H_{T,B}} - P_F \tag{4-24}$$

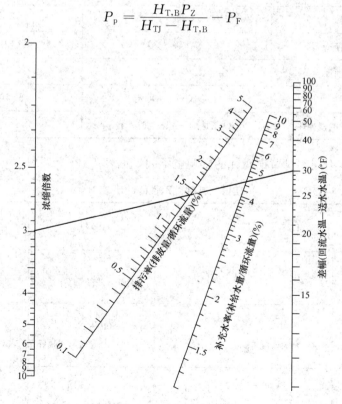

图 4-15　排污率、补充水率和浓缩倍率的关系

123

2. 应用排污法的条件

采用此法时，首先要有足够的补充水量来满足排污的要求，然后还要考虑其经济性。只有当排污增加的补充水费小于化学处理费用时，采用排污法才是经济的。

目前，由于机组容量的增大，水资源严重短缺，循环水防垢技术不断发展，目前采用此种处理方法的电厂已经很少。

三、 酸化法

1. 原理

酸化法的原理是通过加酸，降低水的碳酸盐硬度，使碳酸盐硬度转变为溶解度较大的非碳酸盐硬度，其反应如下

$$Ca(HCO_3)_2 + H_2SO_4 \longrightarrow CaSO_4 + 2CO_2 \uparrow + 2H_2O \qquad (4\text{-}25)$$

$$Mg(HCO_3)_2 + H_2SO_4 \longrightarrow MgSO_4 + 2CO_2 \uparrow + 2H_2O$$

同时保持循环水的碳酸盐硬度在极限碳酸盐硬度之下，从而达到防止结垢的目的。

2. 酸的选择

应用酸化法时，可使用硫酸或盐酸，其处理性能的比较见表 4-11，在实际处理中多使用硫酸。

表 4-11　　　　　　　　　　　硫酸、盐酸处理性能的比较

项目	H_2SO_4	HCl
处理费用	低	高
运输、贮存	不要求设备防腐	要求设备防腐
对黄铜的侵蚀性	一般	腐蚀性强
反应生成物	有形成 $CaSO_4$ 可能	溶解度很大
对普通硅酸盐水泥的侵蚀性	SO_4^{2-} 达到一定浓度时，有	无

氯离子的含量不同，对黄铜腐蚀的影响也不同，见表 4-12。

表 4-12　　　　　　　　　　　硫酸、盐酸处理性能的比较

铜管型号 腐蚀形态	H68	H68A	HSn70-1	HSn70-1A
均匀腐蚀 NaCl 含量的最大值（mg/L）	300	20000	20000	20000
由均匀腐蚀变为选择性腐蚀 NaCl 含量（mg/L）	≤500 >500 为均匀覆盖	>500	500～10000 >10000 出现均匀"脱锌"	500～10000 >10000 出现轻微"脱锌"
腐蚀产物	CuO、Cu	CuCl，Cu_2O 出现脱锌时为 CuO	CuCl，Cu_2O 出现脱锌时为 CuO	CuCl，Cu_2O 出现脱锌时为 CuO

第四节　水质稳定剂处理

一、水质稳定剂

国内火电厂常用的水质稳定剂见表 4-13。应当指出的是：有机类水质稳定剂不同厂家和不同批号生产的产品，稳定效果有较大的差别，甚至放置时间的长短都会影响稳定效果，所以使用时应加以注意。发生上述现象的原因，主要是生产工艺存在某些差别，其次是工艺过程控制的好坏存在差异，有些厂生产工艺不稳定。以氨基三亚甲基膦酸（ATMP）为例，由于上述原因，不同生产厂生产的 ATMP 产品中三亚甲基的含量不同，二亚甲基的量也不一样，因而影响到处理效果。

表 4-13　　　　　　　　　　　　火电厂常用的水质稳定剂

序 号	水质稳定剂名称	工业产品含量
1	三聚磷酸钠	固体含三聚磷酸钠 85%
2	氨基三亚甲基膦酸（ATMP）	固体 85%～90%，液体 50%
3	羟基亚乙基二膦酸（HEDP）	液体≥50%
4	乙二胺四亚甲基膦酸（EDTMP）	液体 18%～20%
5	聚丙烯酸（PAA）	液体 20%～25%
6	聚丙烯酸钠（PAAS）	液体 25%～30%
7	聚马来酸（PMA）	液体 50%
8	膦羧酸（HPA）	液体 50%
9	膦羧酸（PBTCA）	液体≥40%
10	磺酸共聚物（含羧基、磺酸基、磷酸基的共聚物）	液体≥30%
11	马来酸—丙烯酸类共聚物	液体 48%
12	丙烯酸—丙烯酸共聚物	液体≥25%
13	丙烯酸—丙烯酸羟丙酯共聚物	液体 30%
14	有机膦磺酸	液体≥40%

水质稳定剂均具有协同效应，即在药剂的总量保持不变的情况下，复配药剂的缓蚀阻垢效果高于单一药剂的缓蚀阻垢效果。所以，目前火电厂添加的水质稳定剂，绝大部分是复配药剂。另外，有些药剂对黄铜管有侵蚀作用，采用复合配方来减缓药剂对黄铜的侵蚀性。

作为水质稳定剂，其作用是防止晶体生长和分散晶体。目前常用的水稳剂有聚磷酸盐、有机膦酸盐、聚羧酸类等。

二、水质稳定剂阻垢缓蚀性能评定方法

（一）静态烧杯试验法

评定水稳剂阻垢缓蚀性能的方法有很多，从方法简单、快捷来看，当首推静态烧杯试验法（也称残余硬度法、碳酸钙沉积试验法），对于不同的厂家，其测定步骤也有较大的差别，现举例如下。

在三角瓶中，加入水样 500mL 和一定量的水稳剂，在 60℃ 的水浴中保持 24h，水样经 0.2μm 滤膜过滤，测定滤液中 Ca^{2+} 的含量，按式（4-26）计算阻垢率

$$阻垢率 = \frac{滤液中 Ca^{2+} 的含量}{水样中 Ca^{2+} 的含量} \times 100\% \qquad (4-26)$$

应当说明的是，对于不同的水质，不同稳定剂的阻垢效果是不同的，表 4-14 列出的试验结果，应引起注意。

表 4-14　　　　　　　　　　　　不同水质时稳定剂的阻垢效果

药剂名称	阻垢率（%）		
	模拟负硬水 （5mmol/L $CaCl_2$ 和 20mmol/L $NaHCO_3$）	模拟暂硬水 （10mmol/L $CaCl_2$ 和 10mmol/L $NaHCO_3$）	模拟永硬水 （10mmol/L $CaCl_2$ 和 5mmol/L $NaHCO_3$）
丙一马共聚物	22	36	94
PBTCA	26	52	80
MB	28	57	90
HPMA	34	53	93
PAA	64	50	93
ATMP	40	77	95
HEDP	40	74	82
磺酸共聚物	56	63	82
复配药 1	4	58	79
复配药 2	56	80	93
复配药 3	68	84	88
复配药 4	80	94	98
复配药 5	82	95	99

注　在模拟永硬水情况下，对于复配药剂，希望其阻垢率大于 98%。

（二）极限碳酸盐硬度法

试验分静态法和动态法两种。

1. 静态法

静态试验装置如图 4-16 所示。它是由敞口圆柱形玻璃缸（直径 300mm，高 300mm）、

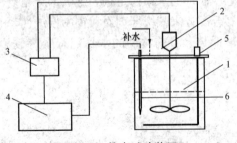

图 4-16　静态试验装置
1—玻璃缸；2—搅拌器；3—电源；4—控温仪；
5—电加热管；6—热敏电阻

电加热管、搅拌器、控温仪、温度计和 5L 下口瓶等组合而成。试验时，取水样 5L，置于玻璃缸中，升温，并保持水温在 45±1℃（如进行加药试验，应在升温前加入所需的药剂量，一般为 1～2mg/L 的有效含量药剂，搅拌 5min，使水和药剂混合均匀），一面蒸发浓缩，一面由下口瓶连续补滴水样（补充水中也加入 1～2mg/L 的有效含量药剂），以保持玻璃缸内水位恒定。试验中，定期从玻璃缸中取样（试验初期，取样间隔可长

些），测定全碱度和氯离子，直至求出极限碳酸盐硬度为止。当 $\Delta A \geqslant 0.2$ 时，玻璃缸中水的碳酸盐硬度值即为极限碳酸盐硬度值。ΔA 为氯离子浓缩倍率与碱度浓缩倍率的差值，其计算公式为

$$\Delta A = \frac{[Cl_{\overline{X}}]}{[Cl_{\overline{B}}]} - \frac{A_X}{A_B} \qquad (4-27)$$

式中　$[Cl_{\overline{X}}]$ ——缸水（循环水）中 Cl^- 浓度，mg/L；

　　　$[Cl_{\overline{B}}]$ ——补充水中 Cl^- 浓度，mg/L；

　　　A_X ——缸水（循环水）的总碱度，mmol/L；

　　　A_B ——补充水的总碱度，mmol/L。

用上述方法求得的极限碳酸盐硬度值的示范图表分别见图 4-17 和表 4-15。

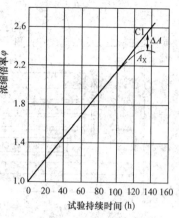

图 4-17　极限碳酸盐硬度试验示范图

表 4-15　　　　　　　　极限碳酸盐硬度试验示范表（加稳定剂）

试验持续时间 (h)	碱度（mmol/L）		Cl⁻ (mg/L)	浓缩倍率		ΔA	备注
	P	M		φ_{Cl}	φ_A		
48	0.6	5.45	162	1.47	1.47	0	
72	1.0	6.6	196	1.78	1.78	0	
96	1.2	7.65	230	2.09	2.07	0.02	
120	1.4	8.6	260	2.36	2.32	0.04	
144	1.6	9.3	280	2.55	2.51	0.04	
168	1.7	9.6	288	2.62	2.59	0.03	
192	1.9	10.4	312	2.84	2.81	0.03	
216	1.9	10.5	328	2.98	2.84	0.14	
228	1.7	10.8	348	3.16	2.91	0.25	
240	1.7	9.9	368	3.35	2.68	0.67	有垢析出

注　原水总碱度 $=3.7$ mmol/L，$[Cl^-]=110$ mg/L。

试验结果还可用绝对指标 ΔB 值进行校对。

$$\Delta B = A_B \frac{[Cl_{\overline{X}}]}{[Cl_{\overline{B}}]} - A_X \leqslant 0.5 \text{mmol/L} \qquad (4-28)$$

2. 动态法

使用动态模拟试验台，模拟敞开式循环冷却系统的工况，系统不排污，循环水不断浓缩，定期取样，测定全碱度、Cl^- 浓度，当 $\Delta A = 0.2$ 时，即为试验终点。

极限碳酸盐硬度法在电力系统得到了广泛采用。经过在电厂运行中反复验证，该方法已趋成熟。它具有如下优点：分辨率高，不仅能区分不同类型水质稳定剂的阻垢性能，而且能区分同一系列水质稳定剂（不同厂家生产）及复合型水质稳定剂的阻垢性能；数据的重现性好；判定指标采用极限碳酸盐硬度计算的极限浓缩倍率，可以直接应用于电厂循环水处理，比用阻垢率判定指标的实用意义要大；在试验中可暂停运行，不影响试验结果。

动态模拟试验装置如图 4-18 所示。动态模拟试验是一种最接近实际运行条件的试验方

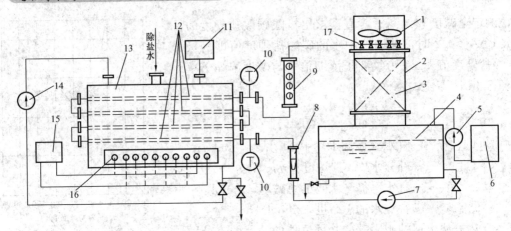

图 4-18　某种动态模拟试验装置

1—抽风装置；2—冷却塔；3—填料；4—冷却塔水引水箱；5—补水泵；6—补水箱；

7—循环水泵；8—流量计；9—腐蚀试片；10—铂电阻温度计；11—控温仪；

12—换热管；13—模拟换热器；14—热水循环泵；15—电源；16—加热器；

17—布水装置

法，所以其试验结果有很好的参考价值。对于电厂敞开式循环冷却系统，最主要的是模拟以下条件：①换热管为电厂用凝汽器管；②换热管管内水流速；③换热器进出口水温；④蒸汽侧温度；⑤系统水容积与循环水量之比；⑥浓缩倍率。

上述条件应尽量与现场条件相符。改变冷却塔下部通风面积或冷却塔上部抽风筒的高度，可以调节蒸发损失和换热器进口水温，改变换热管的长度和加热棒的功率，可以调节蒸汽侧的温度。

目前，有的动态模拟试验台还采用计算机控制，自动调节流量、温度，自动记录试验数据，可以完全模拟现场条件，进行各种循环水性能试验，水质稳定剂的筛选，污垢热阻值的测定等。

在进行动态模拟试验时，一般要在达到要求的浓缩倍率后，再连续运行至少一个月的时间，试验结束后剖管检查，观察有无结垢腐蚀。

动态模拟试验开始后，定期补水，以保持系统水容积不变。当系统浓缩倍率达到要求时，此时系统开始排污，并调节排污量，以保持系统浓缩倍率稳定在要求的范围内。试验进入稳定工况运行阶段，可每天取循环水分析一次，分析项目为全碱度、全硬度、钙硬度、氯离子、电导率，并控制 ΔA 值小于 0.2，当 $\Delta A > 0.2$ 时，应调整工况，使 $\Delta A < 0.2$。

（三）水质稳定剂缓蚀性能的测定

1. 静态浸泡试验

（1）试验条件。主要包括以下几个方面。

1）试验水样。达到设计浓缩倍率的循环水（可用极限碳酸盐硬度试验后的水样），水中加水质稳定剂 3mg/L（有效含量）或不加药。

2）试验温度为（45±1）℃。

3）试片制备。腐蚀试验使用的试片，为电厂实际使用的新铜管或其他管材。将铜管在车床上车削成宽为 10mm 的圆环，试片用砂纸打磨至内外表面无坑点后，再用金相砂纸抛光，用无水乙醇脱脂并清洗干净，在干燥器内干燥 24h 或用电吹风吹干后称重，并测出其表面积。

（2）试验方法。将试验水样加入 1L 广口瓶中，挂腐蚀试片（至少 2 片），将广口瓶放至恒温水浴内，使广口瓶内水温保持在 45±1℃。浸泡 500h 后取出试样，记录试样表面的腐蚀状况并照相，然后用硬橡皮对试片进行擦拭、清洗、干燥后称重，求出其均匀腐蚀速率。同时从广口瓶中取水样，测定含铜量。

在整个试验过程中，如果试片表面有气泡附着，应采用摇动的方式去除，同时观察腐蚀试样表面状态的变化。

经上述试验后，试片表面状态无明显变化，试片用细砂纸打磨后，用放大镜观察，未见局部腐蚀；试片的腐蚀速率不大于 0.005mm/a；水中含铜量的增加小于 1mg/L。一般说，此药剂可满足生产要求。

2. 旋转挂片法

（1）试验条件。主要包括以下几个方面。

1）试验装置。可采用图 4-16 的装置，将试片固定在搅拌浆上，旋转轴转速 75～150r/min，精度±3%。试片线速度 0.35±0.02m/s。试片上端与试液面的距离应大于 2cm。

2）试验温度为 45±1℃。

3）试验时间为 500h。

4）试片制备同静态浸泡试验。

（2）试验方法。将配制好的试验水质（加药或不加药）加入玻璃缸中，启动电动机，使试片按一定旋转速度转动，同时将试液加温并保持在规定温度。每隔 4h 补水一次，使液面保持在刻度线。运转 500h 后，停止试片转动，取出试片进行外观观察。然后用硬橡皮对试片进行擦拭、清洗、干燥后称重，求出其均匀腐蚀速率。

（3）结果的表示和计算。均匀腐蚀速度计算式为

$$v = \frac{8760 \times (W_0 - W_1) \times 10}{S \cdot \rho \cdot t} = \frac{87\,600 \times (W_0 - W_1)}{S \cdot \rho \cdot t} \tag{4-29}$$

式中 v——均匀腐蚀速度，mm/a；

W_0——试验前试片质量，g；

W_1——试验后试片质量，g；

S——试片的表面积，cm^2；

ρ——试片的密度，g/cm^3；

t——试验时间，h；

8760——与一年相当的小时数，h/a；

10——与 1cm 相当的毫米数，mm/cm。

（四）无污染水垢控制技术

无污染水垢控制技术是将磁、声、电、光等技术应用于循环水处理防垢除垢，属物理方法，这些方法的效果一般不如化学法（如加药法、各种水处理等），但这些技术往往集阻垢、缓蚀、杀菌、灭藻等多项功能于一体，且具有操作方便、简单，使用维护成本低、无毒、无污染等优点。目前，常用的无污染水垢控制技术主要包括磁处理防垢技术、静电防垢技术和超声波防垢技术

第五节　循环冷却系统补充水处理及旁流处理

常用的循环冷却系统补充水处理方法有石灰处理法、氢离子交换法、钠离子交换法和反渗透法等。

一、石灰处理法

1. 概述

石灰处理法是一种较经济的处理方法，目前，我国有些电厂采用石灰处理循环冷却系统的补充水。为了取得满意的效果，石灰处理必须采取以下措施，即补充水石灰处理、加酸中和过量的碱度、加稳定剂和胶球清洗。如只采用石灰—胶球处理，仍可能形成较硬的垢；如果采用石灰—稳定剂处理，凝汽器管中仍会有沉积物。

2. 原理

石灰处理适用于碳酸盐硬度较高的原水。

石灰处理，可除去水中的重碳酸钙 $Ca(HCO_3)_2$、重碳酸镁 $Mg(HCO_3)_2$ 和游离二氧化碳 CO_2，其反应式如下

$$Ca(HCO_3)_2 + Ca(OH)_2 \longrightarrow 2CaCO_3 \downarrow + 2H_2O$$
$$Mg(HCO_3)_2 + 2Ca(OH)_2 \longrightarrow 2CaCO_3 \downarrow + Mg(OH)_2 \downarrow + 2H_2O \qquad (4\text{-}30)$$
$$CO_2 + Ca(OH)_2 \longrightarrow CaCO_3 \downarrow + H_2O$$

石灰还可和水中镁的非碳酸盐硬度作用，生成 $Mg(OH)_2$ 沉淀，其反应式如下

$$MgCl_2 + Ca(OH)_2 \longrightarrow Mg(OH)_2 \downarrow + CaCl_2$$
$$MgSO_4 + Ca(OH)_2 \longrightarrow Mg(OH)_2 \downarrow + CaSO_4 \qquad (4\text{-}31)$$

此外，石灰还可以除去水中部分铁和硅的化合物，其反应式如下

$$4Fe(HCO_3)_2 + 8Ca(OH)_2 + O_2 \longrightarrow 4Fe(OH)_3 \downarrow + 8CaCO_3 \downarrow + 6H_2O$$
$$Fe_2(SO_4)_3 + 3Ca(OH)_2 \longrightarrow 4Fe(OH)_3 \downarrow + 3CaSO_4$$
$$H_2SiO_3 + Ca(OH)_2 \longrightarrow CaSiO_3 \downarrow + 2H_2O \qquad (4\text{-}32)$$
$$mH_2SiO_3 + nMg(OH)_2 \longrightarrow nMg(OH)_2 \cdot mH_2SiO_3 \downarrow$$

3. 石灰加药量的计算

（1）当水中 $H_{Ca} + W > H_T$ 时

$$G_{CaO} = 28(H_T + c_{CO_2} + c_{Fe} + W + \alpha) \qquad (4\text{-}33)$$

（2）当水中 $H_{Ca} + W < H_T$ 时

$$G_{CaO} = 28[2(H_T) - H_{Ca} + c_{CO_2} + c_{Fe} + W + \alpha] \qquad (4\text{-}34)$$

或

$$G_{CaO} = 28[(H_T) + \Delta c_{Mg} + c_{CO_2} + 2c_{Fe} + W + \alpha] \qquad (4\text{-}35)$$

其中

$$\Delta C_{Mg} = H_{Mg} - H'_{Mg} \qquad (4\text{-}36)$$

式中　G_{CaO}——石灰加药量，g/m^3；

　　　H_T——原水中的碳酸盐硬度，$mmol/L$（以 $1/2Ca^{2+} + 1/2Mg^{2+}$ 计）；

　　　c_{CO2}——原水中的游离二氧化碳含量，$mmol/L$（以 $1/2CO_2$ 计）；

　　　c_{Fe}——原水中的含铁量，$mmol/L$（以 $1/3Fe^{3+}$ 计）；

　　　W——凝聚剂的加入量，一般为 $0.1 \sim 0.2mmol/L$；

α——石灰过剩量，一般为 $0.1\sim0.4$ mmol/L（以 $1/2$ CaO 计）；

H_{Ca}——原水中的钙硬度，mmol/L（以 $1/2$ Ca^{2+} 计）；

ΔC_{Mg}——石灰处理后镁含量的降低值，mmol/L。

H_{Mg}——原水中的镁硬度，mmol/L（以 $1/2$ Mg^{2+} 计）；

H'_{Mg}——石灰处理后，水中残留的镁硬度，mmol/L（以 $1/2$ Mg^{2+} 计）。

在氢氧根碱度运行方式下，镁的残留浓度可按式（4-37）计算

$$H'_{Mg} = \frac{2K_{Mg(OH)_2}}{f_Z K_W^2 \, 10^{(2pH-3)}} \tag{4-37}$$

式中 $K_{Mg(OH)_2}$——氢氧化镁溶度积，当温度为 $25℃$ 时，为 5.0×10^{-12}；

f_Z——水中离子的活度系数；

K_W——水的离子积，当温度为 $25℃$ 时，为 1.0×10^{-14}。

（3）当采用快速脱碳，只要求除去水中的 Ca(HCO$_3$)$_2$ 时，石灰用量可按式（4-38）计算

$$G_{CaO} = 28[Ca(HCO_3)_2] + c_{CO_2} \tag{4-38}$$

式中 $[Ca(HCO_3)_2]$——水中重碳酸含量，mmol/L[以 $1/2$ Ca(HCO$_3$)$_2$ 计]。

4. 石灰处理后的水质

（1）游离 CO$_2$。经石灰处理后，水的 pH 值一般在 8.3 以上，所以水中的游离 CO$_2$ 应全部去除。

（2）碱度。经石灰处理后水的残留碱度包括两个部分：一是 CaCO$_3$ 的溶解度，一般为 $0.6\sim0.8$ mmol/L；另一部分是石灰的过剩量，一般控制在 $0.2\sim0.4$ mmol/L（以 $1/2$ CaO 计）。因为 CaCO$_3$ 的溶解度与原水中钙的非碳酸盐硬度（CaCl$_2$，CaSO$_4$）有关，非碳酸盐硬度的含量越高，经石灰处理后，出水残留的钙含量也大，则其残留碱度越低，见表 4-16。

表 4-16　　　　　　　　水经石灰处理后可达到的残留碱度（$t=20\sim40℃$）

出水残留钙含量 [mmol/L（$1/2$ Ca^{2+}）]	>3	1~3	0.5~1
残留碱度（mmol/L）	0.5~0.6	0.6~0.7	0.7~0.75

经石灰处理后，水的残留碱度一般在 $0.8\sim1.2$ mmol/L（CO$_3^{2-}$），此值还与温度有关，见表 4-17。

表 4-17　　　　　　　　石灰处理时水温与残留碱度的关系

试验条件	处理温度（℃）		
	5	25~35	120
水净化的总时间（h）	1.5	1~1.5	0.75~1
残留碱度（mmol/L）	1.5	0.5~1.75	0.3~0.5

（3）硬度。经石灰处理后，水的残留硬度可按式（4-39）计算

$$H_C = H_F + A_c + c(H^+) \tag{4-39}$$

式中 H_C——经石灰处理后水的残留硬度，mmol/L（$1/2$ Ca^{2+} + $1/2$ Mg^{2+}）；

H_F——原水中的非碳酸盐硬度，mmol/L（$1/2$ Ca^{2+} + $1/2$ Mg^{2+}）；

A_c——经石灰处理后水的残留碱度，mmol/L（$1/2$ CO$_3^{2-}$）；

$c\,(\mathrm{H^+})$——凝聚剂剂量,mmol/L。

不同含盐量的水,经石灰处理后,水中残留的镁硬度可以从图 4-19 中查得。

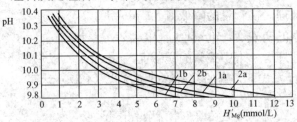

图 4-19 残留镁的硬度与 pH 值的关系

1—总阳离子$\sum K=1.1\,\mathrm{mmol/L}$ 时,$f_z=0.92$;

2—总阳离子$\sum K=5.8\,\mathrm{mmol/L}$ 时,$f_z=0.74$

(4)硅化合物。用石灰处理时,水中硅化合物的含量会有所降低,当温度为 40℃ 时,硅化合物可降至原水的 30%~35%。

(5)有机物。在采用石灰—混凝处理时,水中有机物可降低 30%~40%。

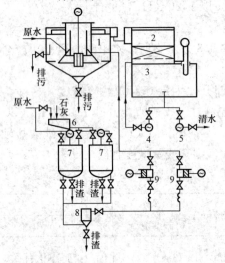

图 4-20 石灰处理系统流程

1—机械搅拌澄清池;2—滤池;3—过滤水箱;4—反洗水泵;5—清水泵;6—石灰粉计量加料;7—石灰乳机械搅拌箱;8—捕砂器;9—石灰乳剂量泵

5. 石灰处理系统

以往多采用生石灰处理系统,如图 4-20 所示。其澄清过滤系统为:生水泵→澄清池→加酸→过滤器→过滤水箱→中继泵→冷却塔。其灰浆系统为:生石灰→消石灰机→浆槽→石灰乳搅拌箱→捕砂器→石灰乳剂量泵→澄清池。

6. 石灰处理的辅助处理

为了使石灰处理水更为稳定,在补入循环冷却系统时,一般要进行辅助处理,常用的有加硫酸或加水质稳定剂的方法。

二、弱酸氢离子交换法

在缺水地区设计大型火电厂时,往往要求冷却系统采用较高的浓缩倍率,以节约补充水量,此时,应用弱酸氢离子交换是适宜的,因为它的主要优点是运行稳定、可靠。虽然它也存在一些问题,如固定投资大、废液排放量较大等,但仍是高浓缩倍率循环冷却系统采用较多的处理方法。

1. 原理

当循环冷却系统补充水通过弱酸氢离子交换器时,弱酸树脂与水中重碳酸盐硬度(暂硬)发生以下交换反应

$$2R-COOH+Ca(HCO_3)_2 \longrightarrow (R-COO^-)_2Ca+2CO_2\uparrow+2H_2O$$
$$2R-COOH+Mg(HCO_3)_2 \longrightarrow (R-COO^-)_2Mg+2CO_2\uparrow+2H_2O$$

(4-40)

反应的结果,不仅去除了水中的碳酸盐硬度,同时也去除了水中的碱度。

H^+型弱酸树脂的主要作用是交换暂硬。弱酸树脂对原水中几种主要盐类交换能力的顺序为

$$\frac{Ca（HCO_3）_2}{Mg（HCO_3）_2} > NaHCO_3 > \frac{CaCl_2}{MgCl_2} > \frac{NaCl}{Na_2SO_4}$$

2. 再生工艺

弱酸树脂在顺流再生、逆流再生和浮床（乱层状态）运行三种方式下，其树脂的工作交换容量和比耗数据见表4-18。从表中所列结果可以看出，再生方式对弱酸树脂没有明显的影响，因此，弱酸树脂可以采用顺流再生工艺。

表 4-18　　　　　　　　　　弱酸树脂几种再生方式的比较

再生方式	工作交换容量（mmol/L 树脂）	比耗（理论量倍数）
顺流再生	1805	1.37
逆流再生	1825	1.35
浮床	1817	1.36

综合上述数据，将D113弱酸树脂的再生工艺参数列于表4-19。

表 4-19　　　　　　　　　　D113 弱酸树脂的再生工艺参数

再生剂种类	再生剂比耗	再生剂浓度（%）	再生液流速（m/h）	再生方式
H_2SO_4	1.0～1.2	1.0	15～20	顺流再生
HCl	1.0～1.05	2～3	3～5	顺流再生

3. 运行工艺

（1）出水水质、工作交换容量。由于弱酸树脂的再生效率很高，但它的交换速度比较慢，因此在运行阶段某些因素会明显影响弱酸树脂工作交换容量。这些因素包括进水水质（主要为硬、碱比）、流速、水温、树脂层高和再生剂比耗等。由于很多因素已在前面介绍，这里将主要分析进水水质（原水硬、碱比）的影响。

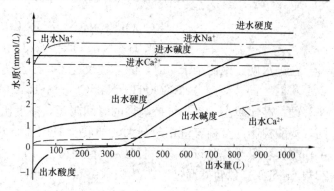

图 4-21　硬、碱比为 1.26 时，D113 树脂的运行曲线
试验条件：彻底再生；层高 0.9m；水温 23℃；流速 29m/h

原水的硬度和碱度之比，反应了水中暂硬、永硬和负硬三种盐类的比例关系。

从运行曲线中，可以观察到原水不同硬、碱比时，对弱酸树脂交换过程的影响。图4-21和图4-22为硬、碱比大于1和小于1时的典型运行曲线。从图中可以观察到以下规律。

1）运行初期，出水中就漏过大量 Na^+，即使在硬、碱比小于1，水中含有较多 $NaHCO_3$ 时，弱酸树脂对水中 Na^+ 的交换量也很小。由于运行初期吸着的 Na^+，在运行中、后期，会被水中的 Ca^{2+}、Mg^{2+} 置换出，因此，从整个周期看，弱酸树脂只交换很少量的 Na^+。周期平均出水的 Na^+ 含量与进水基本相等。

2）弱酸树脂主要交换水中的暂硬。对彻底再生的弱酸树脂，运行初期，出水有一定的

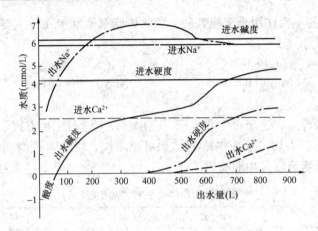

图 4-22　硬、碱比为 0.7 时，D113 树脂的运行曲线
试验条件：彻底再生；层高 0.9m；水温 19℃；流速 28m/h

酸度，对于硬、碱比大于 1 时，有式（4-41）的反应

$$2RCOOH + {Ca \atop Mg}(HCO_3)_2 \longrightarrow (RCOO)_2 {Ca \atop Mg} + 2H_2CO_3 \qquad (4\text{-}41)$$

此外，还有式（4-42）的微弱反应

$$2RCOOH + {Ca \atop Mg}Cl_2 \rightleftharpoons (RCOO)_2 {Ca \atop Mg} + 2HCl$$

$$2RCOOH + {Ca \atop Mg}SO_4 \rightleftharpoons (RCOO)_2 {Ca \atop Mg} + H_2SO_4 \qquad (4\text{-}42)$$

$$RCOOH + NaCl \rightleftharpoons RCOONa + HCl$$

$$2RCOOH + Na_2SO_4 \rightleftharpoons 2RCOONa + H_2SO_4$$

在进水硬、碱比小于 1 时，除上述反应外，还会进行以下反应

$$RCOOH + NaHCO_3 \longrightarrow RCOONa + H_2CO_3 \qquad (4\text{-}43)$$

硬、碱比越小，出水维持酸性的时间越短，碱度出现的越早。对于负硬水，失效终点不同，弱酸树脂的交换容量相差甚大。如硬、碱比为 0.6 的水，以碱度漏过 10％ 为终点，其工作交换容量为 430mmol/L 树脂；以暂硬漏过 10％ 为终点，弱酸树脂工作交换容量高达 2244mmol/L。以暂硬漏过 10％ 为失效终点，不同硬、碱比时，弱酸树脂的工作交换容量见表 4-20。

表 4-20　　　　　　　D113 弱酸树脂工作交换容量和原水硬、碱比的关系

原水硬、碱比	原水暂硬（mmol/L）	树脂工作交换容量（mmol/L 树脂）	工作交换容量相对值（％）
0.6	4.41	2244	117
1.0	4.30	1917	100
2.0	4.42	2091	106

3）硬、碱比越小，漏过的硬度越少，当硬、碱比小于 1 时，运行周期大部分时间出水没有硬度，但漏过的碱度很高时，就开始有硬度漏过。对于循环水处理，当硬、碱比小于 1 时，可以用出水硬度漏过作为失效终点。如某厂原水硬、碱比为 0.8，控制出水硬度大于 1mmol/L 作为失效终点。当硬、碱比等于 1 时，在大约前半个周期中，也可保持出水无硬

度或低硬度，此时失效终点即可控制碱度，也可控制硬度。

当硬、碱比大于 1 时，漏过的硬度较大，其值等于原水的永硬再加自再生作用产生的硬度及未完全清洗好废液中的硬度。所以，此时可以碱度漏过作为终点控制。

在以 H_2SO_4 作再生剂时，即使再生剂用量充足，投运初期也会存在出水硬度偏高的现象，这是因为用 H_2SO_4 再生时，即使再生工况适当，也难免在树脂层中生成少量 $CaSO_4$ 沉淀，它们在运行中又会逐渐溶解，造成出水硬度偏高，如图 4-23 所示。

（2）失效终点。在进行锅炉补给水处理时，对于永硬水和暂硬水，以往多采用碱度漏过 10% 为终点。对于循环水处理，更应

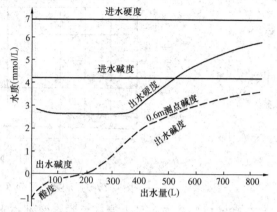

图 4-23　D113 树脂未彻底再生时的运行曲线
试验条件：层高 0.82m；水温 23℃；
流速 29m/h；硬、碱比为 1.6

考虑弱酸床整个周期出水的平均碱度，而平均碱度又与循环水的极限碳酸盐硬度和循环冷却系统的浓缩倍率有关。

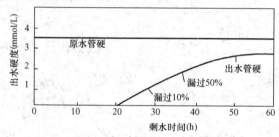

图 4-24　弱酸树脂交换暂硬的流出曲线

弱酸树脂交换时，在暂硬漏过之后，其漏过量增加也很缓慢，如图 4-24 所示。从图中可看出，漏过前的交换容量约为 1800mmol/L 树脂，从漏过 10% 到漏过 50% 的交换容量约为 600mmol/L 树脂，从漏过 50% 到漏过 80% 的交换容量也接近 600mmol/L 树脂，说明失效终点的选择对弱酸树脂的交换容量有很大影响。

关于出水平均碱度的选择，有资料介绍，出水平均碱度应大于进水碱度的 5%～20%；还有资料指出，出水平均碱度可选择 0.3～0.5mmol/L。总之，在可能的条件下，应将出水平均碱度选择高一些，可以提高工作交换容量。

综合上述情况，对于硬、碱比大于 1 的水，弱酸床周期出水平均碱度取 0.5mmol/L，根据初、中期出水碱度（或有酸度）的不同，失效碱度可定为 1.5～3.0mmol/L。对于硬、碱比等于或小于 1 的水，弱酸床周期出水平均硬度可取 0.3mmol/L，失效硬度可定为 1mmol/L。

三、强酸氢离子交换法

由于强酸树脂比弱酸树脂价格低很多，因此，前者的初投资可以降低约 25%。根据原水水质的不同，强酸氢离子交换可以分为以下两种运行方式。

1. 利用强酸氢离子交换的酸性出水

对于永硬水，一般采用此种运行方式，此时水中全部阳离子均与阳树脂中的 H^+ 交换，出水呈酸性，运行一定时间后，当出水出现碱度时，出水硬度也很快上升，此时需停运再

生。其周期出水水质变化曲线如图 4-25 所示。

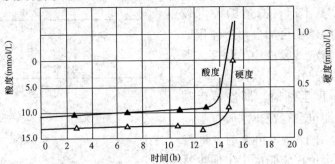

图 4-25　强酸氢离子交换周期出水水质变化曲线

强酸氢离子交换水量占循环冷却系统补充水量的比例（n）可由式（4-44）确定

$$n = \frac{A_0 - A_B}{A_0 + c_0} \times 100\%$$　　　　（4-44）

其中　　　　　　　　　　　　$A_B = \frac{H_{TJ}}{\phi}$

式中　A_0——原水的全碱度，mmol/L；

　　　A_B——循环冷却系统补充水的全碱度，mmol/L；

　　　c_0——原水强酸阴离子量，mmol/L；

　　　H_{TJ}——循环水极限碳酸盐硬度，mmol/L；

　　　ϕ——循环水浓缩倍率。

2. 利用强酸氢离子交换的 Na 型软化水

对于负硬水，阳离子交换器先以 H 型运行，运行至漏 Na，继续以 Na 型运行，此时出水为低硬度的水，运行至漏硬度后，进行再生。

H 型周期和 Na 型周期的制水量，根据原水中 Ca^{2+}、Mg^{2+} 和 Na^+ 的含量多少而不同。如果原水中 Na^+ 含量很少，则 Na 型周期出水量占整个周期制水量的比例很少。当原水为负硬水时，采用此种运行方式，将收到良好的经济效果。

H 型周期、Na 型周期及全周期制水量与水中离子含量的关系，可用式（4-45）计算。

$$\frac{[Q_{Na}]}{Q_H} = \frac{[Na^+]}{H_0}$$

$$\frac{Q_{Na}}{Q_{总}} = \frac{[Na^+]}{\Sigma C}$$　　　　（4-45）

式中　Q_{Na}——Na 周期制水量，m^3；

　　　Q_H——H 周期制水量，m^3；

　　　$[Na^+]$——水中 Na^+ 含量，mmol/L；

　　　H_0——水中总硬度，mmol/L；

　　　$Q_{总}$——周期总制水量，m^3；

　　　ΣC——水中总阳离子含量，mmol/L。

图 4-26 所示为负硬水质周期出水水质变化曲线。

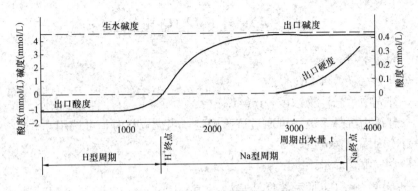

图 4-26 周期出水水质变化曲线

四、旁流处理

旁流过滤处理流程如图 4-27 所示。

1. 旁流处理的目的

旁流处理就是抽取部分循环水，按要求进行处理后，再反送回系统的处理方法。旁流处理的目的有以下两点。

（1）循环冷却水在循环过程中，水质恶化，不能达到冷却水水质标准，要求进行旁流处理。例如循环冷却水在循环过程中，由空气带入的灰尘、粉尘等悬浮固体物的污染，使水中悬浮物的含量不断升高，既影响稳定处理的效果，还会加重黏泥的附着，往往要求进行旁流过滤。

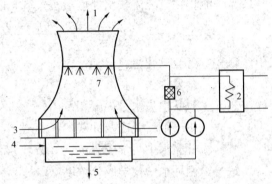

图 4-27 旁流过滤处理流程
1—蒸发损失；2—凝汽器；3—空气；
4—补给水；5—排污；6—旁流过滤器；7—冷却塔

再如，使用三级处理后的废水，作为开式循环冷却系统的补充水时，由于水中的有机物含量很高，在循环过程中，会产生较多的黏泥，也要求进行旁流过滤。

（2）为了提高冷却系统的浓缩倍率，当循环水中的某一项或几项成分超出允许值时，也可考虑采用旁流处理。

如果要求降低循环水的硬度和碱度，则采用旁流软化，常用的方法为石灰—纯碱沉淀法。当然也可以采用钠离子交换和弱酸氢离子交换来进行旁流软化。当要求循环冷却系统"零排放"时，甚至要求采用反渗透进行旁流处理。

对于火电厂，目前旁流处理主要以旁流过滤为主。对于浓缩倍率大于 3 及用三级处理污水作补充水的开式循环冷却系统，应考虑设置旁滤处理设施。

总之，旁流处理可保持循环水水质，使循环水系统在较高的浓缩倍率下安全经济运行。

2. 旁流处理的计算

旁流处理可分为旁流过滤和旁流软化两类。

（1）旁流过滤。旁滤水量一般为循环水量的 1%～5%。在开式循环冷却系统中，其旁滤处理量可按式（4-46）计算

$$Q_{Sf} = \frac{Q_b \cdot c_b + KV_a c_a (Q_P + Q_f) c_e}{c_e - c_S}$$
(4-46)

式中　Q_{Sf}——旁滤水量，m^3/h；

Q_b——补充水量，m^3/h；

c_b——补充中水悬浮物浓度，mg/L；

K——悬浮物沉降系数，可通过试验确定，当无资料时，可选用0.2；

V_a——冷却塔空气流量，m^3/h；

c_a——空气中含尘量，g/m^3；

Q_P——排污水量（包括旁滤反洗水量），m^3/h；

Q_f——风吹损失水量，m^3/h；

c_e——循环水悬浮物浓度，mg/L；

c_S——旁滤后水的悬浮物浓度，mg/L。

（2）旁流软化。旁流软化处理量按式（4-47）计算

$$Q_S = \frac{(Q_Z + Q_F + Q_T)c_b - (Q_T + Q_F)c_X}{c_X - (0.02c_b + 0.98c_S)}$$
(4-47)

式中　Q_S——旁流软化量，m^3/h；

Q_Z——蒸发损失量，m^3/h；

Q_F——风吹损失水量，m^3/h；

Q_T——用于烟气脱硫及冲灰的水，m^3/h；

c_b——补充水中化学成分浓度（Ca^{2+}），mg/L；

c_X——循环水中化学成分浓度（Ca^{2+}），mg/L；

c_S——旁流软化后水的化学成分浓度（Ca^{2+}），mg/L。

第六节　循环冷却水系统的腐蚀及其控制

在循环冷却水系统中，常用的金属材料有碳钢、不锈钢、铜合金以及钛和钛合金等，这些金属材料在循环冷却水中是不稳定的。循环冷却水在使用之后，水中的 Ca^{2+}、Mg^{2+}、Cl^-、SO_4^{2-} 等离子的浓度不断增加，溶解固体和悬浮物也相应增加。空气中的污染物如灰尘、可溶性气体和杂物等会进入循环冷却水。这些因素都会使循环冷却水系统中的设备和管道发生腐蚀结垢，造成换热器传热效率降低，甚至使设备和管道腐蚀穿孔。因此为了保证循环冷却水系统中设备和管道的安全长期运行，必须采取有效措施控制循环冷却水系统的腐蚀。

一、循环冷却水系统中常见的金属腐蚀类型

1. 溶解氧腐蚀

在循环冷却水中，溶解氧是饱和的，会导致碳钢发生全面腐蚀。在腐蚀过程中，碳钢由于表面结构的不均匀性而产生自发的电化学反应，而溶解氧作为去极化剂加速了碳钢表面微电池的反应速度。因此，溶解氧在阴极的反应加速了电化学腐蚀；而且随着溶解氧的不断溶入，这种腐蚀过程可以不断进行下去，最终造成碳钢设备发生严重破坏。

2. 点蚀

点蚀是循环冷却水系统中破坏性和隐患最大的腐蚀形态之一，点蚀造成的小孔尺寸很小，通常容易被腐蚀产物或沉积物所覆盖，在日常检查中很难被发现。但点蚀是一种剧烈的局部腐蚀，其阳极溶解的自催化作用使腐蚀反应速度不断加快，造成点蚀孔的深度不断增加，会导致设备和管道最终发生穿孔和泄漏。循环冷却水中的大部分点蚀都与卤素离子有关，特别是氯离子和溴离子。而循环冷却水中都不同程度的含有一定量的卤素离子，在溶解氧的作用下，循环冷却水系统中的设备和管道极易发生点蚀。

对于点蚀，首先要控制循环冷却水中氯离子的浓度。对于碳钢，氯离子浓度应控制在500mg/L 以下；对于不锈钢，氯离子浓度应控制在 DL/T 712《发电厂凝汽器及辅机冷却器管选材导则》规定值以下。其次要选用耐点蚀的金属或合金作为循环冷却水系统中设备和管道的材料，从根本上防止点蚀的发生。最后，添加缓蚀剂或进行阴极保护也可以防止或减轻设备和管道的点蚀，有效的缓蚀剂包括铬酸盐、聚磷酸盐、锌盐和硅酸盐等。

3. 缝隙腐蚀

缝隙腐蚀是金属表面被覆盖部分在某些环境中产生局部腐蚀的一种形式。在循环冷却水系统中，缝隙腐蚀主要表现为两物体间、异物与设备间以及垢下腐蚀。缝隙腐蚀的产生需要两个条件：危害性阴离子（Cl^-）的存在和滞留的缝隙（缝隙宽度为 0.025～0.3mm）。在循环冷却水系统中，如果对杀菌灭藻采取的措施不力或者污垢等沉积物控制不好就会产生缝隙腐蚀。此外，在用胀接工艺连接的管束和管板之间的缝隙也容易发生缝隙腐蚀。

在循环冷却水系统中，防止设备和管道出现缝隙腐蚀的措施很多，往往需要根据具体情况而定。首先要尽量控制循环冷却水中的氯离子浓度，其次要防止设备和管道的表面产生沉积物，此时可以使用酸、阻垢剂和分散剂来控制沉积物的产生；对于已经存在沉积物的情况，要及时进行物理清洗或化学清洗。最后，如果是新建的机组，为了避免循环冷却水系统中设备和管道发生缝隙腐蚀，一方面可以考虑选用耐腐蚀的材料，如钛及钛合金，另一方面在管束与管板的连接方式上宜采用胀接＋焊接，仅采用胀接往往发生缝隙腐蚀。

4. 接触腐蚀

接触腐蚀又称为电偶腐蚀，相互接触的两种金属的电位不同是腐蚀发生的原因。在使用半咸水或海水作为循环冷却水的系统中，腐蚀电偶的阴极面积/阳极面积的比值越大，则电偶腐蚀的危害性越大。在循环冷却水系统中电偶腐蚀的实例很多，如凝汽器中黄铜换热管和钢制水室之间发生的电偶腐蚀。在实际中，防止设备和管道发生接触腐蚀的方法有如下几种。

在实际结构中尽可能使接触的金属间电位差达到最小值，尽可能选用同种金属。使不同的金属之间保持绝缘，可以采用适当的表面处理、油漆层、环氧树脂以及其他绝缘衬垫材料来预防金属或合金的接触腐蚀。尽量避免出现大阴极和小阳极的不利面积效应，对于螺钉、螺帽和焊接点等比较容易形成小阳极的构件，可以采用比基底更稳定的材料，使基底成为阳极，从根本上避免大阴极和小阳极的出现。采用牺牲阳极保护法，连接比两种接触金属电位都低的第三种金属块。向循环冷却水中添加一些专用的缓蚀剂，如铬酸盐-聚磷酸盐-锌盐组成的复合缓蚀剂。

5. 选择性腐蚀

选择性腐蚀是从一种固溶体合金表面选择性地腐蚀掉某种元素或者某一相，其中电位较负的金属或相发生优先溶解而破坏。循环冷却水系统中最典型的选择性腐蚀是凝汽器黄铜管的脱锌，脱锌处的黄铜由黄色变为铜红色，导致铜管结构疏松、强度丧失。对于凝汽器黄铜管的脱锌可以采用以下几种方法防止和控制：采用脱锌敏感性较低的材料；采用阳极保护法；降低介质的侵蚀性。

6. 晶间腐蚀

晶间腐蚀是一种由微电池作用而引起的局部破坏现象，是金属材料在特定的腐蚀介质中沿着材料的晶界产生的腐蚀。晶间腐蚀主要从金属表面开始，沿着晶界向内部发展，直至形成溃疡性腐蚀。晶间腐蚀严重时可导致合金碎裂，强度几乎完全丧失，是一种危害性很大的局部腐蚀。循环冷却水系统中的凝汽器的敏化奥氏体不锈钢管在海水或污染海水中比较容易发生晶间腐蚀，在工程实际中常采用以下几种方法控制和减轻奥氏体不锈钢的晶间腐蚀：降低不锈钢的含碳量，采用超低碳钢或足够稳定化的不锈钢；对奥氏体不锈钢采用固熔处理；在奥氏体不锈钢中添加易产生碳化物的元素，如铌和钛。

7. 磨损腐蚀

磨损腐蚀是由于高流速的机械冲刷和水中腐蚀性物质共同造成的，高流速的水流会破坏金属的钝化膜而使金属受到严重的磨损腐蚀。在循环冷却水系统中，泵的叶轮、换热器管束入口处或弯管和折流板处容易发生磨损腐蚀，常采用以下几种方法防止：选择耐磨性材料；采用合理的设计避免流体急剧改变流向，降低流体流速，增加易磨损处的材料厚度；覆盖耐磨涂层；添加缓蚀剂；采用阴极保护。

8. 应力腐蚀开裂

应力腐蚀开裂是指在应力和特定腐蚀介质两个因素的共同作用下引起的破坏，是机械作用和电化学作用的综合结果。在奥氏体不锈钢和钛合金中容易出现应力腐蚀破坏，其特点是金属和合金的腐蚀量很微小，仅局限于微小的局部，只有一部分裂纹穿透金属或合金内部，裂纹方向在宏观上与拉应力方向垂直，裂纹外貌为脆性机械断裂。应力腐蚀开裂往往从点蚀、缝隙或腐蚀沟槽处开始，在腐蚀的起点产生应力集中，使钝化膜受到破坏而无法修复，因而腐蚀不断加深直至金属呈枝状裂纹而破坏。应力腐蚀开裂产生的条件是金属腐蚀的部位同时存在应力和氯离子，富集的氯离子使局部的 pH 值降低，加速电化学腐蚀，破坏钝化膜。随着腐蚀的深入，物理作用——应力集中使金属产生开裂破坏。应力和温度都是决定应力腐蚀开裂速度的重要因素，可以采取以下几种方法来防止循环冷却水系统中的应力腐蚀开裂。首先，设法降低或消除应力，可以通过改进结构设计避免局部应力集中；用热处理退火等手段消除残余应力。其次，控制环境，控制环境温度，降低含氧量，升高 pH 值，除去氯离子；加入缓蚀剂抑制或减缓应力腐蚀；使用对环境不敏感的金属或有机材料为涂层，使材料表面与环境隔离；在敏感的电位区间进行外加电流或牺牲阳极的阴极保护。最后，正确选材，选用耐应力腐蚀的材料，如钛、铁素体不锈钢等。

9. 微生物腐蚀

微生物腐蚀是一种特殊类型的局部腐蚀，微生物直接或间接地参与了使金属发生破坏的腐蚀过程。微生物腐蚀一般不单独存在，往往和电化学腐蚀同时发生。它主要有以下两种形式：微生物繁殖、分泌和代谢形成的黏泥沉积在金属表面，破坏保护膜，形成局部电池而导致垢下腐蚀；微生物的代谢作用使金属所处的化学环境发生了变化，引起氧和其他物质的消耗，形成浓差电池，促进了垢下腐蚀。微生物腐蚀是一种有点蚀迹象的局部腐蚀，其危害相当严重，它可以使凝汽器在数月内发生腐蚀泄漏。

二、循环冷却水系统金属腐蚀的影响因素

影响循环冷却水系统金属腐蚀的因素很多，主要分为两类：金属材质和结构；外部环境和运行条件。其中外部环境又可以分为物理因素（水温、流速等）、化学因素（溶解气体、pH 值、离子浓度等）和微生物因素。

（一）金属材质与结构

在循环冷却水系统中腐蚀与防护的关键设备是凝汽器，而凝汽器的质量则取决于其管材的正确选择和凝汽器的结构设计。如果选材不当就会造成严重隐患，例如铜合金管凝汽器在污染的海水环境中极易发生腐蚀。此外，凝汽器的结构会影响循环冷却水的流速及流动形式，结构不同也会具有不同的应力，这些对凝汽器的磨损腐蚀和应力腐蚀破坏均有直接影响。

（二）水质对腐蚀的影响

1. pH 值

通常天然淡水的 pH 值为 6.0～8.4，海水的 pH 值为 7.0～8.4，敞开式循环冷却水的正常运行 pH 值为 6.5～9.0。增加 pH 值有利于防腐，但增加结垢倾向，通常将 pH 值控制在 8.0～9.0 为宜。

2. 硬度

循环冷却水中含有一定浓度的钙、镁离子有利于防止碳钢的腐蚀。通常软水的腐蚀比硬水严重。但水中钙镁离子浓度过高时，则会与水中多种酸根离子作用生成多种垢，所以硬度不能过高。

3. 离子

循环冷却水中的阳离子，如钾离子和钠离子等碱土金属离子对金属和合金的腐蚀速率没有明显的或直接的影响。但在冷却水中的铜、银和铅等重金属离子对金属腐蚀有害。Fe^{2+} 对于凝汽器中的铜合金管有保护作用，而在酸性溶液中 Fe^{3+} 却是一种阴极反应加速剂而促进腐蚀反应。Zn^{2+} 对碳钢具有缓蚀作用，常被用作循环冷却水缓蚀剂。

循环冷却水中的阴离子种类与金属的腐蚀速率具有密切关系，一般来说，在增加金属腐蚀速率方面有如下顺序

$$ClO_4^- > Cl^- > SO_4^{2-} > CH_3COO^- > NO_3^-$$

循环冷却水中的卤素离子均属于侵蚀性离子，在浓度高时，它们能够穿透金属表面的保护膜，增加其腐蚀的阳极反应速率，导致局部腐蚀。例如氯离子容易导致不锈钢产生点蚀。硫酸根离子一般不会对金属腐蚀造成太大影响，但当硫酸还原菌严重生长时会加速腐蚀。冷却水中氧化性的铬酸根、钨酸根、钼酸根、硅酸根、磷酸根和亚硝酸根等阴离子可以抑制金属的腐蚀，其中铬酸盐和亚硝酸盐本身就是氧化性缓蚀剂，可以使金属表面钝化。

4. 络合剂

络合剂，例如 NH_3、CN^-、EDTA、ATMP 和 EDTMP 等能与水中的金属离子生成可溶性的络合离子，从而降低水中金属离子的浓度，使金属的电极电位降低，加速金属的腐蚀

反应。例如，当循环冷却水中有 NH_3 存在时，NH_3 与铜离子生成稳定的铜氨络合离子，从而使铜加速溶解。

5. 溶解气体

循环冷却水中通常含有 O_2、CO_2、H_2S 和 Cl_2 等，其中 O_2 和 CO_2 是从空气中溶解到冷却水中的，H_2S 是硫酸盐还原菌还原产生的，Cl_2 是以杀菌剂的形式进入水中的。在酸性溶液中，O_2 参加阴极反应加速腐蚀，而且 O_2 浓度越高，腐蚀越快；冷却水中的 CO_2 有两方面作用，既可以使碳酸钙沉淀不易析出，也可以生成碳酸或碳酸氢盐降低冷却水的 pH。这两个作用均会加速金属的腐蚀速率，但与 O_2 相比，这种影响是比较轻微的。H_2S 会加速铜、碳钢和合金钢的腐蚀，尤其会加速凝汽器铜合金管的点蚀。用被 H_2S 污染的海水作冷却水的铜合金管凝汽器腐蚀速率比采用洁净海水作冷却水的铜合金管高数十倍。Cl_2 作为杀菌剂溶于水中后生成盐酸和次氯酸，盐酸和次氯酸均会降低冷却水的 pH，增加冷却水的腐蚀性。同时，氯离子会造成碳钢、不锈钢和铝等金属或合金发生局部腐蚀，也会对某些氧化性保护膜的形成起阻滞甚至破坏作用。

6. 悬浮物和沉积物

循环冷却水系统中往往存在多种不溶性物质组成的悬浮物，如泥土、灰尘、砂粒、腐蚀产物、生物黏泥、水垢和沉淀的盐类物质等。这些悬浮物质可能是从空气中进入的，补充水带入的，或者是在运行过程中生成的。这些悬浮物在循环冷却水系统中，特别是低流速部位，容易形成不均匀、疏松多孔的沉积层，沉积层下部的金属容易与周围的金属形成浓差电池造成垢下腐蚀。当冷却水的流速过高时，这些固体物质颗粒又容易对硬度较低的合金或合金管产生磨损腐蚀。因此，应适当的控制循环冷却水的浊度。

（三）运行条件对腐蚀的影响

1. 流速

循环冷却水的流速不仅影响冷却水中 O_2 向金属或合金表面的扩散，还会影响腐蚀产物和结垢产物的沉积。一般来说，水流速度在 0.6~1m/s 时，腐蚀速度较小。流速过低会使传热效率降低并出现沉积，因此水走管程的换热器冷却水流速不宜小于 0.9m/s。对于采用海水作为循环冷却水的情况，随着流速的增加，腐蚀速度总是加快的，因为海水在任何流速下都不会使金属发生钝化。

2. 温度

一般来说，金属的腐蚀速度随着温度的升高而加速。温度升高时，冷却水中的物质的扩散系数增大，而电极反应的过电位和溶液黏度减小。虽然水中溶解氧的浓度随温度升高而降低，但由于扩散速度加快，导致氧的去极化作用更易发生，而过电位的降低又使金属的阳极溶解过程加速，这些都使金属的腐蚀速率增加。因此，在敞开式循环冷却水系统中，当温度较低时，金属的腐蚀速率随着温度升高而增加，此时氧的扩散速度加快占主导地位；在密闭的系统中氧不能因为温度升高而逸出，温度升高只会提高氧的扩散系数，使金属表现的氧浓度提高，腐蚀加速。

3. 热负荷

热交换器的热负荷（传热量）大，金属会产生热应力，易破坏形成的保护膜。热负荷高还能降低某些金属（如铁、锌等）的电极电位，从而使金属更易受到腐蚀。

三、循环冷却水系统的金属腐蚀控制

1. 合理设计设备结构

选择对使用介质具有耐蚀性的材料是防止发生腐蚀的最有效的措施。因此必须掌握各种金属及其合金在各种环境下的耐蚀性能，同时综合考虑机械性能、加工性能和材料价格等因素。在结构方面，应进行合理的结构设计和严格的应力核算，以避免应力腐蚀、接触腐蚀、缝隙腐蚀和微生物腐蚀等。在设计和加工方面，应注意以下几点：①外形力求简单，便于施工和维修；②表面与介质接触的地方应尽量平整、光滑，尽量减少和避免尖角、凹槽和缝隙；③尽量避免不同金属互相接触，当不可避免时，应对接触面进行适当的防护处理；④防止零部件局部应力集中或局部受热，控制材料的最大允许使用应力。

2. 选用合适的材质

长期以来，为了控制循环冷却水系统中凝汽器的腐蚀，经常使用一些耐腐蚀金属材料，例如铜合金、不锈钢和钛及钛合金等。这些耐腐蚀换热器的应用使循环冷却水系统可以在较为苛刻的条件下工作，如钛及钛合金凝汽器是用海水冷却的理想冷却设备。各种耐腐蚀换热器因其组成材料的物理性质和化学性质的不同而具有不同的耐腐蚀性能，适用于不同的介质和场合。常用的各种牌号的不锈钢和铜合金凝汽器使用条件见表 4-21 和表 4-22。

表 4-21   **常用不锈钢管适用水质的参考标准**

Cl^- (mg/L)	中国 GB/T 20878—2007		美国 ASTM A959—04	日本 JIS G4303-1998 G 4311-1991	国际标准 ISO/TS 15510：2003	欧洲 EN 10088：1-1995 EN 10095-1999 等
	统一数字代码	牌号				
<200	S30408	06Cr19Ni10	S30400，304	SUS304	X5CrNi18-10	X5CrNi18-10，1.4301
	S30403	022Cr19Ni10	S30403，304L	SUS304L	X2CrNi19-11	X2CrNi19-11，1.4306
	S32168	06Cr18Ni11Ti	S32100，321	SUS321	X6CrNiTi18-10	X6CrNiTi18-10，1.4541
<1000	S31608	06Cr17Ni12Mo2	S31600，316	SUS316	X5CrNiMo17-12-2	X5CrNiMo17-12-2，1.4401
	S31603	022Cr17Ni12Mo2	S31603，316L	SUS316L	X2CrNiMo17-12-2	X2CrNiMo17-12-2，1.4404
<2000[a]	S31708	06Cr19Ni13Mo3	S31700，317	SUS317	—	—
	S31703	022Cr19Ni13Mo3	S31703，317L	SUS317L	X2CrNiMo19-14-4	X2CrNiMo18-15-4，1.4438
<5000[b]	S31708	06Cr19Ni13Mo3	S31700，317	SUS317	—	—
	S31703	022Cr19Ni13Mo3	S31703，317L	SUS317L	X2CrNiMo19-14-4	X2CrNiMo18-15-4，1.4438
海水[c]			S44660(Sea-Cure) S44735(AL29-4C) SN08366(AL-6X) SN08367(AL-6XN) S31254(254SMo)			

注 1. 未列入表中的不锈钢管如能通过试验验证，也可以选用。

     2. 冷却水 Cl⁻ 浓度小于 100mg/L，且不加水处理药剂时可以直接选用 S30403、S30408 或对应牌号的不锈钢管。

     3. 表内同一栏中，排在下面的不锈钢的耐点蚀性能明显优于排在上面的不锈钢，但对耐蚀性能较低的管板的电偶腐蚀也更强。

a 可用于再生水。

b 适用于无污染的咸水。

c 用于海水的不锈钢管仅做选用参考。

表 4-22 国产不同材质凝汽器管所适应的水质及允许流速

管材	水 质			允许流速（m/s）	
	溶解固体（mg/L）	氯离子浓度[c]（mg/L）	悬浮物和含砂量（mg/L）	最低	最高
H68A	<300，短期[b]<500	<50，短期<100	<100	1.0	2.0
HSn70-1	<1000，短期<2500	<400，短期<800	<300	1.0	2.2
HSn70-1B	<3500，短期<4500	<400，短期<800	<300	1.0	2.2
HSn70-1AB	<4500，短期<5000	<1000，短期<2000	<500	1.0	2.2
BFe10-1-1	<5000，短期<8000	<600，短期<1000	<100	1.4	3.0
HAl77-2[a]	<35000，短期<40000	<20000，短期<25000	<50	1.0	2.0
BFe30-1-1	<35000，短期<40000	<20000，短期<25000	<1000	1.4	3.0

a HAl77-2 只适合于水质稳定的清洁海水。

b 短期是指一年中累计运行不超过 2 个月。

c 表中的氯离子浓度仅供参考。

3. 添加缓蚀剂

缓蚀剂是一类用于腐蚀介质中抑制金属腐蚀的添加剂，对于一定的金属腐蚀体系，只需加入少量的缓蚀剂就可以有效地阻止和减缓该金属的腐蚀。缓蚀剂的使用浓度很低，加入剂量一般为几到几十毫克/升，因此使用缓蚀剂是一种经济效益较高且适应性较强的金属防腐措施，应用也最广泛。

循环冷却水缓蚀剂可分为单一缓蚀剂和复合缓蚀剂，前者由一种缓蚀剂组成，后者由两种或多种缓蚀剂复配而成。缓蚀剂的种类很多，但实际上可供循环冷却水系统采用的缓蚀剂并不是很多。用于碳钢缓蚀剂主要有钼酸盐、钨酸盐、锌盐、有机多元膦酸，用于铜缓蚀剂主要有苯并三唑（BTA）、巯基苯并噻唑（MBT）及甲基苯并三唑（MBTA、TTA）等。在实际应用中，单一品种的缓蚀剂的效果往往不够理想，因此人们常常把两种或两种以上的药剂组成复合缓蚀剂，以便能取长补短，提高其缓蚀效果。

4. 适当提高循环冷却水运行的 pH 值

由 Fe—H$_2$O 体系的电位—pH 图可知，当水溶液的 pH>8.0 时，Fe—H$_2$O 体系处于稳定区或钝化区，此时的腐蚀速率较小。在循环冷却水中含有溶解氧，如果将循环冷却水的pH 值提高到大于 8.0 的碱性区域，则对于控制金属腐蚀是有利的。

5. 电化学保护

电化学保护是指将金属构件极化到免蚀区或钝化区而得到保护的方法。目前常用的方法是阴极保护，阴极保护有牺牲阳极法和外加电流法。牺牲阳极法要求牺牲阳极材料的电极电位比被保护的金属电极电位至少低 0.25V 左右，而且要求其价格低，制造工艺简单，能够方便获得。外加电流阴极保护系统由直流电源、辅助阳极和参比电极三部分组成，能够自动调节电流和电压，应用范围比较广。

6. 防腐涂料覆盖法

防腐涂料覆盖法是指在凝汽器的传热表面上涂上防腐涂料，形成一层连续附着的薄膜，使金属与循环冷却水隔绝而避免受到腐蚀。

用防腐涂料覆盖法控制循环冷却水系统中金属设备腐蚀具有很多优点，它既适用于淡水冷却水系统也适用于海水冷却水系统，而且对环境没有污染。换热器涂覆防腐涂层后不仅耐冷却水腐蚀，而且耐酸、碱、盐等介质的腐蚀，同时不宜生成水垢、污垢等沉积物。但防腐涂料覆盖法也存在一些无法忽视的缺点，首先换热器的结构比较复杂，涂料的施工难度高，质量控制难；其次，防腐涂料涂层一旦出现破损或脱落，无法进行及时有效的修补。在工程实践中，凝汽器管板通常采用防腐涂料覆盖法进行防腐，因为管板易于施工，质量容易控制，实践证明防腐效果比较理想。

7. 硫酸亚铁

硫酸亚铁是目前发电厂铜合金管凝汽器循环冷却水系统中广泛采用的一种缓蚀剂，添加硫酸亚铁的冷却水通过凝汽器铜管时在铜管内壁上生成一层含有铁化合物的保护膜，从而防止冷却水对铜管的侵蚀。在大多数情况下，硫酸亚铁造膜处理对于抑制凝汽器铜管的冲刷腐蚀、脱锌腐蚀和应力腐蚀都有明显的效果，而且对已经发生腐蚀的铜合金管也具有一定的保护和堵漏作用。

第七节　循环冷却水系统中微生物的控制

一、常见有害微生物的种类

微生物个体一般都是能自我繁殖的、多功能的单细胞系统。微生物通常具有五大共性：①体积小、面积大；②吸收多、转化快；③生长旺；④变异易、适应强；⑤种类多、分布广。并不是冷却水系统中所有的微生物都会引起故障，但在电厂循环冷却水系统运行时，常会引起故障的微生物主要有三类：藻类、细菌和真菌。

（一）藻类

冷却水中的藻类主要有：蓝藻、绿藻和硅藻。藻类细胞内含有叶绿素，能进行光合作用，藻类生长的三个要素是空气、水和阳光。三者缺一就会抑制藻类生成。在冷却水系统中，能提供这三个要素的部位就是藻类繁殖的部位。藻类生长还涉及其他条件，如水温（20～40℃）和水的 pH 值为 6～9 等。藻类对冷却水系统的影响主要有两方面：一是死亡的藻类将成为冷却水中的悬浮物和沉积物；二是藻类在冷却塔填料上生长，会影响水滴的分散和通风量，降低冷却效果。在换热器中，它们将成为捕集冷却水中有机体的过滤器，为细菌和霉菌提供食物。用挡板、盖板、百叶窗等遮盖冷却塔和水池，阻止阳光进入冷却水系统，可以控制藻类的生长。同时，向冷却水中加氯及非氧化性杀生剂（特别是季胺盐），对于控制藻类的生长十分有效。

（二）细菌

在循环冷却水系统中，细菌种类繁多，按其形状可分为球菌、杆菌和螺旋菌。也可按需氧情况分为需氧菌、厌氧菌。下面介绍若干种与冷却水系统中金属腐蚀或黏泥形成有关的常见细菌。

1. 非直接引起金属腐蚀的细菌

产黏泥细菌又称黏液形成菌、黏液异养菌等，是冷却水系统中数量最多的一类有害细菌。它们既可以是有芽孢细菌，也可以是无芽孢细菌。在冷却水系统中，产黏泥细菌能够产生一种胶状的、黏性的或黏泥状的、附着力很强的沉积物。这种沉积物覆盖在金属表面上，降低冷却水的冷却效果，阻止冷却水中缓蚀剂、阻垢剂和杀生剂到达金属表面发挥缓蚀、阻垢和杀生作用，并使金属表面形成差异腐蚀电池，从而发生沉积物下腐蚀（垢下腐蚀），但这些腐蚀并不是由细菌本身直接引起的。

2. 直接引起金属腐蚀的细菌

冷却水系统中直接引起金属腐蚀的细菌，按其作用来分有铁沉积细菌、产硫化物细菌和产酸细菌。

（1）铁沉积细菌。人们常把铁沉积细菌简称为铁细菌。铁细菌有以下特点：①在含铁的水中生长；②通常被包裹在铁的化合物中；③生成体积很大的红棕色的黏性沉积物；④铁细菌是好氧菌，但也可以在氧含量小于 $0.5mg/L$ 的水中生长。

铁细菌可使水溶性亚铁盐成为难溶于水的三氧化二铁的水合物，附着于管道和容器内部表面，严重降低冷却水流量，甚至引起堵塞，反应式为

$$2F^{2+} + \frac{3}{2}O_2 + xH_2O \longrightarrow Fe_2O_3 \cdot xH_2O \tag{4-48}$$

铁细菌的锈瘤遮盖了金属的表面，使冷却水中的缓蚀剂难与金属表面作用生成保护膜；铁细菌还从金属表面的腐蚀区除去亚铁离子（腐蚀产物）从而使钢的腐蚀速率增加。

（2）产硫化物细菌。产硫化物细菌又称硫酸盐还原菌。硫酸盐还原菌是在无氧或缺氧状态下用硫酸盐中的氧进行氧化反应而得到能量的细菌群。它能够把水溶性的硫酸盐还原为硫化氢，故被称为硫酸盐还原菌。冷却水中的硫酸根可以是天然存在的，也可以是由于加硫酸控制冷却水 pH 值时引入的。硫酸盐还原菌使硫酸盐变为硫化氢，对某些金属有腐蚀性。在循环冷却水系统中，硫酸还原菌引起的腐蚀速率是相当惊人的，0.4mm 厚的碳钢试样，在60 天内就被腐蚀穿孔；在六周内，硫酸盐还原菌使凝汽器管腐蚀穿透。另外，产生的硫化氢与铬酸盐和锌盐反应，使这些缓蚀剂从水中沉淀出来，沉积在金属表面形成污垢。硫酸盐还原菌中的梭菌，不但能产生硫化氢，而且还能产生甲烷，从而为产生黏泥的细菌提供养料。

只进行加氯难以控制硫酸盐还原菌的生长，因为硫酸盐还原菌通常为黏泥所覆盖，水中的氯气不易到达这些微生物生长的深处。硫酸盐还原菌周围产生的硫化氢使氯还原为氯化物，理论上 1 份硫化氢能使 8.5 份氯失去杀菌能力。长链的脂肪酸胺盐对控制硫酸盐还原菌是有效的，其他如有机硫化合物（二硫氰基甲烷）对硫酸盐还原菌的杀灭也是有效的。

（3）产酸细菌。冷却水系统中常遇到的一种腐蚀性微生物是硝化细菌，硝化细菌是能将氨氧化成亚硝酸和使亚硝酸进一步氧化成硝酸的细菌，反应式为

$$2NH_3 + 4O_2 \longrightarrow 2HNO_3 + 2H_2O \tag{4-49}$$

正常情况下，氨进入冷却水后会使水的 pH 升高，但当冷却水中存在硝化细菌时，由于它们能使氨生成硝酸，故冷却水的 pH 值反而会下降，使金属（碳钢、铜、铝）遭受腐蚀。

硫杆菌是另外一种常见的产酸细菌。硫杆菌能使可溶性硫化物转变为硫酸，正像硝化细菌那样，加速金属的腐蚀。

（三）真菌

真菌对金属并没有直接的腐蚀性，但它产生的黏状沉积物会在金属表面建立差异腐蚀电池而引起金属的腐蚀，并且黏状沉积物覆盖在金属表面，使冷却水中缓蚀剂不能到达金属表面发挥防护作用。冷却水系统中的真菌可以用杀真菌的药剂，如五氯酚和三丁基锡的化

合物。

二、冷却水系统中金属的微生物腐蚀

冷却水系统中金属的微生物腐蚀形态可以是严重的均匀腐蚀，也可以是缝隙腐蚀和应力腐蚀破裂，但主要是点蚀。

1. 碳钢

铁细菌是好氧菌，它们中的一些细菌可以将二价铁氧化为三价铁，并沉淀下来，同时产生大量黏液，构成锈瘤。由于铁细菌耗氧，而生产的锈瘤又阻碍氧的扩散，锈瘤下面的金属表面常常处于缺氧状态，从而构成氧浓差电池，引起钢的腐蚀。铁细菌产生的锈瘤除了会引起腐蚀穿孔外，还会降低管道中冷却水流速，从而降低冷却水的冷却效果。

硫酸盐还原菌能使碳钢和低合金钢产生点蚀，形成黑色的硫化铁沉积物。

2. 不锈钢

不锈钢，即使钼含量达 4.5% 的奥氏体不锈钢也会发生微生物腐蚀。不锈钢微生物腐蚀的特征是点蚀，最常遇到的则是在不锈钢焊件上。有时微生物可使不锈钢先以晶间腐蚀开始，最终成为氯化物的应力腐蚀破裂。孔蚀和裂纹主要发生在焊缝的热影响区和应力区。

在有硫酸盐还原菌活动的厌氧介质中，不锈钢的微生物腐蚀形态主要是点蚀和晶间腐蚀。硫酸盐还原菌曾使 904L 奥氏体不锈钢制造的海水换热器水室的法兰处发生缝隙腐蚀和点蚀，孔蚀呈"墨水瓶"状。铁细菌曾使井水试压后未排放干净、壁厚为 3mm 的 304L 和 316L 不锈钢管道在试压 1 个月后发生点蚀穿孔，蚀孔上覆盖有大量的红棕色沉积物。

3. 铜及其合金

铜腐蚀后生成的铜离子或铜盐对大多数微生物具有一定的毒性，但也存在耐铜离子的细菌。例如，氧化硫硫杆菌能在铜离子浓度高达 2% 的溶液中生长。假单胞菌可使铜合金在海水中的腐蚀速度增大约 20 倍。硫酸盐还原菌也会造成铜或铜合金腐蚀，硫酸盐还原菌曾使海水管道系统中铜镍合金的焊接区和热影响区发生孔蚀和选择性腐蚀。

三、冷却水系统中的微生物黏泥

1. 微生物黏泥及组成

微生物黏泥是指水中溶解的营养源引起细菌、丝状菌（霉菌）、藻类等微生物群增殖，并以这些微生物为主体，混有泥沙、无机物和尘土等形成附着的或堆积的软泥性沉积物。微生物在黏泥中的分布不一定是均匀的，主要是以好氧型细菌为主体的黏泥，其下面也有厌氧性的菌群，如硫酸盐还原菌。它们是以微生物菌体及其黏结在一起的黏性物与多糖类蛋白质为主体组成的，并附着在凝汽器管壁上。冷却水系统中的微生物黏泥不仅会降低凝汽器和冷却塔的冷却作用，使水质恶化，而且还会引起冷却水系统中设备的腐蚀和降低水质稳定剂的缓蚀、阻垢和杀生作用。

2. 微生物黏泥的危害

在循环冷却水系统中，由产黏泥细菌引起的故障为最多，其次是藻类、霉菌等。有研究表明，在附着物量相同的情况下，黏泥的污垢热阻远远大于磷酸钙的污垢热阻，黏泥对冷却效果的影响比磷酸钙垢还大，因此，黏泥和微生物对冷却水系统的冷却效果有着十分重大的影响。

循环冷却水系统中微生物黏泥引起的故障大致如下。

（1）黏泥附着在换热管金属表面上，降低冷却水的冷却效果。

（2）大量的黏泥将堵塞凝汽器中冷却水的通道，从而降低冷却水的流量和冷却效果，同时导致泵压增大。

（3）黏泥集积在冷却塔填料的表面或填料间，堵塞了冷却水的通道，降低冷却塔的冷却效果。

（4）黏泥覆盖在换热管金属表面，阻止缓蚀剂与阻垢剂到达金属表面发挥其缓蚀与阻垢作用，阻止杀生剂杀灭黏泥下的微生物，降低药剂的功效。

（5）黏泥覆盖在金属表面，形成差异腐蚀电池，引起设备的腐蚀。

（6）大量的黏泥，尤其是藻类，存在于冷却水系统中的设备上，影响了冷却水系统的长期运转。

3. 影响微生物和黏泥的环境因素

影响微生物和黏泥的环境因素概括起来主要有以下几个方面。

（1）COD。微生物需要维持生长、繁殖的各种营养源，其中最为重要的元素是碳、氮、磷。微生物依其种类的不同而摄取能源和营养源的方法也不同。营养源进入冷却水系统的途径主要有三种：补充水、大气和设备泄漏。判断这些营养源进入程度的一个指标就是化学耗氧量（COD），一般认为，循环水中的 COD 值在 10mg/L 以上就容易发生由黏泥引起的故障。

（2）温度。水温影响微生物生长和繁殖，影响程度因微生物种类而异。在各种各样的微生物中，都有一个最佳的增殖温度，冷却水系统中微生物繁殖的最佳水温通常在 30～40℃。

（3）pH 值。一般来说，细菌宜在中性或碱性环境中繁殖，丝状菌（霉菌类）宜在酸性环境中繁殖。通常冷却水的 pH 值控制在 7.0～9.2，该范围正处于微生物繁殖的最佳 pH 范围。

（4）溶解氧。好氧型细菌和丝状菌（霉菌类）利用溶解氧氧化分解有机物，吸收细菌繁殖所需的能量。在敞开式循环冷却水系统中，水在冷却塔里的喷淋曝气过程为微生物的生长提供了充分的溶解氧，具备了微生物繁殖的最佳条件。

（5）光。在冷却水系统中所生成的微生物中，藻类需要光能，而其他微生物的繁殖则不需要光能。

（6）细菌数。有研究表明，黏泥故障发生频率与冷却水中细菌数有关，细菌数在 10^4 个/mL 以上时，容易发生黏泥故障。

（7）悬浮物。黏泥的形成与冷却水中的悬浮物密切相关，设计规范对循环冷却水悬浮物浓度有明确规定。

（8）黏泥量。黏泥量指 $1m^3$ 体积的冷却水通过浮游生物网所得到的黏泥体积（mL）。在黏泥量大于 $10mL/m^3$ 的冷却水系统中，黏泥故障的发生率高。

（9）流速。在凝汽器低流速部位，黏泥或淤泥容易堆积。在冬季，冷却水节流运行时，凝汽器挡板处也容易堆积黏泥和淤泥。凝汽器管内的流速应符合 DL/T712 的规定。

4. 影响黏泥处理效果的因素

（1）pH 值。杀菌剂和黏泥抑制剂均有最佳效果的 pH 值范围。应选择 pH 值在 6.5～9.5 内显示最佳效果的药剂，作为适用于冷却水系统的黏泥处理剂使用。

148

（2）水温。黏泥处理剂与微生物的反应是化学反应，水温越高，杀菌效果越好。

（3）流速。由于流速快的部分较流速慢的部分水的界膜厚度小，药剂的扩散速率变快，因而处理效果明显增加。

（4）有机物和氨浓度。氯系杀菌剂等氧化性杀菌剂在与微生物反应的同时，也与溶解的有机物反应而被消耗。此外，氯系杀菌剂还可与氨反应，生成氯胺，使杀菌效果下降。

由于季胺盐显阳离子性，可以与水中显阴离子性的物质反应，当水中有此类物质存在时，也会降低处理效果。

（5）抗药性。如果长期连续使用某种药剂，由于菌类对药剂产生了抗药性，就会降低处理效果。在开式循环冷却系统中，通常是间断地使用药剂，所以微生物一般难于产生抗药性。微生物对不同药剂产生的抗药性也不相同，如氮硫类药剂，微生物易产生抗药性。在微生物已对某种药剂产生抗药性的情况下，应再选择一种药剂，二者交替使用。

四、控制微生物的方法

对冷却水系统中微生物生长的控制，是通过控制冷却水中微生物的数量来实现的。敞开式循环冷却系统中微生物的控制通常采用以下一些指标。

异养菌（GB 50050—2007）　　　　　$<1\times10^5$ 个/mL（平皿计数法）
真菌　　　　　　　　　　　　　　<10 个/mL
硫酸盐还原菌　　　　　　　　　　<50 个/mL
铁细菌　　　　　　　　　　　　　<100 个/mL
生物黏泥量（GB 50050—2007）　　$<4mL/m^3$（生物过滤网法）
　　　　　　　　　　　　　　　　$<1mL/m^3$（碘化钾法）

冷却水系统中微生物引起的腐蚀、黏泥及其生长的控制方法主要有以下几个方面，其中需要指出的是，通常情况下，几种方法联合使用效果较好，费用较低。

1. 选材
金属材料耐微生物腐蚀性能大致排序为：钛＞不锈钢＞黄铜＞纯铜＞硬铝＞碳钢。

2. 控制水质
控制水质主要是控制冷却水中的溶解氧、pH 值、悬浮物和微生物的养料。油类是微生物的养料，故应尽可能防止它泄漏进入冷却水系统。如果漏入冷却水系统的油较多，应及时清除。对于在含尘量较大的环境中的冷却水系统，最好加装旁滤设备。

3. 采用杀生涂料
用添加有能抑制微生物生长的杀生剂（如偏硼酸钡、氧化亚铜、氧化锌、三丁基氧化锡等）的特种涂料涂刷凝汽器的冷却水一侧，既能保护金属不受腐蚀，又能防止微生物黏泥的沉积，并且对水垢的沉积也有一定的预防作用。这种涂料的热阻较小，对换热效果影响不大。

用由酸性水玻璃、氧化亚铜、氧化锌和填料等组成的无机防藻涂料涂刷在冷却塔和水池内壁上，可有效地控制藻类的生长。

4. 阴极保护
冷却水系统中存在硫酸盐还原菌时，碳钢的阴极保护电位一般应为 $-0.95V$（相对于 $Cu/CuSO_4$ 电极）。这一电位可使碳钢在厌氧环境中处于免蚀状态，也就是使碳钢处于热力学的稳定状态，从而防止碳钢腐蚀。

5. 清洗

进行物理清洗或化学清洗，可以把冷却水系统中微生物生长所需要的养料以及微生物本身从冷却水系统中的金属设备表面上除去，并从冷却水系统中排出。为了防止黏泥在凝汽器管内的附着，可采用胶球清洗、刷子清洗等方法。对于一个被微生物严重污染的冷却水系统来说，清洗是一种十分有效的措施。清洗还可使清洗后剩下来的微生物直接暴露在外，从而为杀生剂直接达到微生物表面并杀死它们创造有利条件。

6. 防止阳光照射

藻类的生长和繁殖需要阳光，故冷却水系统应避免阳光的直接照射，例如冷却塔的进风口可加装百叶窗。

7. 旁流过滤

在循环冷却水系统中，设计安装用砂子或无烟煤等作为滤料的旁滤池过滤冷却水是一种控制微生物生长的有效措施。通过旁流过滤，可以在不影响冷却水系统正常运行的情况下除去水中大部分微生物。

8. 混凝沉淀

在补充水的前处理或循环冷却水的旁流处理过程中，常使用铝盐、铁盐等混凝剂或高分子絮凝剂（如聚丙烯酰胺）。这些药剂能在絮凝沉淀过程中将水中的各种微生物随生成的絮体一起沉淀下来，从而将其除去。

9. 噬菌体法

噬菌体也叫细菌病毒，是一种能吃掉细菌的微生物，噬菌体法是一种生物杀菌方法。噬菌体靠寄生在叫做"宿主"的细菌里繁殖，繁殖的结果是将"宿主"吃掉，这种过程叫溶菌作用。噬菌体繁殖的后代又寄生到其他的细菌里，其数量成百上千地增长，因此用噬菌体法杀菌只须加少量噬菌体即可，靠它的自我繁殖可达到杀菌的目的，因此费用较低。据报道，噬菌体法杀菌对控制滨海火力发电站冷却水系统及造纸厂冷却水系统微生物繁殖十分有效。

10. 添加杀菌剂

往冷却水系统中添加杀生剂（也称杀菌灭藻剂）是控制微生物繁殖的最有效、最常用的方法之一。只要选药得当，方法合适，添加杀生剂能有效控制微生物的繁殖。

五、冷却水杀生剂

（一）冷却水杀生剂选用原则

1. 冷却水用杀生剂应具备的特点

优良的冷却水杀生剂应具备以下条件。

（1）能有效地控制或杀死范围很广的微生物，应该是一种广谱的杀生剂。

（2）在不同的冷却水的条件下，它易于分解或被生物降解，理想的杀生剂应该是，一旦它在冷却水系统中完成了杀生任务并被排放入环境中后，应该能被水解或生化处理而失去毒性。

（3）在游离活性氯存在时，具有抗氧化性，以保持其杀生效率不受损失。

（4）在使用浓度下，与冷却水中的一些缓蚀剂和阻垢剂能彼此相容。

（5）在冷却水系统运行的 pH 范围内不分解。

(6) 在对付微生物黏泥时具有穿透黏泥和分散或剥离黏泥的能力。

2. 冷却水用杀生剂选用原则

(1) 广谱高效,选用的杀生剂能抑制冷却水中几乎所有能引起故障的微生物的活动。

(2) 经济实用。

(3) 选用的杀生剂的排放指标符合当地环境保护部门的标准。

(4) 适用于该冷却水系统的 pH 值、温度以及换热器的材质。

3. 冷却水用杀生剂使用注意事项

(1) 杀生剂应与分散剂联合使用。

(2) 杀生剂要交替使用避免微生物产生抗药性。

(3) 考虑温度和 pH 值对杀生剂使用效果的影响。

(4) 投加方式宜采取脉冲式。

(5) 考虑浓缩倍数对杀生剂投加量的影响。

(二) 氧化性杀生剂

氧化性杀生剂一般都是较强的氧化剂,能使微生物体内一些和代谢有密切关系的酶发生氧化而杀灭微生物。常用的氧化性杀生剂有氯、臭氧和二氧化氯,其优缺点见表 4-23。

表 4-23 　　　　　　　　　　几种氧化性杀生剂的优缺点

药剂名称	优 点	缺 点
氯 (Cl_2)	价格低廉	高 pH 值时,杀菌率低; 与水中氨氮化合物作用生成对人及水生物有一定危害的氯胺; 可破坏木结构,并对铜管有一定的腐蚀作用
臭氧 (O_3)	无过剩危害残留物	消耗能源较多; 对空气有污染 (空气中最大允许含量为 0.1mg/L); 有刺激性臭味
二氧化氯 (ClO_2)	剂量少; 杀菌作用比氯快; 在 pH＝6～11 时不影响杀菌活性; 药效持续时间长	为爆炸性、腐蚀性气体,不易贮存和运输,需就地制备; 有类似臭氧的刺激性臭味; 对铜管有一定的腐蚀作用

1. 氯

用于杀菌的氯剂有液氯、漂白粉、次氯酸钠等,这些氯剂有形态的差异,但其作用机理是相同的。氯溶于水,形成次氯酸和盐酸,即

$$Cl_2 + H_2O \Longrightarrow HClO + HCl \tag{4-50}$$

次氯酸钙和次氯酸钠在水中也会生成次氯酸,即

$$Ca(ClO)_2 + 2H_2O \Longrightarrow 2HClO + Ca(OH)_2$$

$$NaClO + H_2O \Longrightarrow HClO + NaOH \tag{4-51}$$

氯的杀菌机理有以下几种解释。

(1) 形成的次氯酸 (HClO) 极不稳定,特别在光照下,易分解生成新生态的氧,从而起氧化、消毒作用。

(2) 次氯酸能够很快扩散到带负电荷的细菌表面,并透过细胞壁进入细菌体内,发挥其

氧化作用，使细菌中的酶遭到破坏。细菌的养分要经过酶的作用才能吸收，酶被破坏，细菌也就死亡。

（3）次氯酸通过微生物的细胞壁，与细胞的蛋白质生成化学稳定的氮—氯键，而使细胞死亡。

（4）氯能氧化某些辅酶巯基（氢硫基）上的活性部位，而这些辅酶巯基是生产三磷酸腺苷的中间体。三磷酸腺苷（ATP）抑制微生物的呼吸，并使其死亡。

2. 二氧化氯 （ClO_2）

二氧化氯是一种黄绿色到橙色的气体（沸点11℃），有类似氯的刺激性气味，其特点如下。

（1）杀生能力强，它的杀生能力比氯气强，大约是氯气的25倍。杀生速度较氯快，且剩余剂量的药性持续时间长。

（2）ClO_2适用的pH范围为6～10，能有效的杀灭绝大多数的微生物，这一特点为循环冷却系统在碱性条件下运行提供了方便。

（3）ClO_2不与冷却水中的氨或大多数有机胺起反应，因而不会产生氯胺之类的致癌物质，无二次污染。若水中含有一定量的NH_3，那么Cl_2的杀生效果会明显下降，而ClO_2的杀生效果基本不变。

3. 臭氧 〔O_3〕

臭氧是一种氧化性很强的杀生剂。臭氧是氧的同素体，气态臭氧带有蓝色，有特殊臭味，液态臭氧是深蓝色，相对密度1.71（-183℃），沸点-112℃。固态臭氧是紫黑色，熔点-251℃，臭氧在水中的溶解度较大（大约是氧的10倍），当水中pH小于7时，臭氧比较稳定，当水中pH大于7时，臭氧分解成为氧气，臭氧在空气中最大允许浓度为0.1mg/L，如果超过10mg/L，对人有生命危险。

（1）臭氧对水的脱色、脱臭、去味、除氰化物和酚类等有毒物质及降低COD、BOD等均有明显效果。如当臭氧加入量0.5～1.5mg/L时，臭氧对水中致癌物质（1，2-苯并芘）的去除率可达99％。臭氧的杀菌效果较好，当水中细菌数为10^5个/mL，加入0.1mg/L的臭氧，在1min内即可将细菌杀死。

（2）臭氧还是一个好的黏泥剥离剂，它比氯气、双氧水、季铵盐和有机硫化物对软泥的剥离效果好。当臭氧浓度为0.85mg/L时，时间30min，剥离率可达81％。

（3）臭氧在水中的半衰期较短，过剩的臭氧会很快分解。

（三）非氧化性杀生剂

在很多冷却水系统中，常常将氧化剂杀生剂和非氧化性杀生剂联合使用，例如，在使用冲击性加氯为主时，间隔使用非氧化性杀生剂。以下介绍几种常用的非氧化杀生剂。

1. 季铵盐

长碳链的季铵盐，是阳离子型表面活性剂和杀生剂，其结构式如下

$$\left[\begin{array}{c} R_4 \\ | \\ R_3 —N— R_1 \\ | \\ R_2 \end{array} \right]^+ X^-$$

结构式中R_1、R_2、R_3和R_4代表不同的烃基，其中之一必须为长碳链（C_{12}～C_{18}）结构，

X 常为卤素离子。

具有长碳链的季铵盐分子中，既有憎水的烷基，又有亲水的季铵离子，因此它既是一种能降低溶液表面张力的阳离子表面活性剂，又是一个很好的杀菌剂。由于它具有此两种作用，所以它还是一个很好的污泥剥离剂。

季铵盐的杀生机理，目前还不是完全清楚。一般认为，它具有以下作用。

（1）季铵盐所带的正电荷与微生物细胞壁上带负电的基团生成电价键，电价键在细胞壁上产生应力，导致溶菌作用和细胞的死亡。

（2）一部分季铵化合物可以透过细胞壁进入菌体内，与菌体蛋白质或酶反应，使微生物代谢异常，从而杀死微生物。

（3）季铵盐可破坏细胞壁的可透性，使维持生命的养分摄入量降低。

使用季铵盐作为杀生剂时，应注意以下几点。

（1）不能与阴离子表面活性剂共同使用，因为易产生沉淀而失效。

（2）当水中有机物质较多，特别是有各种蛋白质存在时，季铵盐易被有机物吸附而消耗，从而降低了成效。

（3）不能与氯酚类杀生剂共用。

（4）在弱碱性的水质（pH＝7～9）中的效果较好。

（5）在被尘埃、油类污染的系统中，药剂会失效；大量金属离子（Al^{3+}、Fe^{3+}）存在会降低药效。

（6）当添加量过多时，会产生大量泡沫。

2. 异噻唑啉酮

异噻唑啉酮的特点是杀菌效率高、范围广（对细菌、真菌、藻类均有效）。异噻唑啉酮是通过断开细菌和藻类蛋白质的键而起杀生作用的。异噻唑啉酮在较宽的 pH 范围内都有优良的杀生性能。由于它是水溶性的，故能和一些药剂复配在一起。在通常的使用浓度下，异噻唑啉酮与氯、缓蚀剂和阻垢剂在冷却水是彼此相容的。例如，在有 1mg/L 游离氯存在的冷却水中，加入 10mg/L 的异噻唑啉酮。经过 69h 后，仍有 6.2mg/L 的异噻唑啉酮保持在水中。

此药剂能在自然环境下，自动降解变为无害。有文献介绍，此药剂的不足之处是细菌对它有抗药性，药剂本身毒性较大，且成本较高。有资料指出，在进行加氯处理时，当停止加氯，细菌数立即增加，但在使用有机氮、硫类药剂时，却能较长时间抑制细菌数的增长。若将氯处理和有机氮、硫药剂合用，可使细菌数长时间维持低数量。

3. 有机硫化合物

使用最广的有机硫化物杀生剂是二硫氰基甲烷，又称二硫氰基甲酯，对于抑制藻类、真菌和细菌，尤其是硫酸盐还原菌十分有效。有机硫化物杀生剂一般不单独使用，而是要配入分散剂和渗透剂使用，可以增大药剂的杀生活性。它的作用机理是阻止微生物中电子的转移，从而使细胞死亡。

4. 有机锡化合物

常用的有机锡化合物杀生剂是氯化三丁基锡、氢氧化三丁基锡、氧化双三丁基锡，常与季铵盐或有机胺类复配成复合杀生剂以改善其分散性。有机锡化合物对藻类、霉菌和使木材朽蚀的微生物有毒性。由于在溶液中不电离，它们容易穿透微生物的细胞壁并侵入细胞质，与蛋白质中的氨基和羧基形成复杂化合物，从而使蛋白质失效。

第八节 循环冷却水系统的运行管理

要使循环冷却水系统长期、高效、经济地运行，运行管理是关键。即使筛选了合理的水稳剂配方，确定了较好的工艺参数，但运行管理不善往往会导致达不到预期处理效果。运行管理的内容是综合性的，牵涉的工作很多，例如，要严格执行工艺条件、控制循环水质、评价处理效果，就必须监测循环水质，科学加药，定期维护设备等。这就需要制订科学的操作规程并严格执行，而且要长期积累运行资料并认真加以研究，从而掌握系统运行规律，提高管理水平。

一、循环水质管理

1. 浓缩倍率控制

在循环冷却水的控制指标中，浓缩倍率表明了系统中盐分的浓缩程度，其值等于循环水的含盐量与补充水的含盐量之比，通常以不易挥发、不易沉积且不往水中添加的离子，如 Cl^-、SO_4^{2-} 等的浓度进行计算。提高循环冷却水的浓缩倍率可以降低补充水的用量，从而节约水资源并减小排污量。此外，提高浓缩倍率还可以节约水处理药剂的用量，降低循环冷却水的处理成本。但循环冷却水浓缩倍率过高会使冷却水中的硬度、碱度和浊度太高，冷却水的结垢倾向大大增加，从而使控制结垢的难度增大。另一方面，过高的浓缩倍率使循环冷却水的腐蚀性离子（Cl^- 和 SO_4^{2-} 等）、腐蚀性物质（H_2S、SO_2 和 NH_3 等）的含量增加，冷却水的腐蚀性增强，从而使腐蚀控制难度增加。此外，当循环冷却水的浓缩倍率达到一定数值后，再提高浓缩倍率已经无法有效提高节水率，因此循环冷却水的浓缩倍率并不是越高越好，一般控制在 4~5 倍范围内。循环冷却水浓缩倍率与节水率的关系见表 4-24。

表 4-24　　　　　　　　　　循环冷却水浓缩倍率与节水率的关系

浓缩倍率	节水率（%）	浓缩倍率	节水率（%）
1.0	0	4.0	98.00
1.1	83.50	5.0	98.12
1.2	91.0	6.0	98.20
1.4	94.75	7.0	98.25
1.5	95.50	8.0	98.29
2.0	97.00	∞	98.50
3.0	97.75	—	—

2. pH 值的调控

在循环冷却水系统的运行管理中，pH 值是相当重要的管理指标，循环冷却水的腐蚀或结垢倾向取决于 pH 值的高低。循环冷却水的水稳剂的处理效果在很大程度上也取决于冷却水的 pH 值，如果运行期间 pH 值控制的平稳，合格率高，则水稳剂缓蚀阻垢的效果也好得多。

天然水的 pH 值大多在 6.0~8.0 之间，很少超出 5.0~9.0 的范围，这是因为水中 CO_2、HCO_3^-、CO_3^{2-} 组成了较为稳定的缓冲溶液体系。原水作补充水加入后，随着水的蒸发，循环冷却水的 pH 值逐渐上升并稳定在 8.0～8.5，用高碱度的水作补充水时还可以达到 9.0 左右。近年来选用碱性运行的全有机配方（PESA 和 PASP 等）比较普遍，多采用自然浓缩达到的 pH 值，但加酸调节 pH 值的方法也不可或缺。因为某些高硬度高碱度水循环后，钙离子含量和总碱度过高，很容易出现结垢，使控制结垢难度很大。如果适当加酸，仍保持在碱性条件下运行，则有利于提高浓缩倍率和控制结垢，同时也可以降低阻垢剂的用量和水处理的费用。

加酸可以采用定期加酸和连续加酸，后一种的 pH 控制效果较好，可以使循环冷却水运行 pH 值更稳定。循环冷却水系统由于操作失误（加酸过量、加氯过多）或其他原因，有时会出现 pH 值下降的过低，其后果十分严重。当 pH 降到 5 以下，碳钢表面形成的钝化膜会很快被破坏；为了防止加酸过多，可以在贮酸罐和冷却塔集水池之间增加一个合适容积的缓冲罐，这样即使控制系统失误而加酸过多也不会使 pH 值降低过多。

当循环冷却水系统出现加酸过多导致 pH 值太低的情况时，复原工作应该尽可能在循环冷却水系统保持运行的状态下进行。一般的处理方法是立即停止加酸，并开大排污量，增加补水量，使 pH 值自然回升。如 pH<4.5，除加大排污和增加补水外，还应加入相当于 10 倍正常药剂浓度的缓蚀剂，保持运行 7～10 天，以便重新形成保护膜。一旦冷却水的 pH 值大于 4.5，碳钢的腐蚀速度将大大降低，此时可让补充水中的碱度继续提高冷却水的 pH 值，同时将排污调到最大，尽快排出水中的污垢。最后要重新预膜，并检查换热器的实际情况，如果换热器中污垢并不严重，则可以继续运行。

二、加药管理

循环冷却水系统预膜之后就逐渐转为正常操作状态，正确的使用水处理药剂，将水处理药剂浓度控制在要求的范围内，以及选取合适的加药点和加药方式是操作管理人员的主要职责。

1. 加药方式

循环冷却水系统应采用连续加药的方式，即将缓蚀剂和阻垢剂等配制成一定浓度的溶液，再用计量泵连续地加入水池，并根据水中药量的分析数据调整加药量。采用连续加药方式的循环冷却水药剂浓度稳定，波动范围小。化学处理要求保证最低剂量的药剂浓度，不能把循环水中的药剂浓度平均值作为指标管理。水处理的药剂品种多，性质不一，在贮存、配制和使用时都应遵照其使用说明，注意不同药剂之间的相容性。

2. 加药位置

药剂加入循环冷却水池，其位置以保证混合均匀为原则，避免靠近排污口，以免药剂还未进入循环冷却水系统就被冲走。应保证药剂在水池中有充分的混合时间，加药点要避免在某一台泵的入口，以防止药剂分布不均。加酸时更要注意这一点，酸的局部过量会导致腐蚀。

3. 药剂的分析与检验

为保证药剂在水中的含量，应对水中的药剂含量进行分析，根据分析数据指导加药。采用磷酸盐或聚磷酸盐为缓蚀阻垢剂时，需控制水中的总磷酸盐、总无机磷酸盐以及正磷酸盐的含量；含锌配方需分析控制锌离子含量；采用聚羧酸盐为阻垢剂时，需分析控制水中聚羧酸盐含量。对于复合缓蚀阻垢剂，应对复合药剂中某一主要成分或最易消耗的成分含量作分析控制。为保证药剂的质量，应对每批进厂的药剂进行检验。

4. 加药量的估算

（1）一次性或首次加药量。循环冷却水系统开始运行时与正常运行不同，需要消耗大量药剂，初期投加的药剂（如清洗剂、预膜剂、缓蚀阻垢剂和非氧化性杀生剂等）的浓度都很高，约为正常值的3～10倍。一次性或首次加药时不排污，所以药剂加药量与排污量无关，可用式（4-52）进行计算

$$T_1 = 100Vc_1/1000S = Vc_1/10S \tag{4-52}$$

式中　T_1——药剂加药量，kg；

　　　V——系统容积，m³；

　　　c_1——循环冷却水中应该达到的纯药剂的浓度，mg/L；

　　　S——商品药剂的浓度，%。

（2）连续排污并连续加药系统的维持加药量。循环冷却水系统由初期转入正常运行状态时，药剂浓度由于系统内的消耗、飞溅和排污而逐渐降低。当药剂浓度下降至正常运行的浓度时，为保持一定的药剂浓度需要进行连续加药。所需药剂加药量由式（4-53）估算

$$T_2 = 100Bc_2/1000S = Bc_2/10S \tag{4-53}$$

式中　T_2——连续加药的药剂加药量，kg/h；

　　　B——排污水量、渗漏量以及风吹损失之和，m³/h；

　　　c_2——纯药剂的维持浓度，mg/L。

（3）连续排污间断加药系统的维持加药量。连续排污间断加药系统的维持加药量按照式（4-54）计算

$$T_3 = 100(c_0 - c_3)V/1000tS = (c_0 - c_3)V/10tS \tag{4-54}$$

其中

$$c_3 = c_0 e^{-BtV} \tag{4-55}$$

式中　T_3——连续排污间断加药系统的维持加药量，kg/h；

　　　c_0——纯药剂加药后的浓度，mg/L；

　　　c_3——纯药剂加药前的浓度，mg/L；

　　　t——加药时间间隔，h。

以上公式用于估算加药量，计算结果可作为备药及加药的参考，实际上还需要根据现场分析数据进行适当调整，因为某些药剂在水中可能没有被完全利用。如果循环冷却水系统出现了较大紊乱，一般应稍微增加药剂浓度和加药量，然后再根据事故发生的原因采取适当的处理方法。

三、循环冷却水水质监测

循环冷却水系统中的腐蚀、结垢和微生物生长都与循环冷却水的水质有着密切关系，水质稳定剂的处理效果也与冷却水的水质关系密切。因此为了保证循环冷却水系统的正常运行并防止事故发生，在日常运行中需要对循环冷却水系统的水质进行监测和控制，检测项目和分析方法应执行国家标准和电力行业标准中有关循环冷却水的水质分析方法。现将循环冷却水中各水质分析项目的意义列出如下，各分析项目及其分析周期见表4-25。

表 4-25   敞开式循环冷却水系统运行管理的水质分析项目和分析周期

分析项目	分析周期	
	补充水	循环冷却水
浊度（°）	一次/周	一次/周
pH 值（25℃）	一次/周	一次/天
电导率（$\mu S/cm$）	一次/周	一次/天
M 碱度（$CaCO_3$，mg/L）	一次/周	一次/周
钙硬度（$CaCO_3$，mg/L）	一次/周	一次/周
氯离子（Cl^-，mg/L）	一次/周	一次/周
余氯（Cl_2，mg/L）	一次/周	一次/周
水稳剂浓度（mg/L）	—	一次/天

（1）pH 值。反映循环冷却水的腐蚀与结垢倾向。

（2）电导率。反映循环冷却水中溶解性离子的含量，电导率高的水样一般水质较差，容易发生腐蚀。

（3）浊度。可以反映循环冷却水中悬浮物质的量，若浊度过大，可能会使热交换器的效率降低并发生点蚀。

（4）碱度。pH 值和碱度具有相关性，根据碱度可以判断结垢倾向，在采用碱性处理时，碱度是水质管理的重要因素。

（5）钙硬度。可以评价循环冷却水的浓缩倍率和碳酸钙结垢倾向，是碱性处理时的水质管理的重要因素。

（6）氯离子。通常作为循环水浓缩倍率的指标，而且氯离子高容易造成腐蚀。

（7）磷酸根。正磷酸盐是含磷药剂水解或分解的产物，容易产生磷酸钙垢，还会造成富营养化，因此需要严格控制其含量。

（8）一般细菌数。可作为黏泥发生的指标，同时也是判断杀菌剂效果的参考指标。

（9）水稳剂浓度。缓蚀阻垢剂浓度的指标，是控制循环冷却水加药量的重要参考因素。

四、定期检修时的调查方法

大型循环冷却水系统一般随机组每年 1 次大约 1 个月的停机定期检修，在此期间要打开换热设备进行全面调查检修和清洗。定期检修期间的调查目的是为了得到循环冷却水系统安全、稳定和高效运行的资料，从而判断凝汽器管的具体情况以及是否需要换管和何时换管，也可以判定循环冷却水的处理效果。目前进行的这种调查是用肉眼观察和使用监测仪器相结合进行的，进行定期检修时循环冷却水的调查部位和方法见表 4-26。

表 4-26   定期检修时循环冷却水的调查部位和方法

调查部位	调查对象项目	调查方法和内容	
		肉眼观察	其他调查方法
热交换器、管子、管板、隔板、水箱、壳体、冷却塔、配水管、冷却水池	腐蚀状况	腐蚀形态、面积；腐蚀产物的量；腐蚀深度及个数	壁厚测量（涡流探伤仪）；最大点蚀深度（抽管调查）；附着物组成（化学分析）

续表

调查部位	调查对象项目	调查方法和内容	
		肉眼观察	其他调查方法
热交换器、管子、管板、隔板、水箱、壳体、冷却塔、配水管、冷却水池	水垢附着情况	附着物的外观、量和厚度	附着物厚度（磁力膜厚计）；附着物量和厚度（抽管调查）；附着物组成（化学分析）
	黏泥附着和沉积情况	附着物和沉积物的量、厚度和外观	附着物量和厚度（抽管调查）；附着物和沉积物组成（化学分析）；微生物判定（显微镜观察）

1. 肉眼观察

肉眼观察就是观察系统内各热交换器、管子、管板、隔板、水箱等部位，同时进行腐蚀、结垢、黏泥附着和沉积等状况的调查。该方法的优点是短时间内可以连续多项的评价许多部位，速度快，方法简单，调查经费少。但这种评价缺少定量性，且易产生因观察者个人因素引起的人为误差。因此需要同时使用简单的测量仪器检查，尽可能做到定量化，并且需要制定标准，做到评价的通用化等。此外，可以使用放大镜和显微镜等仪器，扩大调查部位，同时通过照片和草图等记录结果，这样可以部分弥补肉眼观察的不足，而且能得到较准确的资料。

2. 无损检查

定期检修时，对腐蚀状况进行检查通常采用涡流探伤法和超声波测厚法等。涡流探伤法是在凝汽器不抽管的条件下检查管的腐蚀损伤部位和程度，是非常有效的方法。超声波测厚法可以测定碳钢的厚度，但在现场的应用不及涡流探伤法普及。当凝汽器出现传热效率异常时，此时可以用磁力式测厚仪进行附着物的厚度测定。

3. 抽管调查

用肉眼观察和无损检查的方法可以得出凝汽器管的大致情况，但是据此并不能直接判断是否需要换管以及何时换管。目前，通常需要进行抽管检查才能决定。其检查项目包括抽样管的壁厚减薄、最大点蚀深度以及附着物情况等，然后根据检查各项目的综合结果决定换热器管的清洗和更换时间。抽管检查应充分考虑选择具有代表性的管样，一般要求具备以下条件：热效率易降低的凝汽器管（水温或热负荷高的凝汽器管）；容易发生腐蚀的凝汽器管（流速慢的凝汽器管）；典型系统，标准运行条件下的凝汽器管等。

对抽出的管样，根据需要进行缺陷壁厚测定，最大点蚀深度测定，附着物厚度测定，附着物量测定，附着物化学成分分析，以及用 X 射线微量分析仪（XMA）进行管子表面和附着物元素分析等。但抽出的管样只是从凝汽器的数千根凝汽器管中抽出的典型样品，根据抽出管样的最大点蚀深度去推算整体最大点蚀深度是非常困难的。

第五章 火电厂废水处理

火电厂是工业耗水大户，也是废水排放大户。随着水资源短缺的加剧和日益严重的环境污染，废水处理在火电厂中占有越来越重要的位置。

废水回用是火电厂节水减排的重要途径。通过火电厂自身的废水回用，既可以替代大量的新鲜水，又可以减少电厂的外排废水量，减轻对环境的污染，因此，对废水进行综合利用，实现废水资源化，已经成为电力行业实现可持续发展的必由之路。

在20世纪90年代以前，火电厂大都没有考虑废水回用的问题。近年来，由于水资源费的日益增长，电厂废水回用的市场被激活，废水资源化的进程逐渐加快。废水处理的重点逐渐由达标排放转为综合利用，相应的处理工艺也发生了很大的变化，在减少废水排放、污水回用处理等方面都有了长足的进步。目前大部分火电厂能够做到废水达标排放，但不少电厂还存在着用水不合理、浪费严重、重复利用率低的问题，需要加强管理，采用合理的废水综合利用技术，提高节水效益。

第一节 火电厂废水的种类及性质

火电厂废水的种类很多，水质、水量差异较大。按照废水的来源划分，主要的废水包括循环水排污水、冲灰废水、机组杂排水、化学水处理工艺废水、煤泥废水、生活污水和脱硫废水等。

下面是各种废水的水质和水量特点。

一、循环水排污水

循环水排污水来源于循环冷却水系统的排污，是系统在运行过程中为了控制冷却水中盐类杂质的含量而排出的高含盐量废水。由于在循环过程中有大量的水蒸气逸出，使得循环系统的水被逐渐浓缩，其中所含的低溶解度盐分（如 $CaCO_3$）等，会逐渐达到饱和状态而析出。因此，循环水的水质特点是含盐量高、水质安定性差，容易结垢，有机物、悬浮物也比较高。除此之外，因为循环水的富氧条件和温度（30～40℃）条件适合于细菌生长，再加上含磷水质稳定剂的使用，大部分电厂的循环水系统含有丰富的藻类物质。

从排放角度来看，除了总磷的含量有可能超标外，循环水中的其他污染物一般都不超过国家污水排放标准的规定，大部分废水可以直接排放。由于循环水系统大多采用间断排污，因此，其排污水的水量变化较大；排污量的大小与蒸发量、系统浓缩倍率等因素有关。在干除灰电厂中，这部分废水约占全厂废水总量的70%以上，是全厂最大的一股废水。

二、冲灰废水

大多数电厂的冲灰废水来自灰场的溢流和灰系统的渗漏。在80年代以前，多数火电厂采用低浓度水力冲灰系统，排入灰场的水量很大，超过了灰场的蒸发量和渗漏量，因此产生了灰场溢流水。这些水因 pH（pH 一般大于 9，有时达到 10.5 以上）较高，含盐量也较高，直接排入外部水体会对环境造成污染。为了节约用水，减少外排水量，很多电厂将这部分水用水泵送回电厂继续冲灰，并随之产生了多种防止灰场回水管结垢的技术。也有一些地区的电厂尽管已经改为干除灰，但因干灰的需求量不大，还在采用水力冲灰，尤其是冬季，因使用粉煤灰的水泥厂限产，干灰的需求减少，使用水力冲灰的电厂更多。

冲灰废水有以下特点。

（1）由于灰分经过长时间的浸泡，灰中的无机盐充分溶入水中，灰水的含盐量很高。

（2）pH 较高，最高可以大于 11；水质不稳定，安定性差。pH 的高低主要取决于煤质和除尘的方式，燃煤中的钙、硫等元素的含量，对灰水的 pH 影响很大：钙含量越高，pH 越高；硫含量越高，pH 越低。采用电除尘时，灰水的 pH 高于水膜除尘。

对于 pH 较高的冲灰废水，由于不断地吸收空气中的 CO_2，在含钙量较高的条件下，会在设备或管道表面形成碳酸钙的垢层。

（3）灰场的灰水因为长时间沉淀的缘故，其溢流水的悬浮物含量大多很低。但厂内闭路灰浆浓缩系统的溢流水或排水，由于沉降时间短，悬浮物含量仍然比较高。这部分水经常会从灰水池溢流进入厂区公用排水系统，造成外排水悬浮物含量超标。

三、机组杂排水

这股废水的来源最为复杂，分经常性废水和非经常性废水两类。

经常性废水主要来自锅炉排污、蒸汽系统排放的疏水、工业冷却水系统排污、厂房的地面冲洗排水等。其特点是废水的来源比较复杂，水质、水量和水温波动很大。这种废水的含盐量通常不高，有时因为混合了锅炉排出的低含盐量水，其含盐量比工业水还低。但采用海水冷却凝汽器的电厂，有时会因为海水漏入排水系统而使废水的含盐量升高。由于地面冲洗、设备油泄漏等的影响，水中经常含有油及悬浮物，而且含量波动较大，见表 5-1。

表 5-1　　　　　　　　　**某 2×300MW 电厂经常性排水的水量和水质**

废　水	废水流量 (m³/d)	废水主要污染成分				
		pH	悬浮物 (mg/L)	COD (mg/L)	Fe (mg/L)	油 (mg/L)
除盐系统再生废水	100	6～9	50～200[1]	10～30	1	—
凝结水精处理再生废水	170	2～12	20～80	5～15	1	1
主厂房设备地面和设备疏水和排水	50	6～9	5～10	1～3	—	1～2
取样排水	40	5～9	1～5	1～20	0.5～2.0	—
锅炉连续污水	125	8.8～10.0	1～2	<1～20	1～3	—

1）表示化学除盐系统的再生废水的悬浮物含量一般不高，通常小于 50mg/L；但如果混入了过滤器的反洗排水或其他高悬浮物废水后会很高。

非经常性废水主要来自空气预热器冲洗、省煤器冲洗、锅炉化学清洗等排水，这些废水的特点是悬浮物、COD、Fe 含量很高，达到数千毫克/升，Fe 甚至会达到 10000mg/L，见表 5-2。

表 5-2   某 2×300MW 电厂非经常性排水的水量和水质

废 水	废水流量 [m³/(次·台)]	废水主要污染成分				
		pH	悬浮物 (mg/L)	COD (mg/L)	Fe (mg/L)	油 (mg/L)
锅炉化学清洗废水（无机酸）	2000	2～12	100～2000	2000～4000	50～6000	1
除尘器冲洗水	1000	2～6	3000	1000	500～5000	1～2
空气预热器冲洗水	2000	2～6	3000	1000	500～10000	1～2
炉管冲灰排水	1000	3～6	10～50	10～20	10～20	1～2
凝汽器管泄漏检查排水	800	6～9	1～5	1～10	1～3	—
烟囱冲洗水	200	2～6	3000	1000	500～5000	1～2

四、化学水处理工艺废水

化学水处理工艺废水主要包括锅炉补给水处理系统和凝结水精处理系统的再生废水。其特点是废水显酸性或碱性，含盐量很高，其中大部分为中性盐。废水的流量与生产规模、原水水质有关，属间断性废水。从排放角度来讲，超标的项目一般只有 pH 一项。在排放前，需要通过中和处理，将 pH 调整至 6～9。

五、煤泥废水

煤泥废水为煤码头、煤场、输煤栈桥等处收集的雨水、融雪以及输煤系统的喷淋、冲洗排水等，为间断性废水，其特点是水中煤粉含量很高，呈黑色；大部分含有油污。由于煤中盐分的溶解，煤泥废水的含盐量也比工业水高，废水收集点比较分散。

六、生活污水

在火电厂，生活污水是一种特殊的废水，主要来自食堂、浴室、办公楼、生活区的排水，一般设有专用的排水系统。其水质与其他工业废水差异较大，有臭味，色度、有机物、悬浮物、细菌、油、洗涤剂等成分含量较高，含盐量比自来水稍高一些。大部分电厂设有生活污水处理装置，处理后达标排放。近年来，也有一些电厂将其深度处理后用于循环水系统。

生活污水的水量波动很大，但规律性较强。污水流量的大小通常取决于电厂的人数以及生活区的位置。对于生活区与厂区相距较远的电厂，厂区生活污水的一般流量很小，一般为 5～20t/h。

七、脱硫废水

在各种烟气脱硫系统中，湿法脱硫工艺因其脱硫效率高在国内外应用比较多。但湿法脱硫在生产过程中，需要定时从脱硫系统中的储液槽或者石膏制备系统中排出废水，即脱硫废水，以维持脱硫浆液物料的平衡。脱硫废水的水质较差，含有高浓度的悬浮物、盐分以及各种重金属离子。其中，可沉淀物一般超过 10 000mg/L；很多无机离子的浓度很高，包括钙离子、镁离子、氯离子、硫酸根离子、亚硫酸根离子、氟离子、磷酸根等。

由于水质极差，脱硫废水不考虑回用，一般处理后外排。脱硫废水中超过排放标准的项目很多，包括 COD、pH、重金属离子、F⁻ 等。与一般废水不同的是，COD 主要是由还原态的亚硫酸根、连二硫酸根等构成，这些离子的含量高低取决于脱硫吸收塔内氧化反应的程度，若氧化反应完全，则废水的 COD 就低。重金属离了、氟离子等主要来自煤和脱硫剂。煤和脱硫剂中这些元素的含量高低最终会反映在脱硫废水中。

多种重金属离子超过排放标准是脱硫废水的特征之一。可能超标的重金属元素有 Cd、Hg、Pb、Ni、Cu、Cr 和 Zn 等，这些元素在煤的燃烧中生成了多种不同的化合物。一部分化合物随炉渣排出炉膛，另外一部分随烟气进入脱硫装置吸收塔，溶解于吸收浆液中。

第二节 火电厂的废水排放控制标准和常见的污染物

一、废水排放标准

废水排放标准包括国家标准和行业标准，国家综合排放标准与国家行业排放标准不交叉执行。

目前电力行业的废水排放标准还没有出台，火电厂废水的排放是按照国家标准 GB 8978—1996《污水综合排放标准》进行控制的。该标准按照污水排放去向，分年限规定了 69 种污染物的最高允许排放浓度和部分行业的最高允许排水量。

在 GB 8978—1996 中，按照污染物对环境、动植物影响的程度将污染物分为两类。

第一类污染物，指能在环境或动植物体内积蓄，对人体健康产生长远不良影响的污染物。含有此类有害污染物质的废水，不分行业和排放方式，也不受纳水体的功能类别，一律在车间或车间处理设施排出口取样，其最高允许排放浓度必须符合表 5-3 的规定。

表 5-3　　　　　　　　第一类污染物最高允许排放浓度

序号	污染物	最高允许排放浓度（mg/L）	备　注
1	总汞	0.05	主要存在于脱硫废水之中
2	烷基汞	不得检出	不常见
3	总镉	0.1	主要存在于脱硫废水之中；灰渣废水有时也能检测到较高的重金属离子浓度，但比脱硫废水要低得多。重金属离子的浓度主要与煤质有关
4	总铬	1.5	
5	六价铬	0.5	
6	总砷	0.5	
7	总铅	1.0	
8	总镍	1.0	
9	苯并芘	0.000 03	不常见
10	总铍	0.005	不常见
11	总银	0.5	不常见
12	总 α 放射性	1Bq/L	不常见
13	总 β 放射性	10Bq/L	不常见

第二类污染物，指其长远影响小于第一类的污染物质，在排污单位排出口取样，其最高

允许排放浓度分为 3 级，即通常所讲的"一级标准"、"二级标准"、"三级标准"。其分级是按照废水排入水域的类别进行的（包括海水水域）。

考虑到企业建设时间的差别，在 GB 8978—1996 中，又按照排污单位的建设年限，分两个时段规定了第二类污染物的最高允许排放浓度及部分行业的最高允许排水量。其中，1997 年 12 月 31 日以前建成的单位，规定的第二类污染物控制项目为 26 个；而 1998 年 1 月 1 日以后建成的单位，规定的第二类污染物控制项目为 56 个，而且某些项目的控制指标要比 1997 年 12 月 31 日以前建成的更为严格。对于第一类污染物，二个时段的控制值是相同的。

二、火电厂常见的污染物

除了生活污水和锅炉化学清洗、停炉保护的废水之外，火电厂的废水一般都属于无机性废水，即污染物以无机物为主。一般超过排放标准的项目主要有悬浮物、COD、pH 等。有些废水，如酸洗废水中的铁含量很高，但现在的排放标准对铁含量没有要求。而近年来出现的脱硫废水，其中的重金属离子超标，需要单独处理。

GB 8978—1996 中规定的第一类污染物见表 5-3。第一类污染物，不分行业和污水排放方式，也不分受纳水体的功能类别，一律在车间或车间处理设施排放口采样，其最高允许排放浓度必须达到本标准要求。

GB 8978—1996 中规定的第二类污染物，有一些在火电厂的废水中不常见，第二类污染物，在排污单位排放口采样，其最高允许排放浓度必须达到本标准要求。表 5-4 为火电厂废水中常见的第二类污染物的种类和控制标准。

表 5-4　　　　火电厂废水中常见的第二类污染物的种类控制标准

序号	项目	控制标准		说　明
		第一时段 （1997.12.31 前）	第二时段 （1998.1.1 后）	
1	pH	6～9	同左	pH 超过标准的废水主要是锅炉补给水处理除盐系统和凝结水精处理系统的再生废水、锅炉酸洗废水、停炉保护废水等
2	悬浮物	一级：<70mg/L 二级：<200mg/L 三级：<400mg/L	同左 <150mg/L 同左	悬浮物是最常见的污染物。悬浮物较高的废水主要是预处理系统的工艺废水、煤泥废水、灰渣废水、锅炉空气预热器等冲洗废水、锅炉酸洗废水、生活污水等
3	COD	一级：<100mg/L 二级：<150mg/L 三级：<500mg/L	同左	COD 是排放控制的重要指标之一。COD 较高的废水主要有脱硫废水、生活污水、锅炉空气预热器等冲洗废水、锅炉酸洗废水、停炉保护废水等
4	BOD	一级：<30mg/L 二级：<60mg/L 三级：<300mg/L	<20mg/L <30mg/L 同左	电厂只有生活污水的 BOD 有可能超标

续表

序号	项目	控制标准		说　明
		第一时段 (1997.12.31 前)	第二时段 (1998.1.1 后)	
5	硫化物	一级和二级： <1.0mg/L 三级：<2.0mg/L	<1.0mg/L	硫化物主要存在于脱硫废水之中
6	石油类	一级：<10mg/L 二级：<10mg/L 三级：<30mg/L	<5mg/L 同左 <20mg/L	存在于油系统冲洗废水、地面冲洗水、煤泥废水中
7	动植物油	一级：<20mg/L 二级：<20mg/L 三级：<100mg/L	<10mg/L <15mg/L 同左	主要存在于生活污水之中
8	阴离子表面活性剂 LAS	一级：<5mg/L 二级：<10mg/L 三级：<20mg/L	同左	主要存在于生活污水和有些设备清洗废水之中
9	氨氮	一级：<15mg/L 二级：<25mg/L	同左	主要存在于生活污水之中
10	氟化物	一级：<10mg/L 二级：<10mg/L 三级：<20mg/L	同左	主要存在于灰水和脱硫废水之中
11	磷酸盐	一级：<0.5mg/L 二级：<1.0mg/L	同左	主要存在于循环水排污水、生活污水、锅炉排污水之中
12	TOC	无规定	一级：<20mg/L 二级：<30mg/L	TOC 与 COD 指标的意义是相同的，发展趋势是 TOC 将逐渐代替 COD

第三节　火电厂废水处理的方式及设施

一、火电厂废水处理的方式

废水通常有两种处理方式，一种是集中处理，另一种是分类处理。

集中处理是将各种来源的废水集中收集，然后进行处理。这种方式的特点是处理工艺和处理后的水质相同，一般适用于废水的达标排放处理。另一种是分类处理，就是只将水质类型相似的废水收集在一起进行处理。不同类型的废水采用不同的工艺处理，处理后的水质可以按照不同的标准控制。这种方式一般适用于以综合利用为目标的废水处理。对于火电厂而言，由于废水的种类很多，水质差异很大，有些废水需要回用，而有些则直接排放。因此，大部分采用分类处理的方案。

随着国家节水政策的实施和环保法规的日益完善，火电厂废水的处理方式及处理工艺正在由过去以达标排放为主向综合利用为主转化，火电厂的大部分废水将考虑回收，进行梯级使用。

二、火电厂的废水处理设施

1. 废水集中处理站

废水集中处理站是火电厂规模最大、处理废水种类最多的一个废水处理系统，处理后的废水根据水质标准可以达标排放，也可以回用。该站所处理的废水来源有各种经常性排水和非经常性排水，包括锅炉补给水处理系统再生排水、凝结水精处理系统的再生排水、锅炉化学清洗系统排水、锅炉空气预热器冲洗排水、机组启动时的排水、锅炉烟气侧冲洗排水、原水预处理系统的排水和化验室排水。有时还收集经初沉不合格的煤场、输煤系统的排水。

典型的废水集中处理站设有多个废水收集池，根据水质的差异分类收集废水。高含盐量的化学再生废水、锅炉酸洗废液、空气预热器冲洗废水等，都是单独收集的。各池之间根据实际用途也可以互相切换。

废液池容积的设计原则是在满足贮存所有机组正常运行产生的废水量的基础上，再加上1台最大容量机组维修或化学清洗产生的废水量。因为锅炉化学清洗、空气预热器冲洗等非经常性废水的瞬时流量很大，因此废水处理站的废液池的容积一般较大。实质上，集中处理站的废液池平时利用率很低，大部分时间处于闲置状态，对场地的浪费很大。

主要的设施包括废水收集池，曝气风机和水泵，酸、碱贮存罐，清水池，pH 调整槽，反应槽，絮凝槽，澄清器，及加药系统等。

下面是集中处理站针对不同的废水常采用的处理工艺。

（1）经常性排水的处理。该站收集的经常性排水包括锅炉补给水处理系统再生排水、凝结水精处理系统再生排水、原水预处理系统的排水和化验室排水、锅炉排污、汽水取样系统排水等。这部分废水典型的处理流程是：废水贮存池→pH 调整池→混合池→澄清池（器）→最终中和池→清水池→排放或回用。

处理系统产生的泥渣可以直接送入冲灰系统，也可以先经过泥渣浓缩池增浓后再送入泥渣脱水系统处理；浓缩池的上清液返回澄清池（器）或者废水调节池。

澄清分离设备一般选用泥渣悬浮型澄清池或者斜板澄清器。由于所收集的废水在大部分时间内悬浮物含量较低，澄清设备大部分时间在低浊条件下运行，为了保证处理效果，泥渣悬浮型澄清池的上升流速比较低，一般为 $0.8 \sim 1.2 m/h$。池中心设置刮泥耙，有效水深一般为 $2 \sim 4m$，废水停留时间 $2 \sim 2.5h$。

斜板澄清器最早是采用美国 Graver 公司的产品，与澄清池相比，其优点是处理负荷高，设备体积小，占地面积少，检修方便。斜板澄清器的内部装有斜板，利用浅层沉降的原理改善了固液分离效果，提高了设备的处理负荷，其底部设有集泥斗，泥渣浓度可以达到 $3\% \sim 6\%$，目前该产品已经国产化。图 5-1 为斜板澄清器的外形，图 5-2 为其内部结构及原理。

（2）非经常性排水的处理。除了经常性排水之外，集中处理站还承担非经常性排水的处理。主要的非经常性排水包括化学清洗排水（包括锅炉、凝汽器和热力系统其他设备的清洗）、锅炉空气预热器冲洗排水、机组启动时的排水、锅炉烟气侧冲洗排水等。与经常性排水相比，非经常性排水的水质较差而且不稳定。通常悬浮物浓度、COD 值和铁含量等指标都很高。由于废水产生的过程不同，各种排水的水质差异很大，有时悬浮物很高，有时

COD值很高。在这种情况下，针对不同来源的废水需要采用不同的处理工艺。

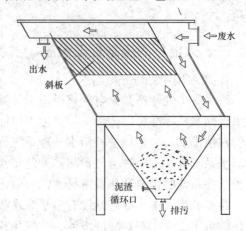

图 5-1　斜板澄清器的外形　　　　图 5-2　斜板澄清器的内部结构及原理

1）锅炉停炉保护和采用化学清洗废水（含有机清洗剂）的处理。在停炉保护废水中，联胺的含量较高；柠檬酸或EDTA化学清洗废液中，其残余清洗剂量很高。因此，与经常性废水相比，这类废水除了悬浮物含量高外，其COD值也很高。为了降低过高的COD，在处理工艺中，在常规的pH调整、混凝澄清处理工艺之前，还增加了氧化处理的环节。通过加入氧化剂（通常是次氯酸钠）氧化，分解废水中的有机物，降低其COD值。其工艺流程是：高COD废水→废水贮存池（压缩空气搅拌）→氧化槽→反应槽→同经常性排水。

2）空气预热器、省煤器和锅炉烟气侧等设备冲洗排水的处理。空气预热器、省煤器、锅炉炉管（烟气侧）、烟囱和送、引风机等设备的冲洗排水也是重要的非经常性排水，其水质特点是悬浮物和铁的含量很高，不能直接进入经常性排水处理系统。需要先进行石灰处理，在高pH下沉淀出过量的铁离子并去除大部分悬浮物，然后再送入中和、混凝澄清等处理系统。其工艺流程是：高铁和高悬浮物废水→废水贮存池（压缩空气搅拌）→加入石灰，将pH提至10左右→沉淀分离→同经常性排水。

2. 化学车间中和池

化学车间的再生废水一般设有中和池，主要用来处理锅炉补给水处理系统产生的酸碱性废水。现在很多电厂将这部分废水送往废水集中处理站进行中和处理。总体来讲，这部分废水的悬浮物、COD等一般都不高，但含盐量很高。由于GB 8978—1996对排水的含盐量不做要求，因此超过排放标准的项目主要是pH，采用酸碱中和处理即可达到排放标准。

酸碱废水中和系统一般包括中和池、酸储槽、碱储槽、在线pH计、中和水泵和空气搅拌系统等组成。运行方式大多为批量中和，即当中和池中的废水达到一定容量后，再启动中和系统。

常用的中和处理工艺为

再生废水 $\xrightarrow{\text{压缩空气}}$ 搅拌混匀 $\xrightarrow{\text{测定}}$ pH

若pH＞9：加酸；继续搅拌，直至合格后排放；

若pH＜6：加碱；继续搅拌，直至合格后排放；

若pH＝6～9直接排放

为了尽量减少新鲜酸、碱的消耗，离子交换设备再生时应合理安排阳床和阴床的再生时间以及再生酸碱用量，尽量使阳床排出的废酸与阴床排出的废碱相匹配，使其能够相互中和，以减少直接加入中和池的新鲜酸、碱量。例如在再生阳床、阴床时，有意地增加阴床的碱耗或者阳床的酸耗（可以提高离子交换树脂的再生度，增加周期制水量），使得酸碱再生废液混合后的 pH 维持在 6～9 之间，而不再将新鲜的酸碱加入中和池，也是一种经济合理的方法。

采用反渗透预脱盐系统的水处理车间，由于反渗透回收率的限制，排水量较大。如果反渗透回收率按照 75％设计，则反渗透装置进水流量的四分之一以废水的形式排出，废水量远大于离子交换系统。但其水质基本无超标项目，可以直接排放。

3. 煤泥废水处理系统

煤泥废水因水质特殊，一般情况下处理后循环使用。为了达到循环使用的目的，要除去废水中的悬浮物（主要是煤粉）和油。

煤泥废水处理系统包括废水收集、废水输送、废水处理等系统。煤场的废水收集一般通过沟道汇集至煤场附近的沉煤池；输煤栈桥的废水一般根据地形设置数个废水收集井，由液下泵送至沉煤池或者煤泥废水处理系统。

煤泥废水的处理系统一般为

煤场沉煤池输煤栈桥集水井其他集水井→废水池→澄清器→过滤器→清水贮水池→回用于煤冲洗系统。

煤场沉煤池的作用主要是汇集废水和预沉淀，先将废水中携带的大尺寸的煤粒沉淀下来，然后再将其上清液送至煤泥废水池，经过混凝、澄清和过滤处理后回用。

作为一种较新的技术，微滤处理工艺已经开始应用于电厂煤泥废水的处理。该工艺的优点是出水水质好，尤其是出水浊度很低，可以小于 1NTU；缺点是要进行频繁的反洗（自动进行）并定期进行化学清洗。因为微滤设备在性能方面存在差异，而且对废水水质有一定的适应范围，所以，在工业应用前需要通过试验对不同生产厂家的设备进行筛选。

4. 冲灰废水处理系统

冲灰废水的水质特点是 pH 和含盐量都比较高。通过灰浆浓缩池进行闭路循环的灰水，其悬浮物也比较高；灰场的水因为经过长时间沉淀，悬浮物一般很低。

从排放的角度考虑，主要解决 pH 和悬浮物超标的问题。其中，悬浮物只要保证水在灰场有足够的停留时间，并采取措施拦截"漂珠"（漂浮在灰水表面的一种多孔、轻质的球状物），悬浮物大多可以满足排放标准要求。pH 则需要通过加酸（考虑经济性，一般加硫酸），才能使其降至 6～9 的范围内。一般在灰场排放点设有加酸装置和 pH 计。加酸装置比较简单，主要由硫酸贮槽和加酸控制装置组成，其流程为硫酸贮槽→硫酸计量箱→计量泵→灰场排水沟（管）。

从回用的角度来考虑，因为水质特殊、成分复杂，冲灰废水一般采用循环使用的方案，而不用于其他的途径。

循环使用的处理工艺如下。

(1) 厂内闭路循环处理：灰水→灰浆浓缩池→浓灰浆送往灰场；清水进入回收水池，循环使用。

(2) 灰场返回水：灰水→灰场→澄清水进入回收水池（一般需要加酸或加阻垢剂处理）→回收水泵→厂内回收水池或冲灰水前池；循环使用。

5. 含油废水处理系统

火电厂产生含油废水的主要有油罐脱水、冲洗含油废水、含油雨水等。其中，油罐脱水是由于重油中含有一定量的水分，在油罐内发生自然重力分离，从油罐底部定时排出的含油污水。冲洗含油废水来自对卸油栈台、点火油泵房、汽机房油操作区、柴油机房等处的冲洗水。含油雨水主要包括油罐防火堤内含油雨水、卸油栈台的雨水等。

（1）油在废水中的存在形式。主要有以下几种。

1）浮油，以连续相漂浮于水面，形成油膜甚至油层。油滴粒径较大，一般大于$100\mu m$。油罐排污和油库地面冲洗的废水中常见这种状态。

2）分散油，以微细油滴悬浮于水中，不稳定，静止一段时间后往往会变成浮油，其油粒粒径为$10\sim100\mu m$。在混有地面冲洗水的废水中，或者设备检修时排入沟道的废水中常见这种油的形态。

3）乳化油，水中往往含有表面活性剂使油成为稳定的乳化油，其油滴直径极其微小，一般小于$10\mu m$，大部分为$0.1\sim2\mu m$。

4）溶解油，是一种以化学方式溶解的微粒分散油，油粒直径比乳化油还要小，有时小到几纳米。

（2）火电厂含油废水的处理工艺：①含油废水→隔油池→油水分离器或活性炭过滤器→排放；②含油废水→隔油池→气浮分离→机械过滤→排放；③含油废水→隔油池→气浮分离→生物转盘或活性炭吸附→排放。

系统中主要设备的原理和性能介绍如下。

1）隔油池。隔油池的原理是利用油的密度比水的密度小的特性，将油分离于水的表面并撇除。油粒的粒径越大，越容易去除；用这种方法可以除去粒径在$60\mu m$以上的油粒。在火电厂，隔油池主要用于油库、输油系统等处含油量很高的废水的第一级处理。

隔油池的类型主要有平流式、立式、波纹斜板式，电厂常用的主要是平流式隔油池。平流式隔油池占地面积较大，但停留时间较长，一般为$1.5\sim2h$，设计水平流速为$2\sim5mm/s$。水温对油的去除效率有较大的影响，温度升高，油的去除率也升高。因此，北方地区电厂的隔油池还设有蒸汽加热管，以利于冬季运行。

隔油池的优点是维护方便，操作容易；缺点是处理效果较差，残油量较高，一般$200mg/L$左右，达不到排放标准，一般只能用作预处理。

2）气浮池。气浮除油在电厂应用得较为广泛，其典型的系统为：含油废水→混凝→气浮池→中间水箱→过滤→排放。

采用该工艺处理后，含油量一般可以小于$10mg/L$，达到排放标准。对于含油量较大的油库冲洗废水、排污水等，一般先通过隔油池预处理后，再送入气浮池处理。

3）油水分离器。国内部分电厂使用油水分离器净化含油废水。该装置中装填有亲油疏水的填料，当废水流过填料时，水中的微细油粒会在填料表面集结，逐渐长大并与水分离。这种方法称为粗粒化法（也叫凝结法），该方法的优点是设备体积小，效率高；缺点是填料容易堵塞，除油效率容易降低。

除了上述方法之外，还有活性炭吸附法、膜过滤法、生物氧化法等除油方法，在电厂用的比较少，在此不再赘述。

6. 生活污水处理设备

（1）大部分火电厂的生活污水的处理工艺：污水→格栅→污水调节池→初沉池→接触氧化池→加氯杀菌→出水池→排放或冲灰。其各设备的作用如下

1）格栅。其作用是拦截大尺寸的悬浮杂质，如树枝、漂浮物等，以防堵塞后级设备。

2）污水调节池。收集沟道汇集的污水，因生活污水的水质和流量波动很大，因此，污水调节池的主要作用是缓冲污水流量的变化，均化污水水质，减小污水处理设备的进水水质和流量的变化幅度。其调节能力取决于污水调节池的容积。一般污水调节池的容积设计为日处理污水总量的 $20\%\sim30\%$。为了加强均化的效果，增加污水的溶氧量，防止杂质在池内沉淀，一般在调节池底设有曝气装置。

3）初沉池。其作用是将污水中大颗粒、易沉淀的悬浮物、砂粒等除去，以减轻后级设备的负担。

4）接触氧化池。这部分设备是污水处理的核心，通过连续曝气，细菌在填料表面生长成膜，分解水中的有机物。

填料的性质很关键，对填料的要求是比表面积大、空隙率高、易于挂膜，而且要耐腐蚀、强度好。常用的填料有直板、直管、半软性、软性和复合填料等。

5）杀菌池（接触池）。通过加入杀菌剂，如液氯、次氯酸钠、二氧化氯等，杀灭水中的细菌，以防有害细菌排放到其他水体。

6）出水池。收集贮存处理后的水，排放或者回用。

（2）地埋式污水处理设备。较早建成的污水处理站大多采用混凝土结构，包括水池、曝气池、杀菌接触池等。以后一些环保设备厂开发了地埋式污水处理装置，这是一种集成化的小型污水处理设备，将曝气池、沉淀池、罗茨风机室集中布置，采用碳钢或玻璃钢制造。优点是可以埋入地下，占地面积小，有利于污水处理站的环境美化。但是，根据很多电厂的反映，地埋式污水处理装置的问题较多，突出表现在出水水质较差，可靠性不好，尤其是风机，因安置在一个相对封闭的环境内，在夏季因环境温度过高，很容易出故障，维修也不方便。

地埋式污水处理设备不可靠的根源主要在于一味地追求体积小，大幅度减少了污水在各阶段的停留时间，因此处理效果不能保证。一旦来水水质较差或者废水流量增大，出水就迅速恶化。许多电厂的地埋式污水处理设备已经废弃，仅仅相当于一个污水贮存池的作用。

与其他废水相比，生活污水的含盐量较低，很多电厂已经将生活污水深度处理后进行回用，有关这部分内容在下一节废水综合利用部分讨论。

7. 脱硫废水处理设备

按照 GB 8978—1996 污水综合排放标准的要求，一类污染物（主要为重金属离子）对环境有很强的污染性，必须在车间排放口取样化验合格，因此，必须对脱硫废水进行单独处理。

脱硫废水的 pH 比较低，一般为 5～6，这是由于脱硫浆液吸收了大量的 SO_2 气体的缘故。为了除去水中的大部分重金属离子，需要将废水的 pH 调整至合适的范围内。脱硫废水的处理一般以石灰处理工艺为主。主要的处理流程为：脱硫废水→石灰处理→沉淀分离→末级中和→排放。产生的泥渣通过泥渣脱水机处理后，掩埋。

8. 污泥处理设备

火电厂废水处理过程中，会产生一定量的污泥。在有水力冲灰的电厂，一般将污泥浆液直接排入冲灰系统。但从环保的角度来讲，为了避免产生污泥的二次污染，需要对泥浆进行脱水处理，提高泥饼的含固率，以方便外运掩埋。

脱水机的种类很多，按脱水原理可分为真空过滤脱水、压滤脱水及离心脱水三大类。

（1）带式压滤脱水机。带式压滤脱水机的脱水原理是将污泥送入两条张紧的、可以对污泥进行过滤作用的滤带之间，通过滤带的挤压，把污泥层中的游离水挤压出来形成泥饼，从而实现污泥的脱水。工作时，两条滤带夹带着送入的污泥，在滤带驱动装置的带动下从一组呈 S 形排列的辊压筒中经过，依靠滤带本身的张力形成对污泥层的压榨和剪切，脱除水分。带式压滤脱水机一般由滤带、辊压筒、滤带张紧装置、滤带调偏系统、滤带冲洗系统和滤带驱动系统构成。

带式压滤脱水机受污泥负荷波动的影响小，具有出泥含水率较低、工作稳定、能耗少、管理控制相对简单等优点，在火电厂的废水处理系统中选用较多。

由于带式压滤脱水机进入国内较早，已有相当数量的厂家可以生产这种设备。

（2）离心式脱水机。离心脱水机主要由转毂和带空心转轴的螺旋输送器组成。污泥由空心转轴送入转筒后，在高速旋转产生的离心力作用下，立即被甩入转毂腔内。污泥颗粒比重较大，因而产生的离心力也较大，被甩贴在转毂内壁上，形成固体层；水密度小，离心力也小，只在固体层内侧产生液体层。固体层的污泥在螺旋输送器的缓慢推动下，被输送到转毂的锥端，经转毂周围的出口连续排出，液体则溢流至转毂外汇集，排出脱水机。

离心脱水机最关键的部件是转毂。转毂的直径越大，处理能力越大；转毂的长度越长，污泥的含固率就越高。但直径和长度的增大会使得运行成本随之升高，很不经济。

离心脱水机的能耗较高，噪声也比较大。影响能耗和噪声主要因素是转毂的转速，转速越高，能耗和噪声就越大。因此，在使用过程中，需要合理地控制转毂的转速，使其既能获得较高的含固率又能降低能耗，这是离心脱水机运行的关键。

在选用离心式脱水机时，应注意转轮或螺旋的外缘部分的材质，要求耐磨。新型离心脱水机螺旋外缘大多做成可更换的装配块，材质一般为碳化钨，价格很高。

离心脱水机的优点是占地面积小，设备价格低。缺点是噪声大、能耗高、处理能力低、易受污泥负荷的波动的影响、设备维护量大；污泥的含水率比带式压滤合板框压滤高，因此在火电厂应用较少。但近几年来，国外一些专业公司生产的新型离心式脱水机，性能有了较大的改善。如采用全封闭的操作环境，脱水机周围没有任何污泥、污水和臭气产生；将泥饼的含固率提高到 30% 以上。因为具有价格优势，有些火电厂已开始选用。

（3）板框式压滤脱水机。板框式压滤脱水机是一种比较古老的泥渣脱水形式，但至今还是最可靠的一种形式。其原理是通过带有滤布的板框对泥浆进行挤压，使污泥内的水通过滤布排出，达到脱水的目的。它主要由滤板、框架、滤板振动系统、空气压缩装置、滤布高压冲洗装置及机身一侧光电保护装置等构成。

板框式压滤机最大的优点是在目前常用的各种类型脱水机中泥饼的含固率最高，可达35%，可以减少污泥的体积。最大的缺点是占地面积较大；为批量式运行，效率较低，操作间环境较差，有二次污染。在选用压滤机时，需要根据泥浆的性质，从过滤面积、框架、滤板及滤布的材质（耐腐蚀性）、滤板的移动方式等方面考虑压滤机的选型。滤布除了要求耐腐蚀外，还要求具有一定的抗拉强度。

整套压滤装置一般由 PLC 程序控制，全自动运行。完整的一个程序包括进料、压滤、移动滤板、振荡滤布使滤饼脱落、滤布冲洗等操作。

上述三种脱水形式是国内水处理领域比较常见的，表 5-5 为三种形式的脱水机性能的比较。

表 5-5　　　　　　　　　　　不同形式脱水机几种性能的比较

项　　目	带式压滤脱水机	离心式脱水机	板框式压滤脱水机
泥饼含固率	低	中	最高
絮凝剂投加量	最高	较高	一般
受污泥负荷波动的影响	小	大	小
基础占地面积	一般	较少	较大
维护量	一般	较少	较大
对运行人员的素质要求	一般	较高	一般

第四节　废水综合利用和废水零排放

我国是一个水资源缺乏的国家，人均淡水占有量低于世界平均水平，而火电厂又是一个重要的用水和排水大户，因此，对火电厂来讲节水的重要性是不言而喻的。废水综合利用是火电厂节水的重要方法，是解决我国电力水资源短缺和环境污染的有效途径。废水资源化已经成为包括电力等工业行业保持可持续发展的重要手段。

废水综合利用的内容有两个，一是火电厂内部废水的综合利用，包括前面讲的各种废水；二是外部废水资源的利用，目前主要是利用城市二级处理水作为电厂循环冷却水。

近年来，一些电厂相继制定了废水零排放的规划目标，这实质上混淆了废水综合利用和废水零排放的概念。零排放和废水综合利用具有完全不同的目标，要实现废水零排放，投资和运行费用都很高，其成本是电厂难以承受的，尤其是对于干除灰电厂，末端废水的固化处理成本更高，代价太大。因此，对于大多数电厂来讲，没有必要盲目地追求零排放。只有在一些特殊的地区，例如水源保护地，才有必要考虑零排放的问题。大部分火电厂首先应该在经济、技术允许的条件下，实事求是地制定废水科学、合理的回用方案，并确保外排水达到国家污水排放标准。

目前大多数电厂已经对冲灰水、煤泥废水进行了循环利用，其处理工艺前面已经讲过，在此不再赘述。本节重点讲循环水排水、生活污水的处理回用。

一、循环水系统排污水回用

循环水排污水的含盐量很高，而且为结垢性水质，过去一般直接用于对水质要求很低的场合，如冲灰、冲渣等。如果要扩大这部分废水的回用范围，必须将水中的过饱和盐类除去。随着火电厂干除灰技术的发展，采用水力冲灰的电厂越来越少，这部分水已经成为最大的一股排放废水。随着水价的上涨，再加上环保减排的要求，循环水排污水的回用将会成为火电厂废水综合利用的热点。

由于含盐量很高，在现有的各种除盐技术中，反渗透是唯一的选择。但反渗透装置对进水有严格的水质要求，因此还要设置完善的预处理系统，以去除对反渗透膜元件有污染的杂质，包括有机物、悬浮物、胶体、低溶解度的致垢盐类等。由于反渗透的预处理系统很复杂，所以目前循环水排水的回收处理难度较大，主要在于回用处理的系统庞大，建设费用和运行成本都比较高。

反渗透的预处理有软化沉淀、微滤、超滤等工艺。

1. 软化沉淀工艺

这是比较传统的工艺，1999年投产的西柏坡电厂循环水排水回收系统就是采用软化沉淀工艺。其处理系统为：循环水排水→碳酸钠软化→二级过滤→活性炭过滤→反渗透装置→锅炉补给水处理系统。

碳酸钠软化在澄清器中进行，其目的是去除硬度，包括碳酸盐硬度和永久硬度，并除去一部分悬浮物、有机物和胶体。软化剂采用 Na_2CO_3 和 $NaOH$，加入 Na_2CO_3 的目的是将部分永久硬度转化为碳酸钙沉淀，降低水中总硬度的含量。

过滤分为二级。一级过滤设备为无阀滤池，二级过滤设备为纤维球过滤器，过滤的目的是除去澄清器漏出的悬浮物。在进入过滤器前，为防止系统或设备中产生碳酸钙沉淀，向水中加入盐酸将 pH 调低，增加水的安定性。活性炭过滤器的目的是进一步降低有机物的含量。

经过这些处理后，在进入反渗透装置前，水的 SDI 能够降低至 3～5，可以满足抗污染反渗透膜的要求。

2. 超滤工艺

超滤技术是近来发展的热点，为了简化预处理系统，国内已有部分电厂开始利用微滤或超滤作为反渗透的预处理回收循环水排污水。例如，华能沁北电厂利用超滤、反渗透处理循环水系统排污水，将得到的淡水作为锅炉补给水处理系统的原水，该系统已经于 2004 年投运。与传统工艺相比，超滤技术的优点是系统比较简单，产品水的 SDI、浊度较低，优于化学沉淀过滤工艺。缺点是目前工程经验不多，还没有到成熟应用的阶段。超滤膜容易污堵，需要频繁的化学清洗，清洗的频率依水质条件而变，工艺设计前需要进行模拟试验来确定其可行性以及运行工艺参数。

二、厂区生活污水的回用

很多电厂有丰富的生活污水资源，因其含盐量不高，不用脱盐处理，因此回用的成本低，效益好。生活污水经过处理后一般回用于电厂循环冷却水系统。前面章节讨论的生活污水处理工艺一般只能达到污水排放标准；如果要进行回用，则还必须对污水进行深度处理，进一步降低污水中的氨氮、BOD、COD 等。

1. 污水回用至循环冷却水系统需要解决的问题

（1）污水中含有大量的细菌和有机物，有可能在系统中形成生物黏泥，如果黏泥沉积在凝汽器铜管（或不锈钢管）的表面，除了影响换热效果外，还有可能引起金属表面的腐蚀。

（2）污水中氯离子浓度是否超过凝汽器管的耐受范围。

（3）氨氮的浓度。近年来，越来越多的研究表明，污水中发生的硝化反应会大幅度降低循环水的 pH 值，进而引起系统的腐蚀；氨氮是进行硝化反应的重要条件。

过去认为控制氨氮含量的目的在于防止游离氨腐蚀凝汽器铜管以及减少氨氮对杀菌剂的消耗。但是，从最新的研究成果来看，氨氮带来的主要问题是：在循环水系统的好氧条件下，氨氮进行硝化反应后产生了强酸，使得系统部分碳钢和铜质材料发生明显的酸性腐蚀。如邯郸发电厂，因为硝化反应的进行，循环水的 pH 有时低达 4.5 左右，必须要向循环水中加碱调高 pH。

2. 曝气生物滤池 （BAF）

BAF 是一项适用于火电厂污水深度处理的技术。该技术于 20 世纪 70 年代末出现在欧洲，到 90 年代初已基本成熟，具有各种工艺形式。BAF 将生物氧化与过滤结合在一起，通过反洗对生物膜进行更新实现滤池的周期运行。其原理是利用特殊的填料作为微生物的载体，利用填料表面生成的微生物膜，分解水中的有机物、去除氨氮；同时填料又可起到过滤的作用，可以滤除一部分悬浮物。在国内，BAF 先在市政系统进行应用，目前的应用范围不断扩大。其优点如下。

（1）滤池内微生物浓度大，活性高，处理负荷高，占地面积小。

（2）出水水质优，性能稳定。

（3）运行灵活，管理方便。

（4）工艺流程简单，将 BOD 降解、硝化、反硝化集于一个处理单元内，不设二次沉淀池，简化了工艺流程。

从其特点来看，BAF 比较适用于电厂生活污水的深度处理，因为火电厂的生活污水量较少，一般每天不超过 10 000m³；BAF 对氨氮有很好的去除效果，适合于电厂回用水对氨氮的要求。另外，BAF 对 B/C（BOD/COD）值较低的污水有很好的适应性，这与电厂的污水水质特征相符。

2001 年，BAF 工艺开始在中国火电厂废水回用中应用，齐鲁石化热电厂和山东菏泽发电厂是国内电力行业最早采用 BAF 工艺的两个电厂。

三、末端废水的处理技术

电厂各种废水经过多级使用后，末端废水的水质已非常恶劣，大多数指标都将超出排放标准，不能直接排放。对于采用水力冲灰系统的电厂这不成为问题，但对于干除灰电厂，这股废水除了用于煤场喷淋、干灰加湿等场合外，剩余的废水很难再利用。因此，末端废水的无害化处理技术，如固化处理，在未来电厂废水综合处理中将占有重要的地位。目前已有的固化处理技术，如蒸发结晶等，因投资和运行费用太高，在国内电厂还没有应用，这是国内水处理工作者即将遇到的一项重要课题。

第六章 凝结水处理

随着我国电力工业的迅猛发展，火电机组朝着高效、节能、环保的超临界、超超临界机组和节水型空冷机组方向发展。这些大容量、高参数机组对水汽品质提出了更加严格的要求，凝结水处理是保证水汽品质和机组安全经济运行的重要措施。

在我国，所有直流锅炉、300MW及以上的大部分汽包锅炉和核电机组，均配备凝结水处理系统，对确保机组水汽品质，对延长机组使用寿命、提高机组运行的安全性和经济性具有良好的效果。十多年来，我国从国外引进了各种凝结水处理工艺和设备，通过试验研究和消化吸收，对凝结水处理工艺的选择和技术要求有了更深入的认识，针对目前最常用的粉末覆盖过滤器和高速混床这两种凝结水处理设备，还开发出了一系列的技改和运行优化的新技术，使我国的凝结水处理技术取得了长足的进步。掌握凝结水处理的机理和技术，对凝结水处理系统和设备的设计及正常运行具有重要意义。

第一节 凝结水处理概述

一、基本概念

（1）凝结水。经过汽轮机做功后的乏汽被冷凝生成的水称之为凝结水。

（2）冷凝水。在工厂中，用于加热、蒸馏、蒸发、保温、干燥等设备所使用的蒸汽被冷凝生成的水，称为冷凝水。

（3）疏水。在火电厂中，用于加热给水的蒸汽而凝结成的水称为疏水。经过高压加热器的蒸汽而冷凝的水称为高加疏水，通常排至除氧器；经过低压加热器的蒸汽而冷凝的水，称为低加疏水，通常排至凝汽器。

（4）凝结水精处理。对汽轮机排汽凝结成的水进行纯化处理的过程，称为凝结水精处理。

（5）前置氢离子交换。对凝结水进行除盐处理前，采用氢离子交换器去除凝结水中悬浮物、腐蚀产物和铵离子的过程称为前置氢离子交换。

（6）前置除铁过滤。在凝结水进行除盐处理前，采用过滤或磁吸附的方法去除凝结水中铁腐蚀产物和悬浮物的过程称为前置除铁过滤。

（7）单床串联系统。将阳、阴树脂分别装填在不同的离子交换器中，采用阳床－阴床或阳床－阴床－阳床串联组合的凝结水精处理系统称为单床串联系统。

（8）混合床。将按照一定的比例并充分混合的阴、阳树脂装填在同一台离子交换器中，用于对凝结水进行除盐处理的设备，简称"混床"。

（9）氢型混床。离子交换器内装填的阳树脂为氢型、阴树脂为氢氧型时的混床称为"氢型混床"。

（10）铵型混床。氢型混床运行至氨穿透并继续运行使氢型阳树脂全部转换为铵型，这时的混床称为"铵型混床"。

（11）裸混床工艺。混床前不设置任何前置处理设备（包括前置氢离子交换器和前置除铁器）的凝结水精处理系统称为裸混床工艺。

（12）溢出—填充效应。如果树脂的实际再生度高于平衡值（平衡值是指在一定水的pH值和要求的出水水质条件下与树脂相平衡时的再生度），则能够吸收水中的 Na^+ 或 Cl^- 等，称为填充效应；如果树脂的实际再生度低于平衡值，则树脂相中的 Na^+ 或 Cl^- 等将被排代，进入水中，称为溢出效应。

（13）再生度。对阳树脂来说，再生度是指经酸再生后氢型树脂占阳树脂体积交换容量的百分比；阴树脂的再生度是指经碱再生后氢氧型树脂占阴树脂体积交换容量的百分比。

（14）分离系数。分离系数是指最小阳树脂颗粒和最大阴树脂颗粒沉降速率的比值减 1。分离系数代表用水力反洗的方法能够达到的阳树脂、阴树脂的分离效果。

（15）混合系数。混合系数是指最大阳树脂与最小阴树脂颗粒沉降速度的比值减 1。混合系数代表在同样混合条件下，阳树脂、阴树脂混合程度的差别。混合系数越小，两种树脂越容易混合。

二、目的和意义

1. 目的

凝结水处理的目的，是最大程度地降低凝结水中的腐蚀产物和各种溶解杂质的含量，为锅炉提供优质的给水。凝结水中各种杂质的来源包括以下七个方面。

（1）目前大部分机组都将锅炉补给水直接补入凝汽器，补给水中的杂质将随之进入凝结水中，如果不去除，会使热力设备结垢、腐蚀或积盐。

（2）凝汽器不同程度的泄漏，使冷却水漏入凝结水中，增加了凝结水的杂质含量。

（3）空气漏进真空系统，二氧化碳、氧气和灰尘等杂质一起进入凝汽器。凝汽器的空气抽出器只能去除一部分杂质，像二氧化碳能够与氨结合生成重碳酸铵的杂质，难以去除。

（4）工业生产的返回凝结水和供热蒸汽的凝结水中，不可避免地带入各种杂质。

（5）机组启停或出力变动时，由于沉积部位温度、湿度和压力的变化，使原来沉积在锅炉或汽轮机内的杂质进入凝结水中。

（6）新机组或经过检修后投运的机组，热力系统中的大量杂质将随蒸汽进入凝结水中，使凝结水中悬浮物、腐蚀产物和溶解杂质含量大幅度增加。

（7）机组正常运行情况下，系统中仍将产生一定量的腐蚀产物。此外，向给水和炉水加入的药品也会带入杂质。

2. 意义

凝结水精处理是提高热力系统水汽质量的重要途径，对机组安全和经济运行具有深远影响，主要体现在以下五个方面。

（1）减轻锅炉受热面腐蚀、结垢，防止锅炉爆管，延长锅炉使用寿命、酸洗周期。

（2）减轻汽轮机积盐，防止汽轮机腐蚀损坏。

（3）凝汽器发生大面积泄漏时，为机组按照正常程序停机赢得一定的缓冲时间，保护机组、减缓对电网的负荷冲击。

目前我国大部分新建的大型机组的凝汽器冷却水管使用不锈钢管或钛管，其耐蚀性较好，所以很多人认为凝结水水质不会再受到冷却水污染，凝结水精处理设置可更简单，甚至无需设置。但是实践证明，凝汽器冷却水管与管板连接处的严密性，极易受到机组频繁变工况的影响而下降，即使不出现大面积的凝汽器泄漏现象，也必然存在凝汽器渗漏的现象。若没有凝结水精处理，即使是微量的渗漏，随着热力系统水汽循环，给水水质也会在很短时间内恶化。

另外，不锈钢管和钛管较薄，运行经验表明，冷却水中砂粒等大颗粒悬浮物会对其造成划伤、磨损，使其破裂；机组负荷变化较大时汽轮机振动也可能使不锈钢或钛管的密封面断裂。所以，即使是不锈钢和钛管也不能保证凝汽器不出现泄漏的现象。当凝汽器泄漏，凝结水精处理可以使锅炉给水水质在一定时间内保持优良，可为机组按照正常程序停机赢得足够的时间。

（4）缩短机组启动时间。机组启动时，系统铁含量和盐类物质含量都较大，尤其是铁含量可能达到 $1000\mu g/L$ 以上。若没有凝结水精处理，要使系统冲洗至合格需要很长时间，将消耗更多燃料（包括燃油），而且冲洗阶段大量的除盐水就只能排掉，造成巨大浪费。据美国专家介绍，与设置凝结水精处理的机组比较，一台没有凝结水精处理的机组启动 5 次造成的损失，就相当于全部凝结水精处理设备的投资。

（5）显著提高凝结水的纯度。凝结水精处理是提高热力系统给水质量的重要途径，对提高蒸汽品质具有决定性作用。根据离子交换的平衡原理，在氢型混床或单床串联情况下，进水的杂质含量较少，出水的纯度会更高。换言之，即使进水中的含钠量很低，其出水的含钠量也会进一步降低。这是因为进水中的杂质含量减少，经过离子交换反应后的反离子作用也小，只要树脂的再生度能够达到要求，离子交换平衡常数决定了出水质量优于进水。虽然进、出水的数据相差很小（有时只有 $0.0X\mu g/L$），但是，它所降低的百分数却不小，能够显著提高凝结水的纯度，使机组腐蚀、结垢和积盐程度进一步降低，使机组热效率保持在较高水平。因此，设置并用好凝结水精处理，对改善蒸汽品质，提高机组运行的安全性和经济性具有重大意义。

三、凝结水处理工艺

具有代表性的凝结水处理系统主要工艺见表 6-1。经过多年的实际运用，对于凝结水精处理工艺的选择，目前国内较为一致的看法如下。

表 6-1 凝结水处理系统主要工艺

序号	系统名称	适用情况	备注
1	管式过滤器＋混床	1. 超临界及以上参数的湿冷机组 2. 超临界及以上参数表面式间接空冷机组 3. 亚临界直流炉湿冷机组 4. 混合式间接空冷机组	出水水质好，混床氢型周期短、再生频繁
2	前置阳床＋混床	1. 混合式间接空冷机组 2. 超临界及以上参数的湿冷机组 3. 亚临界直流炉湿冷机组 4. 超临界及以上参数直接空冷机组 5. 核电厂常规岛	出水水质好，混床运行周期长，系统除氨容量大，但占地面积大

序号	系统名称	适用情况	备　注
3	前置阳床＋阴床＋阳床	1. 混合式间接空冷机组 2. 超临界及以上参数表面式间接空冷机组 3. 超临界及以上参数的湿冷机组 4. 亚临界直流炉湿冷机组 5. 超临界及以上参数直接空冷机组 6. 核电厂常规岛	出水水质好，交换器运行周期长，系统除氨容量大，但占地面积过大，系统阻力大
4	阳床＋阴床	汽包炉机组	漏钠量较高，交换器运行周期长，系统除氨容量大，占地面积大，系统阻力大
5	粉末覆盖过滤器＋混床	1. 混合式间接空冷机组 2. 超临界及以上参数直接空冷机组	出水水质好，混床氢型周期短，再生频繁，占地面积较大
6	混床	1. 亚临界汽包炉湿冷机组 2. 亚临界表面式间接空冷机组	出水水质好，混床氢型周期短，树脂易受铁污染
7	粉末覆盖过滤器	亚临界直接空冷机组	占地面积较小，基本无除盐能力
8	管式过滤器	1. 频繁启停的高压或超高压机组 2. 超高压直接空冷机组	占地面积小，系统简单，但无除盐能力
9	电磁除铁器	1. 频繁启停的高压或超高压机组 2. 超高压直接空冷机组	占地面积小，系统简单，但无除盐能力

（1）直流炉机组和频繁启动的机组，宜设前置除铁装置。

（2）直流炉机组凝结水的除盐装置，宜采用氢型混床或单床串联系统。

（3）凝汽器严密、可靠，且使用淡水作为冷却水的亚临界汽包炉机组，可选用裸混床系统。

（4）给水采用加氧处理的机组，凝结水除盐装置应设有备用装置。

四、水质标准

为了研究凝结水精处理工艺的特点，使之更加符合实际需要，必须将精处理前、后的水质进行限定，这就是凝结水精处理进、出水水质标准。该标准是综合考虑大部分电厂能够具备的水处理条件和水质控制所能够带来的长远经济效益而制定的，是大部分电厂能够达到和应该达到的最低水质要求，但不是最高标准。最高标准应该是延长热力设备使用寿命，使运行更加安全和经济。为了达到这一目标，最大限度地改善热力系统水汽质量，尽量减少带入热力系统的杂质和腐蚀产物，是电厂不断追求的目标。

1. 火电厂凝结水精处理进水水质标准

（1）机组启动阶段凝结水回收标准。热力设备启动阶段与正常运行阶段相比，凝结水中杂质含量较大，成分也较为复杂，若过早投入精处理设备，对凝结水进行回收，水中大量的腐蚀产物和溶解盐类将对精处理设备造成污染；但是若较晚投运精处理设备，对凝结水回收太迟，又会使机组启动时间延长，启动成本大幅上升。为此，我国国家标准规定了机组启动时开始回收凝结水的条件。GB/T 12145—2008《火力发电机组及蒸汽动力设备水汽质量》

中规定：机组启动时，凝结水质量可按照表 6-2 的规定开始回收。

表 6-2 机组启动时凝结水回收标准

外状	硬度（μmol/L）	铁[a]	二氧化硅	铜
			（μg/L）	
无色透明	≤10.0	≤80	≤80	≤30

注 对于海滨电厂，还应控制含钠量不大于 80μg/L。

a 表示凝结水精处理正常投运，铁的控制标准可小于 1000μg/L。

（2）正常运行阶段凝结水水质控制标准。当机组正常运行后，凝结水精处理正常投运情况下，随着水汽循环，凝结水水质会越来越好，将明显优于上述指标值要求，凝结水的控制标准则不能再按照上述指标控制。GB/T 12145—2008 规定：机组正常运行阶段（启动后 8h 以后），凝结水水质应符合表 6-3 的规定。

表 6-3 凝结水水质（凝结水泵出水）

锅炉过热蒸汽压力（MPa）	硬度（μmol/L）	钠（μg/L）	溶解氧[a]（μg/L）	氢电导率（25℃，μS/cm）	
				标准值	期望值
3.8～5.8	≤2.0	—	≤50	—	
5.9～12.6	≤1.0	—	≤50	<0.30	—
12.7～15.6	≤1.0	—	≤40	<0.30	<0.20
15.7～18.3	≈0	≤5[b]	≤30	<0.30	<0.15
>18.3	≈0	≤5	≤20	<0.20	<0.15

a 表示直接空冷机组凝结水溶解氧浓度标准值应小于 100μg/L，期望值小于 30μg/L，配有混合式凝汽器的间接空冷机组凝结水溶解氧浓度宜小于 200μg/L。

b 表示凝结水有精处理除盐装置时，凝结水泵出口的钠浓度可放宽至 10μg/L。

（3）凝结水水质异常时的处理应对标准。GB/T 12145—2008 规定：当凝结水水质出现异常时，应按照表 6-4 所述凝结水水质异常处理值进行处理。

表 6-4 凝结水水质异常时的处理值

项 目		标准值	处理等级		
			一级	二级	三级
氢电导率（25℃，μS/cm）	有精处理除盐	≤0.30	>0.30[a]	—	—
	无精处理除盐	≤0.30	>0.30	>0.40	>0.65
Na（μg/L）[b]	有精处理除盐	≤10	>10	—	—
	无精处理除盐	≤5	>5	>10	>20

a 表示主蒸汽压力大于 18.3MPa 的直流炉，凝结水氢电导率标准值为不大于 0.2μS/cm，一级处理为大于 0.2μS/cm。

b 表示用海水冷却的电厂，如果给水的氢电导率超标，并且凝结水中含钠量大于 400μg/L 时，应紧急停机。

表 6-4 中，三级处理值的含义如下。

一级处理值：应在 72h 内恢复至相应的标准值。

二级处理值：应在 24h 内恢复至相应的标准值。

三级处理值：如果 4h 内水质不好转，应停炉。

在异常处理的每一级中，如果在规定的时间内尚不能恢复正常，则应采用更高一级的处理方法。

2. 火电厂凝结水精处理出水水质标准

（1）国家标准。凝结水精处理出水水质直接影响锅炉给水水质和蒸汽品质，所以，其水质应该满足锅炉给水的水质要求。我国在 GB/T 12145—2008 中明确提出，凝结水经精处理后的水质指标应符合表 6-5 的规定。

表 6-5 凝结水除盐后的水质

锅炉蒸汽压力（MPa）	氢电导率（25℃，μS/cm）		钠		铜		铁		二氧化硅	
			（μg/L）							
	标准值	期望值	标准值	期望值	标准值	期望值	标准值	期望值	标准值	期望值
≤18.3	≤0.15	≤0.10	≤5	≤2	≤3	≤1	≤5	≤3	≤15	≤10
>18.3	≤0.15	≤0.10	≤3	≤1	≤2	≤1	≤5	≤3	≤10	≤5

（2）对超临界机组的电力行业标准。DL/T 912《超临界火力发电机组水汽质量标准》中规定，经过凝结水精处理装置后凝结水的质量应符合表 6-6 的要求。

表 6-6 超临界机组凝结水精处理出水水质标准

项目	氢电导率（25℃，μS/cm）		二氧化硅（μg/L）	铁（μg/L）	铜（μg/L）	钠（μg/L）	氯离子[a]（μg/L）
	挥发处理	加氧处理					
标准值	<0.15	<0.12	≤10	≤5	≤2	≤3	≤3
期望值	<0.10	<0.10	≤5	≤3	≤1	≤1	≤1

a 表示根据实际运行情况不定期进行抽查。

（3）核电站凝结水精处理出水水质标准。核电机组对给水质量的要求很高，主要是由蒸汽发生器所决定的。蒸汽发生器热交换管材质一旦发生腐蚀泄漏，就会发生一回路蒸汽泄漏事故。由于有放射性问题，无法更换管子，只能堵管，维修的条件非常困难，损坏严重时则需要更换蒸汽发生器，耗资巨大。所以，对蒸汽发生器二回路侧水质要求很高。为了保证给水质量满足蒸汽发生器要求，一般要求凝结水精处理出水水质应符合以下标准：氢电导率（25℃）≤0.08μS/cm；[Na^+]≤0.1μg/L；[Cl^-]≤0.1μg/L；[SO_4^{2-}]≤0.1μg/L；[Fe]≤1μg/L；SS≤1μg/L；[SiO_2]≤2μg/L。

五、凝结水精处理与热力系统连接方式

为了防止凝结水处理设备的出水吸收空气中的杂质，降低水的纯度，通常将凝结水处理设备串联在热力系统内，直接向除氧器供水。一般有以下三种形式。

1. 低压串联系统

低压串联系统是指将凝结水精处理设备串联在凝结水泵与凝结水升压泵（简称凝升泵）之间的系统，如图 6-1 所示。其工作压力应不超过 1MPa，低压串联系统的凝结水泵与凝升泵的流量应同步。

2. 中压串联系统

中压串联系统是指将凝结水精处理设备串联在凝结水泵与低压加热器之间的系统，即图 6-1 中省略了凝升泵。凝结水精处理设备工作压力应为 $2.5\sim4.0MPa$。中压串联系统的设备结构应有效地防止在凝结水泵跳闸或误操作时，由于瞬间压力变化，使进入除氧器的水发生逆流，使树脂进入热力系统。

3. 旁流处理系统

旁流处理系统在热力系统内的连接方式如图 6-2 所示。旁流系统能够使凝结水处理设备在恒定流量下运行，消除了各种运行因素造成的流量波动，不需要凝结水泵克服凝结水处理设备的水流阻力，在凝结水处理设备出现故障时不会影响热力系统的运行，可防止树脂倒流入热力系统问题的发生。

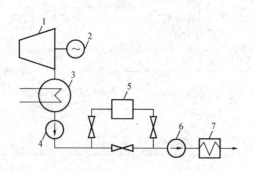

图 6-1 低压串联系统

1—汽轮机；2—发电机；3—凝汽器；
4—凝结水泵（低压）；5—凝结水处理
设备；6—凝升泵；7—低压加热器

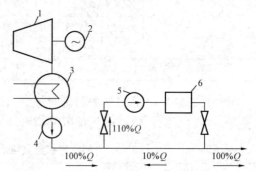

图 6-2 旁流处理系统

1—汽轮机；2—发电机；3—凝汽器；
4—凝结水泵（中压）；5—增压泵；
6—凝结水处理设备；Q—凝结水流量

第二节 凝结水前置处理

凝结水前置处理的主要目的是去除凝结水中的腐蚀产物和悬浮物，延长精处理除盐装置的运行周期并保护树脂不被污染。

目前，凝结水前置处理工艺主要有两种。一种是采用粉末覆盖过滤器或管式过滤器，对凝结水中腐蚀产物和悬浮物进行过滤吸附处理的工艺；另一种是采用前置氢离子交换器对凝结水中腐蚀产物和悬浮物进行过滤处理，对铵离子和其他阳离子进行离子交换处理的工艺。

一、对前置处理工艺的要求

（1）处理规模大。随着机组容量的增大，凝结水处理水量也相应增加，处理工艺必须适应大流量特点。

（2）对进水水质的适应性要强。凝结水中含铁量变化较大，要求前置处理装置对进水适应性要强，经处理后，含铁量应不超过 $5\mu g/L$。

（3）要有足够的过滤精度。凝结水中铁化合物的粒径很小，80% 小于 $0.45\mu m$，有些氢氧化铁甚至以胶体状态存在水中，这就要求前置处理装置具有较高的过滤精度。

（4）具有较小的运行压差。为了降低凝结水系统的能耗，同时防止凝水段压差超标，威胁到机组安全运行，要求凝结水处理装置运行压差不能过高，一般要求前置处理装置的运行压差小于 0.175MPa。

二、前置处理设备

1. 粉末覆盖过滤器

（1）粉末覆盖过滤器的发展。1962 年，美国 Graver Water Conditioning Co. 开始制造覆盖在过滤器筒上的微粉末（60～400 目，90%通过 325 目，即粒径为 38～250μm，粒径小于 45μm 大于 90%）的强酸和强碱离子交换树脂。这种把粉末树脂覆盖在滤元上的过滤设备名称为"Pow-dex"，国内全名为粉末树脂覆盖过滤器，简称粉末覆盖过滤器。

该公司提出，粉末覆盖过滤器中树脂的离子交换速度较其他粒状树脂快 100 倍；普通粒状树脂的全交换容量利用率为 20%～25%，而粉末树脂可以达到 50%～90%；普通树脂难以去除胶体硅，用粉末覆盖过滤器可去除 80%～90%，铜、铁、镍等氧化物可以去除 90%，还可以进行热水处理，可用作火电厂和核电站的凝结水和放射性水的处理，提供了超纯水制造的新方式。

粉末覆盖过滤器最开始应用于美国，以后在意大利、英国、丹麦、比利时、德国和日本等国陆续应用。前苏联在 20 世纪 70 年代用它进行了低压加热器疏水处理的工业性试验。

我国第一台粉末覆盖过滤器应用于福建某电厂二期工程，出力为 810m^3/h，可供 1 台机组凝结水 100%处理。使用的树脂粉是 Purolite 公司生产，阳树脂粉有氢型和铵型两种，阴树脂粉为氢氧型，树脂比例为阳：阴=1：1 或 2：1。铺膜时，在粉末树脂中加入一定量的聚丙烯纤维粉。加入纤维粉的目的是使滤膜具有一定弹性，在运行压力改变时，膜可以膨胀或压缩，不出现裂纹。

（2）粉末覆盖过滤器的工作原理。粉末覆盖过滤器有两种滤元骨架，一种是绕线式滤元，另一种是熔喷滤元。粉末覆盖过滤器就是在滤元骨架上覆盖离子交换树脂粉末与纤维粉的过滤器。粉末覆盖过滤器具有除铁、去除悬浮物（包括胶体硅）的作用，同时由于铺有离子交换树脂而具有离子交换除盐功能。

粉末覆盖过滤器结构原理如图 6-3 所示，过滤器内滤元作为粉末树脂的支撑体，防止粉末树脂漏入热力系统。粉末树脂覆盖在支撑体上，形成较密滤膜，对进水中铁、铜腐蚀产物和悬浮物等杂质起到过滤截留的作用。与管式过滤器相比，过滤精度高，而且腐蚀产物不与滤元直接接触，爆膜时可随树脂粉末一起被水冲掉。

粉末树脂与普通树脂一样，具有离子交换功能。但是过滤器的滤元上铺设的树脂粉只有几十千克，其交换容量很低。因此，粉末覆盖过滤器有除盐作用，但每次铺膜后仅能够维持几个小时，阳树脂即失效转变为铵型，从而失去对钠离子的交换能力。氢型阳树脂失效后，水的 pH 值升高，水中的氢氧根增加，与氢氧

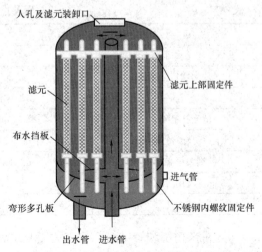

图 6-3　粉末覆盖过滤器结构原理图

（图中标注：人孔及滤元装卸口、滤元上部固定件、滤元、布水挡板、进气管、弯形多孔板、不锈钢内螺纹固定件、出水管、进水管）

型阴树脂处于平衡状态，使其交换容量明显降低，从而失去了对水中氯离子、硫酸根、硅酸根和二氧化碳等的交换作用。总之，粉末覆盖过滤器的除盐能力较差。

（3）粉末覆盖过滤器的滤元。目前，用于粉末覆盖过滤器的滤元有绕线式和熔喷式两种，由于熔喷式已经很少使用，这里重点介绍绕线式滤元。绕线式滤元，是将聚丙烯纤维线按照一定的缠绕方式单线反复多层地缠绕在均匀开孔的不锈钢骨架上制成的。不锈钢骨架的开孔直径一般为3mm，管壁厚度为0.6～0.8mm。在管上均匀地分布着许多小凸台，使绕在其上面的聚丙烯纤维线可以牢固地固定在骨架上。因为聚丙烯纤维具有很大的表面积，故除机械过滤外，还具有一定的吸附能力。而且聚丙烯纤维线是多重缠绕，形成迷宫式的过滤孔道，可以充分利用过滤除去水中微小的腐蚀产物和悬浮物颗粒。滤元不锈钢骨架和外观如图6-4和图6-5所示。

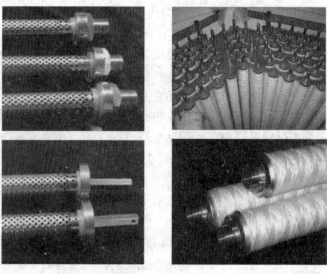

图6-4 滤元的不锈钢骨架   图6-5 滤元外观

（4）粉末覆盖过滤器的设计参数见表6-7。

表6-7 粉末覆盖过滤器设计参数

项　目	单　位	参　数
滤元水通量	$m^3/(m^2 \cdot h)$	8(绕线式)
铺膜树脂粉量耗量	kg/m^2	1.0～1.4
运行压差	MPa	<0.175
滤元孔径尺寸	μm	10(绕线式)
保持泵流量	$m^3/(m^2 \cdot h)$	设备正常出力的7%～10%
铺膜泵流量	$m^3/(m^2 \cdot h)$	130～150(按筒体截面积计)
反洗用水源	—	除盐水或凝结水
反洗用气源	—	压缩空气

（5）粉末树脂和纤维粉。粉末树脂是由常规树脂再生后，再粉碎而成，使用时是一次性使用。纤维粉是一种特殊的水处理材料，与粉末树脂混合使用，充当过滤介质。西安热工研

究院近年来对粉末覆盖过滤器运行效果影响较大的粉末树脂粒度、含水量、交换容量、纤维粉粒度、密度、化学稳定性含水量等指标进行了研究，提出了推荐指标和测定方法，可对粉末覆盖过滤器用离子交换树脂和纤维粉进行质量鉴定。

(6) 粉末覆盖过滤器铺膜和爆膜工艺。

1) 典型粉末覆盖过滤器的工序参数如下：①保持泵流量：正常出力的 7%～10%；②阳（铵型）、阴粉末树脂比例：2：1；③树脂与纤维重量比：2：1～8：1；④爆膜压缩空气压力：≥0.4MPa。

2) 粉末覆盖过滤器铺膜工序。确认过滤器中充满水，启动铺膜泵进行循环，即打开过滤器铺膜进水阀、铺膜循环返回阀，进行短时间预循环。

启动铺膜注射泵，打开树脂浆自动循环阀，使树脂浆料自动循环，直至铺膜箱内树脂浆混合均匀，然后打开注射泵出口阀，把树脂浆注入到铺膜泵的吸入口，并进入铺膜循环管中。在树脂浆吸入过程中，铺膜箱的搅拌器一直开着。当铺膜箱水位降至低位，自动打开铺膜箱补水阀，向铺膜箱补水至高位，避免造成空气吸入的现象。

设置铺膜循环箱（又称辅助箱）的目的是为了防止粉末树脂的细微颗粒穿透滤元，即将漏过的细微树脂颗粒送回，重新将细微颗粒铺在滤膜上，同时，能够使滤膜的厚度更加均匀。

当铺膜箱中已经无树脂浆时，铺膜结束，关闭注射泵出口注射阀和搅拌器，但铺膜泵仍然保持循环状态，同时启动保持泵，待保持泵平稳运行后，关闭铺膜循环泵，设备即处于备用状态。

3) 粉末树脂过滤器爆膜工序。爆膜分两次完成，第一次如下：首先停运过滤器，打开过滤器泄压阀，使失效过滤器缓慢卸压。然后启动反洗水泵，打开反洗进水阀，反洗泵出口母管隔离阀、过滤器底排阀、过滤器排气阀，进行水力反洗，反洗时间约 6～10min。在此时间内，进行压缩空气爆膜 3 次，每次进压缩空气 2s 后关闭。然后使过滤器放水至多孔板靠近滤元根部位置。

第二次如下：反洗泵仍然开着，持续时间大约 5min，在这段时间内关闭过滤器排污阀，使过滤器水位上升，同时打开进压缩空气阀 2s，停顿 1min，连续进行数次，当水位上升至设定值时，打开底部排污阀，此时冲洗水泵仍然开着，继续进行脉冲进气，然后排掉过滤器内的水和废弃树脂。

(7) 粉末覆盖过滤器的除铁效果。粉末覆盖过滤器的除盐效果较差，单独使用不能满足于要求较高的电力机组凝结水处理系统，但是粉末覆盖过滤器对铁、铜等金属腐蚀产物和二氧化硅等悬浮物的去除效果较好。目前粉末覆盖过滤器大多应用于空冷机组，有报道指出，其除铁效率可达 80% 以上。

(8) 我国开发的新技术和新产品。

1) 滤元清洗。滤元在长期的使用过程中，会出现被铁腐蚀的产物等现象。杂质在滤元表面截留后，渗透到滤元内部，很难在爆膜时剥离，使过滤器运行压差增大，需要频繁爆膜和铺膜，运行成本大幅增加。为此，采用化学清洗的方法将滤元的污染物清除，恢复滤元水通量，延长滤元使用寿命是非常必要的，相比直接更换滤元，效益更好。一般情况下，一旦过滤器运行周期缩短至设计值的 60% 以下时，都应该及时进行化学清洗。

目前，由国内开发，可以对脏污滤元进行有效化学清洗的专利技术，称之为"OFECT 滤元离线清洗技术"。该技术的应用特点如下：①离线清洗，清洗过程安全可靠；②采用专用设备和复配清洗剂，清洗均匀，效果好；③清洗温度低，不会对纤维强度产生影响，可保证滤元使用寿命；④由于在清洗过程中不带入新的杂质，且所用药剂溶解性好、易冲洗，所以系统投运时冲洗时间短，水耗低，同时不影响出水水质，系统能很快就能投运；⑤清洗时间短，加上滤元的拆卸和安装，3 天之内可以完成 1 台过滤器的清洗，因此，不影响电厂的运行，即使不在大修期间也能实施。

2）"五要素法"改善粉末覆盖过滤器铺膜效果的运行优化技术。通过动态模拟试验，研究影响粉末覆盖过滤器铺膜效果的关键因素，提出了用于改善铺膜效果的"五要素法"，即铺膜流速、粉末树脂浆液的浓度、膜层厚度、系统背压和爆膜步序。利用"铺膜五要素法"可以准确、快捷地诊断过滤器运行中存在的问题，在动态模拟试验台上重现试验条件，调整和优化运行参数，直到试验结果满足现场运行要求为止，是通过运行优化解决粉末覆盖过滤器铺膜效果差的关键。

3）XTW-F709 型绕线式滤元产品。滤元是粉末覆盖过滤器的核心元件，使用数量较多。例如，1 台 600MW 空冷机组需要配备 3 台粉末覆盖过滤器，1 台过滤器的滤元设计安装数量为 345 根，单台机组滤元安装总数达 1035 根之多。目前滤元产品主要依赖进口，价格昂贵，单台机组更换一次滤元的采购费用就在 100 多万元。滤元厂家提供的资料显示，滤元的使用寿命为 2 年左右，但是由于空冷机组凝结水中氧化铁含量较大，过滤器实际运行中普遍存在频繁解列的问题，滤元的使用寿命更短，更换周期更短，费用更高。所以，粉末覆盖过滤器滤元的国产化非常必要。

目前，各项性能指标处于国内领先水平的国产滤元为 XTW-F709 型绕线式滤元产品，该产品目前已在多家电厂得到成功应用，是我国在粉末覆盖过滤器滤元的国产化道路上走出的重要一步。该产品的优势主要体现在以下六个方面：①采用不锈钢 304 骨架，耐腐蚀，强度和韧性好；②采用长纤维聚丙烯绕线，频繁反洗不易起毛和断裂，使用温度高，有机物溶出少；③改进了绕线的绕制方法，过滤精度高，纳污能力强，运行阻力小；④对不锈钢骨架及开孔进行创新性设计，滤元通量大且不易脱线；⑤绕制全过程采用电脑控制，保证滤元产品的标准性和同一性；⑥螺纹加工精细且与过滤器底部管板直接旋转连接，自密封效果好。

4）XTW-C 型系列粉末离子交换树脂。长期以来，粉末树脂大多依赖进口，使粉末覆盖过滤器运行成本较高，所以，粉末树脂的国产化十分必要。XTW-C 型系列粉末离子交换树脂产品是国内开发的一种性能较好的粉末树脂产品，它是将一定比例的阳阴粉末树脂和惰性纤维粉经过特殊工艺均匀混合而成，其中粉末树脂是由经高度再生后的核级纯强酸性阳树脂（8%DVB，再生为铵型）和核级纯强碱性阴树脂（8%DVB，再生为氢氧型）用国际先进的粉碎生产工艺加工而成的。产品生产的全过程在严格的无尘环境下进行，保证了产品具有极高的交换容量和再生度，以及极低的杂质含量。产品具有混合均匀、比表面积大、铺膜效果佳、成本低、使用方便等优点。

2. 管式过滤器

（1）管式过滤器的发展。最早的管式过滤器，由于采用的滤元长度较短（约 300mm），每根滤元又是几个短的滤元连接而成的，为了防止滤元间漏水，在滤元间装有不锈钢制成的"卡盘"，因此，又称为卡盘过滤器。20 世纪 80 年代，我国江苏某电厂参照国外引进的 600MW 机组采用的聚丙烯绕线式管式过滤器，成功研制了国内的绕线管式过滤器，在凝结水精处理中作除铁过滤器使用。

（2）管式过滤器的工作原理。管式过滤器的结构与粉末覆盖过滤器相近，当管式过滤器滤元选用绕线式滤元，那么管式过滤器实际上就是不铺树脂粉和纤维粉的过滤器，单独用于凝结水除铁。

常见的管式过滤器的滤元有折叠式、绕线式、喷熔式和 UHF 多褶大容量滤元。

凝结水经过滤元后，水中的微小腐蚀产物和悬浮物颗粒被截留在滤层。当滤元微孔被污物堵塞，过滤器运行压差增高，达到一定的数值时，可使用压缩空气、水进行反洗，将滤层中的污染物洗掉。UHF 型滤元不能反洗，运行时间较长后可采用离线化学清洗的方式清除掉污染物，恢复其通量。

（3）管式过滤器的运行操作。这里以采用绕线式滤元的管式过滤器为例，进行运行操作说明。

1）管式过滤器的运行。管式过滤器的进水从设备底部进入，通过均流多孔板后，穿过滤元上的聚丙烯纤维层，水中悬浮颗粒被截留，水进入滤元骨架的不锈钢管内，向上流经封头后溢出。随着被截留杂质的增多，水流阻力上升，过滤器进、出口压差升高。当压差升到 0.08MPa 时，停运过滤器，进行反洗，反洗后，重新投入运行。经过多次反洗和运行后，水流压差不能降低到需要的程度，影响设备的出力或出水水质时，则应对滤元进行化学清洗或更换。

2）管式过滤器的反洗。管式过滤器压差超过 0.08MPa 时，应停止运行，进行以空气擦洗和反冲洗为主的反洗操作。操作的具体步骤如下。

a. 排水。开启过滤器的排气门、中排门，至无水流出为止，然后进行空气擦洗。

b. 空气擦洗。空气擦洗的方式可以采用单独空气擦洗，也可以采用空气与水混合擦洗的方法。单独空气擦洗：开启过滤器排气门、反洗出水门和擦洗进气门进行空气擦洗，标准状态下单位过滤面积空气流量为 $16.6m^3/(m^2 \cdot h)$，时间为 60s。水、气合洗：开启过滤器排气门、中排门和反洗进、出水门，进行水、气合洗，标准状态下单位过滤面积的压缩空气流量为 $16.6m^3/(m^2 \cdot h)$，水流量为 $7.5m^3/(m^2 \cdot h)$，时间为 60s。

c. 水冲洗。开启过滤器的反洗进、出水门，进行滤元的水冲洗，清洗至出水澄清为止。

d. 反复进行上述操作，次数与凝结水中的腐蚀产物和悬浮物含量有关。反复上述操作，直至出水清澈，过滤器反洗后，运行压差基本上能够恢复到 0.02MPa 左右。

3）充水。开启过滤器的反洗进水门、排气门，反洗进水至排气门溢流为止。关闭过滤器所有阀门，过滤器备用。

4）设计参数。管式过滤器的设计参数见表 6-8。

表 6-8　　　　　　　　　　　管式过滤器的设计参数

参　数	单　位	说　明
滤元水通量	$m^3/(m^2 \cdot h)$	8（绕线式）
		0.7（折叠式）
水冲洗强度	$m^3/(m^2 \cdot h)$	约 30（按照筒体截面积计）
反洗用气强度（标态下）	$m^3/(m^2 \cdot h)$	约 17（按照筒体截面积计）
运行压差	MPa	<0.1

参　　数	单　位	说　　明
滤元孔径尺寸	μm	正常运行时：5（绕线式）、1～4（折叠式）
		启动时：10（绕线式）、5（折叠式）
反洗水源	—	除盐水或凝结水
反洗气源	—	无油压缩空气或罗茨风机

3. 前置氢离子交换器

氢离子交换器的结构与普通阳床基本相同，只是体内没有再生液分配系统。

前置氢离子交换器＋混床是在凝结水处理中最早应用的系统。采用前置氢离子交换器，可除去凝结水中氨，从而改善混床的运行工况，此系统在应用中普遍取得良好效果。后来，美国成功地研究出混床空气擦洗工艺后，认为可以替代前置过滤器除去凝结水中腐蚀产物，将凝结水处理改为没有前置过滤的"裸混床"系统。但是，去掉前置氢离子交换器时，却忽略了前置氢离子交换器的离子交换作用。近年来，随着我国机组参数、容量的增大，超临界和超超临界直流炉增多，有的电厂重新选择了"前置氢离子交换器＋混床"的凝结水处理系统。

（1）前置氢离子交换器的运行工艺。主要包括以下几个方面。

1）前置氢离子交换器的离子交换反应。在前置氢离子交换器或单床串联系统的阳床开始运行时，氢型树脂与凝结水中铵离子发生反应，即 $RH + NH_4OH \rightarrow RNH_4 + H_2O$。

氢型树脂与氨水位反应为酸碱中和反应，生成物为解离度很小的水，没有反离子作用，因此进行得比较彻底。然后，才是氢型树脂与其他盐类的反应，例如，$RH + NaCl \rightarrow RNa + HCl$。

2）前置氢离子交换器运行各阶段的分析。为了便于叙述，将运行中前置氢离子交换器内的树脂层，自上而下地分为三段，分述如下。

a. 第一段：交换器进水端已失效的阳树脂层。这一层失效的阳树脂，主要是铵型树脂，并已经与凝结水中阳离子（铵离子和钠离子）达到了平衡，即树脂相中铵型/钠型的比例已经与水中的 $[NH_4^+]/[Na^+]$ 的比例达到了平衡，并符合质量作用定律。

在树脂类型、型号、水温已经确定的情况下，其选择性系数是常数，出水水质符合质量作用定律，即

$$K_{NH_4}^{Na} = [RNa/RNH_4][NH_4^+/Na^+]$$

移项

$$[RNH_4/RNa] = [1/K_{NH_4}^{Na}][NH_4^+/Na^+]$$

将 $[RNa] = 1 - [RNH_4]$ 代入整理得

$$[RNH_4]/1 - [RNH_4] = \{1/K_{NH_4}^{Na}\}\{NH_4^+/Na^+\}$$

在上述公式中，$1/K_{NH_4}^{Na}$ 是常数，在等于 1/0.75 即 1.33 的情况下，水中的 $[NH_4^+]/[Na^+]$ 比值越大，则 $[RNH_4]/1 - [RNH_4]$ 也越大，那么，RNa 所占的比例就越小。

上述公式中 $[NH_4^+]$ 与凝结水中 $[OH^-]$ 相等，因为凝结水中的 OH^- 来源于 NH_4OH 的水解，反应如下

$$NH_3 + H_2O \Longrightarrow NH_4OH \Longrightarrow NH_4^+ + OH^-$$

而[OH⁻]可根据凝结水的 pH 计算得出，所以当要求[Na⁺]维持某一数值，比如 $1.0\mu g/L$ 时，可根据凝结水的 pH 值，利用上述公式计算树脂中铵型树脂和钠型树脂分别所占比例。通过计算，当要求出水 $Na^+=1.0\mu g/L$ 时，可以得到表 6-9 所列数据。

表 6-9　　　　　　　　　不同 pH 条件下树脂中 RNH₄ 和 RNa 所占的百分数

pH 值	要求 RNH₄ 占总交换基团的比例（%）	RNa 占总交换基团的比例（%）
8.8	99.48	0.52
9.0	99.68	0.32
9.1	99.75	0.25
9.2	99.80	0.20
9.3	99.84	0.16
9.4	99.87	0.13
9.5	99.90	0.10
9.6	99.92	0.08

在进水端失效的阳树脂层中，无论凝结水 pH 值是多少，当树脂相中的 NH₄ 型树脂与 Na 型树脂比例，已经与水中铵离子和钠离子比例达到平衡，那么，进水端失效阳树脂不再发生离子交换反应。达到平衡以后的阳树脂中，含有铵型树脂和钠型树脂的数量，可以根据"填充—溢出"效应进行计算。

由于铵离子与钠离子型阳树脂所交换的离子都是一价离子，是比较容易再生的，因此，可以得到很高的再生度，例如 99.90%，残留的钠型树脂占 0.10%。从表 6-9 中可以看出，在 pH 为 9.6、出水含钠量为 $1\mu g/L$ 的情况下，钠型树脂的含量只占 0.08%，如果再生后阳树脂中的钠型树脂含量达到 0.10%，已经超过允许值，那么，则是"溢出"效应，即有 (0.10%－0.08%)×体积交换容量×失效层阳树脂体积＝树脂中排代进入水中的钠离子含量。

此时，虽然阳树脂的钠容量是负值，即不仅不能交换进水中钠离子，反而，树脂相中的部分钠离子被排代出来，进入下面的树脂层中，但是，对氨来说，氢型阳树脂仍然具有很高的交换容量，对于凝结水中氨的交换容量，则是 99.9%×体积交换容量×失效层阳树脂体积＝所交换的铵离子量。

由此可以看出，要探讨前置氢离子交换器或单床串联系统的阳离子交换器内阳树脂交换容量，应分别计算它的钠容量和铵容量，二者的数量相差很大。对交换器顶层失效树脂层来说，由于钠容量比较低，主要是利用它的铵容量。

b. 第二段：中部树脂层的交换容量。中部树脂层是处于水的 pH 逐渐变化的过程中，即这一层树脂顶部，水的 pH 值为进水的 pH 值，例如 pH＝9.6，而下部为 pH＝7.0，因此，各个层面的钠容量和铵容量都是不同的。实际上，中部树脂层是进行除盐的工作层。当此工作层向下移动到交换器底部时，出水的比电导率和含氨量开始上升，即到达失效终点。此时，在中部树脂层中，树脂仍然有部分交换容量残留，不能利用。在中部树脂层无法完全吸收进水带来的钠离子和树脂相排代出来的钠离子时，在中部树脂层下面会出现一层直接与钠离子交换的氢型树脂层，交换器失效时，出水中在氨离子漏过以前就会出现钠离子的漏过。

c. 第三段：交换器出水端氢型树脂的保护层。前置氢离子交换器底部未失效的氢型树

187

脂起着对出水水质保护的作用。随着中部树脂层逐渐下移，底部氢型树脂层逐渐减少，直至消失。出水出现氨或钠离子漏过，交换器达到运行终点。

3）前置氢离子交换器失效终点的控制。在凝汽器没有明显泄漏情况下，前置氢离子交换器出现出水电导率升高时，漏氨同时伴随漏钠，应立即退出运行，进行再生。当凝汽器泄漏，凝结水含盐量较大时，除了控制出水比电导率外，应取样测定出水含钠量。

4）树脂的空气擦洗。为了防止腐蚀产物对前置氢离子交换器内树脂的污染，可以在再生前，对阳树脂进行空气擦洗。

5）树脂的再生方式。前置氢离子交换器的再生采用体外再生方式，即将树脂水气输送至阳树脂再生罐中进行再生。

（2）前置氢离子交换器的除铁和除盐效果。前置氢离子交换器的阳树脂层高一般为1000～1200mm，运行流速为100～120m/h。实践表明，当机组启动阶段进水铁含量为40～1000μg/L时，出水铁含量可降至5～40μg/L，平均除铁率达到80%以上；当机组正常运行，凝结水中铁含量降至10μg/L以下时，前置氢离子交换器的除铁率会明显降低，较低时约20%～30%。

设置前置氢离子交换器，不要求它对盐类具有很高的交换容量，不需要考虑阳树脂失效后接触高pH值进水时，水中铵离子对树脂相中钠离子的排代，即使有盐类被排代出来进入前置氢离子交换器出水中，工作在pH值为7.0左右的后级混床，对盐类具有很高的交换容量，完全能够保证凝结水处理系统的出水水质。这样，就充分发挥了前置氢离子交换器对氨和后级混床对盐类同时具有很高交换容量的特点，这是其他凝结水除盐系统难以达到的。

所以，氢型阳床作为前置过滤器时，不仅有除铁效果，而且可交换水中的氨，降低混床进水pH值，从而延长混床的工作周期和减小混床出水Cl⁻含量。

第三节　凝　结　水　除　盐

一、凝结水除盐的特点

（1）进水的含盐量低。凝结水中的溶解盐类，主要来源于凝汽器漏入的冷却水和蒸汽从锅炉带来的溶解盐类，其含量很低。GB/T 12145—2008规定了凝结水的质量标准如下。

1）含钠量小于或等于5μg/L。

2）过热蒸汽压力为15.7～18.3MPa的机组，凝结水氢电导率（25℃）的标准值小于或等于0.3μS/cm，期望值小于或等于0.15μS/cm；过热蒸汽压力为18.3MPa以上的机组，凝结水氢电导率（25℃）的标准值小于或等于0.2μS/cm，期望值小于或等于0.15μS/cm。

从氢电导率的指标来看，凝结水允许的含盐量是很低的，约相当于含强酸阴离子16～25μg/L（以Cl⁻表示）。

（2）处理水量大。机组的凝结水流量较大，约等于锅炉给水流量的80%，300MW机组约为850m³/h，600MW机组约为1550m³/h。由于凝结水除盐设备进水含盐量很低，可以被交换的离子少，为此，在树脂强度允许的情况下，凝结水除盐的混床或单床都采用高流速运行的方式。目前，常用的流速为100～120m/h。

（3）凝结水中含有大量的氨。火电厂凝结水中的含氨量一般为0.5～1.0mg/L，压水堆核电站凝结水中的含氨量一般为 $1.0 \sim 3.0 \mathrm{mg/L}$。此含量对于其他微克/升级的溶解离子来说，其含量很高。凝结水中含有大量的氨，对凝结水处理的离子交换反应产生了一系列重要的影响：①凝结水 pH 值的提高；②在氢型混床运行的情况下，被交换的离子中，阳离子量远大于阴离子量；③改变了离子交换过程中的离子交换平衡关系。

（4）对出水水质要求高。因为凝结水处理设备的出水水质直接决定着锅炉给水的质量，因此，对出水水质的要求很严格，接近理论纯水〔电导率（25℃）达到 $0.055 \mu \mathrm{S/cm}$〕的水平。

目前，国内大型电厂的氢型混床出水氢电导率一般为 $0.06 \sim 0.08 \mu \mathrm{S/cm}$。

（5）决定着热力系统中盐类的平衡。对汽包炉，凝结水处理设备是水汽系统中除锅炉排污外，唯一能够排除溶解盐类的途径，而从锅炉排污排掉溶解盐类的效率取决于给水在锅炉内的浓缩倍率，但过高的浓缩倍率又将影响蒸汽品质。

对直流炉，由于无法进行锅炉排污，凝结水处理成为降低水汽系统中腐蚀产物和溶解盐类的唯一途径，否则，无法保持水汽系统中的盐类平衡和锅炉给水水质。

（6）要严防树脂漏入热力系统。因为凝结水处理设备是串联在热力系统中的，混床中一旦有树脂漏出就会进入锅炉。有机磺酸化合物组成的阳离子交换树脂进入锅炉受热分解，将产生酸性物质，对热力系统造成严重的腐蚀。因此，必须严格防止树脂从混床内漏出。

二、混床

1. 混床的配置形式

混床是凝结水处理中使用最多、最广泛的除盐设备，是"混合床"的简称。用于凝结水除盐处理的混床设备分为直筒形和球形两种结构形式。

直筒形混床常用于 300MW 机组，其结构如图 6-6 所示。对于 600MW 及以上的机组，为了节省设备的布置空间，并方便运行控制，通常采用球形混床，球形混床的结构如图 6-7 所示。

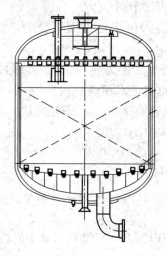

图 6-6　直筒型混床示意图

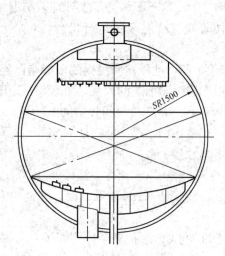

图 6-7　球型混床示意图

2. 对混床的基本要求

（1）混床直径不宜大于 3.2m。

（2）混床运行流速以 100～120m/h 为宜。

（3）混床的树脂层高不宜高于 1.2m，一般为 0.9～1.1m。

（4）氢型混床运行时宜采用的阳、阴树脂体积比为 3：2 或 2：1；铵型混床运行时，宜采用的阳、阴树脂体积比为 1：2。另外，当前置处理选用前置阳离子交换器时，后续混床阳阴树脂配比宜取 1：3～1：2。

3. 混床运行方式

凝结水精处理混床主要有两种运行方式，一种是氢型运行方式，指混床在氢型阳树脂和氢氧型阴树脂充分混合的基础上运行。混床出水漏钠和漏氨，阳树脂转化为铵型树脂时，混床运行失效；另一种是指混床氢型运行到终点后继续运行，阳树脂由氢型转为铵型后，混床在铵型阳树脂与氢氧型阴树脂充分混合的基础上运行，当进出水水质恶化或运行压差升高时，混床运行失效。

4. 氢型混床

（1）氢型混床除盐条件。氢型混床树脂与水中的盐类发生离子交换反应后的产物为水，因此，能够使离子交换反应进行得很彻底，从而获得更高纯度的水。以 $NaCl$ 代表水中的各种溶解盐类，其化学反应如下

$$NaCl + HR + ROH \Longrightarrow NaR + RCl + H_2O$$

氢型混床获得高纯水的基本条件为：阳、阴树脂颗粒充分混合，能够同时去除进水阳离子和阴离子，使交换下来的氢离子和氢氧根离子迅速结合为水，使混床出水的 pH 值接近 7.0。为了提高混床的周期制水量，阳、阴树脂应尽可能同时失效。

（2）氢型混床的运行机理。凝结水中含有大量铵离子，使阳树脂先失效，使失效树脂层的产水偏离中性，呈碱性，从而使阴树脂失去除盐能力。所以，在凝结水精处理中，混床阳、阴树脂难以同时失效，运行周期长短往往取决于阳树脂的氨容量大小，出水水质受水溶液 pH 值影响较大。这与锅炉补给水处理系统混床有明显不同。

为了方便研究氢型混床的运行机理，可将氢型混床树脂自上而下分为三段，现分述如下。

1）树脂层上段：此段树脂层内的阳树脂已经从氢型转换为铵型，大部分阴树脂仍然保持氢氧型。由于阳树脂形态的改变，上段水的 pH 值也与进水相同。

水中的 Na^+ 和 NH_4^+ 与树脂相中的 RNa 和 RNH_4 达到平衡，其反应如下

$$Na^+ + RNH_4 \Longrightarrow RNa + NH_4^+$$

并保持下列数量关系

$$K_{NH_4}^{Na} = [RNa/RNH_4][NH_4^+/Na^+]$$

根据上式，当凝结水 pH 为 9.0 时，要使出水 Na^+ 浓度为 $1\mu g/L$，RNa 的百分率不得高于 0.32%。

水中的 OH^- 与 Cl^-（代表杂质阴离子）与树脂相中的 ROH 和 RCl 处于平衡状态，即

$$Cl^- + ROH \Longrightarrow RCl + OH^-$$

其数量关系符合下式

$$K_{OH}^{Cl} = [RCl/ROH][OH^-/Cl^-]$$

根据上式，当凝结水 pH 值为 9.0 时，要使出水 Cl^- 的质量浓度为 $1\mu g/L$，RCl 的百分率不得大于 3.01%。

此时，上段树脂层出水中的 Na^+ 和 Cl^- 的质量浓度取决于阳、阴树脂的离子形态。如果树脂的再生度低于上述要求，当低再生度对应的出水 Na^+ 和 Cl^- 质量浓度甚至大于进水 Na^+ 和 Cl^- 质量浓度时，树脂相中的 Na^+ 和 Cl^- 将被置换出来，进入中段树脂层。

2) 树脂层中段。此段树脂层中的阳树脂处于从氢型向铵型转变的过程中，当阳树脂为氢型时，离子交换产水的 pH 值为 7.0 左右，所以阳、阴树脂能够交换上段树脂层出水中的 Na^+ 和 Cl^- 离子。但是当阳树脂转换为铵型后，离子交换产水 pH 与进水相同，约 9.0 以上，大量 OH^- 作为反离子，使中段阴树脂失去除盐能力，已经吸收的阴离子又会被水中的 OH^- 排代出来，并被水流带往下面的树脂层。

3) 树脂层下段。下段树脂层的进水 pH 值为 7.0 左右，阳、阴树脂分别为氢型和氢氧型，在中性介质条件下进行离子交换反应，发挥除盐作用。

当氢型阳树脂层下移至树脂层底端时，混床开始漏 NH_4^+，同时 Na^+ 和 Cl^- 开始被排代出来，氢型混床到达失效终点。

若阳、阴树脂混合不好，下层阴树脂很少，中段带出的大量杂质阴离子会使下层阴树脂很快失效，此时进水盐类只与阳树脂进行离子交换，使混床产水存在酸性物质，酸性物质浓度较大时，会引起炉水 pH 降低，对热力系统设备造成腐蚀。

根据上述分析可知，当阳树脂由氢型转换为铵型时，水的 pH 升高，混床基本失去除盐能力。

(3) 影响氢型混床出水水质的因素。主要包括以下几个方面。

1) 两种树脂的分离效果。经过再生，混入阳树脂中的阴树脂和混入阴树脂中的阳树脂将彻底变为失效型，降低了阳、阴树脂的再生度。为此，必须在两种树脂的分离过程中，尽可能使它们彻底分离，一般要求分离后的阳树脂中阴树脂含量和阴树脂中阳树脂含量均不超过 0.1%。

2) 两种树脂再生后的清洗效果。当两种树脂分别再生后清洗不彻底，在树脂层中难免会残留少量的再生液，那么两种树脂混合时，阳树脂再生废液中的阴离子将被阴树脂吸收，降低阴树脂再生度。同样，阴树脂再生废液中的阳离子将被阳树脂吸收，降低阳树脂的再生度，这一现象称为混合污染。

为了防止两种树脂的混合污染，阳、阴树脂分别再生后，必须清洗至出水电导率小于 $5\mu S/cm$ 以下，方可进行两种树脂的混合操作。

3) 两种树脂的混合状态。混床获得超纯水是建立在两种树脂充分混合基础上的。但在实际应用中，由于阳树脂的沉降速度高于阴树脂，两种树脂彻底混合是不可能的，树脂层上部阳树脂往往要少于阴树脂，而下部往往要多于阴树脂。实际应用中，为了使两种树脂充分混合，首先需选用混合性能满足要求的混床树脂，其次在设计混床时，混床内树脂层高度一般控制在 1.0~1.2m，防止树脂层过高引起两种树脂无法良好混合。另外，还要特别注意树脂混合的工艺条件，如混合水位和混脂后快排水。

4) 树脂的再生剂质量和剂量。再生剂中杂质，比如盐酸中的钠离子、氢氧化钠中的氯离子，将使阳树脂再生后的钠型树脂比例增大，阴树脂再生后的氯型树脂比例增大，这样势必影响混床的出水水质。

凝结水处理混床内阳树脂的再生可采用工业盐酸或硫酸，因为失效阳树脂为铵型，很少含钙型树脂，一般不会出现硫酸钙沉淀问题；阴树脂再生采用离子交换膜法制得的烧碱，NaOH 含量大于或等于 30%，NaCl 含量应补大于 0.007%，树脂的理论再生度可以达到 99%。

关于树脂的再生剂量，DL/T 5068—2006《火力发电厂化学设计技术规程》的附录 F "凝结水设备的设计参数数据"中提出，阳、阴树脂再生水平都是 100kg/ (m^3 R)。由于阳树脂失效离子形态主要为铵型，用强酸再生时，容易获得较高再生度，阴树脂失效时大部分仍然为氢氧型，消耗再生剂量不高，因此，上述再生水平对氢型混床来说，是能够达到要求的。

5) 混床的运行流速。离子交换反应的动力是离子交换平衡，反应的进行就需考虑反应达到平衡所需的时间，这就是离子交换动力学的问题。在离子交换器的实际运行过程中，所说的运行流速并不是水与树脂颗粒之间的流速，而是指交换器内的空塔流速。实际上，树脂颗粒与水的接触时间是很短的，因此，需要考虑反应速度的问题。

在凝结水处理混床内，空塔流速达到 100～120m/h，使树脂颗粒表面水膜明显减少，加快了反应速度，有利于离子交换反应的进行。

（4）氢型混床的出水水质与再生度的关系。氢型混床出水 pH 值为 7.0，要达到需要的出水水质，对混床内树脂的再生度要求不是很高。pH 值为 7.0，根据离子交换平衡的质量作用定律，可以计算出不同出水含钠量和与之平衡的阳树脂再生度的关系，见表 6-10。

表 6-10　　　　　　　　　　　出水含钠量与阳树脂再生度的关系

出水含钠量 (μg/L)	阳树脂需要达到的最低再生度 (%)	出水含钠量 (μg/L)	阳树脂需要达到的最低再生度 (%)
0.1	94	1	61
0.2	88.5	2	43.4
0.5	75.5	6	23

出水含氯量与阴树脂的再生度的关系见表 6-11。

表 6-11　　　　　　　　　　　出水含氯量与阴树脂再生度的关系

出水含氯量 (μg/L)	阴树脂需要达到的最低再生度 (%)	出水含氯量 (μg/L)	阴树脂需要达到的最低再生度 (%)
0.1	76.2	1	24.2
0.2	61.5	2	13.8
0.5	38.9	5	6.0

（5）氢型混床失效控制标准。主要有以下几个方面。

1) 比电导率指标。当氢型混床失效，出水漏氨，将使出水比电导率快速升高，所以，一般以比电导率作为监控氢型混床失效的标准。一般以出水比电导率（25℃）开始上升，且具有明显上升趋势时，判定氢型混床失效。大部分电厂的企业标准中规定，氢型混床出水比电导率（25℃）超过 0.1～0.2μS/cm 时，氢型混床失效。

2) 钠离子含量。当氢型混床失效，或凝结水水质恶化时，混床出水可能漏钠，尤其当阳树脂再生度较低时。所以，氢型混床出水一般也监测钠离子含量，一般至少要求混床出水钠离子含量不超过 $3\mu g/L$。

3）硅酸根含量（以 SiO_2 表示）。电导率测定只能代表水中能够导电物质的总量，而对于解离度极低的硅酸是不显示的，必须进行单独测定；由于凝结水中的硅酸盐大部分以分子状态存在，具有多种聚合体形式，而且还可能存在胶体的形式，所以混床对凝结水中的硅酸盐类杂质的去除不能简单按照离子交换平衡计算，即使混床出水其他指标达标，并不代表混床出水硅含量达标；另外，由于阴树脂再生时，硅酸根的洗脱较为困难，与再生液用量及温度有很大关系，当洗脱率低时，混床产水就可能存在硅酸盐漏过。因此，判断氢型混床是否失效，还应监测混床出水硅酸根（以 SiO_2 表示）含量，一般要求混床出水二氧化硅不超过 $10\mu g/L$。

5. 铵型混床

铵型混床是铵型阳树脂与氢氧型阴树脂组成混床树脂运行的一种运行方式。

在混床运行的初期，主要是以氢型混床去除凝汽器泄漏进入凝结水中的微量盐类和热力系统中产生的腐蚀产物。随着热力设备参数的提高和凝汽器的改进（采用全钛材质或对铜管凝汽器采用管板涂胶等），凝汽器泄漏率大大降低，实际上氢型混床去除的主要是凝结水中的氨。这样就形成了混床除氨，然后再加氨的状态，这是运行中不希望的。因此，出现了铵型混床工艺。

以出水中铵离子漏过，或钠离子漏过为终点，氢型混床在机组满负荷下的运行周期一般只有 5～7 天，而铵型混床可以运行 30～60 天，可节省大量的树脂再生费用和氨的加药费用。这便是发展铵型混床的主要目的。

（1）铵型混床的运行机理。混床进入铵型阶段，进、出水 pH 值和含氨量相等，氢型树脂已经不存在，全部转换为铵型树脂；由于氢氧根含量增加，阴树脂也达到了氯离子和氢氧根离子的平衡。其反应为

$$NaCl + RNH_4 = RNa + NH_4Cl$$
$$NH_4Cl + ROH = RCl + NH_4OH$$

可见，凝结水中所含的杂质盐类（以 NaCl 表示），经铵型阳树脂和氢氧型阴树脂反应后的产物为氢氧化铵。在阳树脂相中，进水含氨量越大，出水中的钠离子含量就越大；同理，阴树脂相中，进水含氨量越大，出水中氯离子含量也就越高。

根据离子交换平衡可以计算不同 pH 时，要求不同产水钠离子含量和氯离子含量时，允许钠型树脂所占阳树脂的最大比例，和允许氯型树脂所占阴树脂的最大比例。

根据式

$$K_{NH_4}^{Na} = [RNa/RNH_4][NH_4^+/Na^+]$$
$$K_{OH}^{Cl} = [RCl/ROH][OH^-/Cl^-]$$

计算，当 pH 为 9.0，要求出水含钠量等于 $1\mu g/L$，含氯量等于 $1.5\mu g/L$ 时，阳树脂中钠型树脂比例不能超过 0.33%，那么阳树脂的再生度至少应达到 $1-0.33\%=99.67\%$；阴树脂中氯型树脂比例不能超过 4.46%，那么阴树脂的再生度至少应达到 95.54%。

（2）铵型混床的作用。使用铵型混床的作用与氢型混床不同，不是为了除盐，其作用主要如下。

1）去除腐蚀产物。

2）改变凝结水中盐类组分。进入铵型运行阶段的混床，对于水中钠离子和氯离子，已经失去了去除能力，但是对于硬度离子、铜离子、铁离子等，能够等当量地转换为铵离子和钠离子，从而对锅炉给水品质起着改善作用。

3）在凝汽器泄漏时起缓冲作用。当凝汽器突然泄漏，进水中钠离子、硬度离子、铜、铁等有害离子增多，但出水中仍然保持着凝汽器泄漏前的铵离子与钠离子、氢氧根离子与氯离子的比例，此时尚不会立即对热力设备造成损害，因此起到了保护热力设备的缓冲作用。缓冲时间的长短取决于凝汽器泄漏的程度。

（3）如何降低铵型混床转型阶段的排代峰。凝结水处理混床能否从氢型转为铵型运行，主要表现为出水水质能否渡过转型阶段，即出现"排代峰"的过程中，出水水质是否合格。

排代峰一般是指钠离子的排代峰，但是实际上，也可能同时出现氯离子的排代峰。出现排代峰的主要原因就是转型阶段，钠型树脂或氯型树脂比例过大，而比例过大的原因包括：①树脂再生不彻底，残留钠型或氯型树脂量较多，再生不彻底主要表现在树脂输送、反洗分离不彻底、再生不彻底和再生后的清洗不彻底；②在氢型运行阶段，从凝结水中交换吸附了过量的钠离子或氯离子。

那么，针对上述原因，降低排代峰的方法有如下两种。

1）提高树脂再生效果。采用质量优良的再生剂；采用均粒树脂，提高树脂分离性能；采用高塔法或锥底法等具有良好分离效果的体外再生设备；采用可靠的树脂体外分离与输送过程的监控装置；平稳地输送树脂，并改进树脂输送方式，提高树脂输送率；再生后对树脂分别进行充分的清洗，防止树脂混合污染。

2）减少氢型阶段的产水量。混床的氢型运行阶段越长，交换的钠离子也就越多，形成的钠型树脂量就越多，转型阶段排代峰的高度也就越高。所以，可以通过减少混床阳树脂装填量，或提高混床进水含氨量的方法，使氢型阶段运行时间缩短，从而使钠型树脂量减少，使转型阶段的排代峰降低。

从根本上说，最直接有效降低排代峰的办法，还是防止凝汽器泄漏，或降低凝汽器的渗漏率，从而使凝结水含盐量大幅降低，那么氢型阶段所能够吸收的钠离子总量也就越少。

（4）铵型混床的优缺点。

1）优点：①运行周期长，在凝结水 pH 值为 9.2～9.4 的情况下，氢型混床的运行周期一般为 5～7 天，而铵型混床的运行周期可达 30～60 天；②再生次数少，不仅减少了再生操作的人力消耗，而且大大节省了再生剂的消耗和运行费用；③降低了热力系统加氨量，使混床前后无需重复加氨。

2）缺点：①失去除盐能力，当凝汽器泄漏，或补给水水质恶化时，铵型混床只有在短时间内改善进水盐类组分比例的作用，但达不到除盐效果，无法长期对热力设备提供可靠的保障；②即使凝汽器无泄漏，也需要对树脂深度再生，才能确保产水质量和稳定性；③铵型混床运行周期较长，受到铁污染的程度也就越加严重。

（5）实现铵型混床运行的条件。根据铵型混床的特点，电厂若实现铵型混床方式运行，必须同时具备以下六个条件。

1）凝汽器没有泄漏，凝结水的氢电导率小于 $0.2\mu S/cm$。

2）树脂的再生度达到或超过平衡值的要求。

3）混床采用体外再生，并选择分离效果良好的再生装置（高塔法或锥底法），采用可靠的树脂体外分离与输送过程的监控装置。

4）采用粒径范围合格的均粒树脂。

5）使用离子交换膜法制造的液体烧碱进行阴树脂再生。

6）运行人员的操作达到较高水平。

对于不同时具备上述所列条件的电厂不应盲目采用铵型混床运行。

6. 混床树脂的选择

（1）混床树脂的分离和混合系数。长期以来，凝结水混床中使用的离子交换树脂的项目和指标，都是针对阳、阴树脂分别制订的，国内外对代表混床中阳、阴树脂分离与混合性能的项目和指标，却没有相应的规定。实际上，分离与混合对混床运行的影响，甚至大于阳、阴树脂各自的性能指标。为此，西安热工研究院首次提出了"分离系数"与"混合系数"的概念和定义，以定量描述混床中阳、阴树脂分离与混合性能，并提出了测定方法和判断指标。

1）分离系数与混合系数的定义。分离系数（γ_s）的定义：粒径最小的阳树脂与粒径最大的阴树脂颗粒沉降速率的比值减1。其物理意义为：在最佳的反洗条件下，这两种树脂混合用于同一台混床中，用水力反洗分离的方法能够达到阳、阴树脂彻底分离的程度。其指标为：分离系数越大，表示分离得越彻底，且不得为负值。

混合系数（γ_m）的定义：粒径最大的阳树脂与粒径最小的阴树脂颗粒沉降速率的比值减1。其物理意义为：在同等的混合条件下，能与另外两种阳、阴树脂的混合程度进行定量的比较。其指标为：混合系数越小，两种树脂的混合程度越好。

计算"分离系数"和"混合系数"的目的是对混床用树脂进行评价，并选取既能彻底分离又能良好混合的一对阳、阴树脂组合。

2）分离系数与混合系数的理论基础。目前，混床失效后，阳、阴树脂几乎都是采用反洗水流进行分离的，能否达到彻底分离的效果，与阳、阴树脂颗粒在水中的沉降速率有直接关系。而球形树脂颗粒在水中的沉降速率符合斯托科斯（Stokes）公式。因此，可以确认，达到阳、阴树脂颗粒彻底分离的极限条件为粒径最大的阴树脂颗粒的沉降速率等于粒径最小的阳树脂颗粒的沉降速率，而绝不能出现前者大于后者的情况。

球状离子交换树脂沉降速率公式为

$$\upsilon_s = K \cdot \mu^n \cdot \Delta d^m \cdot \varphi^b \cdot d_{H2O}^D \tag{6-1}$$

式中　　υ_s——颗粒沉降速率，cm/s；

　　　　μ——水的动力黏度，g/（cm·s）；

　　　Δd——颗粒密度和水密度的差，g/cm³；

　　　　φ——树脂颗粒直径，mm；

　　d_{H2O}——水的密度，g/cm³；

　　　　K——系数；

n、m、b、D——指数。

在常用的球形树脂颗粒直径范围及密度范围内，n、m、b、D 分别为：－0.428、0.657、1.10、－0.286，K 值为1.49。将上述参数值代入式（6-1），得到

$$\upsilon_s = 1.49 \cdot \mu^{-0.428} \cdot \Delta d^{0.657} \cdot \varphi^{1.10} \cdot d_{H2O}^{-0.286} \tag{6-2}$$

由式（6-2）可见，影响树脂颗粒沉降速率的因素包括水的特性（密度和动力黏度）、树

脂的湿真密度和粒径等。由于在树脂反洗分离过程中，阳、阴树脂颗粒是处于同一水环境中，为了消除水特性的影响，分离系数和混合系数的表达式采用比值的形式。并且，影响阳、阴树脂颗粒分离效果的因素只是阳树脂中的最小颗粒和阴树脂中的最大颗粒，而不是树脂粒径分布曲线中 98% 以上的一般树脂。为此，首先计算阳树脂中的最小颗粒和阴树脂中的最大颗粒的比值 B_s，由式（6-2）可推导出 B_s 的表达式为

$$B_s = (\Delta d_c^{0.657} \cdot \varphi_{c,min}^{1.10})/(\Delta d_a^{0.657} \cdot \varphi_{a,max}^{1.10}) \tag{6-3}$$

式中　$\varphi_{c,min}$——最小阳树脂颗粒的粒径，mm；

　　　$\varphi_{a,max}$——最大阴树脂颗粒的粒径，mm；

　　　Δd_c——阳树脂的湿真密度与水的密度差，g/cm^3；

　　　Δd_a——阴树脂的湿真密度与水的密度差，g/cm^3。

当此比值为 1 时，表示最大的阴树脂颗粒与最小的阳树脂颗粒的沉降速率相等，是获得阳、阴树脂彻底分离的极限；此比值小于 1 时，采用水力反洗分离的方法不能达到彻底分离的目的。

为便于判断，"分离系数"采用将比值减 1 的方式，则变为正值，代表能够彻底分离；负值代表不能彻底分离。

分离系数的数学表达式为

$$\gamma_s = (\Delta d_c^{0.657} \cdot \varphi_{c,min}^{1.10}/\Delta d_a^{0.657} \cdot \varphi_{a,max}^{1.10}) - 1 \tag{6-4}$$

同理，将最大阳树脂颗粒的粒径与最小阴树脂颗粒的粒径代入上式，可以表示该阳、阴树脂用于同一台混床时，是否容易混合，称为混合系数，计算式为

$$\gamma_m = (\Delta d_c^{0.657} \cdot \varphi_{c,max}^{1.10}/\Delta d_a^{0.657} \cdot \varphi_{a,min}^{1.10}) - 1 \tag{6-5}$$

式中　$\varphi_{c,max}$——最大阳树脂颗粒的粒径，mm；

　　　$\varphi_{a,min}$——最小阴树脂颗粒的粒径，mm。

3）分离系数与混合系数的测定方法。主要内容如下。

a. 测定树脂粒径分布曲线。过去，树脂粒径的测定普遍采用湿筛法，难以精确测得不同粒径树脂颗粒所占百分数，西安热工研究院从美国麦奇克（Microtrac）公司引进了 S3500 激光粒度分析仪，该仪器采用静态激光衍射/散射技术，测量树脂的粒径范围为 0.25～1500μm，分析误差小于 0.6%，使树脂粒径的测量精度大大提高。

现选取国外某厂（称为 A 厂）、国内 B 厂和 C 厂的工业产品进行粒径分布测定，并计算分离系数与混合系数。为表达简便，将上述 3 个厂 3 对树脂样品分别称为样品 A、样品 B 和样品 C。图 6-8～图 6-10 所示分别为 3 对树脂样品的粒径分布图。

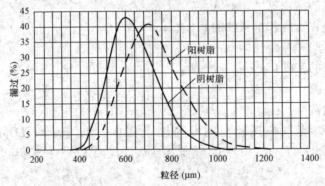

图 6-8　样品 A 阳、阴树脂的粒径分布图

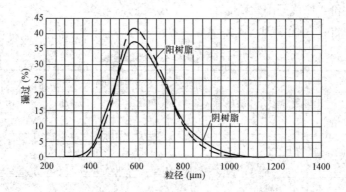

图 6-9 样品 B 阳、阴树脂的粒径分布图

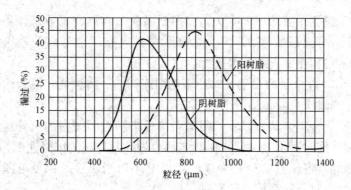

图 6-10 样品 C 阳、阴树脂的粒径分布图

b. 计算树脂粒径。目前采用的有效粒径和均一系数表示方法不适合混床树脂。混床树脂的粒径应当以平均粒径和粒径差来表示，它能够直观、明显地看出树脂粒径的均匀度，并方便地计算分离系数与混合系数。树脂的平均粒径为树脂漏过率为 1‰时，最大与最小粒径的数学平均值（μm）。粒径差为最大、最小粒径与平均粒径的差值，以±xxμm 表示。

c. 计算树脂的分离系数和混合系数。由阳、阴树脂的平均粒径和粒径差可以方便地计算出最大和最小树脂颗粒的粒径，代入式（6-4）和式（6-5）就可分别计算出分离系数和混合系数。

d. 计算混脂率。当分离系数等于 0 时，根据阳、阴树脂各占的体积百分数，可以计算出混脂率，见表 6-12。

表 6-12 分离系数等于 0 时三种样品的混脂率

样品名称	混脂率（%）
A	16.8
B	12.6
C	2.4

e. 利用分离系数与混合系数评价混床树脂性能。

将样品 A、B、C 的测定结果汇总于表 6-13，并对其分离和混合性能进行评价如下。以颗粒均匀度评价：B 优于 A，A 优于 C；

以分离效果评价：C优于B，B优于A；

以混合效果评价：A优于B，B优于C。

表6-13　　　　　　　　　　三对混床树脂样品性能综合表

样品名称	样品A		样品B		样品C	
树脂	阳树脂	阴树脂	阳树脂	阴树脂	阳树脂	阴树脂
平均粒径（μm）	710	635	635	625	887.5	645
粒径差（μm）	±320	±265	±265	±285	±402.5	±265
分离系数 γ_s	−0.297		−0.187		−0.013	
混合系数 γ_m	4.44		5.39		6.56	
混脂率（%）	16.8		12.6		2.4	

4）分离系数与混合系数的评价方法。利用分离系数和混合系数来评价混床树脂分离和混合性能的方法是：分离系数（γ_s）越大，表示两种树脂反洗分离的效果越好；混合系数（γ_m）越小，表示两种树脂混合的效果越好。

分离系数大于1，混合系数小于2时，表明混床树脂分离性能和混合性能优良。

（2）其他性能要求。主要包括以下几个方面。

1）尽量窄的粒径范围。最大颗粒的阴树脂与最小颗粒阳树脂的沉降速度不能相同或交叉，否则难以分离；同时，最大颗粒阳树脂与最小颗粒阴树脂的沉降速度相差不能过大，否则又难以混合。为此，混床宜选用均粒树脂，以缩小树脂颗粒的粒径范围，降低树脂中占1%的最大或最小颗粒对分离和混合的影响。

氢型混床要求树脂粒径范围为±100μm，而对于铵型混床运行而言，树脂粒径范围最好能够达到±50μm。

2）良好的机械强度。针对凝结水处理混床高流速运行的特点，树脂必须具有良好的机械强度。一般要求凝结水精处理用阳树脂的压碎强度达到1115g/粒，阴树脂的压碎强度达到770g/粒，阳、阴树脂的渗磨圆球率均应大于或等于90%。

3）较大的交换容量。衡量树脂离子交换能力大小的指标为树脂交换容量，它表示单位质量或体积离子交换树脂可交换的离子量。混床中的阳树脂主要交换凝结水中的铵离子，其交换容量决定着混床的运行周期，因此在选择混床中的阳树脂时，应选择交换容量较高的阳树脂。

4）较少浸出物。为了防止树脂中的浸出物随出水带入热力系统，要求树脂尽量减少可溶物和低聚物的含量。所以，凝结水精处理用新树脂必须进行预处理后方能使用。

5）阴树脂的耐热性。空冷机组凝结水的温度较高，高温季节甚至能够达到80℃以上，为了防止阴树脂迅速热降解，影响混床运行，应选择耐热性能较好的阴树脂。

DL/T 771—2014《发电厂水处理用离子交换树脂选用导则》要求，阴树脂在95℃下恒温100h后，强碱基团的下降率不能超过13%。

（3）混床用树脂的选用原则。在选择混床树脂时，应注意以下几个方面。

1）首先根据粒径差选择均匀度好的阳、阴树脂。

2）然后选择混脂量小的阳、阴树脂，应注意"混脂率×树脂总装填量"不得大于分离塔内存留的混脂量。

3）在允许的混脂量（并留有余地）和保证分离系数为正值的条件下，选择混合系数小的阳、阴树脂。

4）在上述筛选的基础上，选择交换容量高、机械强度较好和耐热性较好的混床树脂。

7. 凝结水混床树脂的污染及处理方法

凝结水混床的树脂，一般不会受到有机物、微生物和硅等物质的污染，有时会受到铁和十八胺（停炉保护时用）的污染。这里主要介绍铁污染及其处理方法。

阳、阴树脂均会发生铁的污染。对于空冷机组，由于冷却系统庞大，凝汽器严密性较差，铁的腐蚀产物较多，树脂更容易受到铁的污染。被铁污染的树脂，外观颜色变深，凝胶型树脂变的不透明。污染严重时，对于水冷机组，其外观颜色变深；对于空冷机组，其外观颜色变为铁锈红色。一般地，阴树脂附着的铁要比阳树脂大许多倍，这是因为阳树脂在用酸再生时，每次都能除去一部分铁。如果每 100g 树脂中含有 150mg 铁，就认为树脂被铁污染了。

树脂被铁污染后，传统的除铁方法主要有两种：一是简单采用盐酸再生除铁，此方法除铁效率非常低，尤其对吸附在树脂上的三价铁离子和堵塞在树脂网孔通道中的铁化合物几乎无去除能力，而且此方法需要将盐酸浓度控制到 10％左右，不但操作起来非常危险，还可能引起设备和管道的大面积腐蚀。如果添加亚硫酸氢钠作还原剂，用 8％～10％的热盐酸，清洗效果将大大的改善；二是采用亚硫酸钠作为还原剂，辅以 EDTA 或酒石酸等络合剂进行综合处理，此方法效果较好，但是对复苏条件要求较高，若复苏液温度低、复苏液在树脂中分配不均及 pH 控制不当均会发生铁络合物沉积现象，使铁污染物无法去除。

近年来，西安热工院开发了精处理树脂除铁复苏技术，与采用传统的除铁药剂进行树脂复苏相比，具有对设备无腐蚀、对树脂寿命无影响、复苏温度要求不高、复苏设备简单、易操作、除铁率高和废液易处理等优点。

8. 混床树脂的体外分离与再生系统

凝结水精处理系统与热力系统串联，为防止体内再生操作不当，使再生液进入热力系统，一般不允许混床采用体内再生法进行再生。而从树脂再生效果上看，体外再生明显优于体内再生，可获得更高的树脂再生度，而且树脂在体外再生时还能得到充分的清洗，所以目前体外再生是凝结水精处理混床的主要再生方式。

（1）混床树脂的体外再生过程。体外再生过程如下：混床失效后，将混床内的树脂输送到混床体外的容器中，进行空气擦洗、反洗分层、再生、清洗和混合等操作，然后送回混床内运行。两种树脂的分离是靠它们在水中沉降速度之差，用水反洗时，沉降速度低的阴树脂上浮，而沉降速度高的阳树脂下沉。分层后，在两种树脂层的交界面处，总会有部分阴阳树脂互相混杂，即阳树脂中混杂有阴树脂，阴树脂中混杂有阳树脂，交界面上下一定厚度的树脂称为混脂层。当混杂有阳树脂的阴树脂被送到阴再生塔，用碱再生，混杂的这部分阳树脂将彻底转换为钠型，增加混床中钠型树脂量；同样，混杂有阴树脂的阳树脂用酸再生时，这些混杂的阴树脂则转换为氯型，那么树脂中的钠型阳树脂和氯型阴树脂，在混床运行过程中，会被凝结水中的钠离子和氢氧根离子排代，造成钠离子和氯离子的漏过，影响出水水质。防止混脂层内阳树脂变为钠型和阴树脂变为氯型的方法就是将混脂层单独存放，不参加阳、阴树脂的再生，使它们仍然保持混床失效时的离子形态。混脂层树脂与下一次失效的树脂一起，重新进行反洗分层。

（2）体外分离与再生系统介绍。目前，分离效果较好，应用较为广泛的体外分离系统是高塔分离系统和锥底分离系统，以下重点对高塔分离系统和锥体分离系统进行介绍。

1）高塔分离系统。主要包括以下几个方面。

高塔分离系统组成。高塔分离系统设备包括分离塔（SPT）、阴树脂再生塔（ART）、阳树脂再生塔（CRT）以及相关水泵和风机等设备。系统特点是阳树脂再生塔兼任树脂贮存塔，分离塔兼任混脂贮存罐。

高塔分离设备结构。高塔分离系统设备与其他体外分离系统设备的主要差别在于分离塔的结构形式明显不同。该塔的下部为一个直径较小的长筒体，上部为直径逐渐扩大的漏斗段，塔身整体高度较高。塔体上设有失效树脂进脂口和阴、阳树脂出脂口，以及必要数量的窥视窗。塔内设定一过渡区，即混脂区，高度约1m。分离塔的树脂膨胀高度可达到树脂层高度的100%以上。

分离特点。树脂分离塔设计成上大下小的特殊形式，在分离过程中，首先将分离塔树脂上部的水通过溢流口放光，然后通入高流速反洗水流，快速将整个树脂床层提升到分离塔顶部，然后通过装在反洗进水阀前的流量调节阀，将反洗水流量逐步降到阳树脂的临界沉降速度以下，在此流量下，阳树脂颗粒将下沉，而阴树脂仍旧在分离塔上部浮动。待阳树脂沉降后，将反洗流量降低到零，阴树脂也得到沉降。这样，阴、阳树脂就得到了很好的分层。

此反洗分层的特点是反洗水进入直径较小的长筒体，树脂可获得较高反洗流速，阳树脂得到充分膨胀，其颗粒之间的距离拉大，使夹杂在阳树脂中的阴树脂可以很容易地反洗出来。当树脂上升到上部漏斗段时，逐步降低流速，使具有不同沉降速度的阳、阴树脂依次下落，达到分离两种树脂的目的。

反洗分层后，将阴树脂采用水力输送方式输送至阴树脂再生塔，分离塔上的阴树脂出脂口设置在阴、阳树脂理论分界面上约250mm处；阳树脂从底部输送，以水位开关或其他形式的树脂界面检测装置控制树脂输送终点；由于阴树脂出脂口设在树脂界面以上，所以阴树脂中基本不会混杂阳树脂；由于在树脂理论界面上下人为划定了不大于1m的混脂层，即使阳树脂输送终点控制装置在阳树脂输送过程中失灵，也能够通过分离塔中混脂层下移的位置，人为控制输送终点，保证树脂的纯净度。上述分离效率可以达到阳中阴和阴中阳小于0.1%。

2）锥底分离系统。主要包括以下几个方面。

锥底分离系统组成及特点。锥底分离系统包括分离塔、阳再生塔、混脂贮存罐和相关泵及风机等设备。系统特点是阳树脂再生塔兼任树脂贮存塔，分离塔兼任阴树脂再生塔，混脂贮存于单独设置的混脂贮存罐中。

锥底分离设备结构形式。锥底分离系统设备与其他体外分离系统设备的主要差别也在于分离塔的结构形式的不同。该塔的下部为倒锥体，由上至下，横断面不断减小，上部为筒体。塔体上设有失效树脂进脂口和阳树脂出脂口（混脂输送也是由阳树脂出脂口输出），以及必要数量的窥视窗。塔内不设过渡区。分离塔的树脂膨胀高度可达到树脂层高度的80%。

锥底分离系统的分离特点。锥底分离，其特别之处在于分离塔底部的锥斗构造，该构造由特殊材料制成，具有水量大、布水均匀等特点，阴、阳树脂能够充分、平稳地被托起，并能够平稳沉降，从而保证了反洗分层的效果。分离塔锥斗最低处上方约10cm处引出卸阳树脂管路，阳树脂输送时，水通过锥斗由阴塔底部进入床体，在均匀水流作用下，阳树脂通过树脂输送管路逐渐卸入阳塔，微量的混脂层也随着阴阳界面的下降而下降，界面到达锥斗时，随着锥斗直径的变小，混脂层直径也逐渐地变小，直到与树脂管口一样，当树脂管路出口的树脂界面自动检测装置检测到阴树脂时，则停止向阳塔输送阳树脂。由此可见，锥斗分离技术可以最大程度地减少混脂体积，提高阳、阴树脂的利用率。

（3）两种分离系统的比较。通过对以上两种分离系统的介绍可知，高塔分离系统与锥底分离系统都是三塔式体外分离和再生系统，但是由于各自分离塔结构形式的明显不同，其分离特点也不同。表 6-14 对两种系统进行了比较。

表 6-14　　　　　　　　　　高塔分离系统与锥底分离系统的比较结果

分离系统名称	高塔分离系统	锥底分离系统
树脂层平稳度	阴树脂倒出时，树脂移动平稳；阳树脂倒出时，树脂层面可能形成漏斗状，可能影响树脂层的平稳移动	下部锥斗保证了水流均匀，树脂层移动平稳
反洗分层效果	反洗流速高，树脂膨胀空间大，反洗分层彻底	反洗膨胀空间相对较小，反洗流速不宜太高，粒径差别小的阴阳树脂颗粒不宜分开
阴、阳树脂分离效果	由于混脂层高度达 0.8～1m，有效防止了交叉污染	混脂量少，树脂输送终点的异常缓冲能力差，对树脂界面检测装置依赖性太强
树脂输送终点控制	即使无界面检测装置，也可根据混脂层下移位置来控制树脂输送，控制可靠	主要依赖树脂界面检测装置的准确和灵敏程度
运行操作要求	树脂输送终点易于控制，运行操作简单	树脂输送终点需要调整界面检测仪在最佳状态，需要切换较多的阀门，操作复杂
树脂再生效果	由于分离效果可以保证，再生时不会发生交叉污染，再生效果好	取决于分离效果，分离效果不佳，会导致再生效果不良

9. 混床的运行控制

（1）机组启动期间，混床应氢型运行。

（2）有前置过滤器的凝结水精处理系统，当凝结水中的铁含量低于 $1000\mu g/L$ 时，可投运凝结水精处理设备。

（3）裸混床工艺，当凝结水中的铁含量低于 $500\mu g/L$ 时，可投入运行。

（4）混床投入运行前，应进行循环清洗，清洗流量宜为额定流量的 $50\%\sim70\%$，清洗至出水电导率小于 $0.2\mu S/cm$，方可投入运行。

（5）当凝汽器泄漏时，必须采用氢型混床运行方式，并应根据 GB/T 12145—2008 的规定进行处理。

（6）阳树脂再生剂宜选用工业盐酸或硫酸。采用硫酸再生时，再生液浓度为 $6\%\sim10\%$；再生流速为 $4\sim8m/h$；再生水平为 $130kg/m^3$（$100\%H_2SO_4$）树脂。采用盐酸再生时，再生液浓度为 $4\%\sim6\%$；再生流速为 $4m/h\sim8m/h$；再生水平为 $100kg/m^3$（$100\%HCl$）树脂。

（7）阴树脂宜选用离子交换膜法制造的高纯液体烧碱（氢氧化钠）进行再生，氢氧化钠质量应满足 GB/T 11199—2006《高纯氢氧化钠》要求。采用离子交换膜法生产的高纯液体烧碱对阴树脂再生时，再生液浓度为 $4\%\sim6\%$；再生流速为 $3\sim5m/h$；再生水平为 $100kg/m^3$

树脂（100%NaOH）；碱再生液温度为 35～40℃。

（8）氢型混床运行的失效终点应采用比电导率指标控制；铵型混床运行的失效终点应采用氢电导率指标控制。各电厂宜根据机组运行的实际要求，制定混床失效时的出水电导率控制的企业标准，提出的标准值不应超过 GB/T 12145—2008 的规定值。对于超超临界机组，建议混床氢型运行，出水比电导率控制在 0.1μS/cm 以内。

（9）除电导率指标以外，还应按照 GB/T 12145—2008 的规定，严格控制混床出水的钠和二氧化硅含量。对于超超临界机组，建议控制钠含量不超过 0.5μg/L，二氧化硅含量不超过 2μg/L，此外还建议控制氯、硫酸根离子浓度不超过 0.5μg/L。

（10）高混失效树脂输送至体外分离系统的输送率应大于 99.9%；树脂体外分离后，阳中阴应小于 0.1%，阴中阳应小于 0.07%。

10. 混床运行状态的评估

对于混床运行状态的评估，包括混床树脂的离子交换能力、混床树脂的再生状态以及混床的水流阻力。评估的目的是为了及时了解设备内部是否存在缺陷、树脂是否有流失以及运行与再生操作是否存在问题。

（1）离子交换能力的评估。评估混床离子交换能力的最重要依据是混床的出水质量。若混床出水水质无法满足运行要求，应从混床设备和材料性能、运行条件、树脂输送、清洗、分离、再生和混合工艺方式和参数设定等方面查找原因并进行处理。

评估混床离子交换能力的另一个重要依据是混床的除盐容量，目前大多电厂以混床周期制水量作为评估混床除盐容量的一个重要指标。若周期制水量小，则认为混床除盐容量较小。但是对于氢型混床而言，周期制水量受进水含氨量、含盐量、运行流速和机组负荷等运行条件的影响较大，因此周期制水量较小时，可能是氢型混床除盐容量较低，也可能是运行条件较差所致。所以，周期制水量并不直接反映氢型混床本身所具有的除盐容量。而对于铵型混床，若进水水质不恶化，不考虑运行压差和出水含铁量超标，仅从出水含盐量考虑，它的运行周期理论上可以达到很长的运行周期。所以评估混床除盐容量时，不能仅依靠周期制水量这一指标。

由于铵型混床几乎无除盐能力，评估其除盐容量无实际意义。氢型混床进水含氨量远远大于其他含盐量，因此氢型混床阳树脂的离子交换容量很快就会被铵离子消耗，阳树脂就会失效，此时阴树脂也就失去了除盐能力，所以氢型混床除盐容量主要体现在阳树脂的除氨容量上，所以评估氢型混床除盐容量的最直接依据就是阳树脂的氨交换容量。根据国内外资料报道，混床内的阳树脂的工作交换容量应该在 1750～2000mol/（m^3·R）之间，如果计算的工作交换容量明显小于此数值，则应查找该混床存在设备缺陷或运行、再生中的问题。

阳树脂氨交换容量的计算方法如下

$$Z_Q = (V_R \cdot E_R)/(q_v \cdot c_{NH_3}) \tag{6-6}$$

式中　Z_Q——运行周期，h；

　　　V_R——阳树脂体积，m^3；

　　　E_R——阳树脂的工作交换容量，mol/（m^3R）；

　　　q_v——本周期内，每小时平均制水量，m^3/h；

　　　c_{NH_3}——本周期内，凝结水中 NH_3 的平均含量，mmol/L。

式（6-6）经过整理，可以得到式（6-7）

$$E_R = [Z_Q \times (q_v \cdot c_{NH_3})]/V_R \qquad (6\text{-}7)$$

式（6-6）和式（6-7）中参数的取值方法如下。

1）混床的运行周期。从氢型混床投入运行开始，至出水水质达到失效终点，关闭出水阀的总时间，以 $XX.Xh$ 表示。

2）阳树脂体积。混床内实际运行的阳树脂体积（不包括保存在混脂塔内的阳树脂），可以按照阳再生塔内树脂的体积计算。

3）平均制水量。记录本周期内每小时的混床流量，计算其数学平均值，以 m^3/h 表示。也可以根据被运行周期除以混床出水管上的累积流量表的数值的方法求得。

4）凝结水中的含氨量。由于凝结水中所含 CO_2 和 HCO_3^- 的影响，通过测定凝结水 pH 值的方法计算得到的含氨量，不能表示凝结水中实际的含氨量，可以通过标准 DL/T 502.16《火力发电厂水汽分析方法 第16部分：氨的测定（纳氏试剂分光光度法）》测定凝结水的含氨量，并计算本运行周期内的数学平均值。在要求不高、凝汽器基本无泄漏时，可用凝结水的电导率的方法求得含氨量，其公式为

$$c_{NH_3} = (13.2\,S^2 + 62.7\,S) \times 10^{-3} \qquad (6\text{-}8)$$

式中 c_{NH_3}——凝结水中氨含量，mg/L；

S——凝结水的比电导率，$\mu S/cm$。

5）阳树脂的工作交换容量。根据上述数据，通过公式（6-7），计算实际混床内阳树脂的工作交换容量。

（2）树脂再生效果的评估。混床树脂的再生度，是评估再生条件和操作的重要指标，它直接影响混床的出水水质。取树脂样测定再生度的方法比较复杂，难以作为混床运行中的监控手段。采用树脂再生过程中，测定再生塔置换阶段排出的废再生液中的离子比例，可以计算出再生塔内树脂的再生度。

阳树脂再生过程中，当溶液中的离子与树脂相的离子形态达到平衡时，通过再生液中的氢离子与钠离子的比例，可以计算出树脂相中氢型树脂与钠型树脂的比例——即树脂的再生度。其计算公式如下

$$K_H^{Na} = [RNa/RH] \cdot [H^+]/[Na^+] = 1.5 \qquad (6\text{-}9)$$
$$[RH] = 1/K_H^{Na} \cdot [RNa]\,[H^+]/[Na^+] \qquad (6\text{-}10)$$

通过测得的废液中 $[H^+]$ 和 $[Na^+]$ 的浓度，代入公式（6-9）可以直接计算出 $[RH]$ 在总交换量中所占的比例，即再生度。树脂再生度以百分数（%）表示。

同理，通过再生废液中氢氧离子和氯离子的比值，也能够计算出阴树脂的再生度。

$$K_{OH}^{Cl} = [RCl/ROH] \cdot [OH^-]/[Cl^-] = 11.1 \qquad (6\text{-}11)$$
$$[ROH] = 1/K_{OH}^{Cl} \cdot [RCl]\,[OH^-]/[Cl^-] \qquad (6\text{-}12)$$

（3）水流阻力的评估。混床的运行阻力是指在额定出力下，树脂层的水流阻力和设备阻力之和。一般清洁混床，在树脂层高为 1m 的情况下，进、出口水的压差为 $7\sim20kPa$。混床实际的运行水流阻力，可以在设备初投入运行的调整试验阶段，绘制设备出力与水流阻力的曲线，作为评估混床水流阻力是否正常的依据。

如果运行中发现混床的水流阻力明显增高，可能是树脂的破碎颗粒需要清除或设备本身出现故障的表现；如果水流阻力明显降低，则可能是树脂流失或设备出现偏流所致。这些状况可以通过设备内部的检查和从树脂层表面取样测定树脂的粒径分布的方法，有针对性地予

以解决。

11. 混床运行中面临的难题及其应对的新技术

高速混床工艺的关键工艺是树脂的分离、混合和输送，而我国目前相当一部分高速混床的运行效果不佳，究其原因，多是因为在以下关键环节中出现了问题。高速混床失效树脂的体外分离和输送过程缺乏可靠的监控技术是最常见的问题，也是长期困扰电厂的问题。很多电厂都依靠人工干预进行解决，增加了运行人员的劳动强度外，分离和输送的随意性也很大，导致高速混床内的树脂体积和配比混乱，严重时甚至导致混合树脂分离再生失败，高速混床无法正常投运。

另外，我国火电机组凝结水精处理混床的阳、阴树脂配比大部分是按照 1：1 来设计，运行实践表明，此设计不利于氢型混床长周期运行，也不利于铵型混床出水水质的提高，应根据实际情况进行优化调整。但是混床树脂体外分离设备都是按照起初的阳、阴树脂配比来设计的，如果强行改变树脂比例，很有可能导致树脂无法正常分离再生。

以上两方面问题，都对电厂精处理系统的运行造成了严重的负面影响，为了解决上述问题，西安热工院开发了树脂输送图像智能识别及控制仪（instrument of image recognition and intelligent control of resin transportation，IRIC）。

（1）IRIC 的基本工作原理。IRIC 装置由树脂输送图像的采集单元、智能识别单元和信号控制单元组成。其中，树脂输送图像的智能识别单元为该装置的核心单元，融入了"阳阴树脂虚拟界面"的概念和"树脂输送图像的自适应识别算法"，是确保树脂输送终点判断的准确性能够达到 100% 的理论基础。图 6-11 所示为 IRIC 装置的系统图。

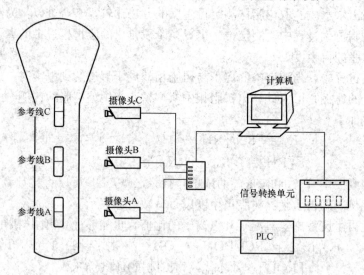

图 6-11　IRIC 装置系统图

采用该装置来控制树脂体外分离与输送过程，分为以下五个步骤。

1）采集树脂分离输送的实时画面，并传送至上位机。

2）借助智能识别软件对采集来的树脂图像进行实时分析。

3）根据"树脂输送图像的自适应识别算法"，捕捉"树脂虚拟界面"。

4）捕捉到"树脂虚拟界面"后，计算机向程控系统发出输送终点的控制指令。

5）程控系统按照指令要求对树脂分离输送的工艺步骤进行控制。

（2）系统功能。系统有以下两大基本功能：①监测混床阳、阴树脂的体积和配比；②准确判断树脂分离输送的终点。

基于上述第一项基本功能，系统还具有以下两项非常实用的拓展功能：①帮助用户在不改变分离塔结构的情况下，实现对混床树脂配比的优化调整；②通过测量混床阳、阴树脂量的变化幅度，来诊断混床树脂输送率和树脂泄漏量，从而防止树脂输送不彻底或树脂跑漏现象的发生。

（3）性能特点。主要有以下几个方面。

1）解决了阳阴树脂界面不清晰时输送终点的判断问题，并克服了目前常用的电导法和光电法等方法在使用过程中失灵的问题，提高了混床出水水质。

2）实现了树脂输送的远程监测和自动控制。操作人员可以直接观察到树脂分离输送的过程，可以了解到树脂的比例变化、是否成功分层，以及树脂输送步序是否执行完毕等信息。能够实现自动控制，解决了目前需要人工干预的情况，提高了可靠性，降低了运行人员的工作强度。

3）保证了混床树脂输送量的准确性。一方面可避免混床树脂体积和配比发生混乱，另一方面可使已经发生混乱的混床树脂体积和配比，在树脂分离输送过程中自行调整到合理水平。

4）延长了混床的周期运行时间。能够在不改变分离塔结构的情况下，改变阳阴树脂比例，大幅度提高混床的周期运行时间。

5）安装方便，维护简单。监测装置在分离塔外部用支架安装，不需要打开现有设备。由于分离塔是间断运行的，所以能够在机组运行期间安装。通过调整参考线位置即可调整树脂分离输送终点，维护简单。

三、单床

1. 单床串联系统概述

20世纪80年代，德国和英国提出采用单床串联系统处理凝结水的看法和试验结果，后来在德国和澳洲的电厂中使用，到21世纪初，美国也开始应用。1998年，我国天津某电厂从德国引进了单床凝结水处理系统，系统没经过过细的调试，就很容易正常投运，出水水质良好。

单床串联系统包括两种形式，一种是"阳床$_1$→阴床→阳床$_2$"系统，即凝结水首先经阳床$_1$去除水中的氨，并与全部金属离子进行交换，生成酸，然后经阴床去除强酸和弱酸，再经由阳床$_2$去除阴床树脂可能释放出的氢氧化钠；另一种是"阳床→阴床"系统，即凝结水经阳床去除水中的氨和金属离子，生成的酸再经由阴床去除。

两种单床串联系统最大的区别在于，前者可以很好地解决阴床出水漏钠的问题，而后者适用于凝结水钠含量较少的空冷机组，具有投资省、系统简单和占地面积小等优点。

2. 单床串联系统与混床的比较

（1）阳、阴离子交换次数的改变。混床的机理是能够获得"无穷多"级阳、阴离子交换，因而能够得到良好的出水水质，但这一切必须以两种树脂良好混合和水的pH值中性为基础。在树脂分离和再生中，减少交叉污染，是提高树脂再生度的必要条件。为了再生，两种树脂必须彻底分离，而再生后又必须良好地混合。

目前，常用的树脂分离方法为水力反洗分离法，是利用两种树脂颗粒在水中的沉降速度差进行分离的。沉降速度差越大，两种树脂越容易分离，但越难以混合；反之，沉降速度差过小，又不能良好地分离。因此，混床工艺存在着两种树脂分离和混合的矛盾，这是混床工艺存在的难以克服的根本缺点。

采用单床串联系统时，由于运行和再生中，两种树脂单独存放和输送，互不混合，也无需分离，从根本上解决了混床存在的矛盾。但是，离子交换过程又从"无穷多"级减少到了一级，因此能否达到凝结水处理要求的出水水质是必须解决的关键问题。

（2）离子交换平衡的比较。混床阳树脂与阴树脂混合，离子交换所产生的氢离子和氢氧根离子能够迅速结合为水，使混床出水 pH 值约为 7.0，离子交换平衡很容易达到，水中杂质离子与树脂相中不同离子形态的关系符合质量作用定律。所以混床出水水质取决于混床树脂的再生度和出水 pH 值。

单床，即阳床或阴床内只装填一种树脂，离子交换反应生成的氢离子或氢氧根离子将作为反离子，影响离子交换反应的彻底进行，所以，从理论上讲，单床出水质量不及混床。出水质量主要受树脂再生度、水的 pH 值和进水含盐量及离子组分等因素影响。

但是，由于凝结水的 pH 值较高，铵离子和氢氧根离子的浓度较高，凝结水首先进入阳床后，阳床树脂与铵离子交换产生的氢离子会与氢氧根离子迅速结合成为水，因此阳树脂与铵离子的交换较为彻底；另外，由于凝结水中其他阳离子含量很小，与阳树脂反应生成的氢离子的反离子作用很小，不足以使水的 pH 值偏离中性，对离子交换平衡反应的影响可忽略不计。因此，可认为在凝结水精处理阳床实际运行中，树脂相与水中所含离子是处于平衡状态的，并符合质量作用定律。那么，阳床出水水质与混床一样，都是取决于树脂的再生度和出水的 pH 值。

而阴床进水为阳床出水，阳床出水为酸性物质，这样的水进入阴床，与阴树脂离子交换后，不会产生反离子，所以阴树脂的离子交换可以很彻底。阴床出水水质与混床一样，也是取决于树脂的再生度和出水的 pH 值。

通过以上论述可知，凝结水精处理混床和单床的出水水质都取决于树脂再生度和出水 pH 值，其离子交换平衡反应都符合质量作用定律。但是，毕竟单床只有一级交换，当凝汽器泄漏，凝结水水质较差时，阳床树脂离子交换产生的反离子含量更多时，阳床出水水质就会首先变差。当阳床出水的质量变差，阴床进水中性盐类物质增多，酸性物质比例减小，阴床树脂离子交换就会产生无法结合为水的氢氧根离子，作为反离子影响阴床出水水质，那么单床出水水质就会变差。可见，当凝汽器泄漏，或其他原因使凝结水水质较差时，单床对水质的适应性不及混床。

（3）树脂再生效果比较。由于单床工艺中不存在两种树脂分离时的交叉污染、清洗后的混合污染及树脂输送过程中的污染，所以，在同样的再生条件下，单床树脂的再生度高于混床。

（4）阳、阴树脂装填量比较。由于单床树脂高度与混床相近，约 0.9～1.1m，单床的运行流速与混床相同，所以单床的阳树脂装填量和阴树脂装填量相等，明显较混床内阳、阴树脂装填量多，这对改善出水水质和延长运行周期都是有利的。

（5）混床与单床系统出水水质比较。国内的试验结果表明，在进水电导率为 0.12μS/cm，

含钠量为 $4.9\mu g/L$ 的情况下，混床出水平均电导率为 $0.083\mu S/cm$，含钠量为 $0.52\mu g/L$；"阳床$_1$→阴床→阳床$_2$"系统出水平均电导率为 $0.080\mu S/cm$，含钠量为 $0.37\mu g/L$。可见单床串联系统"阳床$_1$→阴床→阳床$_2$"的出水水质优于混床，其主要原因是进水水质较好，而且单床串联系统不存在混床中两种树脂的交叉污染和混合污染。国外的许多文献，也报道了类似结果。

(6) 运行周期比较。单床分阳床与阴床，阳床内阳树脂装填量较多，故而运行周期较混床长，一般可达 30 天以上；由于凝结水中阴离子含量远远小于阳离子含量（阳离子包括铵离子），阴床的运行周期较长，一般可达 3 个月以上；防止阴床运行漏钠而设置的后置阳床，即阳床$_2$，由于进水平均离子含量极少，它的运行周期很长，可达 1 年之久。

3. 单床优缺点

优点：运行和再生操作简单，运行可靠性高、出水水质好，树脂工作交换容量高。

缺点：凝汽器泄漏，凝结水水质较差时，出水水质可能无法保证，水质缓冲能力较差，系统占地面积大、设备较多。

4. 单床运行机理

(1) "阳床$_1$→阴床→阳床$_2$"的运行机理。阳床$_1$的运行机理与前置氢离子交换器的运行机理完全相同。经过阳床$_1$处理的凝结水所含杂质组分，包括矿质酸、碳酸、硅酸和有机酸等。这样的水进入阴床，与阴树脂离子交换反应产生的水，无反离子作用，因此，可以获得阴离子含量很低的除盐水。

阴树脂对 SiO_2 的选择性系数最低，所以阴树脂失效时，出水首先漏过的便是 SiO_2。由于凝结水中 SiO_2 所占比例明显高于天然水，失效的阴树脂中硅酸型树脂比例也比较高，为了获得良好的再生效果，阴树脂再生液应加热到 $35\sim40\text{℃}$。

由于强碱阴树脂在再生过程中，会吸附少量的钠离子，并在运行过程中释放出来进入水中，使阴床出水的含钠量高于进水。为了解决此问题，设置了阳床$_2$，用以吸收阴床释放的钠离子，这些钠离子在水中以氢氧化钠的形式存在。由于阴床释放的钠离子含量很少，同时氢型阳树脂又具有很高的交换容量，所以阳床$_2$的运行周期一般可达 1 年之久，因此，阳床$_2$可不设再生备用。

(2) "阳床→阴床"系统的运行机理。此系统中阳床和阴床的运行机理与上述内容相同。此系统无阳床$_2$，则不能除去阴床释放的钠离子，建议只用于凝结水钠离子含量小，且装设有汽包炉机组的空冷电厂。

5. 阳、阴分床树脂选择

阳树脂选用强酸型高强度树脂，要求其浸出物尽可能少，压碎强度应达到 1115g/粒，其他性能指标应符合 DL/T 519—2014《发电厂水处理用离子交换树脂验收标准》表 12 的要求；阴树脂选用强碱型高强度耐高温树脂，耐温性能最好能够达到 60℃以上，压碎强度应达到 770g/粒，其他性能指标应符合 DL/T 519—2004 表 12 的要求。

阳阴分床系统树脂可不必选用均粒树脂，而且当凝胶型树脂强度足够时，可不选用大孔型树脂。

6. 阳阴分床的运行控制

(1) 阳床出水呈酸性，因此投入阳床前，应首先投入阴床运行。

(2) 阳床正常运行，阴床因进水温度高或故障原因旁路运行时，应提高精处理出水的加氨量，并加强对炉水 pH 的监测，以防阳床出水对炉水 pH 值造成较大影响。

（3）凝结水铁含量低于 $1000\mu g/L$ 时，方可投运阳床。

（4）若无阳床$_2$，为了避免阴床投运初期出水漏钠和缩短阴床投运时间，阴床投运后应建立自循环，阴床出水通过自循环泵打至阳床进口，阴床漏钠通过阳树脂吸收。

（5）阳树脂再生剂宜选用工业盐酸或硫酸。采用硫酸再生时，再生液浓度为 6%～10%，再生流速为 4～8m/h，再生水平为 130kg/m³（100% H_2SO_4）树脂；采用盐酸再生时，再生液浓度为 4%～6%，再生流速为 4～8m/h，再生水平为 100kg/m³（100%HCl）树脂。

（6）阴树脂宜选用离子交换膜法制造的高纯液体烧碱（氢氧化钠）进行再生，氢氧化钠质量应满足 GB/T 11199—2006《高纯氢氧化钠》要求。采用离子交换膜法生产的高纯液体烧碱对阴树脂再生时，再生液浓度为 4%～6%，再生流速为 3～5m/h，再生水平为100kg/m³树脂（100%NaOH），碱再生液温度为 35～40℃。

（7）阳床运行终点为出水电导率开始上升，且具有明显上升趋势时。一般超过 $0.2\mu S/cm$ 时判定阳床失效。

（8）阴床运行终点以出水二氧化硅含量超标为准。阴床投入运行初期，应监测阴床出水含钠量，含钠量合格后方可投运阴床。

（9）阳床出水铁含量超标，或阴床出水铁含量超标时，应对阳床或阴床进行空气擦洗。

7. 阳阴分床树脂的再生系统

阳阴分床再生方式也为体外再生，再生方法与混床阳、阴树脂分离后，在单独容器中再生相同，不存在树脂分离和混合的问题。

阳阴分床再生系统由阳、阴树脂再生罐，阳、阴树脂贮存罐，再生水箱，酸、碱计量箱，电热水箱，再生水泵和罗茨风机等组成。阳、阴树脂分别在阳、阴树脂再生罐内再生，再生和冲洗好后分别输送至贮存罐贮存备用；阳、阴床失效后，将阳、阴树脂分别输送至阳、阴再生罐，然后将阳、阴树脂贮存罐内树脂分别输送至阳、阴床，冲洗合格后投入运行。

第七章 锅炉给水处理

第一节 火电厂给水系统

锅炉给水系统分低压给水系统和高压给水系统。从凝结水泵到除氧器的给水系统称为低压给水系统，包括凝结水泵、凝结水精处理、轴封加热器、低压加热器、除氧器及与其连接的管道、阀门等；从给水泵到锅炉的给水系统称为高压给水系统，包括给水泵、高压加热器及与其相连的管道、阀门等。

1. 轴封加热器

轴封加热器是回收轴封漏汽并利用其热量来加热凝结水的装置，从而减少轴封漏汽损失及热量损失，并改善车间的环境条件。轴封是与负压系统相连，用来抽出汽轮机汽封系统的汽气混合物，防止蒸汽漏到厂房和油系统中去而污染环境和破坏油质。这些汽气混合物进入轴封冷却器被冷却成水，并加热凝结水，剩余的没有凝结的气体被排至大气。轴封加热器的换热管一般为黄铜管、无缝钢管或不锈钢管，被加热的水在管内流动，蒸汽在管外与壳体间流动。

2. 低压加热器

低压加热器是位于凝汽器至除氧器之间的加热器，通常设置在轴封加热器之后。低压加热器的作用是利用在汽轮机内做过功的蒸汽，抽至加热器内加热给水，提高水的温度，以提高热力系统的循环效率。其结构大多数采用卧式，也有少量立式。立式加热器的优点是停机后管内无积水，有利于防腐。低压加热器的换热管一般由无缝钢管或不锈钢管构成的U形管束组成的，被加热的水在管内侧流动，蒸汽在管外与壳体间流动。老机组的低压加热器换热管为黄铜管，容易发生氨腐蚀，现已逐步更换。低压加热器的疏水大多采用逐级自流的方式，最终进入凝汽器。

3. 高压加热器

高压加热器是位于给水泵至省煤器之间的加热器，是利用在汽轮机内做过功的蒸汽，抽至加热器内加热给水的装置。结构与低压加热器基本类似，材质大都采用碳钢管，也有部分采用不锈钢管。高压加热器的疏水采用逐级自流的方式，最终进入除氧器。

火电厂中采用加热器的目的是汽轮机的做功曲线接近于卡诺循环，以提高热效率。因此，不管高压加热器还是低压加热器，只要给水走旁路就会降低机组的效率。

4. 除氧器

除氧器是利用汽轮机抽汽加热给水，同时除去锅炉给水中的氧气及其他气体的设备。除气的原理符合亨利定律，即压力越高除气越彻底。火电厂中给水溶氧是造成热力设备腐蚀的主要原因之一，给水除氧是防止设备腐蚀、保证机组安全运行的重要手段。此外，除氧器还可作为回热系统中的一个混合加热器，把高压加热器的疏水、火电厂各处水质合格的疏水、锅炉排污水经扩容蒸发、冷凝后汇集起来予以利用，以减少汽水损失。以前除氧器多采用传统的带除氧头的方式，现在多采用无头的除氧器，又称内置式除氧器。

第二节 火电厂给水水质特点

在火电厂中，压力等级越高，对蒸汽品质的要求也越高，给水水质对蒸汽品质的影响也越大，因此，火电厂对给水水质的要求一般是按锅炉的压力等级来划分的。

1. 锅炉压力等级的划分

火电厂中，锅炉压力等级划分标准以及对应的炉型、机组容量和主要用途见表7-1。

表7-1　　　　　锅炉压力等级划分标准以及对应的炉型、机组容量和主要用途

锅炉压力等级	压力范围（MPa）	锅炉类型	与锅炉配备的机组容量	用途
低压	<2.45	汽包锅炉	不属于电力行业	以供汽为主兼发电用
中压	3.8~5.8	汽包锅炉	25MW 及以下	发电与供汽
高压	5.9~12.6	汽包锅炉、少见直流锅炉	50~135MW	以发电为主兼供汽用
超高压	12.7~15.6	汽包锅炉、少见直流锅炉	200~250mW	以发电为主兼供汽用
亚临界	15.7~18.3	汽包锅炉、直流锅炉	300~660mW	发电
超临界	22.115~27	直流锅炉	500MW 及以上	发电
超超临界	>27	直流锅炉	600mW 及以上	发电

2. 汽包锅炉对水质的要求

汽包锅炉的给水经省煤器加热后进入汽包内的给水分配管，经汽包下降管进入下联箱，再进入水冷壁管，吸收热量后变成汽、水混合物返回到汽包，并在汽包内经过多次汽、水分离后，蒸汽进入到过热器进一步加热，通过喷入少量的给水（通常少于5%）调节至规定的温度后进入汽轮机做功，而在汽包内汽、水分离装置分离出来的炉水与给水一起进行再循环的产汽过程。

汽包炉对给水水质的要求特点如下。

（1）与直流锅炉相比，对锅炉给水水质要求相对较低，是否配备凝结水精处理设备由机组容量及其他配置而定。

（2）在产生蒸汽的过程中给水进行深度浓缩，因此，需要进行锅炉排污。

（3）蒸汽品质主要由炉水水质和汽包汽水分离效果以及给水水质决定。给水水质合格并不能保证蒸汽品质合格，如果汽包汽水分离出现问题、锅炉排污不及时、炉水处理不合适都可能导致在给水水质合格的情况下蒸汽品质不合格；即便给水水质不合格，也可以通过锅炉排污和炉水处理保证蒸汽品质合格，这就是汽包锅炉相对直流锅炉最大的优点。

（4）给水水质直接影响的是锅炉排污率和减温水的质量。

3. 直流锅炉对水质的要求

直流锅炉是靠给水泵压力，使给水依次通过省煤器、蒸发受热面（水冷壁）、过热器并全部变为过热蒸汽的锅炉。由于给水在进入锅炉后，水的加热、蒸发和蒸汽的过热，都是在

受热面中连续进行的，不需要在加热中途进行汽水分离。因此，它与汽包炉最大的区别就是没有汽包。在蒸发受热面和过热器受热面之间没有固定的汽液分界面，是随锅炉负荷变动而变化的。

直流锅炉对水质要求特点如下。

（1）与汽包锅炉相比，直流锅炉对给水水质要求相对较高，必须配备凝结水精处理设备。

（2）由于没有汽水分离过程，因此，蒸汽品质的好坏完全由给水水质决定，这是直流锅炉最大的特点。其优点是只要保证给水水质合格，就可以保证蒸汽品质合格，缺点是一旦给水水质出现问题，蒸汽品质必然出问题，没有挽救措施。

第三节　火电厂给水系统的腐蚀与防护方法

一、给水系统的材料

在火电厂的给水系统中，金属材料主要有碳钢、不锈钢或铜合金。无论给水水质如何，水对金属材料或多或少都有一定的腐蚀作用。腐蚀是指材料与环境介质反应而引起的材料的破坏或变质。如果不对给水进行处理，最大限度地减少给水系统的腐蚀，其腐蚀产物就会随给水进入锅炉，并沉积在水冷壁管热负荷较高的部位，影响水冷壁的传热，轻则缩短锅炉酸洗周期，重则导致锅炉水冷壁爆管。

二、给水系统的腐蚀

火电厂给水系统的腐蚀不同于一般意义上的腐蚀，它具有很强的特殊性，即水质很纯、杂质离子含量仅为 $\mu g/L$ 级、基本无氧、流速变化范围大、温度变化范围大、压力高且差别非常大，涉及的材料主要为碳钢、不锈钢、铜合金。

锅炉、汽轮机等热力设备对水汽品质的要求非常高，因此，要求热力设备的腐蚀速率非常低，否则自身的腐蚀产物足以影响水汽品质。由于高温、高压、纯水电阻率高等因素的限制，不像常温下普通水中的腐蚀速率可以借助电化学测定仪器直接测量，一般是通过测定水汽中的铁铜含量来评价腐蚀速率，通过 pH、溶解氧和氢电导率等参数来调整水质，以达到降低系统腐蚀的目的。

1. 碳钢的腐蚀

（1）锅炉省煤器管的氧腐蚀。省煤器管氧腐蚀的特征是，在金属表面上形成点蚀或溃疡状腐蚀。在腐蚀部位上，通常有突起的腐蚀产物。有时腐蚀产物连成一片，从表面上看，似乎是一层均匀而较厚的锈层，但用酸洗去锈层后，便会发现锈层下的金属表面有许多大小不一的腐蚀坑。腐蚀产物的颜色和形状随着条件的变化而不同。当给水溶氧浓度较高时，腐蚀产物表面呈棕红色，下层呈黑色；在给水 pH 值较低、含盐量较高的情况下，氧的腐蚀产物往往全部呈黑色，并且呈坚硬的尖齿状。省煤器在运行中所造成的氧腐蚀，通常是入口或低温段较严重，由于氧的逐渐消耗，高温段要轻些。

设备停用中保养不良会发生的氧腐蚀，其腐蚀产物在刚形成时，呈黄色或黄棕色，但经过运行后，棕黄色的腐蚀产物变成了红棕色。停用腐蚀所引起的蚀坑，一般在水平管的下侧，有时形成一条带状的锈。

（2）给水系统碳钢的流动加速腐蚀（FAC）。FAC 是锅炉管材在给水高流速条件下发生的一种磨损腐蚀，一般是碳钢在流速高的无氧水中发生，它与在较低的流速和单相流条件下就可发生的因机械因素引起的磨蚀不同。高参数锅炉在高温高压运行条件更容易发生 FAC。在无氧条件下，锅炉炉前系统氧化膜的形成分三步：

$$Fe + 2H_2O \rightarrow Fe^{2+} + 2OH^- + H_2 \tag{1}$$

$$Fe^{2+} + 2OH^- \rightarrow Fe(OH)_2 \tag{2}$$

$$3Fe(OH)_2 \rightarrow Fe_3O_4 + H_2O + H_2 \tag{3}$$

氧化膜的形成需要一定量的 OH^- 和 Fe^{2+}，且受反应（3）控制。在高速湍流条件下，Fe^{2+} 易被冲走，保护膜被破坏，而且这种条件下形成的保护膜外层相对较薄、松散、有孔隙、晶格大、致密性差，也容易被破坏而发生 FAC。

FAC 一般发生在锅炉给水管线、凝结水管线、蒸汽分离装置等部位，受影响表面往往被"马蹄形"蚀点迭盖，外形呈扇贝状或条形，有的还有交替的黑色和红色的氧化物带。这种腐蚀的结果是给水含铁量偏高，使给水系统中的加热器、给水泵、省煤器、水冷壁结垢速率加大。调查发现，给水泵后的高压给水管道的弯头和部件，由于壁厚明显腐蚀减薄而产生泄漏和爆破事故，壁厚减薄速率可达 $3mm/a$，有时高达 $10mm/a$。有些电厂高压加热器内积聚氧化铁严重，有的给水泵也积聚氧化铁，更严重的是这些铁杂质进入锅炉浓缩后会加速对水冷壁管腐蚀并成为其他电化学腐蚀的腐蚀源。例如，金属表面腐蚀下来的 Fe^{2+} 被水中溶解氧氧化成 Fe_2O_3 后，会发生下面的化学反应：$Fe_2O_3 + Fe + H_2O \rightarrow 2FeO + Fe^{2+} + 2OH^-$，从而进一步腐蚀锅炉。研究发现，水的纯度、溶解氧含量、流速、温度、炉管几何形状和材料都对 FAC 有明显的影响。要防止 FAC，首先应在设计时认真考虑 FAC 因素，如流速的确定、管道的布置，尽量减少产生强烈湍流的可能；若不能避免，可选择含 Cr 元素的材料；其次是改变锅内水化学工况，可采用给水加氧处理水工况。

2. 铜合金的腐蚀

（1）铜合金及含铜的铁基合金的一般性腐蚀。在机组运行期间，在低浓度氨水和溶解氧（DO）的协同作用下，铜合金表面会形成一层致密的 Cu_2O 保护层，例如给水中的 $DO < 20\mu g/L$ 时，则有 $Cu + O_2 \rightarrow 2Cu_2O$，将阻止铜的进一步腐蚀；如果 $DO > 20\mu g/L$，铜将发生下列反应

$$2Cu_2O + O_2 \rightarrow 4CuO$$

$$CuO + 4NH_4OH \rightarrow Cu(NH_3)_4(OH)_2 + H_2O$$

生成的 $Cu(NH_3)_4(OH)_2$ 是一种络合物，在水中是可溶的，没有任何保护性。

（2）铜管的氨腐蚀。氨对铜的腐蚀主要是指较高浓度的氨与铜的氧化物生成铜氨络离子并溶于水，以及氨和水中的溶解氧一起对铜进行腐蚀，生成铜氨络离子，其方程如下

$$CuO + H_2O + 4NH_3 = [Cu(NH_3)_4]^{2+} + 2OH^-$$

$$2Cu + 8NH_3 + 2H_2O + 2O_2 = 2[Cu(NH_3)_4]^{2+} + 4OH^-$$

由于 $Cu(NH_3)_4^{2+}$ 比 Cu_2O、CuO 更稳定，因此，在氨、氧共存时，铜合金表面不存在保护性的铜氧化物，由此导致铜管的快速腐蚀。

显然，如果空抽区没有氧存在，则阴极的去极化反应与后续的自催化反应都不会发生，铜管的腐蚀程度有限，因此，确保凝汽器真空区的密闭性及抽气器的正常工作是防止空冷区

铜管腐蚀的首要条件。

常温下氨水溶液的汽液相分配系数比大约在 10 左右，即气相中氨的浓度约是凝结水的 10 倍。而在凝汽器空冷区，由于隔板及凝汽器过冷的作用，导致隔板处氨浓度急剧升高。此处的氨含量能达到凝结水氨含量的数百倍，从而造成氨浓缩区的铜管氨腐蚀。最常见的现象是铜管外壁均匀减薄，但在隔板缝隙处由于凝结水过冷，溶解的氨浓度大大增加，产生环状腐蚀沟槽，严重时会导致凝汽器铜管环向断裂。低压加热器的换热器为铜管时，其氨腐蚀的情况同上。

3. 防护措施

选用给水处理方式时，必须兼顾凝结水系统和疏水系统的腐蚀。防腐措施主要有以下几个方面。

（1）改变材质。将加热器铜合金管更换为碳钢管或不锈钢管；将碳钢管更换为不锈钢管，现在许多低压加热器换热管在设计时已经为不锈钢管。

（2）改变水质。提高给水的纯度，最大限度减少给水中的杂质离子；调节给水的 pH；给水除氧处理；给水加氧处理。

第四节 锅 炉 给 水 处 理

一、锅炉给水处理的目的

对于火电厂，给水处理是指向给水加入水处理药剂，改变水的成分及其化学特性，如 pH 值、氧化还原电位等，从而最大限度地减少给水系统铁基合金和铜合金的腐蚀速率。给水处理并不能改变给水中杂质离子的含量，除去给水中杂质离子是需要通过凝结水精处理来实现的。那么，也就是说给水处理就是要针对一定条件下，主要指给水中的杂质含量（表现为氢电导率的大小）、给定的金属材质，选择腐蚀速率最小的给水 pH 和溶解氧含量。给水处理不仅要使给水系统的速率腐蚀最小化，还要考虑凝结水系统、疏水系统的腐蚀，因为，给水处理不仅直接影响给水系统，还将影响凝结水系统、疏水系统的水质条件。因此，给水处理的目的可以归纳为：①防止给水系统的腐蚀和结垢；②减小腐蚀产物向锅炉的转移；③提高减温水的品质。

二、锅炉给水的处理方式

随着机组参数和给水水质的提高，给水处理工艺也在不断发展和完善，目前有三种给水处理方式，即还原性全挥发处理、氧化性全挥发处理和加氧处理。各电厂可根据机组的材料特性、炉型及给水的纯度选择不同的给水处理方式。

（1）还原性全挥发处理是指锅炉给水加氨和还原剂（又称除氧剂，如联氨）的处理，英文为 all-volatile treatment（reduction），简称 AVT（R）。

（2）氧化性全挥发处理是指锅炉给水只加氨的处理，英文为 all-volatile treatment（oxidation），简称 AVT（O）。

（3）加氧处理是指锅炉给水加氧的处理，英文为 oxygenated treatment，简称 OT。

三、AVT（R）、AVT（O）和 OT 的原理

1. 抑制碳钢的一般性腐蚀

从图 7-1 铁—水体位与 pH 平衡图可以看出，要保护铁在水溶液中不受腐蚀，就要把水溶液中铁的形态由腐蚀区移到稳定区或钝化区。可以采取以下三种方法达到此目的：①通过热力除氧并加除氧剂进行化学辅助除氧的方法以降低水的氧化还原电位（ORP），使铁的电极电位接近于稳定区，即 AVT（R）方式；②通过加氧气（或其他氧化剂）的方法提高水的 ORP，使铁的电极电位处于 α-Fe_2O_3 的钝化区，即 OT 方式；③ 只通过热力除氧（即保证除氧器运行正常）不再加除氧剂进行化学辅助除氧，使铁的电极电位处于 α-Fe_2O_3 和 Fe_3O_4 的混合区，即 AVT（O）方式。

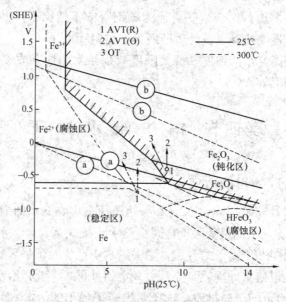

图 7-1 铁—水体系电位与 pH 平衡图

注：水的氧化还原电位（ORP）与铁的电极电位是两个不同的概念。ORP 是衡量水的氧化还原性能的指标，通常是指以银—氯化银电极为参比电极，铂电极为测量电极，在密闭流动的水中所测出的电位差。铁的电极电位是指铁表面与水溶液界面间产生的电位差，通常是以银—氯化银电极为参比电极，铁电极为测量电极，在密闭流动的水中所测出的电位差。

在 AVT（R）方式下，由于降低了 ORP，使铁生成稳定的氧化物和氢氧化物分别是 Fe_3O_4 和 $Fe(OH)_2$。它们的溶解度都较低，在一定程度上能减缓铁进一步腐蚀。

在 OT 方式下，由于提高了 ORP，使铁进入钝化区，这时腐蚀产物主要是 α-Fe_2O_3 和 $Fe(OH)_3$，它们的溶解度都很低，能阻止铁进一步腐蚀。

在 AVT（O）方式下，由于 ORP 提高幅度不大，使铁刚进入钝化区，这时腐蚀产物主要是 α-Fe_2O_3 和 Fe_3O_4，它们的溶解度较低，也能阻止铁进一步腐蚀。

2. 抑制碳钢的流动加速腐蚀

在湍流无氧的条件下钢铁容易发生 FAC，其发生过程如下：附着在碳钢表面上的磁性氧化铁（Fe_3O_4）保护层被剥离进入湍流水或潮湿蒸汽中，使其保护性降低甚至消除，导致母材快速腐蚀，一直发展到最坏的情况——管道腐蚀泄漏。在发电厂中，FAC 的腐蚀速率

取决于多个参数，其中包括：给水化学成分、温度、pH、氧含量、流速、材质和几何形状等。FAC 过程可能十分迅速，壁厚减薄速率可高达 5mm/a 以上。例如，某电厂一台 500MW 的直流锅炉，高加换热管为盘香式，在许多支管的入口弯头处，5mm 厚的钢管不到一年就因管壁腐蚀减薄而爆裂。

对于双层氧化膜的研究表明，外层膜是不很紧密的 Fe_3O_4，而联氨处理条件下形成的保护膜主要是 Fe_3O_4。研究表明 Fe_3O_4 在 150～200℃ 条件下，溶解度达到峰值，不耐冲刷。这就是为什么在联氨处理条件下，炉前系统容易发生 FAC 的原因；也是为什么使用联氨处理给水含铁量高，水冷壁下联箱节流孔易被 Fe_3O_4 堵塞的原因。给水加氧处理就是为了改善铁基材料外层膜的氧化形态，使其形成比较致密的、溶解度更低的 Fe_2O_3 保护层。给水采用 AVT（R）和 OT，其氧化膜组成的变化可用图 7-2、图 7-3 和图 7-4 的对比说明。

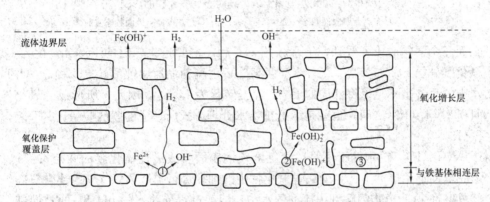

图 7-2 采用 AVT（R）的氧化膜结构示意图

①$Fe+2H_2O$══$Fe(OH)_2+H_2\uparrow$，$Fe(OH)_2$══$Fe(OH)^++OH^-$，$Fe(OH)_2$══$Fe^{2+}+2OH^-$；

②$2Fe(OH)^++2H_2O$══$2Fe(OH)_2^++H_2\uparrow$；

③$Fe(OH)^++2Fe(OH)_2^++3OH^-$══$Fe_3O_4+4H_2O$。

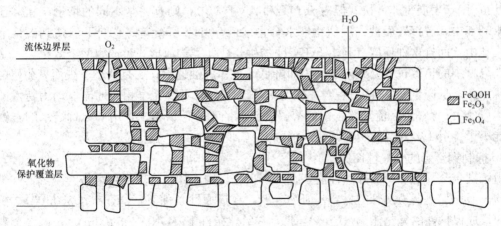

图 7-3 采用 OT 的氧化膜结构示意图

①$4Fe^{2+}+O_2+2H^+$══$4Fe^{3+}+2OH^-$；

②$2Fe^{2+}+2H_2O+\frac{1}{2}O_2$══$Fe_2O_3+4H^+$；

③$Fe(OH)^++H_2O$══$FeOOH+2H^++e^-$；

④$Fe_3O_4+2H_2O$══$3FeOOH+H^++e^-$。

215

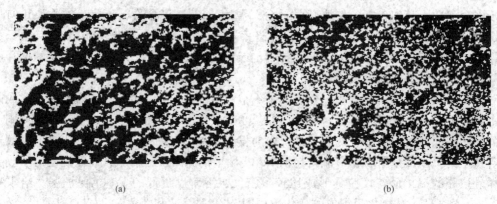

(a)   (b)

图 7-4 有氧处理和无氧处理对金属表面膜的影响
(a) AVT（R）方式金属表面状态（放大 16 倍）；(b) OT 方式金属表面状态（放大 16 倍）

从上面三个图的对比可看到，给水采用 OT 后，主要是将外层的 Fe_3O_4 转化为 Fe_2O_3，克服了氧化膜外层 Fe_3O_4 空隙率高、溶解度高、不耐流动加速腐蚀的缺点。由于 AVT（O）时，给水中的氧含量不足以将外层的 Fe_3O_4 完全转化为 Fe_2O_3，因此，所形成的氧化膜特性介于 OT 和 AVT（R）之间，也就是说这种给水处理方式所形成的膜的质量比 OT 差，但优于 AVT（R）。

对于 AVT（R），给水处于还原性气氛，碳钢表面生成磁性氧化膜的两个关键过程是：①内部形貌取向连生层的生长，受穿过氧化物中的细孔进行扩散的氧气（水或含氧离子）的控制；②可溶性 Fe^{2+} 产物溶解到了流动的水中，溶解过程受给水的 pH 和 ORP 控制。一般而言，给水的还原性越强，在省煤器入口铁腐蚀产物的溶解度就越高。正常 AVT（R）情况下，ORP＜－300mV，给水中铁腐蚀产物的含量小于 $10\mu g/L$，一般不会发生 FAC。但值得注意的是，由于局部的流体处于湍流状态时，碳钢表面的磁性氧化膜（Fe_3O_4）会快速脱落，使得 FAC 发展得非常快。但对于 OT 和 AVT（O），则有完全不同的情形。在非还原性给水环境中，碳钢表面被一层氧化铁水合物（FeOOH）所覆盖，它向下渗透到磁性氧化铁的细孔中，而且这种环境有利于 FeOOH 的生长。此类构成形式可产生两个效果，一是由于氧向母材中的扩散过程受到限制，因而降低了整体腐蚀速率；二是减小了表面氧化层的溶解度。因此，从产生 FAC 的过程看，在与 AVT（R）时具有完全相同的流体动力特性的条件下，FeOOH 保护层在流动给水中的溶解度明显低于磁性铁垢。采用 OT 时给水的含铁量有时能小于 $1\mu g/L$，并且能明显减轻或消除 FAC 现象。

3. 抑制铜合金的一般性腐蚀

由于铜合金具有优良的导热性能，在许多火电厂中，铜合金主要用来作为凝汽器、轴封加热器、低压加热器换热管的材料。研究表明，在还原性条件下（ORP＜－350mV），铜合金表面形成保护性的氧化亚铜（Cu_2O）膜；在氧化条件下（ORP＞＋100mV），铜合金表面形成非保护性的氧化铜（CuO）膜，腐蚀率明显增加。因此，对于有铜给水系统，给水需要采用 AVT（R）。

从铜的腐蚀机理可以看出，如果要减缓铜合金的腐蚀，只要减少给水中的溶解氧，使 $2Cu_2O+O_2 \rightarrow 4CuO$ 这一步反应不能进行，则整个腐蚀反应就会停止。因此，还原性条件（加 N_2H_4）对于减少运行期间的铜合金腐蚀是必要的，可向凝结水精处理出口加 N_2H_4 来控制铜合金的腐蚀。

4. 抑制铜合金的氨腐蚀

铜合金的氨腐蚀主要特指在凝汽器空冷区凝结水中由于氨的聚集与氧的存在，在凝汽器空冷区出现过冷度的情况下，凝汽器铜管发生的腐蚀。

虽然加氨可防止铁基合金的腐蚀，在无氧存在时，也可防止铜合金腐蚀，但是在凝汽器空抽区溶解氧是一定存在的。GB/T 12145—2008 规定，超高压机组凝结水的 DO≤40μg/L；亚临界机组 DO≤30μg/L；而空抽区正是氨富集的地方，由于隔板与凝结水过冷的作用，空抽区凝结水中的氨浓度急剧升高，远高于给水中氨的浓度，有时可达上百毫克每升，在 O_2、CO_2 的共同作用下，会导致该处铜管严重腐蚀、穿孔。因此国内一些电厂在空抽区采用白铜管（BFe30-1-1、BFe10-1-1）或不锈钢管来防止氨腐蚀。

从以上分析可以看出，无论采用哪种给水处理方式都可以抑制水、汽系统铁的一般性腐蚀。对于铜合金而言，氧总是起到加速腐蚀的作用。所以，对于有铜系统机组，不能采用加氧处理，应尽量采用 AVT（R）方式运行。不论在含氧量高低，pH 值在 8.8～9.1 的范围内，铜的腐蚀速度都最低。

四、锅炉给水处理标准

现行的与给水处理相关的标准有 DL/T 805.1—2011《火电厂汽水化学导则 第1部分：锅炉给水加氧处理导则》、DL/T 805.4—2004《火电厂汽水化学导则 第4部分：锅炉给水处理》、DL/T 912—2005《超临界火力发电机组水汽质量标准》和 GB/T 12145—2008《火力发电机组及蒸汽动力设备水汽质量》。

由于各标准制定时间存在较大差异，GB/T 12145—2008 是目前现行标准中对水质要求最严格的，而其他三个标准在某些项目上更具体、更全面，如果这四个标准对某项指标的规定存在差异时，以规定最严格的标准为准。我国目前现行水汽质量标准实际上是针对湿冷机组的，尚缺乏专门针对空冷机组的水汽质量标准，因此，空冷机组在运行中只能暂时参考湿冷机组的水汽质量标准，不久将会出台专门针对空冷机组的水汽质量标准。

1. AVT（R）给水质量标准及各指标的依据

（1）AVT（R）是给水加氨和联氨的处理方式，锅炉给水质量标准应按表 7-2 中的有关规定执行。

表 7-2   **AVT（R）时锅炉给水质量标准**

锅炉过热蒸汽压力（MPa）		汽包锅炉						直流锅炉			
		3.8～5.8	5.9～12.6	12.7～15.6		＞15.6		5.9～18.3		＞18.3	
		标准值	标准值	标准值	期望值	标准值	期望值	标准值	期望值	标准值	期望值
氢电导率 (25℃, μS/cm)	有精处理	—	—	—		≤0.15	≤0.10	≤0.15	≤0.10	≤0.15	≤0.10
	无精处理		≤0.30	≤0.30		≤0.30					
pH (25℃)	有铜系统	8.8～9.3	8.8～9.3	8.8～9.3	—	8.8～9.3		8.8～9.3		8.8～9.3	
	无铜系统[a]	8.8～9.3	9.2～9.6	9.2～9.6	—	9.2～9.6		9.2～9.6		9.2～9.6	

锅炉过热蒸汽压力（MPa）	汽包锅炉						直流锅炉			
	3.8~5.8	5.9~12.6	12.7~15.6		>15.6		5.9~18.3		>18.3	
	标准值	标准值	标准值	期望值	标准值	期望值	标准值	期望值	标准值	期望值
溶解氧（μg/L）	≤15	≤7	≤7	—	≤7	—	≤7	—	≤7	—
铁（μg/L）	≤50	≤30	≤20	—	≤15	≤10	≤10	≤5	≤5	≤3
铜（μg/L）	≤10	≤5	≤5	—	≤3	≤2	≤3	—	≤3	≤1
钠（μg/L）	≤30									≤2
二氧化硅（μg/L）	应保证蒸汽二氧化硅符合标准				≤20	≤10	≤15	≤10	≤10	≤5
联氨（μg/L）	—	≤30	≤30		≤30		≤30		≤30	
硬度（μmol/L）	≤2.0									
TOC[b]（μg/L）		≤200	≤200		≤200		≤200		≤200	

a 表示对于凝汽器管为铜管，其他换热管均为碳钢管或不锈钢管的机组，给水 pH 值控制范围为 9.1~9.4。

b 表示必要时监测。

（2）AVT（R）给水质量标准各指标的规定依据。

1）氢电导率。标准中采用氢电导率而不用电导率，其理由是：①给水采用加氨处理，氨对电导率的影响远大于杂质离子的影响；② 由于氨在水中存在电离平衡，即 $NH_3 \cdot H_2O \Longleftrightarrow NH_4^+ + OH^-$，经过 H 型离子交换后可除去 NH_4^+，并生成等量的 H^+，H^+ 与 OH^- 结合生成 H_2O，由于水样中所有的阳离子都转化 H^+，而阴离子不变，即水样中除 OH^- 以外，各种阴离子是以对应的酸的形式存在，是衡量除 OH^- 以外的所有阴离子的综合指标，其值越小说明其杂质阴离子含量越低。

由于不同的阴离子对电导率的贡献不同，所以它是一个综合指标。例如在 25℃ 时，35.5μg/L Cl^-、48μg/L SO_4^{2-} 和 59μg/L CH_3COO^- 对氢电导率的贡献分别是 0.426μS/cm、0.430μS/cm 和 0.391μS/cm，而纯水本身的电导率为 0.055μS/cm，因此，从水的氢电导率可以近似估算阴离子的浓度。

2）pH 值。铜合金最佳防腐蚀的 pH 值为 8.8~9.1，而碳钢为 9.6 以上。对于有铜系统，为了兼顾铜、铁的腐蚀，pH 值定在 8.8~9.3。这种规定还是侧重降低铜合金的腐蚀，因为铜设备比较精密、管壁比较薄，其腐蚀产物容易被蒸汽携带，影响汽轮机的安全经济运行。对于无铜系统，pH 值之所以定在 9.2~9.6，而不是 9.6 以上，主要是在机组运行过程中，pH 值超过 9.6 以后对于防止水汽系统的腐蚀已经没有必要了，但是却大大增加了凝结水精处理的负担，而低于 9.2 给水系统的含铁量就会明显增高，即腐蚀速度加快。因此，为了兼顾凝结水精处理的运行，将无铜给水系统的 pH 定在 9.2~9.6。

3）溶解氧。一般情况下，电厂在线溶解氧表监测的是除氧器出口给水的溶解氧，并且控制除氧器出口溶解氧小于 7μg/L，而省煤器入口给水溶解氧一般采用目视比色法测定，而目视比色法测定是比较粗略的，而且 AVT（R）处理时，一般要测定省煤器入口给水中的联氨，因此，只要能测到剩余联氨，并且目视比色测定的溶解氧含量小于 7μg/L，就可以认为省煤器入口给水中溶解氧合格。从实际运行情况来看，给水 AVT（R）处理时，采用在线溶解氧表测定的省煤器入口溶解氧一般都在 1μg/L 以下，标准之所以没有规定这么低，主要是考虑到仪表的测定误差和目视比色法的测定精度。

4）铁、铜。铁、铜含量是衡量给水系统腐蚀的指标，是其他水质指标综合反映的结果。对铁、铜含量进行限制的另一个原因是防止腐蚀产物随给水进入锅炉后在水冷壁管沉积。由于 AVT（R）使水处于还原性工况，钢铁表面生成有一定孔隙的 Fe_3O_4 氧化膜，水及水中的杂质通过氧化膜与基体铁反应生成的 Fe^{2+} 通过氧化膜的孔隙扩散到给水中，氧化膜本身的溶解度也相对较大，所以水中的含铁量指标也相对较高。在 AVT（R）工况下，铜表面生成 Cu_2O 氧化膜，该膜比较致密，溶解性相对较小。

5）钠。只对直流炉给水中的含钠量作了规定，是因为给水经过直流锅炉后水中的钠几乎全部进入蒸汽，给水含钠量如果过高，过热器和汽轮机可能会发生钠盐的沉积。由于给水进入汽包锅炉后，在汽包内进行汽水分离，大部分钠盐留在炉水中，只有微量的钠盐进行蒸汽，因此，没有必要控制给水的钠盐。

6）联氨。由于联氨的加入点一般在精处理出口或除氧器出口下降管，而给水中所测定的联氨是在省煤器入口，是加入的联氨与除氧器热力除氧后残余的氧反应后的剩余联氨，因此，只要在省煤器入口能测到联氨（不大于 $30\mu g/L$）就可以保证省煤器入口给水中的溶解氧几乎为 0，并且使给水处于还原性工况。

7）二氧化硅。给水中二氧化硅的指标，主要是考虑到现在的除盐水制水工艺在预处理中大都采用反渗透技术，除盐水的二氧化硅很低，基本不含胶体硅，对于电厂热力设备来说，水汽中的杂质含量越低越好，因此，在制水工艺能够做到的前提下，对给水中的二氧化硅的指标提出了更高的要求。

（3）AVT（R）的特点。AVT（R）是在物理除氧（真空除氧或热力除氧）后，再加氨和还原剂使给水呈弱碱性的还原性工况。在 20 世纪 80 年代以前，在世界范围内几乎所有的锅炉给水都采用 AVT（R），这是由锅炉补给水水质相对较差，凝汽器和低压加热器大都采用铜合金材料。对于有铜系统的机组，兼顾了抑制铜、铁腐蚀的作用。对于无铜系统的机组，通过提高给水的 pH 值抑制铁腐蚀。

对于有铜系统，总是优先采用 AVT（R）；对于无铜系统，如果出现给水的含铁量较高（大于 $10\mu g/L$）、高压加热器疏水调节阀门经常卡涩，水汽系统的弯头处有冲刷减薄等现象，不宜采用 AVT（R），最好采用 AVT（O）或 OT。

2. AVT（O）给水质量标准及各指标的依据

（1）AVT（O）是指给水只加氨而不加除氧剂的处理，通常 ORP 在 $0\sim+100mV$。锅炉给水质量标准应按表 7-3 中的有关规定执行。

表 7-3　　　　　　　　　　　AVT（O）时锅炉给水质量标准

锅炉过热蒸汽压力（MPa）		汽包锅炉						直流锅炉			
		3.8～5.8	5.9～12.6	12.7～15.6	>15.6		5.9～18.3		>18.3	
		标准值	标准值	标准值	标准值	期望值	标准值	期望值	标准值	期望值
氢电导率（25℃，μS/cm）	有精处理	—	—	—	≤0.15	≤0.10	≤0.15	≤0.10	≤0.15	≤0.10
	无精处理	≤0.30	≤0.30	—	≤0.30	—	—	—	—	—

锅炉过热蒸汽压力（MPa）		汽包锅炉							直流锅炉			
		3.8～5.8	5.9～12.6	12.7～15.6		>15.6			5.9～18.3		>18.3	
		标准值	标准值	标准值	期望值	标准值	期望值		标准值	期望值	标准值	期望值
pH (25℃)	无铜系统[a]	8.8～9.3	9.2～9.6	9.2～9.6	—	9.2～9.6	—		9.2～9.6		9.2～9.6	
溶解氧（μg/L）		≤15	≤10	≤10	—	≤10	—		≤10	—	≤10	
铁（μg/L）		≤50	≤30	≤20		≤15	≤10		≤10	≤5	≤5	≤3
铜（μg/L）		≤10	≤5			≤3	≤2		≤3	≤2	≤3	≤1
钠（μg/L）		≤30							≤5	≤2		
二氧化硅（μg/L）		应保证蒸汽二氧化硅符合标准				≤20	≤10		≤15	≤10	≤10	≤5
硬度（μmol/L）		≤2.0	—	—		—			—		—	
TOC[b]（μg/L）		—	≤200	≤200		≤200			≤200		≤200	

　　a　表示对于凝汽器管为铜管，其他换热管均为碳钢管或不锈钢管的机组，给水 pH 值控制范围为 9.1～9.4。

　　b　表示必要时监测。

　　（2）AVT（O）给水质量标准各指标的依据。主要包括以下几个方面。

　　1）氢电导率、钠、硬度，同 AVT（R）。

　　2）溶解氧。规定值比 AVT（R）高，其目的是提高水的 ORP，使水处于弱氧化性。此指标世界各国的规定值不同，对于大容量机组，最高为 25μg/L，最低为 7μg/L，但大多数国家规定为 10μg/L。

　　3）铁。采用 AVT（O）时，铁表面生成 Fe_3O_4 和 Fe_2O_3 混合氧化膜，靠近铁基体以 Fe_3O_4 为主，靠近水侧以 Fe_2O_3 为主，由于 Fe_2O_3 膜较致密并且本身的溶解度也较小，所以水中的含铁量也相对较低。

　　4）铜。虽然 AVT（O）是针对无铜给水系统的，但是由于一些电厂的给水管道、阀门虽然是铁基合金，但含有微量的铜成分，或者凝汽器管是铜合金材料，因此，水汽中仍然会含少量的铜，因此，也对给水的铜含量进行了规定。

　　（3）AVT（O）的应用条件及其局限性。在 AVT（O）处理方式下，给水处于弱氧化性的气氛，通常 ORP 为 0～+100mV。由于 OT 对水质要求严格，对于没有凝结水精处理设备或凝结水精处理运行不正常的机组，给水的氢电导率难以保证小于 0.15μS/cm 的要求，就无法采用 OT。而采用 AVT（R）时，给水的含铁量又高，这时可以采用 AVT（O）。这种处理方式通常会使给水的含铁量降低，省煤器管和水冷壁管的腐蚀结垢速率也相应降低。

　　因此，除凝汽器外，给水系统无其他铜合金材料的机组，锅炉给水处理应优先采用 AVT（O）。如果有凝结水精处理设备，给水的氢电导率也能保证小于 0.15μS/cm，还可以采用 OT。

　　3. OT 给水质量标准及各指标的依据

　　（1）给水采用 OT 时，通常 ORP＞+100mV。锅炉给水质量标准应按表 7-4 中的有关规定执行。

表 7-4　　　　　　　　　　　　　　OT 时锅炉给水质量标准

锅炉过热蒸汽压力（MPa）	汽包锅炉				直流锅炉			
	12.7~15.6		>15.6		5.9~18.3		>18.3	
	标准值	期望值	标准值	期望值	标准值	期望值	标准值	期望值
氢电导率[a]（25℃，μS/cm）	≤0.15	≤0.10	≤0.15	≤0.10	≤0.15	≤0.10	≤0.15	≤0.10
pH（25℃）　中性处理	6.7~8.0	—	—	—	8.0~9.0			
pH（25℃）　碱性处理	8.0~9.0	—	8.0~9.0	—				
溶解氧[b]（μg/L）	10~80		10~80		30~150			
铁（μg/L）	≤5	≤3	≤5	≤3	≤10	≤5	≤5	≤3
铜（μg/L）	≤3		≤3	≤2	≤3	≤2	≤3	≤1
钠（μg/L）	—				≤5	≤2	≤3	≤2
二氧化硅（μg/L）	≤20	—	≤20	≤10	≤15	≤10	≤10	≤5
硬度（μmol/L）								
TOC[c]（μg/L）	≤200							

a　表示汽包下降管炉水的氢电导率应小于 1.5μS/cm。

b　表示汽包下降管炉水的溶解氧含量应小于 10μg/L。

c　表示必要时监测。

（2）规定 OT 给水质量标准各指标的依据。主要包括以下几个方面。

1）氢电导率。在较纯的水中，氧使钢铁表面生成致密的 α-Fe_2O_3 保护膜，起腐蚀抑制作用；在不纯的水中，氧会与其他杂质一起促进钢铁的腐蚀，起加速腐蚀作用。对于加有氨的给水来说，水的纯度往往用氢电导率来衡量。氧究竟起什么作用，由水的氢电导率的临界值决定。由于温度、钢铁的表面状态等因素的影响，氢电导率的临界值在 0.2~0.3μS/cm 之间。为了安全起见，给水加氧处理时氢电导率定在 0.15μS/cm 以下。

2）溶解氧。在氧化膜的形成过程中，只要饱和蒸汽中没有氧，给水中的溶解氧浓度允许高些，这时往往给水的氢电导率也会升高，其原因是给水系统的管壁以及管壁上的 Fe_3O_4 氧化膜中所含有机物被氧化，形成低分子有机酸。当 Fe_3O_4 全部转换为 α-Fe_2O_3 后，给水的氢电导率就会恢复到加氧前的水平。在氧化膜的转换过程中，允许给水的氢电导率达到 0.2μS/cm。如果超过此值就应减少加氧量。

对于汽包锅炉，实施给水加氧处理稳定运行后，虽然溶解氧量定在 10~80μg/L，但最新的研究结果证明，以蒸汽中的含氧量在 10μg/L 左右为宜。

对于直流锅炉，实施给水加氧处理稳定运行后，虽然溶解氧量定在 30~150μg/L，但最好控制在下限运行。

目前国内实施给水加氧的电厂，倾向采用低氧运行，即给水的氧含量控制在 20~30μg/L。

3）铁。加氧处理可在钢铁表面已经形成的 Fe_3O_4 的表面膜以及膜中的孔隙中生成致密的 α-Fe_2O_3。这种加氧后形成的膜在两个方面起到防腐作用：①表面膜致密，使水和其他杂质难以通过 α-Fe_2O_3 保护膜与铁基体反应；②在 Fe_3O_4 的孔隙中形成的微小 Fe_2O_3 颗粒堵塞了 Fe_3O_4 的孔隙通道，使 Fe^{2+} 扩散不出来，腐蚀性的离子难以通过空隙通道与铁的基体发生反应。

4）铜。虽然 OT 处理是针对无铜给水系统的，但是由于一些电厂的给水管道、阀门虽然是铁基合金，但有的含有微量的铜成分，或者凝汽器管是铜合金材料，因此，水汽中仍然会含量少量的铜，因此，也对给水的铜含量进行了规定。

5）钠、硬度，同 AVT（R）。

6）下降管炉水的氢电导率和溶解氧。规定汽包下降管炉水的氢电导率应小于 $1.5\mu S/cm$ 和溶解氧含量应小于 $10\mu g/L$ 的理由如下。

汽包锅炉给水采用 OT 和直流锅炉的主要区别就是炉水浓缩问题，汽包锅炉炉水的蒸发和再循环可使杂质浓缩。浓缩后的炉水，其氢电导率也随之增加，使得氧的作用由阳极钝化剂变为阴极去极化剂。因为汽包中的炉水取样受给水的影响较大，特别是溶解氧的测量影响最大，而控制汽包下降管的炉水水质，就是控制水冷壁入口的炉水水质。当炉水中溶解氧量过高时，就会使水冷壁管发生氧腐蚀。由于氯化物就可降低钢的氧化还原电位，所以要控制进入水冷壁管的氧含量及下降管炉水中阴离子（主要是 Cl^-）的含量。由于炉水中的有害阴离子主要是 Cl^-，因此只要通过监测下降管炉水的氢电导率就可以间接反映有害阴离子（主要是 Cl^-）的含量。因此，DL/T 805.4—2004 对采用 OT 的汽包下降管炉水的氧含量和氢电导率给出了控制指标。在 25℃ 时，$100\mu g/L$ Cl^- 对氢电导率的贡献约为 $1.2\mu S/cm$。考虑到炉水本身的电离以及炉水中还可能有少量 SO_4^{2-} 和 CH_3COO^- 等，因此，规定下降管炉水的氢电导率小于 $1.5\mu S/cm$。根据对汽包锅炉给水 OT 的研究与实践经验及研究资料，认为炉水中的溶解氧浓度越小越好，可以接受的值为 $10\mu g/L$。

（3）OT、CWT 和 NWT 的区别。给水加氧处理（OT）是指锅炉给水加氧的处理，也就是说，与给水的 pH 值无关，可以加其他药剂调节 pH 值，也可以不再加任何药剂。给水联合处理（CWT）是指锅炉给水加氧和微量氨使给水呈微碱性的氧化性处理。中性水处理（NWT）是指锅炉给水只加氧不再加任何药剂，使水呈中性的氧化性处理。

与 CWT 和 NWT 相比，OT 范围更广泛，它包含了 CWT 和 NWT 的全部内容。在 20 世纪 90 年代以前曾经广泛使用 CWT 和 NWT 这一名词。近十年来，美、英、日、俄等 40 多个国家和地区统一使用 OT 这一名词。为了与国际接轨，在 2002~2004 年制定的中华人民共和国电力行业标准——《火电厂汽、水化学导则》的第 1 部分、第 2 部分、第 3 部分和第 4 部分均采用了 OT 这一名词。

（4）采用 OT 的条件。主要包括以下几个方面。

1）水质。机组配有凝结水精处理设备，并且能长期稳定运行，精处理出水氢电导率能长期低于 $0.15\mu S/cm$。

2）材质。给水系统不含有铜合金部件。

3）监测仪表。应配置给水在线氢电导率仪和溶解氧仪。

4）增加取样点。对于汽包锅炉应加装炉水下降管取样点，并配置炉水在线溶解氧仪和氢电导率仪。

5）安装高、低压给水加氧管路及阀门。

6）安装加氧装置。如果采用自动加压氧装置，除了向加氧控制柜引入给水溶解氧信号，还应向加氧控制柜引入凝结水流量信号和（或）给水流量信号。

（5）加氧前应做好的准备工作。主要包括以下几个方面。

1）对加氧管路系统进行清洗，清洗介质一般采用四氯化碳。

2）对加氧管路系统进行严密性试验，试验介质用氮气。

3）对加氧装置进行调试。

4）确保加氧期间精处理出水的氢电导率小于 $0.15\mu S/cm$，争取小于 $0.10\mu S/cm$。

5）对在线化学仪表进行校验，确保在线化学仪表测量误差合格。

6）锅炉燃烧工况稳定，机组处于长期运行状态。

（6）我国的给水加氧处理与国外的差别。主要包括以下几个方面。

1）对于直流锅炉采用给水加氧处理，我国给水主要指标为：pH（25℃）值为 8.0～9.0，氢电导率（25℃）小于 $0.15\mu S/cm$，溶解氧量为 30～150μg/L，这与美、欧国家的标准一致。但是具体执行时，我国采用的 pH 值往往偏上限，即 pH 值为 8.5～9.0，溶解氧量往往偏下限，即为 30～100μg/L，而美、欧国家一般 pH 值控制比较混乱，有的控制在 8.0～8.5，有的控制在 9.0～9.7；溶解氧量大多为 100μg/L 左右。分析认为，控制 pH 值略高些，有利于水的缓冲性，与给水 AVT 相比，pH 值低了 0.5 左右，给水的含氨量少了近3/4，凝结水混床的运行周期延长了 4 倍以上。如果再延长，混床的运行压差会继续增大，这将导致凝结水泵的动力增加。另外，最近我国的大趋势是给水低氧处理，以减缓过热器氧化皮生成速率。

2）对于汽包锅炉采用给水加氧处理，我国给水主要指标为：pH（25℃）值为 8.0～9.0，氢电导率（25℃）小于 $0.15\mu S/cm$（期望值 $0.10\mu S/cm$），溶解氧量为 10～80μg/L；汽包下降管炉水的氢电导率（25℃）应小于 $1.5\mu S/cm$，溶解氧含量应小于 10μg/L。美、欧国家的标准的大部分指标与我国相同，只有以下差异：①给水的氢电导率，我国的期望值与国外的极限值相同；②下降管炉水的溶解氧含量，国外规定小于 5μg/L，比我国更加严格。由于这两项指标对防腐效果的影响没有本质的差别，所以暂时放宽这两项指标。

4. 空冷机组水汽标准

电站空冷系统主要有三种，即直接空冷系统、带表面式凝汽器的间接空冷系统（哈蒙系统）和带喷射式（混合式）凝汽器的间接空冷系统（海勒系统）。

随着空冷技术日益成熟，我国火电空冷机组得到快速发展，目前总装机容量已经超过 1 亿千瓦，其中绝大多数是直接空冷机组。但是，目前我国并没有针对直接空冷和间接空冷机组相应的水汽质量标准，目前已投产的空冷机组只能参照现有的湿冷机组的水汽质量标准进行控制，这显然不利于空冷机组的发展。由于直接空冷机组空冷岛的腐蚀特点，其水质控制有其特殊性。

空冷机组不同于湿冷机组最大的区别是空冷岛的 FAC 比较严重，由于氨的分配系数较大，导致水相的 pH 要低于汽相，水相的一般性腐蚀也较大。加之空冷岛的面积非常大，导致凝结水的铁含量要远高于采用相同 pH 调节的湿冷机组。目前，主要是通过提高给水 pH 来降低空冷岛的腐蚀，2009 年 7 月 EPRI 第 9 届火电化学国际会议制定的临时性导则《燃煤空冷机组电厂化学导则》规定的水质指标见表 7-5。该导则要求将直接空冷机组给水 pH 控制在 9.8～10.0，以降低空冷岛碳钢设备的腐蚀。但是对于有凝结水精除盐的机组，提高给水 pH 后精处理混床氢型运行时间将大大缩短，例如将给水 pH 从 9.6 提高到 9.8，凝结水的氨含量将增加为原来的 2.22 倍，那么凝结水精除盐混床只能铵型运行，其水质要比氢型运行差。

表 7-5　　　　　　　　　　　EPRI 直接空冷燃煤机组给水目标值比较

参　数	给水处理					
	AVT（R）[1]		AVT（O）[2]		OT[2]	
	汽包炉	直流炉	汽包炉	直流炉	汽包炉	直流炉
pH（全铁系统）	9.8～10.0	9.8～10.0	9.8～10.0	9.8～10.0	9.8～10.0	9.8～10.0
pH（有铜系统）	9.8～10.0	9.8～10.0	NA	NA	NA	NA
氢电导率（μS/cm）	≤0.2	≤0.2	≤0.2	≤0.2	≤0.15	≤0.15
铁（μg/L，全铁系统）[3]	≤10	≤10	≤10	≤10	≤10	≤10
铁（μg/L，有铜系统）[4]	≤30	≤30	—	—	—	—
铜（μg/L，全铁系统）[3]	≤2	≤2	≤2	≤2	≤2	≤2
铜（μg/L，有铜系统）[4]	≤5	≤5	NA	NA	NA	NA
溶解氧（μg/L，全铁系统）	1～10	1～10	1～10	1～10	30～50	30～150
溶解氧（μg/L，有铜系统）	<5	<5	—	—	—	—
钠（μg/L）	≤3	≤3[5]	≤3	≤3	≤2	≤2[5]

1　表示应该加还原剂建立还原性环境。

2　表示不需要加还原剂，并且还原剂不应该被加。

3　表示对于有凝结水精处理混床或粉末树脂覆盖过滤器的机组，应该测量凝结水精处理或者过滤器前凝结水的铁含量。

4　表示对于有凝结水精处理混床或粉末树脂覆盖过滤器的机组，应该测量凝结水精处理或者过滤器前凝结水的铜含量。

5　表示在凝结水精处理出口测量。

注　NA 表示不使用于这种处理。

5．选择给水处理方式的原则

（1）根据材质选择给水处理方式。除凝汽器外，水汽系统不含铜合金材料，首选 AVT（O）；对于凝结水精处理设备并能正常运行的直流炉，建议采用 OT。

除凝汽器外，水汽系统含铜合金材料（如轴封加热器或低压加热器换热管为铜材质），首选 AVT（R）。

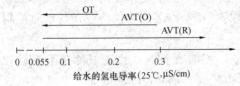

图 7-5　根据给水氢电导率选择处理方式

（2）根据给水水质选择不同的处理方式。AVT（R）、AVT（O）和 OT 三种处理方式对给水的纯度要求不同，可根据图 7-5 来选择给水处理方式。

（3）根据机组的运行状况选择不同的处理方式。如果机组因负荷需求经常启停，或机组本身不能长期稳定运行，最好选择 AVT（R）。

6．给水优化处理

所谓给水优化处理，是指根据水汽系统的材质和给水水质合理的选择给水处理方式，使给水系统所涉及的各种材料的综合腐蚀速率最小。其具体步骤如下。

（1）根据水汽系统的材质和给水水质来选择给水处理方式。

（2）评价目前的给水处理方式，如果机组无腐蚀问题，给水的含铁量较小，可按此方式继续运行。

（3）评价目前的给水处理方式，如果机组存在腐蚀问题，或给水的含铁量较高，应通过图 7-6 所示的流程选择其他给水处理方式，选择步骤如下。

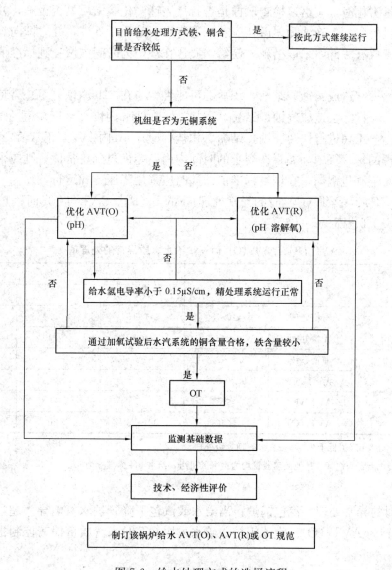

图 7-6　给水处理方式的选择流程

1）当机组为无铜系统时，应优先选用 AVT（O）方式；如果给水氢电导率小于 $0.15\mu S/cm$，且精处理系统运行正常，宜转为 OT 方式，否则按原处理方式继续运行。

2）当机组为有铜系统时，应采用 AVT（R）方式，并进行优化，即确定最佳的化学控制指标使铜、铁的含量均处于较低水平，化学指标主要包括 pH 值、溶解氧浓度等；如果给水氢电导率小于 $0.15\mu S/cm$，且精处理系统运行正常，还可以进行加氧试验，确定水汽系统的含铜量合格后转为 OT 方式，否则按原处理方式继续运行。

7. 给水水质监测及水质劣化处理

给水的氢电导率、pH 值和溶解氧是影响锅炉腐蚀的主要因素，必须使用在线化学仪表连续监测。铁、铜含量是对以上 3 项指标以及给水处理方式的综合反应结果，可进行定期监测。

当给水质量劣化时，应迅速检查取样是否有代表性，化验结果是否正确，并综合分析系统中水、汽质量的变化，确认无误后，应首先进行必要的化学处理，并立即向有关负责人汇报。负责人应责成有关部门采取措施，使给水质量在规定的时间内恢复到标准值。三级处理的含义如下。

一级处理——有造成腐蚀、结垢、积盐的可能性，应在 72h 内恢复至正常值。

二级处理——肯定会造成腐蚀、结垢、积盐，应在 24h 内恢复至正常值。

三级处理——正在进行快速腐蚀、结垢、积盐，应在 4h 内恢复至正常值，否则停炉。

在异常处理的每一级中，如果在规定的时间内尚不能恢复到正常值，则应采取更高一级的处理方法。对于汽包锅炉，在恢复标准值的同时应采用降压方式运行。

(1) AVT (R)、AVT (O) 时的异常处理。AVT (R)、AVT (O) 时锅炉给水水质异常的处理值见表 7-6 规定。

表 7-6　　　　　　　　AVT (R)、AVT (O) 时锅炉给水水质异常的处理值

项　　目		标准值	处理值		
			一级	二级	三级
氢电导率 (25℃, μS/cm)	有精处理	≤0.15	>0.15	>0.20	>0.30
	无精处理	≤0.30	>0.30	>0.40	>0.65
pH^a (25℃)	有铜系统	8.8~9.3	<8.8 或>9.3	—	—
	无铜系统^b	9.2~9.6	<9.2	—	—
溶解氧 (μg/L)	AVT (R)	≤7	>7	>20	—
	AVT (O)	≤10	11~20	>20	—

a　表示直流炉给水 pH 值低于 7.0，按三级处理等级处理。

b　表示对于凝汽器管为铜管、其他换热器管均为钢管的机组，给水 pH 标准值为 9.1~9.4，则一级处理为小于 9.1 或大于 9.4。

(2) OT 时的异常处理。汽包锅炉：当给水或汽包下降管炉水氢电导率超过 OT 的标准值时，应及时转为 AVT (O)。直流锅炉：给水采用 OT 时水汽质量偏离控制指标时的处理措施见表 7-7。

表 7-7　　　　　　　　直流锅炉 OT 时给水水质异常的处理措施

项　　目	标准值	处　理　值		
氢电导率 (25℃, μS/cm)	≤0.15	0.15~0.2		≥0.2
	正常 运行	立即提高加氨量，调整给水 pH 值到 9.0~9.5，在 24h 内使氢电导率降至 0.15μS/cm 以下		停止加氧，转为 AVT (O)

(3) 其他有关监测及说明。主要包括以下几个方面。

1) 锅炉给水硬度的监测。目前对硬度的监测已经没有以前重要了，有的电厂基本上不

检测给水的硬度，其理由是，对于 5.9MPa 以上的锅炉，GB/T 12145—2008 和 DL/T 805.4—2004 中均规定了氢电导率指标，而 GB/T 6909—2008《锅炉用水和冷却水分析方法 硬度的测定》的检测下限为 $1\mu mol/L$，当给水能检出有硬度成分时，通常给水的氢电导率就已经超标了，因此，只要监测好给水的氢电导率不超标就可以保证给水基本上没有硬度。

2）锅炉给水中油的监测。目前 GB/T 12145—2008 取消了对给水中油的监测，主要是考虑到一旦给水中有油，那么油受热分解将转化为小分子有机酸，这时给水的氢电导率就会升高，另外标准规定了必要时监测给水的 TOC，因此，就没有必要监测给水中的油了。

（4）给水水质劣化的可能原因及处理措施。当发现给水水质劣化时首先应检查取样和测试操作是否正确，必要时应再次取样检测。当确认水质劣化时应及时找出原因，采取措施。

1）给水的氢电导率、含硅量不合格。可能的原因及其应采取的措施如下：①凝结水、补给水或生产返回水的氢电导率、含硅量不合格，应采取的措施为加强汽包锅炉的排污和蒸汽品质监督，严重时应采取降压运行甚至停炉；②锅炉连续排污扩容器（简称连排扩容器）满水，导致连排扩容器中含盐量很高的水回到除氧器，从而污染给水，应采取的措施为及时调整扩容器的排污门开度，确保连排扩容器水位正常。

2）溶解氧量不合格。可能的原因及其处理措施如下：①除氧器的运行方式不正常，包括除氧排气门开度太小，加热蒸汽的参数太低、流量不足等，应进行相应的调整；②除氧器内部装置有缺陷，应及时检修；③凝结水溶解氧严重超标；④给水泵密封水采用的不是凝结水，如除盐水、工业水等。

3）含铁量或含铜量不合格。可能的原因及其处理措施如下：①凝结水、补给水或生产返回水中铁、铜含量过高，应采取的措施有严格控制生产回水的水质，确保不合格的回水不回收，严格控制补给水的水质，确保不合格的补给水不进锅炉，对于凝汽器管为铜管的机组，严格控制给水 pH，最大限度降低铁铜的腐蚀，也可以通过在凝汽器热水井中装设强磁除铁装置，或者加装凝结水过滤装置；②低压给水或高压给水的 pH 值偏低或偏高，有时尽管 pH 值在合格的范围内，但长期接近标准的上限或下限，都会成为不合格的原因，一般地，pH 值偏高，给水的含铜量偏高，pH 值偏低，给水的含铁量偏高，所以，应对加氨系统进行适当的调整；③采用 AVT（R）处理方式，部分机组的 FAC 比较严重导致给水铁含量超标，这可以通过采用改变给水处理方式得以改善，比如采用 AVT（O）或 OT。

第八章　锅炉炉水处理

为了保证发电机组安全经济运行，除了采用与其相适应的锅炉补给水、给水处理技术外，还必须掌握锅炉内部汽水理化过程，弄清发生热力设备腐蚀、结垢和引起蒸汽污染的原因，以便调整锅炉的水化学工况，使机组达到长期安全经济运行的目的。

第一节　水垢和水渣及其危害

某些杂质进入锅炉后，在高温、高压和蒸发、浓缩的作用下，部分杂质会从炉水中析出固体物质并附着在受热面上，这种现象称之为结垢。这些在热力设备受热面水侧金属表面上生成的固态附着物称之为水垢，其他不在受热面上附着的析出物（悬浮物或沉积物）称之为水渣。水渣往往浮在汽包汽、水分界面上或沉积在锅炉下联箱底部，通常可以通过连续排污或定期排污排出锅炉。但是，如果排污不及时或排污量不足，有些水渣会随着炉水的循环，黏附在受热面上形成二次水垢。

一、水垢的分类

水垢的化学组成比较复杂，通常由许多化合物混合而成，但往往又以某种成分为主。按水垢的主要化学成分可将水垢分为以下几类。

1. 钙镁水垢

钙镁水垢中钙镁化合物的含量较高，大约占 90% 左右。此类水垢又可根据其主要化合物的成分分为碳酸钙水垢（$CaCO_3$）、硫酸钙水垢（$CaSO_4$、$CaSO_4 \cdot 2H_2O$）、硅酸钙水垢（$CaSiO_3$、$CaO \cdot 5SiO_2 \cdot H_2O$）和镁垢[$Mg(OH)_2$、$Mg_3(PO_4)_2$]等。

2. 硅酸盐水垢

硅酸盐水垢的化学成分大多是铝、铁的硅酸化合物，其化学结构复杂。此种水垢中的二氧化硅的含量为 40%～50%，铁和铝的氧化物含量为 25%～30%。此外，还有少量的钙、镁、钠的化合物。

3. 氧化铁垢

氧化铁垢的主要成分是铁的氧化物，其颜色大多为灰色或黑色。目前，大型锅炉水冷壁垢的主要成分是氧化铁垢。

4. 铜垢

当垢中金属铜的含量达到 20% 以上时，这种水垢称之为铜垢。通常铜垢会加速水冷壁管的腐蚀。

5. 磷酸盐垢

当炉水采用协调磷酸盐—pH 处理时或水冷壁黏附大量的氧化铁垢时，锅炉容易结磷酸盐垢，其主要化学成分为磷酸亚铁钠$\left[Na_4FeOH(PO_4)_2 \cdot \frac{1}{3}NaOH\right]$，通常会使水冷壁管发生酸性磷酸盐腐蚀。

二、水垢对锅炉的危害

1. 影响热传导

水垢的导热性能很低，只有钢铁的几百分之一到几十分之一。水垢及其他物质的导热系数见表8-1。

表 8-1　　　　　　　　　　　　水垢及其他物质的导热系数

水垢名称	导热系数[W/(m·K)]	水垢名称	导热系数[W/(m·K)]
硫酸盐为主要成分的水垢	0.58~2.33	四氧化三铁为主要成分的水垢	2.3~3.5
硅酸盐为主要成分的水垢	0.23~0.47	水冷壁用碳钢	47~58
碳酸盐为主要成分的水垢	0.47~0.70	铜	370~420
磷酸盐为主要成分的水垢	0.50~0.70	纯水	0.58~0.70
油脂为主要成分的水垢	0.058~0.12	—	—

当锅炉水冷壁结垢后，将严重影响热量的正常传递，使锅炉热效率降低。更严重的是因传热不良，将导致炉管壁温升高，造成爆管事故。水冷壁管是用优质低碳钢制造的，管壁温度超过450℃时，其抗拉强度会急剧下降，管子会胀粗。炉管是否超温与热负荷、水在管内的流动状态和管内壁的结垢量有关。通常前两项是固定的，后一项随着锅炉运行时间而增长。以220MW机组为例，当锅炉热负荷为464kW/m^2，炉水的温度为330℃时，由图8-1可知洁净炉管的壁温为390℃，如果管内壁有500g/m^2的沉积物时，炉管外壁的温度还要增加80℃。在此情况下，炉管外壁的温度将升高到470℃，这已经超过了20号碳钢的极限允许温度。所以，DL/T 794—2012《火力发电厂锅炉化学清洗导则》中规定，压力大于12.7MPa的锅炉，水冷壁结垢量达到300g/m^2时就应对锅炉进行化学清洗。

2. 引起垢下腐蚀

由于沉积物的传热性很差，使得沉积物下金属壁温升高，因而渗透到沉积物下面的炉水就会发生剧烈蒸发浓缩。由于沉积物的阻碍，浓缩的炉水不易与炉管中部的炉水混匀，其结果是沉积物下的炉水中各种杂质深度浓缩，其浓缩液往往有很强的腐蚀性，导致炉管腐蚀甚至爆管。

3. 影响炉水循环

如果锅炉水中的水垢过多，也会堵塞炉管，影响炉水循环。一般这种现象只发生在中压以下的锅炉。严重时，炉管堵死，并引起爆管。

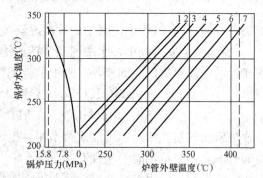

图 8-1　洁净蒸发管（管壁厚度为5mm）金属温度与热流密度和炉水温度的关系

1—0W/m^2；2—28×10^3 W/m^2；3—116×10^3 W/m^2；4—232×10^3 W/m^2；5—348×10^3 W/m^2；6—464×10^3 W/m^2；7—580×10^3 W/m^2

4. 增加煤耗

锅炉结垢后燃煤发出的热量不能很好地传递给炉水，造成排烟温度升高，增加了排烟热损失。当水冷壁结垢量达到 $300\sim400g/m^2$，通常每发 $1kW\cdot h$ 的电量就增加煤耗 $1\sim2g$。据有关资料介绍，锅炉结垢后被浪费的燃料成如下比例关系：当水垢的厚度达到 1mm 时，锅炉将多消耗燃料 $5\sim8\%$；当水垢的厚度达到 2mm 时，锅炉将多消耗燃料 $10\%\sim18\%$；当水垢的厚度达到 3mm 时，锅炉将多消耗燃料 $18\sim26\%$。

5. 减低锅炉的使用寿命

水冷壁因结垢而引起高温蠕变，发生胀粗或减薄现象，从而影响使用寿命。

三、水垢形成的原因及其防止方法

1. 钙、镁水垢形成的原因及其防止方法

（1）形成原因。锅炉补给水中钙镁含量过高，随着水温的提高以及在蒸发、浓缩过程中，钙、镁盐的离子浓度乘积超过其溶度积而结垢。以软化水为补给水的锅炉容易发生此类问题。离子浓度乘积之所以超过溶度积有以下原因。

1）随着水温的升高，某些钙、镁盐类在水中的溶解度下降。几种钙、镁水垢在水中的溶解度与温度的关系如图 8-2 所示。

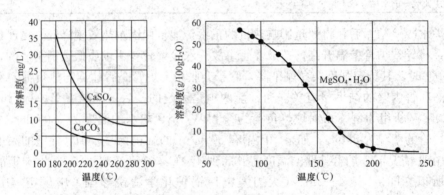

图 8-2   钙镁水垢在水中的溶解度与温度的关系

2）在加热蒸发过程中，水中的盐类逐渐被浓缩。

3）在加热蒸发过程中，水中的某些钙、镁盐类发生了化学反应，从易溶于水的物质变成了难溶的物质而析出。例如，在水中重碳酸钙和重碳酸镁发生热分解反应，即

$$Ca(HCO_3)_2 \rightarrow CaCO_3\downarrow + H_2O + CO_2\uparrow$$

$$Mg(HCO_3)_2 \rightarrow Mg(OH)_2\downarrow + 2CO_2\uparrow$$

水中析出的盐类物质，可能成为水垢，也可能成为水渣，这不仅与盐类的化学成分和结晶状态有关，还与析出时的条件有关。

（2）结垢部位。锅炉水冷壁、蒸发器等热负荷较高的部位容易形成水垢。

（3）防止方法。为了防止锅炉受热面结钙、镁水垢，一是要尽量降低给水的硬度，二是应采取适当的炉水处理措施。这要从以下几方面着手。

1）降低补给水的硬度。例如由软化水改为除盐水，这个问题现在基本上已经不存在了，因为现在的电力锅炉补给水全都采用除盐水。

2）防止凝汽器泄漏。冷却水漏入到凝结水中，往往是锅内产生钙、镁水垢的主要原因，所以当凝结水发现有硬度时应及时查漏并处理。

3）防止凝结水泵、给水泵、疏水泵密封水的污染。密封水应采用除盐水、凝结水或采用自密封的方式。

4）对热电厂应连续监测生产返回水，对硬度超标的水不允许直接进入锅炉。

5）采用磷酸盐处理。一般凝汽器在正常情况下也会有微量的渗漏，容量 200MW 及以下机组一般不对凝结水进行精除盐处理，有的机组容量达到 350MW 也没有配凝结水精处理设备。尽管补给水大多为二级除盐水，但有时给水中还是有微量硬度，特别是锅炉启动的时候。由于锅炉的蒸发强度大，给水中杂质通常要浓缩几百倍，使炉水中的钙、镁离子浓度增至很大，可能会形成水垢。这时炉水应采用磷酸盐处理，使形成磷酸盐形式的钙、镁水渣，并随锅炉排污排出。

2. 硅酸盐水垢形成的原因及其防止方法

（1）形成原因。主要是给水中的铁、铝、硅的化合物含量较高，在热负荷较高的炉管内容易形成以硅酸盐为主的水垢。例如，以地下水为水源的发电厂，往往地下水不经任何预处理就进入离子交换器，或者以地表水为水源的发电厂在预处理过程中操作不当，或者凝汽器发生泄漏而又没有凝结水精处理设备等都会使给水中含有一些极微小的黏土，其中含有硅、铝等化合物，它们进入锅炉后就会形成硅酸盐水垢，这种水垢在中压等级以下的锅炉容易发生。

关于硅酸盐水垢的形成机理，可能是在水中析出的一些黏土类的杂质在高热负荷的作用下与水冷壁表面上的氧化铁相互作用生成复杂的硅酸盐化合物，例如，$Na_2SiO_3 + Fe_3O_4 \rightarrow Na_2Fe_3O_4 \cdot SiO_2$。

（2）结垢部位。热负荷较高或水循环不良的炉管容易形成硅酸盐水垢，往往向火侧的结垢比背火侧严重得多。

（3）防止方法。为了防止产生硅酸盐水垢，应尽量降低给水中硅化合物、铝化合物和其他金属氧化物的含量。在平时对水质监测时，往往只监测给水中的可溶性硅。虽然从检测结果看，硅的含量不高，给人以误导，认为锅炉不会结硅垢，但实际上水中的全硅含量很高，锅炉已经有结硅垢的危险。另外，如果凝汽器发生泄漏，由于冷却水中含有大量的胶体硅，即使有凝结水精处理设备也无法全部除出。所以，应加强凝汽器的维护与管理，防止发生泄漏，是防止结硅酸盐垢的重要方法之一。

3. 氧化铁垢形成的原因及其防止方法

（1）形成原因。炉水中的氧化铁沉积在管壁上形成氧化铁垢或管壁与水接触发生了腐蚀。炉水中氧化铁的来源：①锅炉运行时，炉管遭到高温炉水腐蚀；②随给水带入的氧化铁；③锅炉在停用时产生的腐蚀产物。

这些铁的氧化物都会附着在热负荷较高的炉管表面，转化为氧化铁垢。其转换机理为，炉水中铁的化合物主要是胶态的氧化铁。通常胶态的氧化铁带正电，当锅炉管局部热负荷很高时，该部位的金属表面与其他各部分金属之间，就会产生电位差。在热负荷较高的区域，金属表面因电子集中而带负电。这样带正电的氧化铁微粒就向带负电的金属表面聚集，形成氧化铁垢。颗粒较大的氧化铁，在锅炉水急剧蒸发浓缩的过程中，在水中电解质含量较大和 pH 值较高的条件下，也会逐渐从水中析出并沉积在炉管内壁上，形成氧化铁垢。

氧化铁垢的颜色与给水中的溶解氧含量关系较大。一般容量小的锅炉，给水除氧效果较差，这样炉水中就有一定量的溶解氧，氧化铁垢往往呈暗红色。大容量、高参数的锅炉，氧

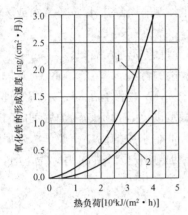

图 8-3　氧化铁的形成速度与热负荷
　　　　和给水含铁量的关系
　　　　1—给水含铁量 50μg/L；
　　　　2—给水含铁量 20μg/L

化铁垢一般呈灰色或黑色。实施给水加氧处理的锅炉，水冷壁氧化铁垢呈暗红色。

　　氧化铁的形成速度与热负荷和给水含铁量的关系如图 8-3 所示。从图中可以看出，热负荷越高、给水的含铁量越高，氧化铁的结垢速率就越快。

　　（2）结垢部位。锅炉热负荷较高的部位或水循环不良的炉管容易形成氧化铁垢。一般地，高参数、大容量的锅炉水冷壁管内壁容易形成氧化铁垢。

　　（3）防止方法。主要有以下几种。

　　1）减少炉水的含铁量。除了对炉水进行适当的排污外，主要是防止给水系统发生运行腐蚀和停用腐蚀，以减少给水的含铁量。

　　2）减少组成给水的各部分水中的含铁量。除了对补给水、凝结水进行把关外，还应重点监控疏水和生产返回水。

　　3）防止锅炉局部热负荷过高，或水循环不良，使炉水中的氧化铁浓缩、析出，并发生沉积。

　　4. 铜垢形成的原因及其防止方法

　　（1）形成原因。在热力系统中，铜合金设备遭到氨和氧的共同作用而产生腐蚀，铜的腐蚀产物随给水进入锅炉。在沸腾的碱性炉水中，部分铜的腐蚀产物是以络合物的形式存在的。这些络合物和铜离子形成电离平衡。所以，水中铜离子的实际浓度与这些铜络合物的稳定性有关。在高热负荷部位，炉水中的部分铜的络合物被破坏变成铜离子，使炉水的铜离子含量升高；另一方面，由于高温热负荷的作用，炉管中的高热负荷部位的金属保护膜被破坏，使高热负荷部位的金属表面与其他部分的金属产生电位差，局部热负荷越大时这种电位差也就越大。结果铜离子就在带电荷多的局部热负荷高的区域获得电子而析出金属铜（$Cu^{2+} + 2e \rightarrow Cu$）；与此同时，在面积很大的邻近区域进行着释放电子的过程（$Fe \rightarrow Fe^{2+} + 2e$），所以铜垢总是在局部热负荷高的管壁上发生。开始析出的金属铜呈一个个多孔的小丘，小丘的直径为 0.1～0.8mm，随着许多小丘逐渐连成整片，形成多孔海绵状的沉淀层。炉水冲灌到这些小孔中，由于热负荷很高，孔中的炉水很快就被蒸干而将水中的氧化铁、磷酸钙、硅化合物等杂质留下，这一过程直到小孔填满为止。杂质填充的结果就使垢层中铜的百分含量比刚形成未填充杂质时的低。

　　（2）结垢部位。在局部热负荷很高的炉管内，容易结铜垢。高负荷区比低负荷区严重，向火侧比背火侧严重，见表 8-2。

表 8-2　　　　　　　　　　某电厂 2 号锅炉水冷壁垢的成分分析结果

取样部位	元素成分（%）									主要物相
	Si	P	Ca	Cr	Mn	Fe	Cu	Zn	Al	
水冷壁背火侧垢样	0.8	2.3	5.1	0.4	0.5	53.6	10.1	26.3	0.9	MeFe$_2$O$_4$、Cu$_2$O、单质 Cu、Ca$_5$(PO$_4$)$_3$(OH)
水冷壁向火侧垢样	0.3	0.5	0.3	0.5	0.6	20.9	27.3	49.6	/	

　　注　元素分析采用能谱法，分析结果不包括 Na 以下的元素。物相分析采用 X 射线衍射法，不能检测非晶体物质

（3）防止方法。为了防止在锅炉内生成铜垢，在锅炉运行方面，应尽可能避免炉管局部热负荷过高；在水质方面，应尽量降低炉水的含铜量。降低炉水的含铜量有以下几种方法。

1）加强锅炉的排污。

2）减少给水铜含量，应从防止凝结水系统和给水系统含铜设备的腐蚀着手。对于凝结水系统，如凝汽器管采用耐氨腐蚀的管材或空抽区采用镍铜合金的管材。有条件时应对凝结水进行精处理。对于给水系统，如果含有铜合金材料，应采用给水 AVT（R）处理方式，使铜的腐蚀量最小。

3）机组设计时采用无铜系统。

四、水垢和腐蚀产物的分析方法

1. 常规方法

新制定的 DL/T 1151—2012《火力发电厂垢和腐蚀产物分析方法》，对火电厂热力设备及其系统内垢和腐蚀产物的常见主要化学成分能够定性、定量测定。但是，该方法不能对垢样中各物质结构及其分子式进行准确的描述，只能对主要元素进行分析，不便于准确分析腐蚀结垢原因。该方法还存在分析周期长、分析元素种类少、容易二次污染等问题。

2. 仪器分析法

进入 90 年代以后，随着各种分析仪器的广泛应用，使得水垢和腐蚀产物的分析更加快捷，对各物质成分的定性更加准确。

1）元素分析。对组成垢的各元素进行分析，可使用 X 射线能谱分析仪、X 荧光光谱仪等。不同元素分析仪对元素种类的检出限不同，目前 X 射线能谱分析仪可以定量分析碳以后的元素，X 荧光光谱仪可以定量分析硼及其以后的元素。

2）物相结构分析。对组成垢的各种物质结构进行分析，使用的仪器一般为 X 射线衍射分析仪。目前 X 射线衍射分析是根据 X 射线衍射分析的能谱图与标准谱图比对得出物质结构，对于物质的定性分析比较准确，属于半定量分析。对于非晶体形式的物质，X 射线衍射不能检测出来，如无定型的 SiO_2 等。

第二节 炉 水 处 理

炉水处理是指对汽包锅炉的炉水进行处理。虽然对锅炉给水水质进行了严格的质量控制，但是给水中微量溶解盐类、悬浮物、胶体等杂质进入锅炉后，经高温、高压蒸发，不断被浓缩。对于电站锅炉，炉水中的某些杂质浓度可达到给水的 50~300 倍。如果不对炉水进行处理，必然会使锅炉发生腐蚀、结垢。这不仅会降低炉管的传热效果，增加燃料消耗，导致锅炉热效率下降，而且还会使锅炉的使用寿命缩短，甚至发生爆管，威胁锅炉的安全运行。

为了防止因炉水水质不良引起的故障，确保锅炉安全运行，提高锅炉运行效率，除了提高给水水质，尽量减少杂质和腐蚀产物进入锅炉外，还需要对炉水进行处理。加强锅炉排污，补充大量新鲜水是最简单的方法之一。但是，这不但损失了大量的水，也浪费了热能。所谓炉水处理是指向炉水中加入适当的化学药品，使炉水在蒸发过程中不发生结垢现象，并能减缓炉水对炉管的腐蚀，以保证锅炉运行的经济性，在保证锅炉安全运行的前提下尽量降低锅炉排污率。因此，不论是从保证锅炉安全运行的角度，还是从提高锅炉热效率与节水、节能等方面考虑，都应对炉水进行必要的处理。

目前炉水处理方式有三种，即磷酸盐处理、氢氧化钠处理和全挥发处理。

一、炉水磷酸盐处理

为了防止锅炉内生成钙、镁水垢和减少水冷壁管腐蚀，向炉水中加入适量磷酸三钠的处理称之为磷酸盐处理（phosphate treatment，PT）。

（一）磷酸盐处理的发展历史及其作用

1. 发展历史

炉水磷酸盐处理技术已经有 70 多年的历史，由于以前锅炉参数比较低，水处理工艺落后，炉水中经常出现大量的钙、镁离子，为了防止水冷壁管结垢不得不向锅炉中加入大量的磷酸盐以除去炉水中的硬度成分。这样炉水的 pH 值就非常高，碱性腐蚀倾向特别明显。为了防止发生碱性腐蚀，1962 年美国首次提出等成分磷酸盐处理，该处理方式不允许炉水有游离氢氧化钠存在。其基本思想是，磷酸盐在发生隐藏时炉水的钠磷摩尔比与磷酸盐再溶出的摩尔比相等，并规定炉水的 Na^+ 与 PO_4^{3-} 摩尔比为 2.3～2.6。我国在 80 年代初曾经大力推广这种磷酸盐处理方式，并将 Na^+ 与 PO_4^{3-} 摩尔比定为 2.3～2.8，即协调 pH—磷酸盐处理。在当时的技术水平和设备状况下，协调 pH—磷酸盐处理起到了一定的防腐、防垢作用。但是这种处理方式在锅炉负荷变化时炉水的 pH 值难以控制，特别是负荷下降时，炉水的 pH 值下降较多，往往导致酸性磷酸盐腐蚀。但是，由于该处理方法磷酸盐隐藏现象仍然较严重，所以不推荐使用。

自 80 年代以来水处理工艺有了很大进步，高压以上的锅炉补给水全部采用二级除盐水，300MW 及以上机组还配备凝结水精处理设备，使得炉水中基本没有硬度成分。这时炉水磷酸盐处理的主要作用由原来的除去硬度和调节 pH 变为只调节 pH 值。对于高参数锅炉，炉水中的磷酸盐含量越高就越容易发生隐藏现象，蒸汽的品质就越差。因此，人们提出了低磷酸盐处理方式。这时炉水中 PO_4^{3-} 的控制下限为 0.3～0.5mg/L，上限一般不超过 2～3mg/L。目前我国大多数电厂采用低磷酸盐处理。

平衡磷酸盐处理是加拿大专家提出的，其基本原理是维持炉水中磷酸三钠含量低于发生磷酸盐隐藏现象的临界值，同时允许炉水中含有不超过 1mg/L 的游离氢氧化钠，以防止水冷壁管发生酸性磷酸盐腐蚀以及防止炉内生成钙镁水垢的处理。

2. 磷酸盐处理（PT）的作用

虽然锅炉补给水一般都经过比较完善的水处理，但给水中仍然会带入各种微量杂质，有些杂质经过浓缩后使炉管内产生腐蚀和结垢。采用磷酸盐处理可起到以下作用。

（1）可消除炉水中的硬度。在碱性炉水条件下，一定量的磷酸根（PO_4^{3-}）与钙、镁离子反应生成松软的水渣，易随锅炉排污排除，其反应如下

$$10Ca^{2+} + 6PO_4^{3-} + 2OH^- \rightarrow Ca_{10}(OH)_2(PO_4)_6 \downarrow$$

$$3Mg^{2+} + 2SiO_3^{2-} + 2OH^- + H_2O \rightarrow 3MgO \cdot 2SiO_2 \cdot 2H_2O \downarrow$$

（2）提高杂质对炉管腐蚀的抵抗能力。磷酸盐处理可维持炉水的 pH 值，提高炉水的缓冲能力，即提高杂质对炉管腐蚀的抵抗能力。当凝汽器泄漏而又没有凝结水精处理时，或有

精处理设备但运行不正常时，或补给水中含有机物时，都可能引起炉水 pH 值下降。这时采用磷酸盐处理的炉水，其缓冲能力要比其他处理方式强。

（3）减缓水冷壁的结垢速率。在三种炉水处理方式中，炉水采用磷酸盐处理，锅炉的结垢速率要低些，采用磷酸盐处理的锅炉的化学清洗周期一般在 6 年以上。

（4）改善蒸汽品质、改善汽轮机沉积物的化学性质和减缓汽轮机结垢。

与全挥发处理相比，进行磷酸盐处理时炉水的 pH 值要高些，而炉水 pH 值会影响炉水中硅化合物的形态，SiO_2 与硅酸盐的水解平衡如下

$$SiO_3^{2-} + H_2O \rightleftharpoons HSiO_3^- + OH^-$$

$$HSiO_3^- + H_2O \rightleftharpoons H_2SiO_3 + OH^-$$

$$H_2SiO_3 \rightleftharpoons SiO_2 + H_2O$$

从以上水解平衡式可以看出，提高炉水的 pH 值，即 OH^- 浓度增加，平衡向生成硅酸盐的方向移动，使炉水中 SiO_2 浓度减少。对于高压及以上的锅炉，蒸汽溶解携带 SiO_2 的能力较强而溶解携带 SiO_3^{2-} 和 $HSiO_3^-$ 的能力很弱，提高炉水的 pH 值后部分 SiO_2 转换成 $HSiO_3^-$ 或 SiO_3^{2-}，所以采用磷酸盐处理时炉水的允许含硅量要相对高些。

另外，相对全挥发处理而言，采用磷酸盐处理时给水的加氨量可少些，这会减轻有铜机组的氨腐蚀，减轻汽轮机铜垢的沉积。

3. 发生磷酸盐隐藏现象的主要原因

当锅炉负荷升高时，炉水中的磷酸盐浓度明显降低，有时还伴随着炉水 pH 值和电导率上升；当锅炉负荷降低时，炉水中的磷酸盐浓度明显升高，有时还伴随着炉水 pH 和电导率下降。这种现象称为磷酸盐的隐藏现象，发生磷酸盐隐藏现象的主要原因如下。

（1）磷酸盐的沉积。锅炉水冷壁管热负荷很高，发生着剧烈地沸腾汽化过程，管内近壁层炉水中磷酸盐被浓缩到很高的浓度，在此区域很容易达到饱和浓度，磷酸钠盐就会以固相析出并附着在管壁上，导致炉水中的磷酸盐明显降低，造成磷酸盐消失的假象。在超负荷运行容易发生这种现象。

（2）磷酸盐与炉管内壁的 Fe_3O_4 发生反应，生成以 $Na_4FeOH(PO_4)_2 \cdot \frac{1}{3}NaOH$ 为主的腐蚀产物，消耗了磷酸盐。该反应是可逆反应，磷酸盐的浓度必须超过一个临界值才开始进行。随着温度的增高临界值降低，所以，温度越高越容易发生磷酸盐的隐藏现象。试验证明，磷酸盐隐藏时发生的反应与 Na^+ 与 PO_4^{3-} 的摩尔比（R）有关。

1）当 R<2.5（320℃）时

$$Fe_3O_4(s) + 5HPO(aq) + 9Na^+(aq) \rightleftharpoons NaFe^{2+}PO_4(s) + 2Na_4FeOH(PO_4)_2 \cdot NaOH(s) + OH(aq) + H_2O(l)$$

2）当 2.5<R≤3.0（320℃）时

$$Fe_3O_4(s) + \left(4 + \frac{1}{x}\right)HPO_4^{2-}(aq) + \left(\frac{20}{3} + \frac{3}{x}\right)Na^+(aq) \rightleftharpoons \frac{1}{x}Na_{3-2x}Fe_x^{2+}PO_4(s)$$

$$+ 2Na_4FeOH(PO_4)_2 \cdot \frac{1}{3}NaOH(s) + \left(\frac{4}{3} - \frac{1}{x}\right)OH^-(aq) + \frac{1}{x}H_2O(l)$$

当 Na^+ 与 PO_4^{3-} 的摩尔比等于 3.0 时，上式中的 $x = 0.2$；当 Na^+ 与 PO_4^{3-} 的摩尔比等于 3.5 时，上式中的 $x < 0.1$。

3）当 $R \geqslant 4$（320℃）时，磷酸盐不与 Fe_3O_4 发生反应。

所以低的 Na^+ 与 PO_4^{3-} 摩尔比容易造成磷酸盐的隐藏。因此，DL/T 805.2—2004 中规定，锅炉压力在 12.7MPa 以上，不允许使用 Na_2HPO_4，也就是炉水不应采用协调 pH—磷酸盐处理。

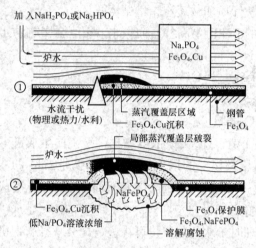

图 8-4 磷酸盐隐藏和酸性磷酸盐腐蚀机理图

4. 酸性磷酸盐腐蚀机理

酸性磷酸盐腐蚀是近几年才确认与磷酸盐隐藏和再溶出相关的一种腐蚀形式。酸性磷酸盐腐蚀的机理分为以下两个步骤。

（1）当加有 NaH_2PO_4 或 Na_2HPO_4 的炉水流经一个突出物（这个突出物可以是物理因素，如焊渣；也可以是热力学因素，如传热不良；也可以是水力因素，如流动不畅），使该部位产生一个蒸汽覆盖层，底部水接近于蒸干，导致水中的 Fe_3O_4 和 Cu 沉积，如图 8-4 所示。

（2）沉积层破裂后，Fe_3O_4、Cu 的沉积物与 NaH_2PO_4 或 Na_2HPO_4 反应生成 $NaFePO_4$，其反应如下

$$2Na_2HPO_4 + Fe + \frac{1}{2}O_2 \rightarrow NaFePO_4 + Na_3PO_4 + H_2O$$

$$2Na_2HPO_4 + Fe_3O_4 \rightarrow NaFePO_4 + Na_3PO_4 + Fe_2O_3 + H_2O$$

$$3NaH_2PO_4 + Fe_3O_4 \rightarrow 3NaFePO_4 + \frac{1}{2}O_2 + 3H_2O$$

5. 酸性磷酸盐腐蚀与碱性沟槽腐蚀的区别

（1）由于酸性磷酸盐腐蚀特征与碱性沟槽腐蚀极为相似，一般都发生在向火侧。碱性沟槽腐蚀的特征是腐蚀产物分两层，两层之间有针型的二价、三价铁离子钠盐晶体。酸性磷酸盐腐蚀产物外层为黑色，内层为灰色并含有 $NaFePO_4$ 化合物。

（2）酸性磷酸盐腐蚀曾一度被误认为是碱性腐蚀，直到 90 年代初才由加拿大专家揭开了这一谜底，并提出了平衡磷酸盐处理（EPT）的概念。后来 EPRI 对 EPT 做了大量的研究工作，从理论和实践证实了 EPT 的正确性。即炉水采用 EPT 后，可以最大程度避免锅炉发生酸性磷酸盐腐蚀。

近几年来我国对磷酸盐处理进行了大量的研究工作，在磷酸盐处理的应用方面也取得了明显的成果。首先充分认识了协调 pH—磷酸盐处理（CPT）的缺点，已经使用了 20 年的 CPT 在新的炉水处理标准 DL/T 805.2—2004 中不再推荐使用。

（二）关于磷酸盐处理标准的说明

1. 磷酸盐处理适用的锅炉压力等级

磷酸盐往往以水滴携带和溶解携带的方式进入蒸汽。前者与汽包内部结构和汽水分离效果有关，后者与汽包的运行压力有关。当炉水中磷酸盐浓度维持在 0.5～0.75mg/L 时，汽包压力对蒸汽含钠量的影响如图 8-5 所示。试验结果表明，汽包压力只有高于 18.3MPa，磷酸盐才发生明显的溶解携带。汽包压力超过 19.5MPa 后，蒸汽溶解杂质的能力急剧增强。

为了保证蒸汽含钠量合格，DL/T 805.2规定采用这种处理方式，汽包运行的最高压力不要超过 18.3MPa。

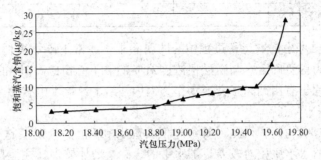

图 8-5 汽包压力对蒸汽含钠量的影响

2. 常规磷酸盐处理（PT）炉水控制标准及各指标的来源依据

（1）采用 PT 时，炉水质量标准按表 8-3 控制。

表 8-3 PT 炉水质量标准

锅炉汽包压力 （MPa）	二氧化硅 （mg/L）	氯离子 （mg/L）	磷酸根 （mg/L）	pH （25℃）	电导率 （25℃，μS/cm）
3.8～5.8	—	—	5～15	9.0～11.0	—
5.9～12.6	≤2.0	—	2～6	9.0～9.8	<50
12.7～15.8	≤0.45	≤1.5	1～3	9.0～9.7	<25

（2）各指标的说明及来源依据如下。

1）压力规定。DL/T 805.2—2004《火电厂汽水化学导则 第2部分：锅炉炉水磷酸盐处理》规定，只有汽包压力低于 15.8MPa 的锅炉才能采用 PT，高于此压力等级的锅炉不宜采用 PT。这样规定主要是考虑炉水中磷酸盐浓度较高，容易引起炉水磷酸盐隐藏和饱和蒸汽溶解携带的问题。

2）二氧化硅。炉水中的二氧化硅含量指标是由蒸汽二氧化硅指标决定的。蒸汽二氧化硅是由机械携带和溶解携带组成，其标准通常是 $20\mu g/kg$。当汽包压力在 15.8MPa 以下时，二氧化硅的汽水分配系数（某杂质在蒸汽中的含量与炉水中的含量之比）不足 4%。200MW 以下机组的机械携带系数一般不应大于 0.4%，300MW 及以上机组机械携带系数一般不应大于 0.2%。为了使蒸汽中的二氧化硅含量不超过 $20\mu g/kg$，炉水中的含硅量应低于 20/（4%+0.4%）=454.5μg/L。所以，规定 12.7～15.8MPa 的锅炉炉水中的二氧化硅含量不应超过 0.45mg/L。其他压力等级的锅炉，炉水含硅量标准的计算方法与此相同。对于汽包内装有给水洗汽装置的锅炉，炉水的含硅量可以放宽些，具体数值由锅炉热化学试验确定。

3）氯离子。主要是考虑炉水中氯离子对水冷壁管的腐蚀以及携带到蒸汽中的氯离子对汽轮机低压缸叶片的腐蚀。

4）磷酸根。磷酸盐的加入量要兼顾中和炉水中的硬度和维持炉水 pH 值的双重作用，通常锅炉的压力越低，锅炉给水水质的要求也越宽松，需要磷酸盐的浓度就大些。如果只考虑提高炉水 pH 值，并忽略氨对 pH 值的影响，则炉水中磷酸根的浓度与 pH 值的关系见表 8-4。

表 8-4 磷酸根的浓度与 pH 值的关系

PO_4^{3-} （mg/L）	1	2	3	4	5	6	7	8	9	10	11	12	13	14	15
pH（25℃）	9.02	9.32	9.50	9.62	9.72	9.80	9.86	9.92	9.97	10.02	10.06	10.09	10.13	10.17	10.20

5）pH 值。主要考虑锅炉运行过程中的防腐要求，通常下限不得低于 9.0。pH 值的上限通常根据锅炉压力等级确定。与磷酸根浓度对应的 pH 值相比，pH 值的上限略高些，主要是考虑中、低压锅炉有用钠离子交换水作为锅炉补给水，炉水中有游离氢氧化钠存在，会造成 pH 有所升高。

对于不同压力等级的锅炉，压力等级越低，炉水 pH 值的规定值越高的另一个理由是，压力低的锅炉，补给水水质相对较差，炉水中的含硅量增加较多，往往是高参数锅炉的十几倍甚至上百倍，而硅酸的溶解携带与炉水 pH 值有关，即随着炉水的 pH 值的升高而降低。所以，提高炉水的 pH 值可以控制蒸汽的含硅量。

6）电导率。对电导率指标的控制有两个作用，一是控制炉水中的杂质不能过度浓缩以免引起腐蚀，二是控制磷酸盐的加药量不能太高以免引起磷酸盐的隐藏。由于炉水成分复杂，电导率指标是含盐量的综合反映，其数值来源于锅炉长期运行的实践经验。

采用 PT 时，对炉水中杂质浓度的允许范围要大些，且炉水水质容易控制，虽然也存在磷酸盐隐藏现象，但发生酸性磷酸盐腐蚀的几率要比 CPT 小，所以对于汽包压力在 15.8MPa 以下的锅炉，大多采用这种处理方式。

3．低磷酸盐处理炉水控制标准及各指标的来源依据

（1）采用 LPT 时，锅炉汽包额定压力应在 15.8～18.3MPa 的范围内，表 8-5 为 LPT 炉水质量标准。

表 8-5 LPT 炉水质量标准

锅炉汽包压力 （MPa）	二氧化硅 （mg/L）	氯离子 （mg/L）	磷酸根 （mg/L）	pH （25℃）	电导率 （25℃，μS/cm）
5.9～12.6	≤2.0	—	0.5～2.0	9.0～9.7	<20
12.7～15.8	≤0.45	≤1.0	0.5～2.0	9.0～9.7	<15
15.9～18.3	≤0.20	≤0.3	0.3～1.0	9.0～9.7	<12

（2）各指标的说明及来源依据如下。

1）压力规定。一般建议汽包压力在 5.9～18.3MPa 的亚临界锅炉可采用 LPT，高于此压力等级的锅炉宜采用 AVT。

2）二氧化硅。炉水中的二氧化硅含量指标是由蒸汽二氧化硅指标决定的。蒸汽二氧化硅是由机械携带（又称水滴携带）和溶解携带组成，其标准通常为 15μg/kg。考虑到我国大多数亚临界汽包锅炉的汽包运行压力为 18.3MPa 左右，这时二氧化硅的汽、水分配系数约为 7.8%。300MW 及以上机组机械携带系数一般不应大于 0.2%。为了使蒸汽中的二氧化硅含量不超过 15μg/kg，炉水中的含硅量应低于 15/（7.8%＋0.2%）＝187.5μg/L。所以，规定亚临界汽包锅炉炉水中的二氧化硅含量不应超过 0.2mg/L。如果锅炉汽包的设计压力超过 18.3MPa，则炉水的含硅量应相应降低。具体数值由锅炉热化学试验确定。

3）氯离子。炉水中氯离子会破坏金属表面氧化膜引起炉管腐蚀，而蒸汽中的氯离子会

引起汽轮机应力腐蚀开裂，所以亚临界机组对氯离子的控制比较严格。与 PT 相比，LPT炉水中的磷酸根浓度低，相应氢氧根浓度也降低。氢氧根通常起着修复被氯离子破坏的氧化膜的作用。按照美国 PPC－2001.3（3）推荐亚临界机组蒸汽氯离子含量极限值 $3\mu g/kg$ 计算，考虑到我国大多数亚临界汽包锅炉的汽包运行压力为 18.4MPa 左右，蒸汽以 NH_4Cl、$NaCl$ 和 HCl 的形式溶解携带氯离子，其总溶解携带系数约为 0.4%，机械携带系数按0.2%计，那么炉水中氯离子含量的近似最高值为 $3/(0.4\%+0.2\%)=500\mu g/L$。所以，亚临界锅炉炉水中氯离子含量定为 0.5mg/L。

4）磷酸根。采用 LPT 时，一般不允许给水有硬度成分，这时磷酸根的作用只是维持炉水的 pH 值。

5）pH 值。主要考虑锅炉运行过程中的防腐要求，通常下限不得低于 9.0。由于磷酸根浓度较低，pH 一般达不到规定的上限值。当炉水的 pH 较低时容许加不超过 1mg/L 游离氢氧化钠。

6）电导率。对电导率指标的控制有两个作用，一是避免炉水中的杂质过度浓缩以免引起腐蚀，二是控制磷酸盐的加药量不能太高以免引起磷酸盐隐藏。

4. 平衡磷酸盐处理

（1）维持炉水中磷酸三钠含量低于发生磷酸盐隐藏现象的临界值，同时允许炉水中含有不超过 1mg/L 游离氢氧化钠，以防止水冷壁管发生酸性磷酸盐腐蚀，并防止炉内生成钙镁水垢。

（2）找炉水磷酸盐的平衡点。在实施 EPT 时首先按流程图 8-6 找出 EPT 的平衡点，然后炉水中的磷酸盐浓度控制在平衡点以下。

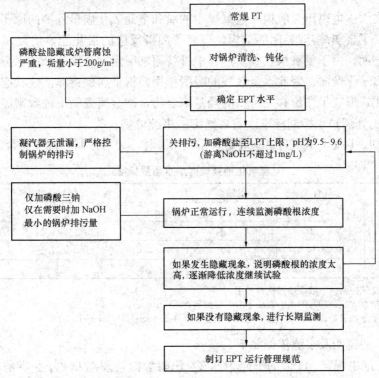

图 8-6　由 PT 转换为 EPT 流程图

为了防止游离氢氧化钠浓度超过 1mg/L，可按图 8-7 控制。

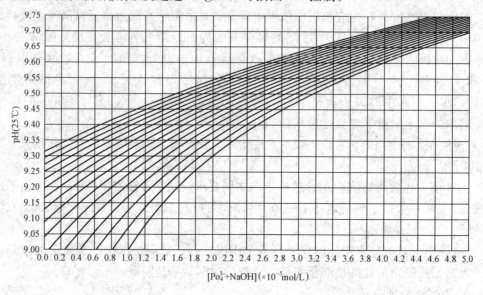

图 8-7　采用 LPT、EPT 和 CT 时游离 NaOH 的计算图
（曲线自下而上 NH₃ 的浓度分别为 0, 0.05, 0.1, 0.15, …, 0.75mg/L）

二、炉水氢氧化钠处理

为了减缓水冷壁管腐蚀，向炉水中加入适量氢氧化钠的处理称之为炉水氢氧化钠处理（caustic treatment，CT）。

氢氧化钠在水中电离出氢氧根，氢氧根中的氧和金属氧化膜最外侧的原子因化学吸附而结合，从而改变了金属/溶液界面的结构，提高了阳极反应的活化能，使金属的腐蚀速度显著减小。另一方面，由于氢氧根在吸附过程中排挤原来吸附在金属表面的水分子层，这也就降低了金属的离子化倾向。因此，氢氧根的吸附作用使得金属保持非活性状态。同时，由于氢氧化钠与氧化铁形成了二价和三价铁的羟基络合物，使金属表面形成致密的保护膜。

1. 氢氧化钠处理炉水控制标准以及各指标的来源依据

（1）按照 DL/T 805.3—2004 的规定，采用 CT 时，炉水控制指标应符合表 8-6 的规定。

表 8-6　　　　　　　　　　　　　氢氧化钠处理时炉水质量标准

汽包压力 (MPa)	pH (25℃)	电导率	氢电导率	氢氧化钠[1]	氯离子[2]
		(25℃，μS/cm)		(mg/L)	
5.9～12.6	9.2～9.7	—	≤3.0	≤1.5	—
12.7～15.6	9.2～9.7	<10	≤5.0	≤1.5	≤0.40
15.7～18.3	9.2～9.5	<10	≤2.5	≤1.0[3]	≤0.20

1) 炉水中氢氧化钠控制值下限应通过试验确定。
2) 汽包炉采用给水加氧处理时炉水中氯离子含量应控制在 ≤0.10mg/L。
3) 汽包炉采用给水加氧处理时炉水中氢氧化钠含量宜控制在 0.4mg/L～0.8mg/L。

（2）各指标的说明及来源依据如下。

1) pH。标准中规定 pH 值的下限为 9.2，比磷酸盐处理高 0.2，主要是考虑炉水的缓冲性小，抗酸性杂质能力弱。如果给水中含有机物时，在炉水中可能分解出有机酸，引起

pH 值的波动。pH 值的上限主要是考虑炉管不发生苛性脆化。

2）电导率。控制电导率有两个作用，一是可防止 NaOH 加药过量，二是适当控制炉水含盐量。

3）氢电导率。控制氢电导率可以间接控制阴离子的含量，例如，炉水中氯离子含量达到 0.20mg/L 时就可使氢电导率增加约 2.4μS/cm。

4）NaOH。控制氢氧化钠浓度的上限，其目的是在保证炉水 pH 的前提下，防止过量氢氧化钠可能带来的碱腐蚀或在高热负荷区浓缩引起苛性脆化。

5）Cl^-。氯离子是破坏金属表面氧化膜，引起腐蚀的主要阴离子，应加以控制。

（3）应用情况。炉水氢氧化钠处理技术在我国已经应用到高压、超高压和亚临界汽包锅炉中，取得了明显的防腐效果。

2. 氢氧化钠浓度的确定

（1）公式法。设 NaOH 的浓度为 b（mg/L），氨的浓度为 c（mg/L），氨电离出的 OH^- 浓度为 x（mol/L），已知氨在 25℃ 的电离常数为 $k = 1.8 \times 10^{-5}$，根据氨的电离平衡式有

$$NH_3 + H_2O \Longrightarrow NH_4^+ + OH^-$$
$$[(c/17) \times 10^{-3} - x] \quad x \quad [x + (b/40) \times 10^{-3}]$$

由 $\qquad x[x + (b/40) \times 10^{-3}] = k[(c/17) \times 10^{-3} - x]$

解得 $\qquad x = 10^{-5} \times \{\sqrt{[(2.5b + 1.8)^2 + 42.35c]} - (2.5b + 1.8)\}/2$

因为 $[OH^-] = x + b/40 \times 10^{-3} = 10^{-5} \times \{\sqrt{[(2.5b + 1.8)^2 + 42.35c]} + 2.5b - 1.8\}/2$

即 $\qquad K_w/[H^+] = 10^{-5} \times \{\sqrt{[(2.5b + 1.8)^2 + 42.35c]} + 2.5b - 1.8\}/2$

$\lg K_w - \lg[H^+] = -5 - 0.3010 + \lg\{\sqrt{[(2.5b + 1.8)^2 + 42.35c]} + 2.5b - 1.8\}$

所以 $\qquad pH_{(25℃)} = 8.6990 + \lg\{\sqrt{[(2.5b + 1.8)^2 + 42.35c]} + 2.5b - 1.8\}$

给出不同的 b、c 就可以得出 pH 与 NaOH、氨浓度关系图。

（2）图解法。采用氢氧化钠处理（CT）时，要求炉水中氢氧化钠的浓度控制在 1.0mg/L 以下。但是由于炉水中含有氨，所以不能简单地用 pH 值或碱度来确定氢氧化钠的浓度。为了扣除氨的影响，可用氢氧化钠图解法，通过查图 8-8，由炉水 pH 值和氨的浓度可以得到氢氧化钠的浓度，即现场应用较为方便。

3. 炉水采用氢氧化钠处理的优缺点

（1）采用氢氧化钠处理的优点。主要包括以下几个方面。

1）降低了水冷壁酸性腐蚀的风险。由于 NaOH 在高温状态下的碱性比磷酸盐和氨强，所以降低了水冷壁酸性腐蚀的风险。

2）允许炉水有较高浓度的氯化物。一定浓度的氯离子可以破坏氧化膜，造成炉管腐蚀损坏。与 AVT 相比，允许炉水有较高浓度的氯化物。

3）可以减缓水冷壁的结垢现象。由于炉水中存在游离 NaOH，铁磁性颗粒表面的正电荷使得它们之间互相排斥，使磁性氧化铁颗粒只沉积在汽包或下联箱的底部，可通过锅炉定期排污排出。因此，可以降低高热负荷区氧化物沉积速率。

（2）采用氢氧化钠处理的缺点。主要包括以下几个方面。

1）不能消除炉水中的硬度成分。与磷酸盐相比，氢氧化钠不能与硬度成分发生反应生成水渣，并随锅炉排污除去。如果炉水中有硬度成分，只能加强锅炉排污或改为磷酸盐

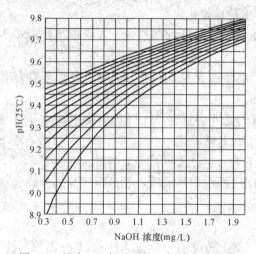

图 8-8　炉水 pH 与 NaOH、氨浓度关系图
（图中曲线自下而上表示不同的氨浓度（mg/L）：
0、0.1、0.2、0.3、0.4、0.5、
0.6、0.7、0.8、0.9、1.0）

处理。

2）可能发生苛性脆化。如果水冷壁有孔状腐蚀，即使氢氧化钠浓度不超标也可能发生苛性脆化。如果炉水中氢氧化钠浓度超过 3mg/L，不管水冷壁表面状态如何，都有发生苛性脆化的危险，应谨慎使用。

3）对给水水质要求严格。采用氢氧化钠处理时，给水氢电导率（25℃）应小于 0.20μS/cm，比磷酸盐处理要求严格。

三、炉水全挥发处理

锅炉给水加氨和联氨或只加氨，炉水不再加任何药剂的处理称之为全挥发处理（all-volatile treatment，AVT）。

AVT 的优点是不向锅炉中加入任何固体药剂，不存在浓缩、隐藏等现象。采用 AVT 方式时，给水可以采用 AVT（R）或 AVT（O），也可以采用 OT。由于炉水不再加任何药剂，只靠给水加的氨来维持炉水的 pH 值，所以，通常炉水 pH 值较低。

1. 炉水采用 AVT 应注意的事项

（1）为了使炉水 pH>9.0，给水 pH 值应大于 9.2。

（2）相对其他处理方式，水、汽系统氨含量偏高，使铜部件易发生氨腐蚀。

（3）因为炉水的缓冲性弱，对给水水质要求严格，给水氢电导率应小于 0.2μS/cm。

（4）由于高温状态下炉水 pH 值偏低，所以，以分子状态溶解携带的杂质在蒸汽中的含量明显增高。例如，为了保证蒸汽中的二氧化硅合格，通常炉水中的允许含硅量只有 PT 或 CT 时的一半。给水含有同等水平的有机物，炉水采用 AVT 时蒸汽中的有机酸等杂质的含量明显增高。

（5）一旦发现给水有硬度，炉水应立即转化为 PT。

2. 采用 AVT 时炉水 pH 值较低的原因

（1）因为氨的汽、水分配系数较大，当给水进入汽包后，氨更倾向于进入蒸汽中，导致炉水氨含量相对偏低。不同温度下氨的汽、水分配系数不同，如图 8-9 所示。例如，给水中的氨含量为 1mg/L 时，在 300℃ 的炉水中氨含量不足 0.5mg/L。

（2）高温状态下氨的碱性弱。例如，在 25℃ 时测得炉水 pH 值为 9.3，比水的中性点 7.0 高 2.3，而在 300℃，相同氨含量时，炉水 pH 仅为 5.9，比水的中性点 5.64 高 0.26，也就是说炉水采用 AVT 时，温度越高，使用氨水调节 pH 的碱性明显不足，如图 8-10 所示。

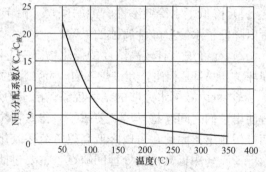

图 8-9　氨的汽、水分配系数
（来自锅炉实测数据）

3. 我国没有大力推广炉水全挥发处理的原因

由于炉水采用 AVT 时，水冷壁管结垢速率较高，酸洗周期较短，并且炉水抗酸、碱性杂质的干扰能力差，一旦凝汽器发生泄漏，往往来不及转化为 PT 方式而使锅炉发生结垢现象，所以我国使用较少。但是，目前我国空冷机组逐渐增多，加之蒸汽指标规定越来越严格，因此炉水采用 AVT 的汽包锅炉已逐渐增多。在日本、美国采用 AVT 的汽包锅炉在 60% 以上。

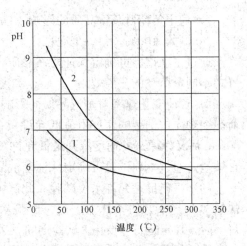

图 8-10　温度对 pH 值的影响
1—水的中性点（在 25℃ 时 pH=7.0）；
2—用氨水调节 pH=9.3（25℃）

四、锅炉热化学试验

进行有关锅炉热负荷、运行控制方式以及锅炉的固有装置对蒸汽品质影响的试验叫做锅炉热化学试验。

热化学试验的主要目的是：确定锅炉在不同运行工况下的汽、水品质变化规律，考查锅炉汽包内部汽水分离装置的工作效能，在保证蒸汽质量的前提下确定锅炉在不同参数下的炉水水质，确定能保证蒸汽品质合格的最佳排污量，确定给水溶解氧合格时除氧器排气门的最小开度，以达到节能降耗的目的。

通过热化学试验可以找出炉水的极限含盐量、最佳汽包运行水位、最大允许升降负荷速率、确定锅炉排污量、除氧器排汽门开度等，可以制订适应于该锅炉的炉水控制指标和操作规程。

1. 锅炉热化学试验的内容

（1）炉水临界含盐量试验。考查炉水含盐量（含钠量或含硅量）对蒸汽品质的影响，包括以下内容。

1）试验条件。主蒸汽流量为额定流量，汽包压力为额定压力，汽包水位为 0±20mm。试验过程中炉水 pH 值维持在相应炉水处理（PT、CT 或 AVT）规定的范围内。

2）试验方法。采用关闭锅炉连续排污门的方法使炉水自然浓缩。如果炉水经过长时间浓缩仍达不到临界含盐量，也可利用锅炉加药系统加药，人为增加炉水含盐量，以缩短浓缩时间。所加药的成分应与炉水成分相近。

3）取样分析与表计测量的时间间隔。如果采用手工取样分析，在炉水开始浓缩阶段可每半小时取样分析一次，当蒸汽品质有超标趋势时应缩短取样时间。试验期间最好使用在线化学仪表连续测量。

4）临界含盐量的确定。当蒸汽品质严重恶化，即蒸汽中的含钠量或含硅量超标时，停止炉水浓缩。测定蒸汽和炉水的含钠量、含硅量和 pH 值。然后打开连续排污门，逐渐降低炉水含盐量，直至蒸汽品质合格。这时炉水的含盐量为临界含盐量（以钠或硅计）。

（2）锅炉负荷以及负荷变化速率对蒸汽品质的影响试验。在锅炉正常水位和炉水含盐量为临界含盐量 70%～80% 的条件下，测定不同负荷对蒸汽品质的影响。该项试验包括两项内容：一是锅炉以稳定负荷运行时对蒸汽品质的影响，有时包括锅炉超负荷运行。这项试验对经过改造并增加出力的锅炉尤为重要，有时改造后的锅炉出力提高了，但汽水分离装置的能力达不到要求，往往蒸汽带水的比例增加。二是考查锅炉负荷以一定的变化速率运行时对蒸汽品质的影响。

1）稳定负荷对蒸汽品质的影响。锅炉负荷从 70% 起，以较低的升负荷速率逐渐增加至80%、90%、100%，每一工况稳定运行 0.5～1h。

通过本项试验可确定保证蒸汽品质合格时的锅炉最高允许负荷，还可以了解汽水分离装置在不同负荷下的分离效果。

2）负荷变化速率对蒸汽品质的影响。试验时，锅炉以不同的负荷变化速率进行升降负荷。锅炉先按选定的速率由最低允许负荷升到额定负荷（有时包括 105% 的超负荷），维持30min 后又以原来的速度降到最低允许负荷。试验期间，采用在线钠表连续监测饱和蒸汽的含钠量。通过本项试验可确定保证蒸汽品质合格时的锅炉最高允许负荷变化速率。

（3）汽包最高允许水位试验。此试验在锅炉额定压力、额定负荷和炉水含盐量为临界含盐量 70%～80% 的条件下进行。试验从正常水位开始，逐渐地、均匀地、分阶段地提升，每一阶段稳定运行 30min。试验期间，采用在线钠表连续监测饱和蒸汽的含钠量。当水位提升到某一位置时蒸汽品质出现恶化，开始降低水位直到蒸汽品质合格为止，这时的水位便是该锅炉的最高允许水位。

如果该项试验结果将水位提高到报警值后蒸汽品质仍合格，则报警水位为该锅炉的最高允许水位。

（4）饱和蒸汽的机械携带和溶解携带试验。锅炉在额定负荷、正常运行水位、炉水临界含盐量的 70%～80% 运行时，确定饱和蒸汽的机械携带系数和各种盐类（包括 SiO_2）的溶解携带系数。

炉水中的磷酸盐浓度控制在规定的范围内并保持稳定，根据汽包的压力计算出饱和蒸汽理论溶解携带 PO_4^{3-} 值，用离子色谱法测定蒸汽中的 PO_4^{3-} 含量，两者的差值作为机械携带值，该值除以炉水的 PO_4^{3-} 值就是饱和蒸汽的机械携带系数。

（5）确定除氧器出口溶解氧合格时除氧器排汽门的最小开度试验。

2. 锅炉热化学试验应达到的效果

进行完锅炉热化学试验后对机组的节水节能、安全运行都会有明显的改善，具体效果如下。

（1）由试验得出锅炉最高允许含硅量和含钠量，通过监测和控制炉水中 SiO_2 和 Na^+ 的浓度来保证蒸汽的品质。

（2）确定出汽包的最高允许运行水位。

（3）确定出锅炉最大允许升降负荷速率。

（4）确定出合理的连续排污开度，达到既不过量排污又能使汽、水品质合格。

（5）确定汽包的汽水分离效果，即通过测定蒸汽的机械携带系数和溶解携带系数控制蒸汽的品质。

（6）确定除氧器排汽气门的开度，减少不必要的水汽损失。

第三节　炉水加药处理和锅炉排污

一、炉水加药处理

1. 加药方式

一般地，向汽包锅炉加磷酸盐或氢氧化钠时，当给水水质较好，锅炉排污量很小时，可采用间断加药。当给水水质较差，锅炉排污量较大时，需采用连续加药。总之，当炉水磷酸根浓度或 pH 值达到规定的范围时，停止加药；当炉水磷酸根浓度或 pH 值接近于规定范围的下限时启动磷酸盐加药泵。炉水加药的控制原则是，炉水 PO_4^{3-} 浓度尽量平稳。

为了获得较高的压力，通常使用柱塞泵，通过调整柱塞泵的行程和药剂浓度来调整加药量。

2. 药液的配制及注意事项

(1) 药液浓度及控制方法。具体内容如下。

1) 磷酸盐溶液的配制。一般配制 0.5%～1.0% 的磷酸盐溶液就可以满足需要，实际操作时根据标准要求维持的炉水磷酸根浓度来调整计量泵的行程或泵的频率即可。

2) 炉水氢氧化钠浓度的控制方法。配制 0.1% 左右的 NaOH 溶液，用计量泵打入锅炉汽包。根据检测炉水的氨、pH 值计算出 NaOH 的含量，通过调节计量泵的出力实现对炉水 NaOH 含量的控制。

(2) 注意事项。主要包括以下几个方面。

1) 配药用水。一般使用锅炉补给水或凝结水将固体或液体药剂配制成溶液，用计量泵注入系统中。

2) 药品纯度。对于向锅炉汽包加药，按照 DL/T 805.2 的要求，汽包压力为 5.9～15.8MPa 的锅炉，磷酸盐的纯度应为化学纯或以上级别；汽包压力为 15.8～18.8MPa 的锅炉，磷酸盐的纯度应为分析纯或以上级别；如果使用氢氧化钠，纯度也应为分析纯或以上级别。

3) 配药药箱材质。由于药剂对配药箱有一定的腐蚀作用，通常使用耐腐蚀的不锈钢药箱，所有药箱都应设有避免空气中灰尘落入的措施。

4) 加药系统。对组成加药系统的管路、阀门、泵和表计等都应使用耐腐蚀材料。一般加药管应使用不锈钢管，管径不宜太细，防止堵塞；管径也不宜太粗，防止因更换药液而发生加药滞后现象。例如，一般磷酸盐药箱的药液浓度为 0.5%～1%，突然由于凝汽器泄漏使炉水中有硬度成分，这时即使加大加药泵的出力也满足不了需要时，通常要提高磷酸盐的浓度，如果加药管太粗，往往滞后 1h 以上，使炉水得不到及时处理。通常加药管的内径选择在 10mm 左右。

3. 炉水氢氧化钠的浓度及控制方法

当炉水采用氢氧化钠处理 (CT) 时，要严格控制炉水中氢氧化钠的浓度。对于压力为 5.9～15.7MPa 的汽包锅炉，氢氧化钠浓度不应超过 1.5mg/L；对于压力为 15.8～18.8MPa 的汽包锅炉，其浓度不应超过 1.0mg/L。炉水中氢氧化钠的浓度不像磷酸根那样可以直接测量，也不能通过测量炉水的 pH 值直接求出，因为炉水中的氨会对 pH 的测量产生影响。炉水采用氢氧化钠处理时，氨浓度对 pH 值的影响见表 8-7。

表 8-7　　　　　　　25℃ 时 NH_3-NaOH 的浓度 (mg/L) 与 pH 值的关系

NaOH \ NH₃	0	0.1	0.2	0.3	0.4	0.5	0.6	0.7	0.8	0.9	1.0
0.3	8.88	9.05	9.15	9.22	9.28	9.32	9.36	9.39	9.42	9.45	9.47
0.4	9.00	9.13	9.21	9.27	9.32	9.36	9.40	9.43	9.45	9.48	9.50
0.5	9.10	9.19	9.26	9.32	9.36	9.40	9.43	9.45	9.48	9.50	9.52
0.6	9.18	9.25	9.31	9.36	9.40	9.43	9.46	9.48	9.50	9.53	9.54
0.7	9.24	9.31	9.36	9.40	9.43	9.46	9.49	9.51	9.53	9.55	9.57

续表

NaOH \ NH₃	0	0.1	0.2	0.3	0.4	0.5	0.6	0.7	0.8	0.9	1.0
0.8	9.30	9.35	9.40	9.43	9.46	9.49	9.51	9.53	9.55	9.57	9.59
0.9	9.35	9.40	9.43	9.47	9.49	9.52	9.54	9.56	9.58	9.59	9.61
1.0	9.40	9.44	9.47	9.50	9.52	9.54	9.56	9.58	9.60	9.61	9.63
1.1	9.44	9.47	9.50	9.53	9.55	9.57	9.59	9.60	9.62	9.63	9.65
1.2	9.48	9.51	9.53	9.56	9.58	9.59	9.61	9.63	9.64	9.65	9.67
1.3	9.51	9.54	9.56	9.58	9.60	9.62	9.63	9.65	9.66	9.67	9.69
1.4	9.54	9.57	9.59	9.61	9.62	9.64	9.65	9.67	9.68	9.69	9.70
1.5	9.57	9.59	9.61	9.63	9.65	9.66	9.67	9.69	9.70	9.71	9.72
1.6	9.60	9.62	9.64	9.65	9.67	9.68	9.69	9.71	9.72	9.73	9.74
1.7	9.63	9.65	9.66	9.68	9.69	9.70	9.71	9.72	9.73	9.74	9.75
1.8	9.65	9.67	9.68	9.70	9.71	9.72	9.73	9.74	9.75	9.76	9.77
1.9	9.68	9.69	9.70	9.72	9.73	9.74	9.75	9.76	9.77	9.78	9.78
2.0	9.70	9.71	9.72	9.74	9.75	9.76	9.77	9.78	9.78	9.79	9.80

在锅炉正常运行期间，炉水中的氨含量和 pH 值可以测量，通过查表 8-7，可求出炉水中氢氧化钠的浓度。也可以查图 8-8，确定氢氧化钠的浓度。

由图 8-8 可知，当炉水 pH 值低于 9.4 时，炉水中氢氧化钠浓度不可能超过 1.0mg/L；当炉水 pH 值低于 9.57 时，炉水中氢氧化钠浓度不可能超过 1.5mg/L。这对控制不同压力等级的炉水氢氧化钠浓度的上限提供了快捷的方法。

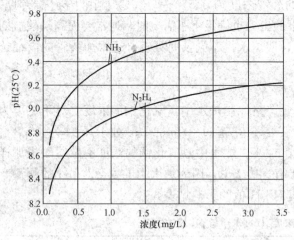

图 8-11　氨、联氨浓度与 pH 值的关系

4. 采用 AVT 方式加氨量及控制方法

（1）确定氨的加药剂量。当炉水采用 AVT 方式时，炉水 pH 值主要是靠给水加氨来调节。当给水采用 AVT（R）时，联氨也对 pH 值有贡献，但是由于它的碱性弱、剂量小，通常可以忽略不计，如图 8-11 所示。

由于氨的汽、水分配系数较大，不同压力的锅炉所对应的炉水温度不同，而炉水温度与氨的汽、水分配系数如图 8-9 所示。为了保证炉水的 pH 值大于 9.0，要求给水的 pH 值至少为 9.2 以上。

（2）控制剂量的方法。主要有以下两种。

1）控制电导率。在控制给水加氨时，最好采用电导率信号。因为在电厂在线化学仪表中，电导率的测量相对准确、可靠。纯水加氨后 pH 值、电导率 S 和氨浓度 c 之间的关系见表 8-8。这种控制方法不适用凝汽器经常有泄漏且没有凝结水精处理的机组。

表 8-8 纯水加氨后 pH 值、电导率 S 和氨浓度 c 之间的关系①

基 本 公 式			
	$pH = 8.566 + \lg S$		
	$S = 10^{(pH-8.566)}$ $(\mu S/cm)$		
	$c = (13.2S^2 + 62.7S) \times 10^{-3}$ (mg/L)		
	$pH = 8.942 + \lg(\sqrt{1+13.43c}-1)$		
给水 pH 控制参数	pH	$S②$ $(\mu S/cm)$	c (mg/L)
给水 AVT 处理（有铜系统）	8.8～9.3	1.714～5.420	0.146～0.72
给水 AVT 处理（无铜系统）	9.0～9.5	2.716～8.590	0.268～1.513
给水 OT 处理	8.5～9.0	0.859～2.716	0.064～0.268

① 使用条件：凝结水 100% 经过精处理。
② 按 GB/T 6908—2008，电导率符号用 S 表示。

2）控制 pH 值。由于 pH 表的测量准确性比电导率表差，pH 表的维护工作量比电导率表大，所以使用起来不太方便，但是，这种控制方法对凝汽器经常有泄漏并且没有凝结水精处理的机组非常有效。

二、锅炉排污

锅炉在运行时，随给水带入锅炉的杂质和腐蚀产物，只有很少部分被蒸汽带走，大部分留在炉水中。随着运行时间的延长，如果不采取措施，这些杂质和腐蚀产物的浓度就会不断增高，当其浓度超过炉水的允许值时，不但影响蒸汽品质，而且还可能形成水垢或水渣，危及锅炉的安全。因此，必须排放一部分炉水，并补充相同量的给水，使炉水的含盐量、含硅量和腐蚀产物的含量维持在炉水允许值以下。

1. 锅炉的排污方式

锅炉排污一般有两种形式，一是连续排污，二是定期排污。

（1）连续排污也叫表面排污，这种排污方法是连续不断地从汽包锅水表面层将高盐浓度的锅水排出，以降低锅水中的含盐量，防止因锅水浓度过高而影响蒸汽品质。为了提高排污效率，排污点应设置在炉水含盐量较大的位置。为了防止因排污引起炉水水质不均，汽包内部的排污管通常沿汽包长度方向布置，并能均匀地取水。为了防止蒸汽吸入，排污取水管应安装在汽包正常水位以下 200～300mm 处，靠近一次分离元件的排水出口处，并应注意避开给水分配管和加药管。连续排污水量可根据炉水水质确定，对于用除盐水作为锅炉补给水的锅炉，通常按炉水的允许含硅量来决定其排污率。

（2）定期排污又称间断排污或底部排污，其作用是排除积聚在锅炉下部的水渣和沉淀物。定期排污持续时间很短，但排出锅内沉淀物的能力很强。定期排污是每隔一定时间（如 1 天、1 周等）从炉水循环的最低点排放部分炉水。定期排污应尽量在低负荷时进行，并严格监视汽包水位，控制排污流量。自然循环汽包锅炉每个定期排污阀的排污时间不超过 30s。但是并非所有的汽包锅炉都设置定期排污系统，例如 B&W 有限公司在中国、加拿大、英国等国家制造的锅炉，一般都不设置定期排污系统，除非用户提出要求。

2. 锅炉排污率

锅炉排污率可根据杂质在炉水的进出平衡得出以下公式

$$P = \frac{c_G - c_B}{c_P - c_G} \times 100\% \qquad (8\text{-}1)$$

式中　P——锅炉排污率，%；

　　　c_G——锅炉给水中某种物质的浓度，$\mu g/L$；

　　　c_B——蒸汽中某种物质的浓度，$\mu g/kg$；

　　　c_P——排污水水中某种物质的浓度，$\mu g/L$。

这里所说的某种物质，可以是二氧化硅或氯离子等。对于采用全挥发处理的炉水还可以是钠离子；但是对于采用磷酸盐处理的炉水，不能使用钠离子和磷酸根离子；对于采用氢氧化钠处理的炉水，不能使用钠离子。

对于软化水作为补给水的锅炉，可用含盐量或氯离子来计算排污率。由于蒸汽中的含盐量或氯离子远远小于炉水的含量，故可以略去，可按下式计算

$$P = \frac{c_G}{c_P - c_G} \times 100\% \qquad (8\text{-}2)$$

在实际操作中，应选取最大的一组数据作为锅炉的排污率。对于进行了热化学试验的锅炉，可不按排污率公式而直接按炉水中的某种物质（如 SiO_2、Cl^- 或 Na^+ 等）的允许含量进行控制。例如，某 350MW 的机组，炉水采用全挥发处理时，炉水的临界含硅量为 $75\mu g/L$，为了安全起见，炉水的允许含硅量按临界值的 80% 考虑，即 $60\mu g/L$，也就是说，当炉水含硅量不大于 $60\mu g/L$ 时可以不进行排污。但是为了防止锅内水渣聚集，还应符合 DL/T 561—2013《火力发电厂水汽化学监督导则》的规定，即锅炉的排污率应不小于 0.3%。

第九章 蒸汽系统的积盐

在一般水处理中，通常不列入蒸汽系统的积盐，其实蒸汽系统的积盐与锅炉的给水处理和炉水处理是分不开的。本章主要介绍影响汽包锅炉蒸汽品质的各种因素。

第一节 影响蒸汽系统积盐的因素

一、给水处理方式对蒸汽品质的影响

（1）对于直流锅炉，锅炉的给水水质几乎与蒸汽品质相同。对于有铜系统，如果给水采用 AVT（R）方式，由于对给水电导率的要求相对宽松，通常蒸汽品质要差些，铜含量稍高；如果给水采用 AVT（O）方式，蒸汽的含铜量会更高。对于无铜系统，给水采用 AVT（R）或 AVT（O）时，蒸汽含铁量大致相当。如果给水采用 OT 方式，由于对给水水质要求严格，氢电导率要求达到 $0.15\mu S/cm$ 以下，因此，含盐量非常低，加之形成的三氧化二铁膜有很好的保护性，所以蒸汽品质明显提高。

（2）对于汽包锅炉，无论采用何种给水处理方式对蒸汽品质的影响都较小。对于过热蒸汽采用喷给水减温的锅炉，因为给水直接喷到过热蒸汽中，所以，给水水质对蒸汽品质有一定的影响。但由于喷给水的量通常不大于 5%，所以，对蒸汽品质影响不大，除非给水水质很差（如凝汽器泄漏、凝结水精处理运行异常等）。

二、影响过热器积盐的因素

过热器的积盐与给水水质、炉水水质和汽包的汽、水分离效果以及运行压力有关。

1. 给水水质

现代大型锅炉都是通过喷锅炉给水来控制过热蒸汽的温度。在正常设计中，最大喷水量为给水流量的 3%～5%。如果给水水质较差，给水在过热蒸汽中被完全蒸干的过程中，盐类就可能析出。由于这一类盐主要是钠盐，而钠盐在蒸汽中的溶解度与蒸汽压力有关。由于所有蒸汽都要在过热器和汽轮机中相继降压，并最终降到负压。随着蒸汽压力的下降，钠盐的溶解度会逐渐降低，其极限溶解度为 $10\mu g/L$。所以，在电力行业中，亚临界压力以下的锅炉，蒸汽含钠量标准均规定为 $10\mu g/L$。

通常规定，锅炉给水水质与蒸汽相当，主要是防止因给水减温影响蒸汽质量。所以，当凝汽器泄漏而又没有进行凝结水处理时，由于影响给水质量，进而影响蒸汽质量。例如，某海滨电厂，由于凝汽器钛管被高温疏水冲刷而泄漏，该机组又没有配置凝结水精处理设备，导致蒸汽含钠量严重超标，使过热器、汽轮机严重积盐。凝汽器泄漏 3 小时 15 分，过热器、汽轮机积盐的厚度可高达 2mm 以上。

2. 机械携带

汽包的汽、水分离效果差，产生机械携带，无疑会引起过热器的积盐。为了减少机械携带，锅炉汽包内设有旋风分离器、波纹板和百叶窗等汽、水分离装置。汽、水分离装置的一次分离元件是旋风分离器，一般沿汽包长度方向分前后两排布置。

汽、水分离过程如下。从汽包上升管来的汽、水混合物经引入管沿着汽包壁与弧形衬板所形成的狭窄环形通道流下，轴向进入旋风分离器的内套筒，内套筒装有固定螺旋形叶片，使汽、水混合物产生旋转运动，靠离心力的作用将水滴抛向内壁，并沿壁流下。蒸汽则在内套筒中部向上流动。在螺旋叶片上部装有波纹板状环形导向圈，挡住蒸汽中夹杂的细小水滴，并引向内外套筒之间的环形通道，返回汽包的水空间，这是第一次分离。被分离的蒸汽从进入波形板分离器，蒸汽在波形板间经过多次改变方向，依靠惯性力将水滴再次分离，水滴沿板面流下，这是第二次分离。被分离的蒸汽以比较低的流速通过与汽包长度方向垂直的波纹板干燥器，使已经形成雾状的残余水滴能在波形板滴下，这是第三次分离。蒸汽经过三次分离后由汽包顶部的饱和蒸汽引出管至顶棚过热器。通过三次汽、水分离后，300MW 及以上机组的饱和蒸汽机械携带率通常小于 0.2%，汽、水分离效果最好的锅炉可以达到 0.01% 以下。如果汽、水分离装置不正常，机械携带就会增加。例如，汽包水位过高和过低，汽包压力剧变（如负荷的快速变动）都容易使汽、水分离效果变差，污染蒸汽品质。锅炉运行过程中，有的旋风分离器倾斜或倒了，使第一级汽、水分离失去了应有的功能，蒸汽严重带水使蒸汽的含盐量增加。这种现象有时往往不能被觉察到，例如，蒸汽分甲、乙侧取样，在检测过程中只检测某一侧，或检测甲、乙蒸汽的混合样，分离效果不好的一侧，蒸汽流量所占比例太小，这都能导致过热器的积盐。

对于超高压及以下等级的锅炉，汽包内一般装有给水洗汽装置。通常用于洗汽的给水占总给水量的 50%。这样即使蒸汽含有水滴，通过给水洗汽后，未被分离的水滴会溶入给水中，而这时也可能带有更多的水滴，但是该水滴已经不是炉水而是给水，所以蒸汽的含盐量要小得多。

3. 溶解携带

蒸汽有溶解携带各种杂质的能力。超高压及以下等级的锅炉，对于钠盐以机械携带为主，对于 SiO_2，溶解携带和机械携带都有，只是随着压力的增高，溶解携带的比例增大。对于亚临界汽包炉，几乎所有杂质都以溶解携带为主。杂质溶解携带量与炉水中该杂质的浓度成正比。在同一压力下，蒸汽中某种物质的浓度与炉水中的浓度之比，称为该物质的汽、水分配系数。不同物质在不同压力下的汽、水分配系数如图 9-1 所示。

现代大型锅炉大都是变压运行，即锅炉压力随着负荷的升高而增高，300MW 及以上容量的机组在正常运行时，汽包压力

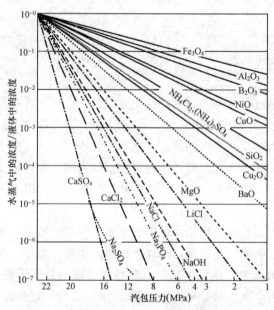

图 9-1 汽包压力与汽、水分配系数的关系

的变化范围一般在 11.0～19.5MPa。也就是说，与低负荷相比，锅炉在高负荷运行时杂质的溶解携带更加严重。

三、防止过热蒸汽系统积盐的措施

（1）保证给水质量。对于采用喷水减温的锅炉，应保证给水质量与蒸汽标准所规定的各项化学指标相当，这对于亚临界锅炉非常重要。

（2）使锅炉处于最佳运行工况，减少杂质的机械携带。这里所说的最佳运行工况是指合适的汽包水位，合适的炉水含盐量及合理的炉水排污量，锅炉始终在最高允许负荷以下运行。杂质的机械携带除了与汽包水位有关外，还与汽、水分离装置有关。一般通过锅炉热化学试验来获得最佳运行工况的各项指标。通过对全国几十台不同参数的锅炉热化学试验的结果汇总，得出图 9-2 和图 9-3。这些试验的化学控制方式为：给水采用 AVT（R），炉水采用 PT 或 AVT。试验包括了汽包高（＋100mm）、中（－15～＋15mm）、低水位（－100mm）及水位变化速率（10～20mm/min）；高负荷（额定负荷的 100%～105%）、低负荷（额定负荷的 50%～60%）以及负荷变化速率（额定电负荷的 1%/min～3%/min）。由于在同一压力下，杂质的溶解携带是一定的，而机械携带则取决于汽包的汽、水分离效果的优劣，所检测蒸汽的杂质含量是机械携带和溶解携带之和。

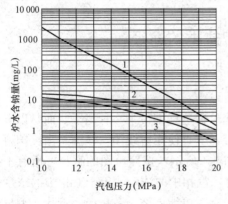

图 9-2 蒸汽含钠量为 $10\mu g/kg$ 时炉水含钠量与汽包压力的关系

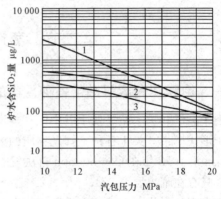

图 9-3 蒸汽含硅量为 $20\mu g/kg$ 时炉水含硅量与汽包压力的关系

图 9-2 和图 9-3 中的曲线 1 是溶解携带，曲线 2 是汽、水分离效果较好的锅炉的炉水最高允许含钠量和含硅量，曲线 3 是汽、水分离效果稍差的炉水最高允许含钠量和含硅量。实际上运行在第 3 条曲线上的锅炉，排污率应有所加大，稍有不慎，过热器和汽轮机就会发生积盐现象。而在曲线 3 以下运行的锅炉，过热器和汽轮机都有不同程度的积盐现象。

（3）适当的锅炉排污。由于锅炉的运行压力通常不能改变，在该压力下的汽、水分配系数又是一个定值，所以，减少炉水盐类的浓度，就可以减少蒸汽的含盐量。对于高参数机组，大多都采用二级除盐水作为锅炉补给水，所以当凝汽器无泄漏或凝结水进行 100% 精处理时，锅炉排污量非常小。但是很多电厂由于没有做热化学试验，无法确定最佳运行参数，为了安全起见，锅炉连续排污控制 1%～2%。进行过热化学试验的锅炉，由于确定了锅炉的最佳运行参数，排污率大多数都定为 0.3%，即原水电部 1994 年规定的最小排污率，这主要是为了防止炉水中的氧化铁形成二次水垢。有定期排污的锅炉，一般每周排 1～2 次即可。定期排污应在低负荷下进行。这不但可最大限度地节水、节能，而且由于盐类隐藏的特殊性，在低负荷下排污还可起到事半功倍的效果。

（4）根据锅炉运行特性和给水水质选用合理的炉水处理方式。锅炉在相同的运行工况下，不同的炉水处理方式对蒸汽品质的影响很大。例如，如果炉水采用磷酸盐处理，蒸汽总要按炉水中的磷酸根浓度以一定比例携带盐类杂质。在凝汽器无泄漏的情况下，应尽量减少向锅炉中加磷酸盐。对于锅炉汽包压力特别高时，磷酸盐的溶解携带更严重。研究发现，凡是采用磷酸盐处理的锅炉，蒸汽中都可检测出 PO_4^{3-}，汽、水分离效果差或汽包运行压力特别高的锅炉，汽轮机往往结磷酸盐垢，严重时磷酸盐含量高达 50％以上。按 DL/T 805.2—2004，汽包运行压力超过 19.3MPa 时不应采用磷酸盐处理，这时最好应改为全挥发处理。

对于高参数机组，如果锅炉给水的含硅量较大，二氧化硅可能是污染蒸汽的主要杂质。如果炉水采用全挥发处理，由于氨在高温炉水中的碱性降低，使炉水中的硅酸钠转化为二氧化硅，即 $SiO_3^{2-}+H_2O \Longrightarrow SiO_2+2OH^-$，由于分子态 SiO_2 的汽、水分配系数要比离子态的 Na_2SiO_3 大很多，为了保证蒸汽含硅量合格，不得不加大锅炉排污，降低炉水含硅量。例如 350MW 机组，如果采用全挥发处理，炉水的允许含硅量只有 $60\sim80\mu g/L$，这就要求补给水的含硅量要低，否则锅炉排污量就会增加；如果采用磷酸盐处理，炉水允许含硅量可达 $100\mu g/L$ 以上。

第二节　蒸汽携带盐类的途径

一、饱和蒸汽溶解携带各种盐类的规律

由于蒸汽和炉水始终处于电中性，蒸汽不可能单独选择携带某一种离子，而是以电中性的分子形式携带。关于各种不挥发物质的溶解携带，一直使用射线图，该图是由美国科学家 O. Jonas 于 1978 年在 Combustion 首次发表，如图 9-1 所示。按照该图的解释，所有不挥发物质，只有在临界温度 374.15℃（22.12 MPa）时，汽相中的浓度才等于液相中的浓度。后来研究发现，射线图在接近临界压力时误差较大，有时可能差 2 个数量级。近代大型汽包锅炉的运行压力都接近于亚临界，所以，射线图已跟不上时代的发展。因此，世界各国科学家正在进行这方面试验，得出比较切合实际的汽、水分配系数，如图 9-4 所示。该图的横坐标为绝对温度 T（K）的倒数，纵坐标为汽水分配系数的对数，右边各分子式括号中的 N 表示该物质以分子状态溶解携带，括号中的比例表示该物质以阳阴离子的摩尔比的离子状态溶解携带。

最新研究结果表明，在温度超过 300℃（压力超过 8.59MPa）时，汽相中的浓度大于液相的物质有氨、二氧化硫、甲酸、乙酸、盐酸、氢氧化铜、氯化铵、硫酸等；在温度超过 350℃（压力超过 16.53MPa）时，汽相中的浓度大于液相的物质有乙酸铵、硫酸氢铵、硫酸钠；在温度超过 365℃（压力超过 19.8MPa）时，汽相中的浓度大于液相的物质有氢氧化钠；磷酸只有在临界温度 374.15℃（22.12 MPa）时，汽相中的浓度等于液相。

按一般规则，盐、酸和碱在炉水中都倾向离子化，且离子化程度总是随温度的升高而降低。不带电的非离子化物质更容易进入蒸汽中。因此，只要可形成不带电的物质，它们总是成为从炉水向蒸汽中携带的主要路径。

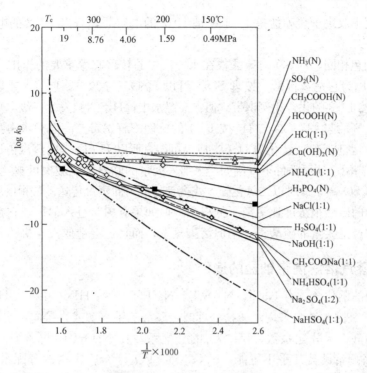

图 9-4 常见物质汽水分配系数

最新研究结果还表明,炉水采用磷酸盐处理时,蒸汽主要以磷酸分子溶解携带,采用氢氧化钠处理时,蒸汽主要以钠与氢氧根 1:1 的比例溶解携带,采用全挥发处理时蒸汽主要以氨分子溶解携带。

二、饱和蒸汽溶解携带氯离子的途径

如果给水含有微量氯离子并采用加氨处理,则炉水中存在 NH_4Cl、NH_3 和 HCl 的混合物。NH_4Cl 的汽、水分配系数取决于炉水中氨的分布状态、HCl 和 NH_3 的浓度以及水合氨的离子化程度。通常氯离子是以 HCl 和 NH_4Cl 的形式同时被溶解携带到蒸汽中去,两者的比例取决于炉水的 pH 值和温度。在低氨浓度时,以 HCl 形式为主;并且在高温时,水解离出的氢离子为氯离子以 HCl 的形式溶解携带提供了主要的途径。在 AVT 工况下,高挥发性的氨可以导致炉水 pH 值比预测的低很多,例如,在 $25℃$ 时测得炉水 pH 值为 9.3,而在 $300℃$ 相同含氨量条件下,炉水 pH 仅为 5.9,这就增加了以 HCl 为主要形式的溶解携带。如果炉水采用磷酸盐或氢氧化钠处理,由于这两种物质在高温炉水中仍然有较强的碱性,所以炉水中 HCl 浓度减少,NH_4Cl 浓度增加,氯离子的携带就以 NH_4Cl 形式为主。

三、饱和蒸汽溶解携带硫酸根的途径

炉水中通常有 Na_2SO_4、$(NH_4)_2SO_4$、$NaHSO_4$、NH_4HSO_4 等与硫酸根有关的盐类,在 AVT 工况下,硫酸氢铵是存在蒸汽中的一种主要形式;在含钠量较高的炉水中,硫酸氢钠是一种主要存在形式。尽管硫酸钠在炉水中占优势,但是在任何运行条件下硫酸钠和硫酸铵在蒸汽中都很少存在。相对挥发性排列为 $H_2SO_4 \gg NaHSO_4 \approx NaOH > Na_2SO_4$。它们汽、水分配系数的大小取决于酸和盐是 1∶1 还是 1∶2 的电解质，一般 1∶2 的电解质的挥发性比 1∶1 的低很多。

与 HCl 的角色相同，H_2SO_4 对硫酸根在水—汽中的转移起着重要的作用。但是 H_2SO_4 的情况要复杂些，因为它是 2 价酸。按理 SO_4^{2-} 可以 HSO_4^- 与 H^+ 按 1∶1，或以 $SO_4^{2-} \cdot H^+$（或 Na，NH_4^+ 等）按 1∶2 的化合比例携带。但在高温水中，H_2SO_4 只发生一级电离，生成 HSO_4^- 和 H^+，所以 H_2SO_4 是以 HSO_4^- 与 H^+ 按 1∶1 的比例溶解携带。高温炉水本身的电离，可提供较高浓度的 H^+，使 SO_4^{2-} 转化为 HSO_4^- 成为可能，所以 H_2SO_4 是向蒸汽传送硫酸根的主要途径。另外，在高温、还原条件下（例如给水加入大量的联氨）硫酸根可被还原成二氧化硫，它的挥发性比 H_2SO_4 高，这时以二氧化硫方式携带将成为向蒸汽传送硫酸根的主要途径。

通常蒸汽中的硫酸根浓度比氯离子低得多。但如果有树脂进入锅炉，它在高温、高压的炉水中，可分解产生大量的硫酸根，不但污染蒸汽，而且还会造成汽轮机的腐蚀。

四、饱和蒸汽溶解携带钠盐的途径

炉水中常见的钠化合物有 NaCl、Na_2SO_4、Na_3PO_4、Na_2HPO_4 和 NaOH 等。炉水中之所以存在 NaOH 是因为炉水采用磷酸盐处理时，磷酸三钠水解或直接向炉水中加入 NaOH。按射线图提供的汽、水分配系数，Na_2SO_4 的分配系数比 NaOH 还低 2 个数量级，蒸汽以 Na_2SO_4 形式溶解携带钠盐几乎不可能。NaCl、Na_3PO_4、Na_2HPO_4 的分配系数比 NaOH 低不足 1 个数量级，这几种钠化合物都有可能被溶解携带。经过离子色谱分析，表明在亚临界汽包锅炉蒸汽中的酸根离子浓度与钠离子浓度的摩尔比远小于 1，说明炉水中有一部分 NaOH 被蒸汽溶解携带。虽然 NaCl 的挥发性仅次于 NaOH，但是为了保持炉水的碱性，通常炉水中的 NaOH 浓度比 NaCl 高得多。所以，饱和蒸汽溶解携带钠往往以 NaOH 为主。蒸汽中的 NaOH 和 NaCl 都会使过热器奥氏体不锈钢和汽轮机材料发生应力腐蚀开裂。

五、饱和蒸汽溶解携带磷酸根的途径

当炉水采用磷酸盐处理时，通常含有 PO_4^{3-}、HPO_4^{2-}、$H_2PO_4^-$ 与 Na^+、NH_4^+ 组成的盐类物质以及 H_3PO_4 分子。H_3PO_4 是由磷酸盐水解产生的。高温炉水本身的电离，可提供较高浓度的 H^+，使 HPO_4^{2-}、$H_2PO_4^-$ 易转化为 H_3PO_4。H_3PO_4 是分子状态，它的挥发性要比磷酸根离子状态的物质高很多，但比其他中性物质要低得多，即使蒸汽以 H_3PO_4 或 NaH_2PO_4 的形式携带，携带量也非常小，用常规方法，通常在蒸汽中检测不到磷酸根。使用离子交换树脂富集法可检测到 0.1 μg/kg PO_4^{3-} 含量。通过对几台采用磷酸盐处理的亚临界锅炉进行试验，当汽包压力为 18MPa（炉水的温度为 357℃）时，磷酸根的溶解携带系数为 $3.2×10^{-4}$；汽包压力为 19 MPa（炉水的温度为 361℃）时为 $5.2×10^{-4}$；汽包压力为 19.7 MPa（炉水的温度 364℃）时可达到 0.5% 以上。

六、OT 和 AVT（R）对蒸汽溶解携带杂质的差别

锅炉给水分别采用 OT 和 AVT（R）时，主要对硫化物和铜氧化物的溶解携带差别较大，具体表现如下。

（1）锅炉给水采用 OT（加氧处理）时，抑制了 SO_4^{2-} 转化成 SO_2 的反应。如果炉水采用 NaOH 处理，由于 NaOH 在高温炉水中仍然表现出较强的碱性，从而抑制了炉水中 SO_4^{2-} 转

化成 HSO_4^-，因此降低了硫化物向蒸汽中携带转移的可能性。如果炉水采用全挥发处理（AVT），由于 OT 方式允许给水 pH 值较低，一般不超过 9.0，与 AVT（R）（DL/T 805.4—2004 中给水 pH＝9.0～9.6）相比，采用 OT 方式可以导致 HCl 和 H_2SO_4 的溶解携带增加。因此，我国在给水采用 OT 时，炉水一般都采用 NaOH 处理。

（2）在氧化性工况下对炉水中铜的携带影响较大，因为它能将金属铜和低价 Cu_2O 氧化成 Cu^{2+} 的化合物。$Cu(OH)_2$ 是铜化合物中挥发性最大的，这就增加了铜向蒸汽中的转移。因此，除凝汽器外，有铜合金材料的机组给水不宜采用 OT，否则会使蒸汽含铜量增高，并会使汽轮机结铜垢，严重时影响汽轮机的安全和出力。

七、有机酸及其化合物进入到蒸汽的途径

如果锅炉的补给水源为地表水或凝汽器发生泄漏时，往往会使给水含有一定量的有机物。但从给水水质分析难以发现。随着给水温度的逐渐升高，一部分有机物开始分解，表现为给水氢电导率逐渐升高。在炉水中几乎所有有机物都要被分解，刚开始分解为碳链较长的有机酸，最终分解为碳链较短的甲酸、乙酸。由于炉水氧化性不足，这些低分子酸进一步氧化成 CO_2 的可能性较小。在碱性炉水中，甲酸、乙酸都是以钠盐或铵盐的形式存在，而这些盐类又是不易挥发的物质。所以，以钠盐或铵盐的形式溶解携带的可能性非常小。但是，高温炉水本身的电离，可提供较高浓度的 H^+，使一部分甲酸根和乙酸根转换成不带电的甲酸、乙酸分子。甲酸、乙酸的挥发性很高，要比相应的盐类高几个数量级，是有机物由炉水向蒸汽中转移的主要形式。与此相反，低挥发性的甲酸钠、乙酸钠提供了另一个转换路径，使蒸汽中的甲酸、乙酸转换成相应的钠盐早早进入汽轮机初凝水中。

通过对哈尔滨锅炉厂生产的 4 台 HG-1021/18.2-HM$_5$ 汽包锅炉进行试验，发现实际炉水中的有机物大多被分解成乙酸后就不再进一步分解，炉水和蒸汽中只有乙酸，没有甲酸和二氧化碳。当给水只加氨、炉水加氢氧化钠处理并维持炉水的 pH 值为 9.0～9.2 时，乙酸的汽、水分配系数在 18MPa 时为 0.25～0.36，在 19MPa 时为 0.7～1.1。由此可见，乙酸是非常容易被携带到蒸汽中的。

八、影响蒸汽含硅量的因素

（1）饱和蒸汽中硅酸的溶解特性。饱和蒸汽中的硅化合物来源于炉水，但饱和蒸汽中硅化合物的形态与炉水中硅化合物的形态不一致。由于炉水温度很高，而且 pH 值也较高，所以给水中的胶态硅进入锅炉后都转化为溶解态。炉水中有一部分是溶解态的硅酸盐，另一部分是溶解态的硅酸（如 H_2SiO_3、$H_2Si_2O_5$、H_4SiO_4 等）。水汽标准中所提的含硅量是指硅化合物的总含量，通常以 SiO_2 表示。

饱和蒸汽对上述不同形态硅化合物的溶解性是不一样的，蒸汽主要溶解携带溶解态的硅酸，对硅酸盐的溶解能力很小。因此，饱和蒸汽中的硅化合物，几乎都是硅酸（如 H_2SiO_3、$H_2Si_2O_5$、H_4SiO_4 等）。当饱和蒸汽变成过热蒸汽时，它们会因失去水而成为 SiO_2。对于高压及以上锅炉，饱和蒸汽的含硅量主要来源于溶解携带。

硅化合物的溶解携带系数与蒸汽压力和炉水中硅化合物的形态有关。前一个因素反映了饱和蒸汽溶解携带的共同规律，即饱和蒸汽压力越高，对硅酸的溶解携带能力也就越大，后一个因素反映了硅酸溶解的特殊规律。因为饱和蒸汽溶解携带的主要是硅酸，对硅酸盐的溶

解携带能力很小。所以，蒸汽中硅酸的携带量有以下关系

$$C_{zq}^{SiO_2} = K^{SiO_2} \times K_F^{SiO_2} \times \delta \times C_{LS}^{SiO_2}$$ (9-1)

式中　$C_{zq}^{SiO_2}$——蒸汽中硅化合物的总量，以 SiO_2 计，$\mu g/kg$；

　　　K^{SiO_2}——汽、水分配系数，汽相与液相浓度之比；

　　　$K_F^{SiO_2}$——硅酸的分布系数；

　　　δ——炉水中分子形态的硅酸含量与硅化合物总量之比，称之为硅酸盐的水解度；

　　　$C_{LS}^{SiO_2}$——炉水中硅化合物的总量，以 SiO_2 计，$\mu g/L$。

（2）炉水 pH 值对硅酸溶解携带系数的影响。炉水 pH 值影响炉水中硅化合物的形态。

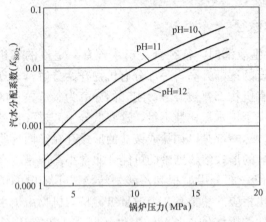

图 9-5　硅酸的溶解携带系数与炉水 pH 的关系

在炉水中，硅酸与硅酸盐存在以下水解平衡

$$SiO_3^{2-} + H_2O \rightleftharpoons HSiO_3^- + OH^-$$

$$HSiO_3^- + H_2O \rightleftharpoons H_2SiO_3 + OH^-$$

从以上水解平衡可以看出，当炉水 pH 值降低时，因为水中 OH^- 浓度降低，平衡向生成 H_2SiO_3 的方向移动，使 δ 增大，因此，蒸汽携带硅化合物的总量就增加。也就是说，硅酸的溶解携带系数随炉水 pH 的降低而增大，如图 9-5 所示。当炉水采用全挥发处理时，高温炉水实际的 pH 值要比炉水采用磷酸盐处理或氢氧化钠处理时低得多，所以在蒸汽同等含硅量的情况下，就要求炉水的含硅总量低得多。以亚临界锅炉为例，通常炉水采用全挥发处理时的允许含硅量只有磷酸盐处理（或氢氧化钠处理）的 1/3～1/2。

（3）硅酸的溶解携带系数与压力的关系。硅酸的溶解携带系数与汽包压力有关。采用不同的炉水处理方式时，汽包压力与携带系数的关系如图 9-6 所示。

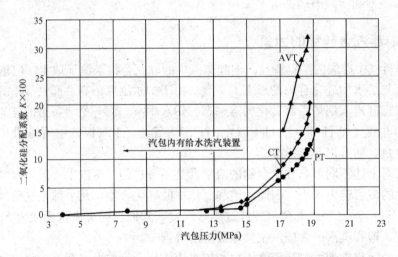

图 9-6　不同的炉水处理方式下汽包压力与携带系数的关系

试验条件：当炉水采用磷酸盐处理（PT）时，炉水 pH 值为 9.2～9.6；当炉水采用全挥发处理（AVT）时，炉水 pH 值为 9.2～9.4；当炉水采用氢氧化钠处理（CT）时，炉水 pH 值为 9.6～9.8

这是来自现场的试验数据经归纳整理后得出的。试验研究表明，当炉水 pH 值一定时，随着汽包压力的提高，硅酸的溶解携带系数迅速增大。所以高压以上的锅炉，必须考虑二氧化硅的溶解携带。一般来说，锅炉的运行压力越高，对给水含硅量的要求就越严格，必须对补给水进行彻底除硅，并且还要求防止凝汽器泄漏。对于中压锅炉，虽然 K^{SiO_2} 数值较低（小于 0.05％），但是如果补给水未进行除硅或凝汽器严重泄漏时，都会造成炉水的含硅量很高，并有可能使蒸汽的含硅量超标，进而引起过热器和汽轮机沉积 SiO_2。

（4）不同炉水处理方式。试验表明不同的炉水处理方式对二氧化硅的溶解携带系数的影响非常大，例如，当汽包压力为 18.34MPa 时，炉水分别采用 PT、CT 和 AVT 时，K^{SiO_2} 分别为 10％、14.6％和 27.8％。也就是说，当蒸汽的含硅量为 $20\mu g/kg$ 时，对应的炉水临界含硅量分别为 $200\mu g/L$、$137\mu g/L$ 和 $72\mu g/L$。这就是说，采用不同的炉水处理方式，对控制炉水的含硅量影响很大，其中采用 PT 时对控制蒸汽的含硅量效果最佳。

第三节　盐类在蒸汽系统的沉积

一、过热器内二氧化硅的沉积

高压及以上等级的锅炉，蒸汽溶解携带硅化物的能力非常强，往往比机械携带量高得多，例如，炉水采用磷酸盐处理，汽包压力为 14.6MPa 的锅炉，机械携带通常在 0.1％以下，而蒸汽溶解携带二氧化硅可达到 1.3％；汽包压力为 19.2MPa 的锅炉，溶解携带可达到 15％。但是，其他含硅的钠盐却因分配系数比二氧化硅低得多（低 2 个数量级以上），它们的溶解携带量可忽略不计。所以，高压及以上等级的锅炉，蒸汽中的硅化物主要来源于溶解携带，并且以硅酸为主。硅酸在过热蒸汽中脱去水分成为二氧化硅。二氧化硅在过热器中被加热升温后，其溶解度会继续增大，如图 9-7 所示。即使二氧化硅在饱和蒸汽中处于饱和状态，进入过热器后也会成为非饱和状态。所以，过热器一般不会发生二氧化硅的沉积。

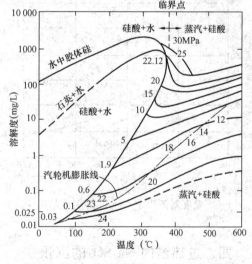

图 9-7　二氧化硅的溶解度与压力的关系

但是，如果饱和蒸汽带水滴过多，当它被加热成为过热蒸汽时，水滴中的二氧化硅会因超过其溶解度而发生沉积，但这种现象很少发生。在过热器中如果发生了二氧化硅的沉积，当蒸汽品质变好时，沉积的二氧化硅会重新溶出，出现过热蒸汽的含硅量大于饱和蒸汽的现象。

二、过热器内 NaCl 的沉积

对于高压等级以下的锅炉，NaCl 在蒸汽中的溶解度随温度升高而增大，如图 9-8 所示。所以，NaCl 以溶解携带的方式进入饱和蒸汽后，一般不会在过热器内沉积。对于超高压等

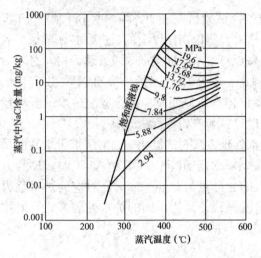

图 9-8　温度对蒸汽中 NaCl 溶解度的影响

级及以上的锅炉，虽然 NaCl 在蒸汽中的溶解度随温度升高而有所减小，但是在过热蒸汽中的溶解度远远超过饱和蒸汽的携带量，所以过热器内一般也不会发生 NaCl 的沉积。

另外，对于海滨电厂，如果发生凝汽器泄漏而又没有凝结水精处理设备时，短时间内就会使过热器发生严重的 NaCl 沉积。

三、过热器内 NaOH 的沉积

对于中、低压锅炉，如果汽水分离效果特别差（如分离器倾斜、倒塌）或用于喷水减温的给水水质很差，NaOH 会在过热器内被浓缩成液滴，并部分黏附在过热器管上，还可能会与蒸汽中的 CO_2 发生反应，生成 Na_2CO_3 并沉积在过热器中。当过热器内 Fe_2O_3 较多时，会与 NaOH 发生反应，生成 $NaFeO_2$ 并沉积在过热器中。

对于高压及以上等级的锅炉，由于 NaOH 在过热蒸汽中的溶解度远远超过饱和蒸汽的携带量，如图 9-9 所示，所以不会沉积在过热器内。

另外，当炉水采用 NaOH 处理时，由于要求 NaOH 浓度小于 $1mg/L$，所以，即使有一定量的机械携带，在过热器中一般也不会发生 NaOH 的沉积。

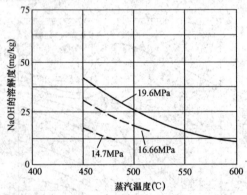

图 9-9　温度对蒸汽中 NaOH 溶解度的影响

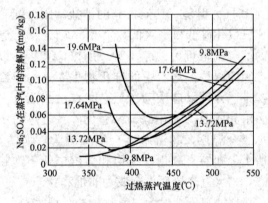

图 9-10　温度对蒸汽中 Na_2SO_4 溶解度的影响

四、过热器内 Na_2SO_4 的沉积

Na_2SO_4 是一种极不容易挥发的中性盐，它的溶解携带系数非常小，所以蒸汽中的 Na_2SO_4 主要是水滴携带造成的。在过热器中，由于水滴的蒸发，硫酸盐类容易变成饱和溶液。因为其饱和溶液的沸点比过热蒸汽的温度低得多，所以它会因水滴被蒸干而结晶析出。对于压力超过 $18.5MPa$ 的锅炉，除了以上情况外，硫酸盐开始被蒸汽溶解携带，压力越高溶解携带越严重。当蒸汽流经过热器发生降压后，由于它的溶解度都非常小，有可能因超过其溶解度而析出。但这种现象极为罕见。

一般地，炉水中硫酸根离子的浓度都很低，相应在蒸汽中的浓度就更低，而它在蒸汽中的溶解度相对还比较高，并且随着温度的升高，溶解度变大，如图 9-10 所示。所以，在过热器中一般不会发生 Na_2SO_4 的沉积。

五、过热器内 Na_3PO_4 的沉积

锅炉汽包的运行压力在 18.5MPa 以下时，Na_3PO_4 的溶解携带系数非常小，所以蒸汽中的 Na_3PO_4 主要是水滴携带造成的。在过热器中，由于水滴的蒸发，磷酸盐类容易变成饱和溶液，其饱和溶液的沸点比过热蒸汽低得多，所以它会因水滴被蒸干而结晶析出。对于压力超过 18.5MPa 的锅炉，除了以上情况外，Na_3PO_4 开始被蒸汽溶解携带，压力越高溶解携带越严重，并且随着压力的增高，汽水密度差减小，机械携带也同步增加。当蒸汽流经过热器发生降压后，因为 Na_3PO_4 的溶解度都非常小，有可能因超过其溶解度而析出。例如，广东某电厂 2 号锅炉是哈尔滨锅炉厂生产的强制循环汽包炉，由于过热器设计的流通面积过小，使汽包的运行压力长期超过 18.8MPa，升负荷时瞬间可达到 19.5MPa，尽管炉水中的磷酸根浓度维持在低限，约 0.5mg/L 左右，但还是发生了由于蒸汽溶解携带磷酸盐过多而造成过热器爆管的事故。

第十章 发电机内冷却水处理

第一节 有关内冷却水的标准

一、有关发电机内冷却水水质标准

（一）电机内冷水的水质的有关标准

目前主要有如下五个标准涉及到发电机内冷水的水质指标。

（1）DL/T 889—2004《电力基本建设热力设备化学监督导则》。

（2）DL/T 1039—2007《发电机内冷水处理导则》。

（3）GB/T 12145—2008《火力发电机组及蒸汽动力设备水汽质量》。

（4）DL/T 801—2010《大型发电机内冷却水质及系统技术要求》。

（5）DL/T 561—2013《火力发电厂水汽化学监督导则》。

在以上五个标准中，DL/T 801 是最为原始的标准，目前也是对水质要求最为严格的标准。其他标准大都参照此标准，从不同的角度强调水质的重要性。该标准的主要水质指标规定，定子冷却水含铜量不大于 $20\mu g/L$，pH 值为 8.0～9.0。冷却水的含铜量超过 $20\mu g/L$ 有可能发生铜腐蚀产物沉积，堵塞水流通道。例如某电厂 1000MW 机组，定子冷却水的含铜量长期维持在 $20\sim30\mu g/L$，运行 10 个月定子线棒通水槽就发生了严重堵塞，如图 10-1 所示。对于 600MW 及以上机组，降低冷却水的含铜量，防止腐蚀产物的沉积，尤其重要。冷却水的 pH 值低于 8.0 时会产生严重的腐蚀。例如某电厂发电机定子线圈鼻端水电连接的并头套，在 pH 小于 7.0 的水中腐蚀严重的腐蚀后而断裂，如图 10-2 所示。因此，其他标准也要陆续进行相应的修订。

图 10-1 某电厂 1000MW 发电机通水槽出水端腐蚀产物沉积

图 10-2 发电机内冷却水系统并头套腐蚀

（二）DL/T 801—2010 有关规定

1. 水质要求

对于采用凝结水作为补充水，应注意监测凝结水水质指标，在凝汽器泄漏时不得使用凝结水作为补充水。建议首先采用凝结水精除盐后的凝结水作为补水，其次采用除盐水进行补水。水质要求见表10-1、表10-2和表10-3。

表10-1　　　　　　　　　　发电机定子空心铜导线冷却水水质控制标准

pH[a] （25℃）	电导率[b] （25℃，μS/cm）	含铜量 （μg/L）	溶氧量[c] （μg/L）
8.0～9.0	0.4～2.0	≤20	—
7.0～9.0			≤30

a　表示将pH值由7升至8时，铜的腐蚀率可下降为1/6；由8升至8.5时，腐蚀率下降为1/15。提高pH可采用Na型混床、补凝结水、精处理出水加氨、加NaOH等方式。

b　表示因泄漏和耐压（高于额定电压）试验需要，可临时将电导率降至0.4μS/cm以下。

c　表示仅对pH＜8时控制。

表10-2　　　　　　　　　　双水内冷发电机内冷却水水质控制标准[a]

pH（25℃）		电导率（25℃，μS/cm）	含铜量（μg/L）	
标准值	期望值		标准值	期望值
7.0～9.0	8.0～9.0	＜5.0	≤40	≤20

a　表示由于铜腐蚀产物的形态不同（双水内冷腐蚀产物为2价铜，溶解度比1价铜大），以及要求双水内冷发电机达到低含铜量的难度较大，因此含铜量标准值定子冷却水含铜量高。

表10-3　　　　　　　发电机定子不锈钢空心线内冷却水水质控制标准

pH（25℃）	电导率（25℃，μS/cm）
6.5～7.5	0.5～1.2

不推荐对内冷水添加缓蚀剂调控水质，可通过设置旁路小混床等设备和新增装置以及运行技术控制、提高内冷水质，防止或减少空心导线的腐蚀和堵塞。对于老旧的小机组，可依具体情况添加缓蚀剂，但必须密切监视药剂浓度和添加后的运行参数。

2. 内冷却水系统的运行监督

（1）新投运的机组，应测量、记录典型运行工况下内冷却水进出口的水压、流量、温度、压差、温差等基础数据，载入发电机技术档案；已投运的机组，应在内冷却水系统大修清理后补测录入。

（2）发电机在运行过程中，应在线测量内冷却水的电导率和pH值，定期测量含铜量、溶氧量。

（3）运行中的监测数据出现下列情况之一，应作相应处理。

1）相同流量下，内冷却水进出发电机水压差的变化比档案基础数据大10％时，应进行检查、综合分析，并考虑反冲洗处理。

2）定子线棒出水温度高于80℃时，应检查、综合分析和反洗；达85℃时，应立即停机处理。

3）定子线棒单路出水水接头间温差达8K时，应及时分析并安排反洗等处理措施。反洗无效时，或出水水接头间温差达 12K 时，应立即停机处理。

4）定子槽部的中段，线棒层间各检温计测量值间的温差达 8K 时，应作综合分析，或作反洗处理观察。线棒层间各检温计测量值间的温差达 14K 时，应立即停机处理。

（4）如因内冷却水系统阻力增大，需提高水压保持内冷却水的足够流量时，首先应充分考虑内冷却水系统的承压能力，运行水压不得超限；同时水压始终不得高于发电机的氢压。如系统水压高出正常水压的 30％，应及时处理。

二、发电机内冷却水标准指标详解

1. pH 值规定的依据及说明

为了减轻发电机铜线棒的腐蚀，在电导率合格的前提下应尽量维持发电机内冷却水的

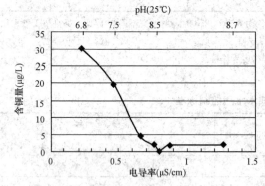

图 10-3　电导率、pH 对发电机内
冷却水的含铜量的影响

pH 值在最佳值 8.5 左右。在此 pH 值下铜的腐蚀速率最小，冷却水的含铜量最低，如图 10-3 所示。

当 pH 值偏离最佳值时，腐蚀速率均会增加。但是向碱性偏离，腐蚀速率的增加不是很明显；向酸性偏离，腐蚀速率急剧增加。对于低电导率的水，pH 的检测与控制均有一定难度。对于防止铜的腐蚀，将 pH 值控制在最佳值 8±0.5 是有必要的，这也是 DL/T 801—2010 将 pH 的下限由原来的 7.0 提高到 8.0 的原因。按照 DL/T801—2010 对电导率上限

2.0μS/cm 的规定，分别采用 NaOH 或氨水调节 pH 值，排除二氧化碳的干扰，理论上可分别达到 8.89 和 8.85，与规定的 pH 值范围没有冲突。实际上内冷却水中还含有其他离子，如 Cu^{2+}、Cu^+（来自铜的腐蚀）和 HCO_3^-（来自空气中的 CO_2）等，它们均会影响水的电导率。在保证电导率不超标的前提下 pH 值远远达不到标准所规定的 9.0。

2. 电导率规定的依据及说明

不同标准对发电机内冷却水电导率的规定值不同，这使电厂的水处理工作者感到困惑。实际上这与机组容量逐渐增大有关。也就是说随着时间的推移，新制造的发电机容量越来越大。发电机发出电力的原始电压逐渐提高了，发电机要求的电气绝缘等级也就相对提高了，因此，要求水的电阻率提高了。目前，发电机定子冷取水的电导率上限为 2.0μS/cm，说明在额定的负荷下，水的电阻率已经达到电气绝缘等级的要求了。有的个别进口发电机，要求定子冷却水的电导率很低，而发电机发出电力的原始电压却与国产相同，说明电导率没有必要限制过低。否则，限制了提高 pH 值防腐手段。电导率的下限规定为 0.4μS/cm。以前没有规定下限，认为越低越好，其实相反，考虑到或多或少会受到二氧化碳的干扰，要提高水的 pH 值至 8.0 以上，不管用 NaOH 还是用氨水调节 pH，对应的电导率至少为 0.4μS/cm。也就是说，电导率下限的规定，从本质上不希望水的 pH 控制在 8.0 以下。

3. 溶解氧的规定的依据及说明

如果用除盐水向发电机内冷却水系统补水，除盐水中的溶解氧是饱和的，水温在 25℃时溶解氧浓度约为 8mg/L。除盐水补到发电机内冷却水系统后水温升高，水中的溶解氧部

分逸出，使内冷却水中的溶解氧始终是处于另一状态下的饱和状态，溶解氧浓度随内冷却水的温度升高而降低，一般在 2～3mg/L。水中的溶解氧会使发电机铜线槽表面的氧化亚铜氧化成氧化铜。氧化铜具有较高的溶解度，导致内冷却水的含铜量增高。在 pH 小于 7.0 的水质条件下，腐蚀速度较快。但随着 pH 的增高，腐蚀速度逐渐变慢，pH 大于 8.0 以后，腐蚀速度显著变慢，铜的总体腐蚀速度急剧下降，如图 10-4 所示。

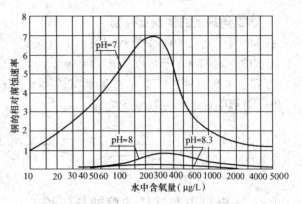

图 10-4 铜的腐蚀速率与 pH 值和溶解氧的关系

目前有关发电机定子内冷却水溶解氧的控制有三种控制方式，即自由氧、贫氧和富氧。目前我国尚没有富氧（高溶解氧浓度）运行的标准，主要是在低 pH 条件下高溶解氧浓度容易引起腐蚀。部分进口机组，按制造厂家的要求采用中性富氧运行。实际运行结果表明腐蚀、沉积速率都比较大，不是一种合理的处理方式，因此，我国没有制定富氧运行的标准。DL/T 801—2010 规定了贫氧运行的标准，即在 pH 小于 8.0 时，应控制溶解氧小于 30μg/L。但是发电机定子冷却水一般没有除氧手段，这一项指标大都处于失控状态。实际上在我国发电机定子内冷却水溶解氧的控制方式只有一种，即自由氧运行，该方式要求 pH 达到 8.0～9.0。

4. 含铜量规定的依据及说明

规定发电机内冷却水的含铜量本意是控制铜的腐蚀，并防止铜的腐蚀产物发生沉积，但实际上冷却水的含铜量不能说明铜的腐蚀速率，因为含铜量与运行时间、补充水率、旁路处理以及内冷却水的处理方式有关。由于发电机内冷却水处于循环状态，在运行过程中内冷却水的含铜量会逐渐增高。如果不对内冷却水进行部分更换或进行部分旁路处理，铜离子升高到一定程度，会发生 CuOH 或 Cu（OH）$_2$ 的沉淀，轻则影响传热，重则堵塞铜线棒的水流通道，影响发电机的安全运行。例如，在 pH=7 时，水中的 Cu^{2+} 超过 140μg/L 就可能发生沉淀，Cu^+ 超过 6.4μg/L 就可能发生沉淀。各种标准中规定的含铜量是指总含铜量，包括 Cu^{2+}、Cu^+ 以及铜腐蚀产物等。对于内冷却水含铜量的规定，最新的标准 DL/T 801—2010 规定，内冷水的含铜量不大于20μg/L，否则会发生铜腐蚀产物的沉积。

5. 硬度规定的依据及说明

在 DL/T 801—2010 中没有规定水的硬度，其原因是补水应采用凝结水或除盐水，而凝结水或除盐水都有水质规定，不容许有硬度。首先凝结水有硬度，氢电导率会远远超过标准。在凝汽器泄漏时不得使用凝结水直接作为补充水，而应采用凝结水精除盐后的凝结水作为补水。其次除盐水也没有硬度，否则电导率会超过标准。

在其他标准中，规定发电机内冷却水的硬度小于2μmol/L，有两方面的含义，一是不能把漏入循环冷却水的凝结水作为补充水；二是防止因水—水交换器冷却管泄漏，其他冷却水漏到发电机内冷却水系统。

另外，特别值得注意是，发电机制造厂出厂前进行水压试验，所用的水应为除盐水，不可用自来水、软化水以及其他含有硬度的水，否则，内部水分风干后会结垢。

6. 含氨量规定的依据及说明

在 DL/T 801—2010 中没有规定水的含氨量，其原因是在电导率小于 $2\mu S/cm$、pH 小于 9.0 的水中，氨的含量不可能大于 $300\mu g/L$。如此低的氨浓度，铜不会发生氨腐蚀。通常氨的浓度在数十毫克每升以上才发生氨腐蚀。实践证明发电机内冷却水用氨或氢氧化钠调节 pH 值，对铜腐蚀的影响基本无差异。

第二节　现场经常遇到的问题

一、发电机中空导线的腐蚀与沉积

1. 铜导线的腐蚀

铜导线的腐蚀主要与水的温度、pH 和溶解氧有关。温度对铜导线的腐蚀的影响如图 10-5 所示。发电机在运行过程中，水的温度与负荷、天气、外部冷却水的流量有关，是一个不控因素。水的溶解氧浓度也是一个不可控因素。因此，影响铜导线的腐蚀的主要因素是水的 pH 值。

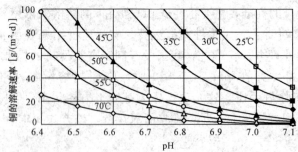

图 10-5　不同温度和 pH 条件下的铜腐蚀速率

从图 10-5 的曲线可知，水的温度越高，pH 值越高，铜的腐蚀速率就越低。如果按照此趋势外推，pH 上升到 8.5 后，温度对铜的腐蚀速率的影响基本可以忽略，即与图 10-4 的结论一致。水的温度升高铜腐蚀速率反而降低的主要原因是与溶解氧有关。在无除氧设施的条件下，内冷却水的溶解氧始终是处于该温度下的饱和状态。升高温度，水中的溶解氧浓度降低，腐蚀就会相应减轻，如图 10-4 的右半侧所示。如果这时向水中加氧，即所谓"富氧运行"，铜的腐蚀速率是会增加的。

2. 腐蚀产物沉积

由于内冷却水对铜导线产生腐蚀，如果腐蚀下来的铜离子超过了它的溶解度，就会产生氧化铜或氢氧化铜的沉积。

铜化合物在水中的腐蚀和沉积与水的温度和 pH 值有关。产生铜腐蚀产物的沉积条件见表 10-4。

表 10-4　　　　　　　　　　　产生铜腐蚀产物的沉积条件

温度	K_{SP}	pH＝6.8	pH＝7.0	沉淀反应
25℃	2.2×10^{-20}	$[Cu^{2+}]\geqslant350\mu g/L$	$[Cu^{2+}]\geqslant140\mu g/L$	$Cu^{2+}+2OH^-=Cu(OH)_2\rightarrow CuO\downarrow+H_2O$
25℃	1.0×10^{-14}	$[Cu^+]\geqslant10\mu g/L$	$[Cu^+]\geqslant6.4\mu g/L$	$2Cu^++2OH^-=2CuOH\rightarrow Cu_2O\downarrow+H_2O$

以某 600MW 发电机为例，每根铜线棒的通水槽截面积为 $1.8\times7.2mm$，每根线棒有 18 个通水槽，共有 96 根线棒，总通水横断面积 $0.0224m^2$，过水面积为 $0.311m^2$，定子冷却水流量为 100t/h，定冷水在线棒中的流速为 1.24m/s。如果发电机内冷却水的平均水温为 55℃，由图

10-5 可知在 pH＝7.0 时铜的溶解速率为 $5g/(m^2 \cdot d)$，则每小时腐蚀下来的铜离子的量为 64.8mg。系统水容积约为 $4m^3$，则内冷却水的含铜量每小时增加 $16.2\mu g/L$。如果不及时除去这些腐蚀产物，内冷却水中的铜离子将逐渐达到或超过极限浓度而发生腐蚀沉积。由于铜的腐蚀产物的溶解度随着温度的升高而降低，所以发生腐蚀沉积的部位主要在发电机的出水侧。

3. 氧化铜脱落重新溶解

如果内冷却水的溶解氧从原来的 1mg/L 降到 $0.2\sim0.3mg/L$，水的氧化性变弱后，化学平衡会向右移动 $Cu^{2+}+e=Cu^+$，部分高价氧化铜会转换成为低价氧化铜。由于 Cu^+ 溶解度很低，很容易形成过饱和而产生沉淀。

国外在讨论堵塞问题时，均讨论铜的溶解和已沉积的氧化铜的溶解和脱落问题。因氧化铜从金属表面脱落，比铜含量超过其溶解度而过饱和析出的影响更大。

4. 金属铜的沉积

对于水—氢—氢冷却方式的发电机，如果发电机转子氢冷系统的氢气大量漏入到定子冷却水中，氢气可将水中的氧化铜还原成氧化亚铜或金属铜，沉积在热负荷较高的发电机出水侧附近。我国的海南某电厂发生过此类现象。

5. 溶解氧

水中溶解氧量对铜溶解度的影响如图 10-4 所示。铜在纯水中的溶出，并非随着水中氧的浓度成比例升高，而是先随含氧量的升高而升高，然后随含氧量的升高而下降。这主要是因为 Cu^{2+}、Cu^+ 的氧化物有不同的溶解度，而含氧量的高低会改变 Cu^{2+} 和 Cu^+ 的比例。因此，水中含氧量的改变，也会改变铜的溶解和析出。

从溶解氧方面考虑降低铜线棒的腐蚀方法有如下两种。一是保持低的溶解氧浓度，在发电机内冷却水箱进行充氮保护，防止空气进入；或简单的加隔离阀门并使水位上部留有足够的空间，只有在水位波动较大时才打开阀门以平衡内部压力。在低 pH 状态下，溶解氧浓度对内冷却水的含铜量影响很大。例如，有一电厂机组检修前发电机内冷却水指标一切正常，检修后内冷却水的含铜量居高不下，但检查 pH、电导率，一切正常。经过反复查找发现是因为水箱密封不严，系统漏入空气而回水又与空气接触使溶解氧浓度偏高所致。二是提高水中含氧量。有些国家发展了通空气以降低铜的腐蚀工况，但在我国尚无先例。该方法的原理是，与 Cu^+ 的氧化物相比，Cu^{2+} 的氧化物有高的溶解度。提高水中含氧量使 Cu^+ 氧化为 Cu^{2+}，以致不使铜化合物的含量超过其溶解度而析出。当 pH 值大于 8.0 时，溶解氧对铜的腐蚀可忽略不计，这时可不控制溶解氧。

二、定子中空导线比转子更容易堵塞

定子中空导线比转子中空导线容易发生堵塞，这主要是与它们的中空流通面积有关。例如，125MW 机组发电机的定子中空导线的流通截面尺寸为 8.8mm $\times$ 2.0mm，转子中空导线的流通截面尺寸为 6.0mm $\times$ 6.0mm；300MW 机组的定子中空导线的流通截面尺寸为 7.1mm $\times$ 2.09mm，转子中空导线的流通截面尺寸为 7mm $\times$ 7mm。这说明定子中空导线的通水面积比较小，更容易堵塞。

三、添加缓蚀剂和混床不能同时并用

为了降低发电机内冷却水的含铜量，有时采用添加缓蚀剂，或采用离子交换净化的方式。在 20 世纪 90 年代以前，大多采用添加缓蚀剂并调节水的 pH 值，使之呈弱碱性以及大量换水来降低水的含铜量。事实证明，这在一定条件下是有效的。在不加缓蚀剂，采用旁路离子交换净化的方式也是有效的。但是这两种方法并用会出现以下问题。

（1）缓蚀剂被混床过滤除去，降低了有效含量，影响缓蚀效果。

（2）有机缓蚀剂被逐渐截留在混床上部影响了通水流量和离子交换。

（3）原来加缓蚀剂排污或混床处理（相当于部分排污）的作用均得不到有效发挥。这时若系统中出现某些变化，如系统漏氢破坏了缓蚀剂，或因停用保护不佳，生成了氧化铜，系统中因缓蚀剂引起的沉积和因腐蚀产物引起的沉积都比较多，就可能堵塞中空铜线棒。

四、内冷却水的 pH 值测不准

在火电厂中，只有发电机内冷却水要求检测纯水的 pH 值。尽管 pH 值的测量方法很简单，但是当水的电导率在 $2\mu S/cm$ 以下时，pH 值的测量就很困难。有时同一水样，用不同 pH 计测量，结果相差很大，其影响因素及提高测量准确性的方法如下。

（1）水的电阻率的影响。在测量纯水 pH 值的过程中，pH 表是由测量电池和高阻抗毫伏计组成。测量电池是由测量电极、参比电极和溶液构成的原电池。如果毫伏计的输入阻抗达不到 $10^{10}\Omega$ 以上，就会影响测量精度。因此，应使用高阻抗的测量仪表。

（2）测量池材质的影响。如果测量池由塑料或有机玻璃材质制作，在电极上会产生静电干扰信号。可选用不锈钢材料制作，但一定要使测量池可靠接地。

（3）电极布置方向的影响。如果测量池内的测量电极和参比电极采用串联布置，电极传感端间的电位差要大些，因而测量误差也就大些。应改为并联布置，减小误差。

（4）水样流量的影响。水样流量过大，会造成流动电势增加。水样流量过小，测量又存在滞后现象。水样流量一般控制在 $100\sim200mL/min$ 为宜。

（5）参比电极内充液位的影响。将参比电极内充液的液位灌注至最高，使参比电极内充液和水保持畅通，可有效保持参比电极低电阻，达到稳定测量的目的。在线 pH 表读数与实验室差别较大，有可能是在线表在测量时因水样压力高，电极内充液不能扩散到水样中。采用高位瓶法可解决此问题。

（6）水样温度的影响。水样温度不同，水的电离常数也不同，因而测出的 pH 值不同。如果水中含有弱电解质（如氨），因其电离程度随温度变化，所以，溶液的 pH 值也不同。通常根据不同的水质对测量的 pH 值进行修正。

为了统一起见，在所有的标准中都规定用 25℃时的值表示。以 25℃时的 pH 值为基准，用纯水和电厂常使用的药剂调节水的 pH 值，温度对 pH 值的影响见表 10-5。在测量水的 pH 值过程中，有一个负的温度系数，即随着温度的增高而降低。

表 10-5　　　　　　　　不同温度范围内 pH 的平均温度系数

温度（℃）	纯水	AVT（R）	AVT（R）＋胺	磷酸盐	OT
0～25	−0.019	−0.037	−0.035	−0.037	−0.037
15～25	−0.017	−0.034	−0.033	−0.034	−0.035
25～50	−0.014	−0.028	−0.027	−0.028	−0.029
15～40	−0.016	−0.031	−0.030	−0.032	−0.032
0～40	−0.017	−0.033	−0.031	−0.033	−0.033

常规情况下仪表的温度补偿只是对电极本身受温度的影响进行修正，而不是对溶液进行修正。在温度增高时，电极的输出电位也增高，这种增高与溶液本身的 pH 值无关。因此常规的 pH 值温度补偿功能，仅仅是考虑了电极输出增高这部分的影响，不能对整体进行补偿。因此，水样实际 pH 值需按以下公式进行修正

$$pH_{25℃} = pH_t + C_f (25-t)$$

式中　$pH_{25℃}$——水样校正到 25℃时的 pH 值；

　　　pH_t——水样在 t℃时的 pH 测量值；

　　　C_f——温度系数，温度每变化 1℃引起溶液 pH 值的变化；

　　　t——水样温度，℃。

尽管根据上式，可将在不同温度下所测得水样的 pH 值换算成 25℃的值，但为了保证测量结果的真实可靠，还是将水样的温度控制 25℃检测为宜。

五、发电机中空导线的清洗

当发现线棒温升不正常时，说明发电机内冷却水处理上可能存在不足之处。这里所说的可能是指，由于其他异物堵塞了发电机中空线棒而引起温升，这些异物可能是垫片、石棉盘根等。如果内冷却水处理不正常，可能会因氧化铜的沉积而引起线棒温升。我国一般采用停机清洗。经验说明，在导线完全堵死时，采用化学清洗前，先使用机械法清洗的方法，如压缩空气反向吹扫，往往可以吹出异物。化学清洗通常需要氨基磺酸或柠檬酸＋缓蚀剂的清洗配方，进行循环清洗排放后，再用氨水将除盐水的 pH 调节到 10 左右冲洗清洗，最后用纯水冲净。

第三节　发电机内冷却水的处理方法

一、H—OH 型混床旁路处理法

使用 H—OH 型旁路小混床对部分内冷却水进行处理，以降低电导率和含铜量。采用此方法处理时，一般内冷却水的 pH 值低于 7.0，当水箱密封不严，溶有二氧化碳和氧气时，铜线棒的腐蚀较严重，同时混床运行的周期短，需经常更换离子交换树脂。我国容量在 200MW 以上的发电机内冷却水系统都配备了小混床，但能正常运行的较少。此方法不能满足 DL/T 801 对水质的要求。

二、Na 型＋H 型双混床旁路处理法

使用 Na 型混床（R-Na/R-OH）和 H 型混床（R-H/R-OH）双混床并联运行的碱性运行方式，对部分内冷却水进行处理。当内冷却水 pH 值偏低时，通过加大钠型混床的流量来提高 pH 值；当内冷却水电导率偏高时，可通过加大氢型混床水流量来降低电导率。这种运行方式虽然具有调节灵活、无需加药，但其致命的弱点是 pH 很难达到 8.0 以上，运行周期短。此方法难以满足 DL/T 801 对水质的要求。

三、Na 型＋H 型单混床旁路处理法

根据以上两种方法的原理，将原混床 H 型阳树脂和强碱 OH 型阴树脂混合运行方式改

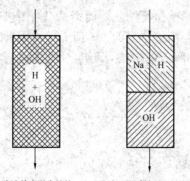

改造前小混床结构　　改造后微碱性循环处理器

图 10-6　微碱性循环处理改造原理图

造为特殊三种树脂并联分层运行的方式，树脂填装示意图如图 10-6 所示。可在不增加发电机内冷却水系统设备的条件下，将原设计配备的一台小混床进行内部改造，使得只通过离子交换的方式就能使内冷却水中含有微量的氢氧化钠，达到 pH、电导率和含铜量同时合格的要求。采用这种处理方法铜线棒的腐蚀速度相对低些。该方式致命的弱点是 pH 很难达到 8.0 以上，运行周期短。此方法难以满足 DL/T 801 对水质的要求。

四、添加缓蚀剂法

在 2000 年以前，曾经提倡向内冷却水中加入适量的铜缓蚀剂和碱化剂以减少铜线棒的腐蚀。铜缓蚀剂以 BTA（苯骈三唑）、MBT（2-硫醇基苯骈噻唑）为主，碱化剂以氢氧化钠为主。该处理方法存在的问题是，内冷却水的 pH 值和电导率难以同时合格，水质不稳定，缓蚀剂和铜离子易发生络合反应，在线棒内产生沉积，影响发电机安全稳定运行。国内某电厂 300MW 发电机曾因添加的缓蚀剂与铜离子发生络合，产生沉积物，造成定子线棒烧毁的事故。但目前国内电厂很少采用该项技术，此方法不能满足 DL/T 801 对水质的要求。

五、换水法

当内冷却水水质即将超标时，用除盐水、凝结水或凝结水精处理出水对内冷却水进行部分更换。该方式通常采用自动补水的方式运行。如果对排出的内冷却水（在线仪表监测水、手工取样分析水、因化学指标超标的排放水）不进行回收，会浪费大量的除盐水或凝结水。如果补水采用除盐水，其水中含有大量的溶解氧和二氧化碳，pH 难以合格。如果采用凝结水，含氨量相对较高，容易使 pH 超标使铜线棒发生腐蚀。这种方法因需频繁换水运行，工作量较大，操作不当有可能影响发电机的安全运行。此方法不能满足 DL/T 801 对水质的要求。

六、微碱处理法

为了降低铜线棒的腐蚀，最好将发电机内冷却水的 pH 控制在 8.5 左右，但这时电导率有可能超标。为了使内冷却水系统保持弱碱性，通常使用带 CO_2 呼吸器的溶药箱，将固体 NaOH 溶解后用微量计量泵加入系统。为了保证电导率合格，系统通常设置 H-OH 型混床。此方法可以满足 DL/T 801 对水质的要求，但操作稍繁琐。

七、智能净化法

智能净化法的特点是：不使用小混床，不进行加药处理，不排污，pH 任意可调（最佳 8.5），电导率可控（定子冷却水保证不大于 $1.5\mu S/cm$，双水内冷却水保证不大于 $5.0\mu S/cm$）。FNC-Ⅰ型产品用于水—氢—氢系统，保证含铜量长期平均小于 $5.0\mu g/L$；FNC-Ⅱ型产品用于双水内冷系统，保证含铜量长期小于 $20.0\mu g/L$。运行中无任何操作，无任何消耗材料。

本装置的基本原理是能有效的控制水的 pH 值为 8.5 左右，使其腐蚀速率达到最低。具体实施手段为：从凝结水精处理出水母管加氨点前、后各引一路水，用电导率作为控制信号，经过 PLC 精确配比，使其混合后的补水的电导率为 $0.85\mu S/cm$，即 pH＝8.5。通过连续补水系统内的 pH 为 8.5 左右。连续补水会使水箱液位增高，高过设定值的水通过溢流回收到中间水箱，中间水箱的液位高过设定值时阀门自动打开，回收到凝汽器或疏水箱，实现自动补水、自动回收的动态平衡。此方法能满足 DL/T 801 对水质的要求。

八、发电机内冷却水不同处理方法的应用实例

1. 采用 Na 型＋H 型单混床的应用实例

【实例一】

某电厂 1 号、2 号机组发电容量均为 200MW，发电机型号为 QFSN-210-2 型，采用水、氢、氢冷却方式，即定子绕组采用水冷，转子绕组为氢气内部冷却，铁芯为氢气冷却。该发电机原设计有一台小型混床（$\varphi300\times1600mm$），选用的离子交换树脂为 001×7 和 201×7，设计运行周期为 3 个月，由于混床出水 pH 值小于 7.0，铜含量超标严重，自机组投产以来，一直采用向内冷却水箱中添加缓蚀剂和碱化剂的运行方式，冷却水水质合格率较低。对这两台机组进行了微碱性循环水处理技术改造，即将原 H 型小混床改造为 Na 型＋H 型单混床；内冷却水箱加装二氧化碳呼吸器；化学在线仪表水样引回内冷却水系统；对树脂添加和卸出装置进行了改造；离子交换树脂采用交换容量大、强度高的进口树脂。改造后内冷却水处理系统由 Na 型＋H 型单混床、树脂捕捉器、水箱呼吸装置、化学在线仪表等组成。发电机内冷却水处理系统示意如图 10-7 所示。

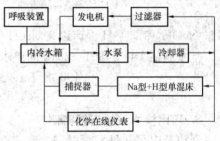

图 10-7　某厂 200MW 发电机内冷却水处理改造后的示意图

两台机组微碱性循环水处理改造完成后，发电机内冷却水系统的运行情况得到了极大改善，但 pH 值和溶解氧两项指标难以满足 DL/T 801—2010 的要求。改造前后内冷却水系统情况对比见表 10-6。

表 10-6　　　　　　　　　改造前后内冷却水系统运行情况对比

项　目	改　造　前	改　造　后
处理方式	添加缓蚀剂＋碱化剂	微碱性循环处理
实际水质情况	水质合格率低 pH：6.0～8.5 电导率：2.8～8.0$\mu S/cm$ 铜含量：18～160$\mu g/L$	水质非常稳定 pH：>7.10 电导率：0.07～1.5$\mu S/cm$ 铜含量：<20$\mu g/L$
加药情况	频繁加药	不加药
换水情况	频繁换水	不换水
维护情况	系统操作频繁	系统稳定，免维护

【实例二】

某电厂 2 号 300MW 发电机采用水—氢—氢冷却方式，系统配有小型离子交换器，但一直未投入运行。采用交替补充除盐水和凝结水的方法来调节发电机内冷却水水质，虽 pH 值和电导率能达到要求，但铜线棒腐蚀严重，内冷却水含铜量较高，最高达到 $1000\mu g/L$ 以上，严重威胁发电机组的安全运行。频繁换水，极不经济。对 2 号发电机进行了微碱性循环水处理技术改造，拆除了系统原设计的小型混床，加装一套 Na 型＋H 型单混床。该系统自投入运行以来，内冷却水水质有所好转，主要运行水质指标为：pH 为 7.25～8.10；电导率为 $0.08～0.5\mu S/cm$；铜含量小于 $15\mu g/L$。其中 pH 值难以满足 DL/T 801—2010 的要求。

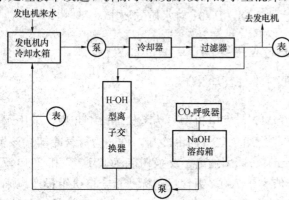

图 10-8 河北某电厂发电机内冷却水加微量
NaOH 处理流程示意图

2. 采用加微量 NaOH 的应用实例

河北某电厂 660MW 机组全套引进德国西门子设备，发电机采用水—氢—氢的冷却方式，即定子绕组、相间连接器和套管采用水冷却，转子绕组采用氢气冷却，定子铁芯和端部采用氢气冷却。西门子对发电机内冷却水采用加入微量 NaOH 和 H-OH 混床设备对 pH 值和电导率进行控制，其系统流程示意图如图 10-8 所示，基本满足 DL/T 801—2010 的要求。控制标准如下：

$$1.0\mu S/cm <电导率（25℃）<2.2\mu S/cm$$
$$8.0<pH（25℃）<9.0$$

3. 巧用换水法的应用实例

天津某电厂从俄罗斯引进 2 台 500MW 直流超临界参数机组，发电机采用水—氢—氢的冷却方式，即定子绕组、相间连接器和套管采用水冷却，转子绕组采用氢气冷却，定子铁芯和端部采用氢气冷却。机组设计对所有化学取样水回收到疏水箱后进入凝汽器，用前置阳床加混床的凝结水精处理设备对所有的凝结水进行 100% 精处理。由于该机组给水采用加氧处理，凝结水 pH 值在 8.0～8.5，电导率在 $1.0\mu S/cm$ 以下，溶解氧量小于 $30\mu g/L$，氨含量小于 $100\mu g/L$，这些指标均符合 DL/T 801—2010 中规定。采用自动补水方式向发电机内冷却系统补水。多年运行经验表明，该处理方法具有水质合格率高，无向系统外排污，水循环利用，及系统操作简单等优点，其系统流程如图 10-9 所示。

4. 基本不补水法的应用实例

某电厂有 6 台 330MW 国产亚临界参数机组，发电机采用水—氢—氢的冷却方式。定子绕组、相间连接器和套管采用水冷却。发电机内冷却水设备为法国产。系统采用氮气密封、设计小混床处理，有两块在线电导率表。

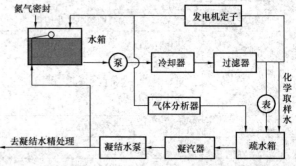

图 10-9 俄罗斯机组发电机内冷却水系统流程图

在线监测水样返回水箱，手工取样阀门取样后关闭。内冷水系统的补水采用精处理出水。由于手工取样每周一次，所以系统几乎不补水。通过对内冷却水系统的评估检查，各方面指标均符合要求，即在线仪表监测小混床出水的电导率在 $0.1\mu S/cm$ 以下，内冷水的电导率在 $1.0\mu S/cm$ 以下；采用流动取样分析，溶解氧量小于 $20\mu g/L$，$pH \approx 7.0$；采用手工取样分析含铜量小于 $10\mu g/L$，氨含量未检出。这些指标均符合 DL/T 801—2010 中的规定。由于系统密封性能好，几乎不补水，无外界杂质进入系统，小混床的树脂运行 3 年才失效更换。

5. 智能净化法应用实例

智能净化法可保证内冷却水的电导率小于 $1.5\mu S/cm$，pH 为 8.5 左右的最佳防腐范围。在机组运行时，本处理工艺无须人工操作，能自动实现补水、自动净化。可使发电机铜线棒的腐蚀速率达到最小。该技术可应用发电机定子冷却水的处理与净化。双水内冷发电机应用此技术效果更为明显。

智能净化法的特点是不使用小混床，不进行加药处理，不排污，pH 任意可调（最佳 8.5），电导率可控。FNC-Ⅰ型产品用于水—氢—氢系统，保证含铜量长期小于 $5\mu g/L$；FNC-Ⅱ型产品用于双水内冷系统，保证含铜量长期小于 $20\mu g/L$。运行中无任何操作，无任何消耗材料。

华能海南某电厂 2 台 300WM 发电机内冷水的含铜量长期超标，含铜量经常超过 $100\mu g/L$，采用智能净化法后月平均小于 $5\mu g/L$。

附 录 复习题及参考答案

复 习 题

第一章 天然水的预处理

一、选择题（根据题意，将正确答案填入括号内）

1. 为了保证良好的反洗效果，滤料的膨胀度和冲洗强度应保持适当，冲洗强度过小时，下部滤层浮不起来；冲洗强度过大时，滤料之间碰撞几率减小，细小滤料也易流失。一般来讲，石英砂的反洗强度为（　　）L/（m² · s）。

A. 5～10；B. 10～15；C. 15～20；D. 20～25。

2. 超滤膜是分离膜技术中的一部分，它是介于微滤和纳滤之间的一种膜过程，笼统地讲，超滤膜孔径处于（　　）。

A. 1nm～0.1μm；B. 0.1nm～0.1μm；C. 1nm～1μm；D. 0.1nm～0.1μm。

3. 常用中空纤维超滤膜材料有聚偏氟乙烯、聚醚砜、聚砜等，其中聚醚砜英文代号为（　　）。

A. PS；B. PVDF；C. PSA；D. PES。

4. 部分回流加压溶气气浮澄清池，设计回流比控制在（　　）。

A. 5%～10%；B. 10%～20%；C. 20%～30%；D. 30%～40%。

5. 活性炭用作吸附处理时，表征其理化性能的主要技术指标——碘吸附值的含义是指在浓度为 0.1mmol/L 的碘溶液 50mL 中，加入活性炭（　　）g 左右，震荡 5min，测定剩余碘，计量单位为 mg/g，即每克活性炭吸附碘的毫克数。

A. 0.1；B. 0.5；C. 1.0；D. 2.0。

6. 当澄清池分离室泥渣层逐渐上升、出水水质变坏、反应室泥渣浓度增高、泥渣沉降比达到（　　）以上时，应缩短排泥周期，加大排泥量。

A. 5%；B. 10%；C. 25%；D. 50%。

7. （　　）适用于处理有机物含量较高的原水或有机废水，pH 适用范围 4.5～10。

A. 聚合硫酸铁（PFS）；B. 碱式氯化铝（PAC）；C. 硫酸铝；D. 三氯化铁。

8. 在电厂水处理中，为了提高混凝处理效果，常常采用生水加热器对来水进行加热，也可增加投药量来改善混凝处理效果。采用铝盐混凝剂时，水温为（　　）℃比较适宜。

A. 0；B. 10；C. 20；D. 40。

9. 当原水浊度小于（　　）FTU 时，为了保证混凝效果，通常采用加入黏土增浊、泥渣循环、加入絮凝剂助凝等方法。

A. 20；B. 40；C. 60；D. 80。

10. 为使澄清池泥渣保持最佳活性，一般控制第二反应室泥渣沉降比在 5min 内控制

（   ）。

A. 5%；B. 15%；C. 30%；D. 50%。

二、填空题（根据题意，将适当的文字或数据填入括号内）

1. 投加化学药剂——混凝剂，使得胶体分散体系（   ）和（   ）的过程称为化学混凝。

2. 模拟试验的内容一般只需确定（   ）和（   ）。在电厂补给水预处理中，往往用（   ）和（   ）判断混凝效果。

3. （   ）是在过滤设备之前投加混凝剂，原水和混凝剂经混合设备充分混合后直接进入过滤设备，经过滤层的（   ）就能较彻底地去除悬浮物。直流凝聚处理通常用于（   ）的处理。

4. 过滤设备中堆积的滤料层称为（   ）。水通过（   ）简称滤速。

5. （   ）是衡量超滤膜性能的一个重要指标，它能够反映膜表面的污染程度。

6. 在电厂锅炉补给水处理领域内，为了除去水中的有机物，除了采用活性炭以外，有时也采用大孔吸附树脂，目前常用的有 DX-906 和（   ）系列两种吸附树脂。

7. 在过滤器实际运行过程中，水流通过过滤介质层时的压力降即为（   ）。

8. （   ）是指每秒钟内每平方米过滤断面所需要反洗水量的升数。

9. 通常要求超滤膜材料要具有很好的分离（   ）能力、（   ）和抗污染能力。

10. 过滤前加氯是加氯点布置在过滤设备之前，加氯与混凝处理同时进行，故也称预氯化，它适用处理（   ）的水。

三、问答题

1. 简述影响混凝澄清处理的主要因素有哪些。

2. 用聚合铝作混凝剂有何优点？

3. 简述助凝剂在混凝过程中的主要作用是什么？

4. 简述气浮工艺过程。

5. 简述什么是超滤。

6. 超滤错流和死端过滤的优、缺点是什么？

7. 影响活性炭吸附的主要因素有哪些？

8. 水的杀菌消毒处理方法有哪些？

9. 使用活性炭床时，在水处理布置时应注意哪些问题？

10. 何谓接触凝聚？

第二章　锅炉补给水的化学除盐

一、选择题（根据题意，将正确答案填入括号内）

1. 阴树脂受到有机物污染程度的顺序是（   ）。

A. 大孔强碱Ⅰ型 ＞凝胶强碱Ⅰ型 ＞弱碱＞强碱Ⅱ型；

B. 大孔强碱Ⅰ型 ＞凝胶强碱Ⅰ型 ＞强碱Ⅱ型 ＞ 弱碱；

C. 凝胶强碱Ⅰ型 ＞ 大孔强碱Ⅰ型 ＞弱碱＞强碱Ⅱ型；

D. 凝胶强碱Ⅰ型 ＞ 大孔强碱Ⅰ型 ＞ 强碱Ⅱ型 ＞ 弱碱。

2. 浮床体外清洗需增加设备，操作更为复杂，为了不使体外清洗次数过于频繁，通常要求进水的浊度小于（　　）FTU。

A. 5；B. 10；C. 2；D. 1。

3. 一级除盐系统出水水质指标主要包括电导率 $\kappa_{25℃}$（$\mu S/cm$）和 SiO_2（$\mu g/L$），它们分别控制在（　　）。

A. $\kappa<10$，$SiO_2<100$；B. $\kappa<1$，$SiO_2<10$；C. $\kappa<0.2$，$SiO_2<20$；D. $\kappa<10$，$SiO_2<20$。

4. 为保证化学除盐系统安全、经济运行，进入化学除盐系统的原水游离氯应（　　）mg/L。

A. 小于0.05；B. 小于0.1；C. 小于0.2；D. 小于0.5。

5. 通常锅炉补给水处理系统混床中装载的阳、阴树脂体积比例是（　　）。

A. 1∶1；B. 1∶2；C. 2∶1；D. 3∶2。

6. 失效的弱酸树脂采用强酸再生时，再生剂比耗一般控制在为（　　）。

A. 0.95；B. 1.0；C. 1.05；D. 1.2。

二、填空题（根据题意，将适当的文字或数据填入括号内）

1. （　　）表示单位体积树脂所用再生剂的量和该树脂的工作交换容量的比值，它反映了树脂的再生性能。

2. 浮床成床时，为了使成床保持原床层状态，水流量不宜（　　），应使其流速（　　）。在制水过程中，应保持（　　），不得过低，以避免出现树脂层下落的现象。

3. 为了防止浮床低流速时树脂层下落，可在交换器出口（　　）。

4. 制水→落床→进再生液→置换→（　　）→成床、上流清洗，再转入制水。上述过程构成浮床的一个运行周期。

5. （　　）又称填充床电渗析，是一种不耗酸、碱而制取纯水的新技术。它克服了（　　）不能深度除盐的缺点，又弥补了（　　）不能连续制水、需要用酸碱再生等不足。

6. EDI要求进水硬度小于（　　）mg/L（$CaCO_3$），当原水硬度不能满足该要求时，可以使用钠离子软化器等工艺去除硬度。

7. 化学水处理设备中常用的几种防腐工艺包括（　　）、（　　）和（　　）等。

8. 离子交换树脂是一类带有活性基团的网状结构高分子化合物。在它的分子结构中，可分为两部分，一部分称为（　　），它是高分子化合物的基体，具有庞大的空间结构，支撑着整个化合物；另一部分是带有可交换离子的（　　），它结合在高分子骨架上起着交换离子的作用。

9. 离子交换树脂与水中的中性盐进行离子交换反应，同时生成游离酸或碱的能力，通常称之为树脂的（　　）能力。显然，强酸性阳树脂和强碱性阴树脂中性盐分解能力，而弱酸性阳树脂和弱碱性阴树脂（　　）中性盐分解能力。

三、问答题

1. 简述影响离子交换工作层厚度的主要因素。

2. 简述逆流再生离子交换器的工艺特点。

3. 为了防止用 H_2SO_4 再生时在树脂层中析出 $CaSO_4$ 沉淀，可以采用哪些再生方式？

4. 树脂转型膨胀含义是什么？

5. 简述混床工作原理。

6. 满室床的工艺特点是什么？

7. 从大气式除碳器的原理分析处理阳床出水后水中 CO_2 的极限浓度。

8. EDI 与传统混合离子交换技术相比，具有哪些特点？

9. 如何防止强碱阴树脂再生时结胶体硅？

第三章　反渗透水处理技术

一、选择题（根据题意，将正确答案填入括号内）

1. RO 膜可用于去除（　　）。

A. 水中的盐分和溶解气体；

B. 水中的盐分和有机物；

C. 水中的盐分和微生物如病毒和细菌；

D. 水中的盐分、胶体和颗粒。

2. 对 RO 膜的脱盐率特性叙述不正确的是（　　）。

A. 随着温度的升高，RO 膜的脱盐率也随之提高；

B. 当反渗透膜元件发生结垢时，其脱盐率会降低；

C. 对水中离子去除率 $Al^{3+}>Fe^{3+}>Ca^{2+}>Na^+$；$PO_4^{3-}>SO_4^{2-}>Cl^-$；

D. 在压力一定时膜通量越高，脱盐率越低。

3. 在压力一定时，对 RO 膜通量特性叙述不正确的是（　　）。

A. RO 膜通量随着温度升高而提高；

B. RO 膜通量随着进水的含盐量升高而提高；

C. RO 膜通量随着水的回收率升高而降低；

D. 进水的 pH 值为 4～8 时，醋酸纤维膜和复合膜的膜通量基本保持不变。

4. 复合膜对进水的游离氯的要求是（　　）mg/L。

A. <0.1；B. <0.2；C. <0.3；D. <0.5。

5. 测定 SDI 用的滤膜的过滤孔径为（　　）。

A. 0.045mm；B. 0.45μm；C. 0.45nm；D. 4.5μm。

二、填空题（根据题意，将适当的文字或数据填入括号内）

1. 反渗透脱盐的依据是：①半透膜的（　　）；②盐水室的外加压力（　　）盐水室与淡水室的渗透压力，提供了水从盐水室向淡水室移动的推动力。

2. 产水通量又称膜渗透通量或膜通量，指（　　）。

3. 背压指反渗透膜组件（　　）压力与（　　）的压力差。

4. 影响反渗透本体的水通量和脱盐率因素较多，主要包括（　　）、（　　）、（　　）、（　　）和（　　）等影响因素。

5. 脱盐率指反渗透水处理装置除去的盐量占（　　）含盐量的百分比，用来表征反渗透水处理装置的除盐效率。

6. 反渗透进水压力直接影响反渗透膜的膜通量和脱盐率。膜通量随反渗透进水压力增加而（　　）；脱盐率随进水压力的增大而（　　），但压力达到一定值后，脱盐率变化曲线趋于（　　　），脱盐率（　　　　）。

7. 测定 SDI 用的滤膜的过滤孔径为（　　　　）。

8. 浓差极化是指在反渗透过程中，膜表面的（　　　）与（　　　）之间有时会产生很高的浓度梯度。

9. 当遇到下述情况，则需要清洗膜元件：①产水量低于初始产水量的（　　　　）；②反渗透本体装置进水压力与浓水压力差值超过初始产水量时差值的（　　　　）；③脱盐率降低至初始脱盐率的（　　　）以上。

10. 目前用于电厂水处理系统的反渗透膜元件，对其进水中的游离氯要求一般控制在（　　　　）的范围。

11. 判断 $CaCO_3$ 是否沉淀，根据原水水质分为两种情况：对于苦咸水 TDS≤10 000mg/L，可根据（　　　）大小判断；对于海水 TDS>10 000mg/L，可根据（　　　　）大小判断。当 LSI 或 S&DSI 为（　　　）时，水中 $CaCO_3$ 就会沉淀。

12. 水中某硫酸盐是否沉淀，可以通过该硫酸盐的（　　　　）与其（　　　）比较来进行判断：当（　　　　）时，则有可能生成硫酸盐垢；当（　　　　）时，没有硫酸盐结垢倾向。

13. 反渗透进水若需要进行水质软化则分为（　　　　）、（　　　　）和（　　　　）三种方法。

14. 判断反渗透膜元件进水胶体和颗粒最通用的办法是测量水中的（　　　　）。

15. 膜元件的要求有最低浓水流速，主要为了防止（　　　　）现象发生。

三、问答题

1. 为什么 RO 产水 pH 值低于进水 pH 值？

2. 温度对反渗透产水量和脱盐率有何影响？

3. 海水 RO 系统为何设置能量回收装置？能量回收装置分哪几种形式？

4. RO 系统为何要加入阻垢剂？

5. 当经过运行的膜元件需要从膜壳中取出单独贮存时，应该怎样保护膜元件？

6. 简述胶体污染 RO 的表观特征？如何判断胶体污染？

7. RO 系统的回收率的影响因素有哪些？

8. RO 预处理系统设计时，如何防止结垢？

9. 列表回答常用于火电厂中的常规 RO 复合膜元件对进水水质的基本要求。

反渗透膜元件对进水水质的要求

水源类型	地表水	地下水	海水	废水
SDI（淤泥密度指数）				
浊度				
游离氯				
pH				
温度				
其他				

第四章 发电厂冷却水处理

一、选择题（根据题意，将正确答案填入括号内）

1. 对发电厂冷却系统描述不正确的是（　　）。

A. 直流式冷却水系统用水量大，水质没有明显的变化，由于此系统必须具备充足的水源，因此在我国长江以南地区海滨电厂采用较多；

B. 开式循环冷却水系统通常需建冷水塔，但特殊情况也可不建；

C. 空冷机组必须建空冷塔或配置空冷设备；

D. 北方地区因淡水资源缺乏，不宜采用直流式冷却水系统。

2. 采用开式循环冷却水系统中，每小时循环冷却系统的水容积（V）与循环水量（q）的比，一般选用（　　）。

A. 1/5～1/3；B. 1/3～1/2；C. 1/2～1；D. 2/3～1。

3. 某300MW机组，一次向循环冷却水中加入2t10％的次氯酸钠（NaClO）进行杀菌、灭藻。这时仍然按氯离子浓度进行浓缩倍率的控制，已知循环水系统水容积为18 000m³，补充水中氯离子含量为53mg/L，下面说法正确的是（　　）。

A. 实际的浓缩倍率比按原来计算的浓缩倍率低10％左右；

B. 实际的浓缩倍率比按原来计算的稍高；

C. 实际的浓缩倍率比按原来计算的低0.1；

D. 几乎不影响浓缩倍率的计算。

4. 当浓缩倍率超过（　　）时，补充水量的减少已不显著。

A. 3；B. 4；C. 5；D. 6。

5. 铜耐腐蚀的最佳pH范围为8.5～9.5，但循环水的pH通常控制小于9.0，其理由是（　　）。

A. 排污水的排放pH超标问题；

B. pH超过9容易引起结垢；

C. 提高pH需要增加药品费用；

D. A和B。

6. 在黄铜合金中，添加微量元素能有效的抑制黄铜脱锌，其中最有效的是（　　）。

A. 锑；B. 砷；C. 铝；D. 铅。

二、填空题（根据题意，将适当的文字或数据填入括号内）

1. 用水作冷却介质的系统称为冷却水系统。冷却水系统可分为（　　）冷却水系统、（　　）冷却水系统、（　　）却水系统三种。

2. 直流冷却水系统的特点是（　　），（　　）没有明显的变化。

3. 开式循环冷却水系统的特点是（　　），（　　），（　　）。

4. 闭式循环冷却水系统特点是（　　），（　　），（　　）。

5. 汽轮机的排汽温度与凝汽器冷却水的出口温度之差，称为端差，正常运行条件下，端差一般为（　　）℃。如铜管内结垢或附着黏泥，端差甚至可上升到（　　）℃以上。

6. 对开式循环冷却系统的年污垢热阻值，我国目前的控制标准是小于 3.44×10^{-4}

$(m^2 \cdot K)/W$，约相当于现场监测的（　　）垢附着速度。

7. 在冷却塔中，循环水的冷却是通过水和空气接触，由（　　　）和（　　　）起主要作用。因水的蒸发而消耗的热量，称为蒸发散热，如果冷却塔进水温度为35℃，则蒸发（　）水大约要吸收24 094J的热量，带走的这些热量大约可以使576kg的水降低（　）。

8. 一般冷却1kg蒸汽用（　　）水是经济的。

9. 火电厂冷却系统的水容积一般选择的比其他工业大，循环冷却系统的水容积（V）与每小时循环水量（q）的比大多为（　　　）。

10. 判断循环水是否结垢，ΔA法应用条件是（　　）。ΔB法的注意事项是（　　）。

11. 循环冷却水防垢处理方法，按处理场合可分为（　　）、（　　）和（　　）。

12. 循环冷却水防垢处理方法，按处理方法的作用分类为（　　）、（　　）和（　　）。

13. 循环冷却系统补充水处理方法有（　　）、（　　）、（　　）和（　　）等。

14. 对于采用循环水冷却的电厂常用添加铜缓蚀剂的方法防止铜管的腐蚀，添加的铜缓蚀剂主要有（　　）和（　　）。

15. 牺牲阳极保护的原理是利用异金属接触产生电偶腐蚀，使被保护的金属的电位（　）而得到保护，而保护的金属电位（　）而腐蚀。与外加电流法相同，冷却水的（　）越高，保护范围大，保护效率也越高。

三、问答题

1. 简述开式循环冷却水系统的的特点。

2. 循环冷却系统的设计、运行参数包括哪些？（要求至少写出8个参数）

3. 开式循环冷却系统中，补充水率和浓缩倍率有以下关系，说出各符号的含义。

$$P_B = P_Z + P_F + P_P$$

$$\varphi = \frac{P_Z + P_F + P_P}{P_F + P_P} = \frac{c_X}{c_B}$$

4. 为了适应于现场快速判断循环水是否结垢，通常使用ΔA法和ΔB法。写出ΔA法和ΔB法的公式、应用条件或注意事项。

5. 经石灰处理后水的残留碱度包括几部分？

6. 经石灰处理后水的残留硬度为$H_C = H_F + A_C + c(H^+)$，说出各符号的含义。

7. 简述水稳剂的协同效应。

8. 与单流式交换器相比双流式弱酸交换器具有哪些优点？

9. 循环水旁流处理的目的是什么？

10. 简述防止黄铜脱锌的主要措施。

11. 防止铜管的冲击腐蚀的措施有哪些？

12. 防止铜管管口冲蚀方法有哪些？

四、计算题

1. 在北方地区通常用50kg水冷却1kg蒸汽来设计循环水量。某电厂2×600MW机组，锅炉额定蒸发量为2008t/h，凝结水流量为1548 t/h，循环冷却系统的水容积（V）与每小时循环水量（q）的比为1∶1.5，求单台机组：①循环水的循环周期（min）；②循环水设计流量；③循环水系统的水容积。

2. 某火电厂总装机容量为 1000MW，设 $P_Z=1.4\%$，$P_F=0.1\%$（$P_F=0.5\%$，加捕水器后可节水 80\%），循环水量 $Q=120\,000$t/h。已知与排污率的关系为 $P_P=\dfrac{1}{\varphi-1}P_Z-P_F$，求浓缩倍率由 5 提高到 6 时节约补充水的量。

3. 提高阻垢剂的性能，既可提高循环水的浓缩倍率，达到节水的目的，又可降低药剂耗量。已知：药剂耗量 $D=\dfrac{1}{\phi-1}P_Z d$，在循环水中阻垢剂的剂浓度都为 d（mg/L），采用新阻垢剂后浓缩倍率 φ 为可由原来的 3 提高到 4，价格比原来提高 20\% 时，求药品使用费用比原来增加（或减少）的百分比。

第五章 火电厂废水处理

一、选择题（根据题意，将正确答案填入括号内）

1. 火电厂废水的种类很多，水质、水量差异较大。按照废水的来源划分，不正确的是（　　）。

A. 循环水排污水、灰渣废水、工业冷却水排水、机组杂排水等；

B. 机组杂排水、煤泥废水、油库冲洗水、化学水处理工艺废水、电厂生活污水等；

C. 灰渣废水、工业冷却水排水、化学水处理工艺废水、煤泥废水等；

D. 浑浊的河水、循环水排污水、油库冲洗水、化学水处理工艺废水、生活污水等。

2. 循环水的排污水量变化较大，排污量的大小与蒸发量、系统浓缩倍率等因素有关。在干除灰电厂中，这部分废水约占全厂废水总量的（　　）以上，是全厂最大的一股废水。

A. 60\%；B. 70\%；C. 80\%；D. 90\%。

3. 对冲灰废水描述不正确的是（　　）。

A. 由于灰分经过长时间的浸泡，灰中的无机盐充分溶入水中，灰水的含盐量很高；

B. 冲灰废水 pH 的高低主要取决于煤质和除尘的方式；燃煤中钙含量越高，pH 越高；硫含量越高，pH 越低。采用水膜除尘时，灰水的 pH 高于电除尘；

C. 对于 pH 较高的冲灰废水，由于不断地吸收空气中的 CO_2，在含钙量较高的条件下，会在设备或管道表面形成碳酸钙的垢层；

D. 灰场的灰水因为长时间沉淀的缘故，其溢流水的悬浮物含量大多很低。但厂内闭路灰浆浓缩系统的溢流水或排水，由于沉降时间短，悬浮物含量仍然比较高。

4. 湿法脱硫在生产过程中，需要定时从脱硫系统中的储液槽或者石膏制备系统中排出废水，其可沉淀物一般超过（　　）mg/L。

A. 100；B. 1000；C. 100 000；D. 10 000。

二、填空题（根据题意，将适当的文字或数据填入括号内）

1. 目前火电厂废水排放执行的标准的名称是（　　　　　　）。

2. 按 GB 8978—1996《污水综合排放标准》中的规定，第一类污染物的取样位置在（　　　　　），第二类污染物，在（　　　　　　）。

3. 废水通常有两种处理方式，一种是（　　　　　），另一种是（　　　　　　）。

279

4. 锅炉空气预热器冲洗水的水质特点是，悬浮物、（　　　　）和（　　　　）含量很高。

5. 油在废水中的存在形式有四种，分别是（　　　）、（　　　）、（　　　）和（　　　）。

6. 废水综合利用包括（　　　　　）和（　　　　　）。

7. 在污水回用至循环冷却水系统，会发生硝化反应，有时会大幅度降低循环水的（　　　），引起系统的腐蚀。

三、问答题

1. 循环水排污水的水质特征是什么？

2. 简述冲灰水的水质特点（电除尘电厂）和循环使用的处理流程。

3. 离子交换器的再生废水的水质特点有哪些？

4. 脱硫废水的水质特征是什么？

5. 简述含煤废水的来源和水质特点？

6. 简述生活污水的水质特点？

7. 什么是第一类污染物？什么是第二类污染物？

8. 简述电厂常见的经常性废水的种类，并写出经常废水的处理流程。

9. 简述高有机物废水的处理流程。

10. 简述平流式隔油池的工作原理和在电厂的用途。

11. 简述生活污水处理工艺中，格栅、调节池、初沉池和接触氧化池的作用。你厂有没有地埋式污水处理设备？运行状况如何？存在哪些问题？

12. 按脱水原理划分，污泥脱水机有哪几种？简述各种机型的工作原理。

13. 循环水系统排污水回用处理为什么很复杂？

14. 污水回用至循环冷却水系统需要解决哪些问题？

15. 简述曝气生物滤池的原理和优点。

第六章　凝结水处理

一、选择题（根据题意，将正确答案填入括号内）

1. 净化凝结水的主要目的是（　　　）。

A. 去除整个水、汽系统在启动、运行和停运过程中产生的机械杂质，如氧化铁等金属氧化物和胶体硅等。

B. 去除从补给水、凝结水和凝汽器泄漏带入的溶解盐类，从而保证给水的高纯度。

C. 保证机组在凝汽器发生少量泄漏时，能正常运行，在有较大泄漏时，能给予申请停机所需时。

D. A、B、C。

2. 凝结水氢电导率升高的原因可能有（　　　）。

①凝汽器水侧系统泄漏 ②凝汽器负压系统漏入空气 ③补给水水质差 ④金属腐蚀产物污染 ⑤热用户的生产返回水水质差

A. ①②③④；B. ①②③⑤；C. ①②④⑤；D. ①③④⑤。

3. 目前国内常用的前置过滤器的形式有（　　　）。

①覆盖过滤器 ②前置阳床 ③树脂粉末过滤器 ④电磁过滤器 ⑤线绕滤芯式过滤器

A. ①②③④; B. ①②④⑤; C. ①②③⑤; D. ①③④⑤。

4. 一般在下列哪种情况下必须设置前置过滤器（　　　）?

A. 凝结水系统庞大，凝结水中含有大量铁的腐蚀产物，单独使用凝结水混床仍满足不了给水含铁量的要求时，如超临界机组、直接空冷机组等;

B. 对高 pH 值的凝结水，为了延长 H-OH 型混床的运行周期，设置前置阳床进行除氨;

C. 锅炉的补给水含有较大量的胶体硅或不能保证不发生凝汽器泄漏，而冷却水中含有大量的胶体硅;

D. 以上三条都包括。

二、填空题（根据题意，将适当的文字或数据填入括号内）

1. 直流锅炉给水被污染的原因可能有：凝汽器水侧系统泄漏、凝汽器负压系统漏入空气、补给水水质差、金属腐蚀产物污染、热用户的生产返回水水质差和（　　　　　　）。

2. 前置过滤器的形式有覆盖过滤器、前置阳床、（　　　）、（　　　）和（　　　）等。

3. 按照 DL/T 5068—2006，凝结水处理树脂再生用碱要求为：氯化钠小于或等于（　　　），三氧化二铁小于或等于（　　　）。

4. 粉末树脂覆盖过滤器由于滤速过高、空隙偏大等原因，不能截留粒径小于（　　　）的细小颗粒。

5. 当管式微孔过滤器的运行的压差大于（　　　）时，应停运进行清洗。

6. 前置阳床过滤器的除铁效率一般为（　　　），除氨效率接近于 100%。

7. 设置前置阳床树脂的粒径应为 0.45～1.25mm，电厂通常使用的粒径为（　　　）mm。

8. 如果每 100g 树脂中含有（　　　）mg 铁，就认为树脂被铁污染了。

9. 树脂被铁污染后，一般采用（　　　）的热盐酸进行浸泡处理。这时可加入适量的硫代硫酸钠和亚硝酸钠等（　　　），使 3 价铁还原成 2 价铁，以提高清洗效果。

10. 若采用十八胺进行停炉保护时，应避免含有十八胺的水与凝结水混床树脂接触。机组启动后，首先进行清洗，当水中十八胺含量小于（　　　）mg/L 时，才允许投运凝结水精处理混床。

三、问答题

1. 凝结水过滤处理的目的是什么？

2. 在什么情况下应设置前置过滤器？

3. 简述前置阳床过滤器的概念及其特点。

4. 哪些因素影响凝结水混床出水水质？

5. 为什么在凝汽器发生泄漏时凝结水混床应采用 H-OH 方式运行？

四、计算题

1. 前置阳床可除去凝结水中的氨，使凝结水混床处于 H-OH 型运行，并延长其运行周期。以 500MW 超临界发电机组为例，凝结水处理系统设置 3 台直径 $\phi3400$mm 的前置阳床，平时两台运行，1 台备用。所用的树脂为型号为 D001NJ，树脂高度为 1.2m，重量为 8.8t。按工作层高 0.7m、工作交换容量 1.2mol/L 计算，求：①每台前置阳床可除去多少摩尔的氨？②已知 pH=9.5 时理论含氨量为 88.98μmol/L，当凝结水流量为 1190t/h 时，求前置阳床理论运行周期（天）。

2. 当凝结水 H/OH 型混床失效后进行体外再生时，如果传送树脂不完全，则留在混床

的阳树脂主要是 RNH_4 型和 RNa 型，RNH_4 型树脂将降低氢型混床的周期制水量，RNa 型树脂将造成出水漏钠，恶化出水水质。已知当 $K_H^{NH_4}=3.0$，求残留树脂量为 10% 时混床投运初期漏氨量。

3. 当凝结水 NH_4-OH 型混床失效后进行体外再生时，如果传送树脂不完全，则留在混床的阳树脂主要是 RNa 型，已知 $K_{Na}^{NH_4}=1.6$，凝结水的 $pH=9.5$，Na 的原子量为 23，求残留树脂量为 0.3% 时混床投运初期漏钠量。

第七章 锅 炉 给 水 处 理

一、选择题（根据题意，将正确答案填入括号内）

1. 在各种标准所规定的指标中，叙述正确的是（　　）。

A. 国家标准规定的指标是最严格的；

B. 行业标准规定的指标比国家标准严格；

C. 企业标准最为宽松；

D. 国家标准、行业标准和企业标准由于所处的地位不同，规定的指标的严格程度没有约束关系。

2. 在火电厂中，对于电导率描述正确的是（　　）。

A. 给水的电导率越高，水中各类杂质的相对含量也就越高；

B. 给水的氢电导率越高，说明水中酸类的相对含量也就越高；

C. 水的氢电导率永远高于其电导率；

D. 机组在正常运行时，给水加氨处理后，氨对电导率的影响远大于杂质的影响。

3. 对于锅炉给水处理方式描述不正确的是（　　）。

A. 还原性全挥发处理是指锅炉给水加氨和还原剂（又称除氧剂，如联氨）的处理，简称 AVT（R）；

B. 弱氧化性全挥发处理是指锅炉给水加微量氧的处理，简称 AVT（O）；

C. 加氧处理是指锅炉给水加氧的处理，简称 OT；

D. 锅炉给水中只加氧，不加任何碱性物质的处理称为中性处理。

二、填空题（根据题意，将适当的文字或数据填入括号内）

1. 还原性全挥发处理是指锅炉给水加氨和还原剂（又称除氧剂，如联氨）的处理，英文为 all-volatile treatment（reduction），简称（　　）。

2. 弱氧化性全挥发处理是指锅炉给水只加氨的处理，英文为 all-volatile treatment（oxidation），简称（　　）。

3. 加氧处理是指锅炉给水加氧的处理，英文为 oxygenated treatment，简称（　　）。

4. 对于有铜系统，为了兼顾铜、铁的腐蚀，给水 pH 值为 8.8~9.3，这种规定还是侧重降低铜合金的腐蚀。对于无铜系统，给水 pH 值为 9.0~9.6。在机组运行过程中，pH 值超过 9.6 以后对于防止水汽系统的腐蚀已经没有必要了，而低于（　　）给水系统的含铁量就会明显增高，即腐蚀速度加快。

5. AVT（R）方式下，经过除氧器热力除氧后水中的溶解氧浓度已经能够达到小于（　　）的水平，这时加联氨的主要作用是使水处于（　　）。如果水中的溶解氧浓度仍然较高，这时加联氨的作用是除去水中的一部分溶解氧并使水处于还原性。

6. 所谓给水优化处理，是指根据水汽系统的材质和给水水质合理的选择给水处理方式，使给水系统所涉及的各种材料的综合（　　　）最小。

7. 与亚临界火力发电机组水汽质量标准相比，超临界火力发电机组水汽质量标准增加了（　　　）和（　　　）两项指标。

三、问答题

1. 简述选择给水处理方式的原则。

2. 控制给水的质量并进行相应处理的目的是什么？

3. 在锅炉给水标准中采用氢电导率而不用电导率的理由有哪些？

4. 何为给水处理？为什么几乎所有的锅炉给水都采用弱碱性处理？

四、计算题

已知在经无限稀释后 1mol/L 的 H^+、OH^- 和 Cl^- 对电导率的贡献分别为 $3.5 \times 10^5 \mu S/cm$、$1.98 \times 10^5 \mu S/cm$ 和 $76\ 340 \mu S/cm$，25℃ 水的离子积 $K_w = 1 \times 10^{-14}$，氯的原子量为 35.5。如果水中的阴离子除 OH^- 以外只有 Cl^-，求氢电导率为 $0.2 \mu S/cm$ 时 Cl^- 的浓度。

第八章　锅　炉　炉　水　处　理

一、选择题（根据题意，将正确答案填入括号内）

1. 对锅炉发生结垢叙述不正确的是（　　　）。

A. 某些杂质进入锅炉后，在高温、高压和蒸发、浓缩的作用下，部分杂质会从炉水中析出固体物质并附着在受热面上，这种现象称之为结垢；

B. 某些杂质在热力设备受热面水侧金属表面上生成的固态附着物称之为水垢；

C. 有些杂质不在受热面上附着，称之为水渣；

D. 水渣往往浮在汽包汽、水分界面上或沉积在锅炉下联箱底部，通常可以通过连续排污或定期排污排出锅炉。但是，如果排污不及时或排污量不足，有些水渣会随着炉水的循环，黏附在受热面上形成二次水垢。

2. 对于锅炉排污率可根据杂质在炉水的进出平衡得出以下公式

$$P = \frac{S_{GE} - S_B}{S_P - S_{GE}} \times 100\%$$

式中　P——锅炉排污率，%；

S_{GE}——锅炉给水中某种物质的浓度，$\mu g/L$；

S_B——蒸汽中某种物质的浓度，$\mu g/kg$；

S_P——排污水水中某种物质的浓度，$\mu g/L$。

这里，对"某种物质"叙述正确的是（　　　）。

A. 对于采用磷酸盐处理的炉水，某种物质不能是钠离子或磷酸根离子；

B. 对于采用氢氧化钠处理的炉水，某种物质不能是钠离子；

C. 对于采用全挥发处理的炉水，某种物质不能是氨或钠离子；

D. 对于任何化学处理方式的炉水，某种物质都可以是二氧化硅或氯离子。

二、填空题（根据题意，将适当的文字或数据填入括号内）

1. 目前炉水处理方式有三种，即（　　）、（　　）和（　　）。

2. 为了防止锅炉受热面上结钙镁水垢，一是要尽量降低（　　　），二是应采取适当的（　　　）。

3. 为了防止产生硅酸盐水垢，应尽量降低给水中（　　）、（　　）和其他金属（　　）的含量。如果凝汽器发生泄漏，由于冷却水中含有大量的（　　），即使有凝结水精处理设备也无法全部除出。所以应加强凝汽器的维护与管理，防止发生泄漏，是防止结硅酸盐垢的重要方法之一。

4. DL/T 805.2—2004 中规定，采用磷酸盐处理时锅炉汽包的最高压力为（　　）MPa。

5. 维持炉水中磷酸三钠含量低于发生磷酸盐隐藏现象的临界值，同时允许炉水中含有不超过（　　）游离氢氧化钠，以防止水冷壁管发生酸性磷酸盐腐蚀以及防止炉内生成钙镁水垢的处理称为平衡磷酸盐处理，简称 EPT。

6. 为了防止锅内水渣聚集，锅炉的排污率应保证不小于（　　）。

三、问答题

1. 简述防止锅炉结氧化铁垢的方法。

2. 简述防止产生水垢的方法。

3. 简述防止铜垢的方法。

4. 简述磷酸盐处理的作用。

5. 简述防止磷酸盐隐藏现象的方法。

6. 简述热化学试验的主要目的。

四、计算题

1. 已知锅炉启动时磷酸盐加药量公式为

$$Q_{LI} = \frac{1}{0.25} \times \frac{1}{\varepsilon} \times \frac{1}{1000} \times V_G \ (S_{LI} + 28.36H) \ \text{kg}$$

式中　V_G——锅炉水系统的容积，m^3；

S_{LI}——锅炉水中应维持的 PO_4^{3-} 浓度，mg/L；

H——炉水中的硬度，mmol/L；

ε——磷酸三钠的纯度，工业品一般为 $92\%\sim98\%$，化学纯约为 99%，分析纯及以上级别约为 100%。

0.25 为磷酸三钠（$Na_3PO_4 \cdot 12H_2O$）中含 PO_4^{3-} 的分率；28.36 为使 1mmol/L $\left(\frac{1}{2}Ca^{2+}\right)$ 的离子变成 $Ca_{10}(OH)_2(PO_4)_6$ 所需要的毫克数。

现有 1 台 330MW 机组，$V_G = 124.4 \ m^3$，$S_{LI} = 3 \ mg/L$，$H = 0.2mmol/L$，求这台锅炉在暂不考虑排污、初次需要加入磷酸三钠量（Q_{LI}）。

2. 已知锅炉运行时磷酸三钠的加药量（Y_{LI}）可按下式计算

$$Y_{LI} = \frac{1}{0.25} \times \frac{1}{\varepsilon} \times \frac{1}{1000} \times (28.36HW_{GE} + W_P S_{LI}) \ \text{kg/h}$$

式中　H——给水中的硬度，mmol/L；

W_{GE}——锅炉给水流量，t/h；

W_P——锅炉排污流量，t/h。

现有 1 台 330MW 机组，$W_{GE}=1025t/h$，$W_P=3t/h$，$S_{LI}=2mg/L$，$H=0.2\mu mol/L$，求维持炉水浓度不变，每小时磷酸盐的加入量。

第九章 蒸汽系统的积盐

问答题

1. 影响过热器积盐的因素有哪些？
2. 防止过热蒸汽系统积盐的措施有哪些？
3. 如何根据汽包锅炉运行特性和给水水质选用合理的炉水处理方式？
4. 简述炉水的处理方式与蒸汽溶解携带的规律。
5. 试分析不同的炉水处理方式蒸汽溶解携带氯离子的途径。
6. 简述给水采用 OT 和 AVT（R）对蒸汽溶解携带铜化合物的差别。

第十章 发电机内冷却水处理

一、选择题（根据题意，将正确答案填入括号内）

1. 以下 5 个标准中有 4 个涉及到发电机内冷却水水质指标，正确的是（　　）。

①DL/T 561—2013《火力发电厂水汽化学监督导则》；

②GB/T 12145—1999《火力发电机组及蒸汽动力设备水汽质量》；

③DL/T 801—2010《大型发电机内冷却水质及系统技术要求》；

④DL/T 5190.4—2004《电力建设施工及验收技术规范 第 4 部分：电厂化学》；

⑤DL/T 889—2004《电力基本建设热力设备化学监督导则》。

A. ①②③④；B. ②③④⑤；C. ①②④⑤；D. ①②③⑤。

2. 为了减轻发电机铜线棒的腐蚀，在电导率合格的前提下应尽量提高发电机内冷却水的 pH 值。以下解释不正确的是（　　）。

A. 发电机内冷却水的电导率控制的较低，对减轻发电机铜线棒的腐蚀不利；

B. 电导率越低，水的纯度越高，发电机铜线棒的腐蚀就越轻；

C. 虽然电导率合格，但发电机内冷却水的 pH 值提不高就会加快电机铜线棒的腐蚀；

D. 受电导率指标的制约，发电机内冷却水的 pH 值往往达不到发电机铜线棒的最佳耐腐蚀区域。

3. DL/T 801—2010《大型发电机内冷却水质及系统技术要求》对电导率的规定主要是从哪一方面考虑？（　　）

A. 限制水中杂质的含量；B. 电气绝缘；C. 防止 pH 值过高引起腐蚀；D. 以上都是。

4. 添加缓蚀剂方法和投运混床不能同时使用的理由是（　　）。

A. 缓蚀剂被混床过滤除去，降低了有效含量，影响缓蚀效果；

B. 有机缓蚀剂被逐渐截留在混床上部影响了通水流量和离子交换；

C. 原来加缓蚀剂排污或混床处理（相当于部分排污）的作用均得不到有效发挥，并可能产生沉积堵塞中空铜线棒；

D. 以上 3 条。

二、填空题（根据题意，将适当的文字或数据填入括号内）

1. 在正常的发电机内冷却水的温度范围内，铜腐蚀速率最低的 pH 值范围是（　　　　）。

2. 规定发电机内冷却水的硬度小于 $2\mu mol/L$，有两方面的含义，一是不能把漏入循环冷却水的（　　　）作为补充水；二是防止因水—水交换器冷却管泄漏，其他（　　　）漏到发电机内冷却水系统。

3. 发电机内冷却水的含铜量不能说明铜的腐蚀速率，是因为含铜量与运行时间、（　　　　　）、（　　　　　）以及内冷却水的处理方式有关。

4. 对于定子冷却水系统，在溶解氧浓度小于 $30\mu g/L$ 的范围内，铜的腐蚀速率相对较低，溶解氧浓度在（　　　　　）的范围内，铜的腐蚀速率最高。所以应尽量避免在这一范围内运行。

5. DL/T 801—2002 规定，发电机内冷却水的 pH 值上限为（　　　　）。

6. 定子中空导线比转子中空导线容易发生堵塞，主要是定子中空导线的（　　　　　）比较小。

7. 在火电厂中只有发电机内冷却水标准要求检测纯水的 pH 值。影响 pH 值准确性的因素有：①水的（　　　）的；②测量池（　　　　）；③电极布置（　　　　）；④水样（　　　　）；⑤参比电极（　　　）液位；⑥水样（　　　）的。

三、问答题

1. 简述发电机中空导线堵塞的主要原因。

2. 简述如何提高发电机内冷却水的 pH 值准确性。

四、计算题

已知某发电机内冷却水在 15～40℃ 的范围内影响 pH 的温度系数为 $-0.031/℃$，已知 $pH_{40℃}=6.6$，$pH_{15℃}=7.2$，问这两种情况内冷却水的 pH 是否合格（即在 25℃ 时 $pH\geqslant 7.0$）？

参 考 答 案

第一章 天然水的预处理

一、选择题

1. C；2. A；3. D；4. C；5. B；6. C；7. A；8. C；9. A；10. B。

二、填空题

1. 脱稳、凝聚；

2. 最优加药量、pH 值、出水残留浊度、有机物的去除率；

3. 直流凝聚、接触混凝作用、低浊水；

4. 滤层或滤床、滤床的空塔流速；

5. 透膜压差（TMP）；

6. 大孔丙烯酸；

7. 水头损失；

8. 反洗强度；

9. 过滤、亲水性；

10. 含有机物污染或色度较高。

三、问答题

1. 答：因为混凝澄清处理包括了药剂与水的混合、混凝剂的水解、羟基桥联、吸附、电性中和、架桥、凝聚及絮凝物的沉降分离等一系列过程，因此混凝处理的效果受到许多因素的影响，其中影响较大的有水温、pH 值、碱度、混凝剂剂量、接触介质和水的浊度等。

2. 答：优点有：①加药量少，可节省药耗；②混凝效果好，凝絮速度快，密度较大，易沉降分离；③适用范围广，对于高、低浊度水都有较好的混凝效果。

3. 答：有机类的助凝剂大都是水溶性的聚合物，分子呈链状或树枝状，其主要作用如下。

（1）离子性作用，即利用离子性基团进行电性中和，起絮凝作用；

（2）利用高分子聚合物的链状结构，借助吸附架桥起凝聚作用。

4. 答：气浮工艺过程是在气浮澄清池反应罐前加入混凝剂，在混凝剂的作用下水中的胶体和悬浮物脱稳形成细小的矾花颗粒；水流进入气浮池接触室后矾花颗粒与溶气水中大量的微细气泡发生吸附，形成密度小于水的絮体并且上浮，在水面形成浮渣层；清水则由气浮澄清池下部汇集进入出水槽。

5. 答：超滤是利用超滤膜为过滤介质，以压力差为驱动力的一种膜分离过程。在一定的压力下，当水流过膜表面时，只允许水、无机盐及小分子物质透过膜，而阻止水中的悬浮物、胶体、微生物等物质透过，以达到水质净化的目的。

6. 答：超滤错流运行时，错流的浓水如果排放掉则会使系统水回收率降低。与死端相比，其结垢和污染的倾向较低，膜通量下降趋势相对小；死端过滤水回收率高。但是死端过滤时，杂质都压在膜表面，在进水杂质含量高时在一个制水周期里将使得过滤阻力迅速增大。简单的说，死端过滤的优点是回收率高，而膜污染严重；错流过滤尽管能减少污染，但回收率略低。

7. 答：影响活性炭吸附的主要因素包括水中有机物的浓度、pH 值、温度、共存物质和接触时间。

8. 答：水的杀菌消毒处理分为化学法和物理法：化学法包括加氯、次氯酸钠、二氧化氯或臭氧处理等；物理法包括加热、紫外线处理等。

9. 答：当活性炭床以除去有机物为主时，宜放在阳床之后。因为活性炭在酸性介质中可以较好的吸附水中有机物；当以除活性氯为主时，应放在阳床之前。

10. 答：原水经过滤料层前，向水中投加混凝剂（有时同时投加絮凝剂），使水中胶体脱稳、凝聚，形成初始矾花。水进入滤料层前的凝聚反应时间一般为 5～15min。这种过滤形式的特点是省去了专门的混凝澄清设备，混凝剂投加量少。适用于常年原水浊度小于 50mg/L，有机物含量中等以下的水源和地下水除铁、锰、胶体硅。

第二章　　锅炉补给水的化学除盐

一、选择题

1. D；2. C；3. A；4. B；5. A；6. C。

二、填空题

1. 再生剂比耗；

2. 缓慢上升、突然增大、足够的水流速度；

3. 设回流管；

4. 下流清洗；

5. EDI、电渗析、离子交换；

6. 1.0；

7. 橡胶衬里、玻璃钢衬里、环氧树脂涂料；

8. 离子交换树脂骨架、活性基团；

9. 中性盐分解、基本没有。

三、问答题

1. 答：影响工作层厚度的因素很多，这些因素有：树脂种类、树脂颗粒大小、空隙率、进水离子浓度、出水水质的控制标准、水通过树脂层时的流速以及水温等。

（1）树脂的选择性系数越大，树脂与水中离子的交换反应势就越大，工作层就越薄。

（2）树脂颗粒越大，单位体积树脂比表面越小，离子在树脂相中的扩散所需要的时间就越长，工作层就越厚。

（3）进水中离子浓度越高，交换反应所需时间就越长，工作层就越厚。

（4）水的流速越大，水与树脂接触的时间就越短，工作层就越厚。

（5）水温越高，可以减少树脂颗粒外水膜的厚度，有利于交换反应的进行，工作层就越薄。水温对弱型树脂的影响更为明显。

2. 答：（1）对水质适应性强。

（2）出水水质好。

（3）再生剂比耗低。

（4）自用水率低。

（5）对进水浊度要求较严，一般浊度应小于 2FTU。

3. 答：（1）稀 H_2SO_4 再生法。再生液浓度通常为 $0.5\%\sim2.0\%$，这种方法比较简单，但要用大量的稀 H_2SO_4，再生时间长、自用水量大，再生效果也较差。

（2）分步再生法。先用低浓度的 H_2SO_4 溶液以高流速通过交换器，然后用较高浓度的 H_2SO_4 溶液以较低的流速通过交换器。先用低浓度的目的是降低再生液中 $CaSO_4$ 的过饱和度，使它不易析出；先采用高流速的原因是因为 $CaSO_4$ 从过饱和到析出沉淀物常需一定的时间，加快流速，缩短硫酸对树脂的接触时间，使 $CaSO_4$ 在发生沉淀前就排出树脂层。分步再生可分为二步法、三步法和四步法，也可采用将 H_2SO_4 浓度不断增大的方法，以达到先稀后浓的目的。

4. 答：树脂的离子型态不同，其体积也不相同。当树脂从一种离子型态变为另一离子型态时，树脂的体积就发生了变化。这种变化称为转型膨胀，是一种可逆膨胀。当恢复成原来的离子型态时，树脂的体积就会恢复到原来的体积。各种离子形态树脂的体积不同、树脂中离子交换基团解离的能力不同以及亲水能力不同等都会引起树脂转型体积变化。如果树脂骨架上某种离子能形成氢键、离子架桥时，会使树脂体积发生较大的变化。

5. 答：混合离子交换器简称混床，它是将阴、阳两种离子交换树脂按一定比例混合装填于同一交换床中，在运行前，先把它们分别再生成 OH 型和 H 型，然后用压缩空气混合均匀后再投入制水。由于运行时混床中阴、阳树脂颗粒互相紧密排列，所以阴、阳离子交换反应几乎是同时进行的。因此，经阳离子交换所产生的氢离子和经阴离子交换所产生的氢氧根都不会积累起来，而是立即生成水，基本上消除了反离子的影响，因此交换反应进行彻底，出水水质好。常用在串接在一级复床后用于初级纯水的进一步精制，处理后的纯水可作为高压及以上锅炉的补给水。

6. 答：（1）均粒树脂。交换器内是装满树脂的，没有惰性树脂层。为防止细小颗粒的树脂堵塞出水装置的网孔或缝隙，采用了均粒树脂。由于没有惰性树脂层，因此增加了交换器空间的利用率。

（2）便于清洗。树脂的这种清洗方式有以下优点：清洗罐体积可以很小，清洗工作量小；基本上没有打乱有利于再生的失效层态，所以每次清洗后仍按常规计量进行再生；在树脂移出或移入的过程中树脂层得到松动。

（3）进水水质要求高。满室床的运行和再生过程与浮床一样，因此具有对流再生工艺的优点。但这种床型要求树脂粒度均匀、转型体积改变率小以及较高的强度，并要求进水悬浮物含量小于 1mg/L。

7. 答：除碳器的工作原理是：CO_2 气体在水中的溶解度服从于亨利定律，即在一定温度下气体在溶液中的溶解度与液面上该气体的分压成正比。通常在阳床出水中游离 CO_2 的浓度较高，所对应的液面上的分压也较高。只要降低与水相接触的气体中 CO_2 的分压，溶解于水中的游离 CO_2 便会从水中解吸出来，从而将水中游离 CO_2 除去。降低气体分压的办法：一是在除碳器中鼓入空气，即大气式除碳；另一办法是从除碳器的上部抽真空，即为真空式除碳。

由于空气中的 CO_2 的量约为 0.03%，当空气和水接触时，水中多余的 CO_2 便会逸出并被空气流带走。在正常情况下，阳床出水通过除碳器后，可将水中的 CO_2 含量降至 $5mg/L$ 以下。

8. 答：（1）能够连续运行，不需要因为再生而备用一套设备。

（2）模块化组合方便，运行操作简单。

（3）水回收率高，EDI 的浓水可以回收至反渗透进水。

（4）占地面积小，不需要再生和中和处理系统。

（5）运行费用低，不使用酸碱。

9. 答：胶体硅是强碱阴树脂再生不当产生的现象。当原水中二氧化硅和强酸阴离子比值较大或有弱碱阴树脂吸收水中强酸时，在阴树脂再生中可能出现结胶体硅的现象。一般在碱液浓度较高，温度和流速较低时更易发生这种现象。胶体硅一般出现在再生液排出端的树脂层中，这是由于到达出口处再生碱液的 pH 急剧下降，形成结胶硅的环境。防止结胶体硅的方法如下。

（1）预热树脂床层。

（2）采用再生液先稀后浓，流速先快后慢的再生方法。

（3）将部分初期的再生废液从树脂层中部排出等。

第三章 反渗透水处理技术

一、选择题

1. C；2. A；3. B；4. A；5. B。

二、填空题

1. 选择透过性、大于；

2. 单位反渗透膜面积在单位时间内透过的水量；

3. 淡水侧、进水侧压力；

4. 压力、温度、回收率、进水含盐量、pH 值；

5. 进水；

6. 增加、增大、平缓、不再增加；

7. $0.45\mu m$；

8. 浓度、主体溶液浓度；

9. $10\%\sim15\%$、$10\%\sim15\%$、5%；

10. 小于 $0.1mg/L$；

11. 朗格利尔指数、斯蒂夫和大卫饱和指数、正值；

12. 离子浓度积 IP_b、溶度积 K_{sp}、$IP_b>K_{sp}$、$IP_b<K_{sp}$；

13. 石灰软化、钠软化、弱酸软化；

14. SDI；

15. 浓水极化。

三、问答题

1. 答：由于 RO 膜可以脱除溶解性的离子而不能脱除溶解性气体，因此 RO 产水中由

于 CO_2 含量与进水基本相同，而 HCO_3^- 和 CO_3^{2-} 会减少 $1\sim2$ 个数量级，这样会打破水中 CO_2、HCO_3^- 和 CO_3^{2-} 之间的平衡，因此 CO_2 与水会发生如下的反应平衡转移，直到建立新的平衡

$$CO_2 + H_2O \longrightarrow HCO_3^- + H^+$$

因此 RO 产水 pH 会降低。对于大多数 RO 系统反渗透产水的 pH 值将下降 $1\sim2$。

2. 答：温度越高，产水量越高，脱盐率越低；反之，温度越低，产水量越低，脱盐率越高。

3. 答：反渗透海水淡化系统中，由于排放浓水压力还很高，为了节约系统能耗，应进行能量回收，高压泵结合能量回收装置为反渗透提供正常运行的压力。能量回收装置分三种形式：佩尔顿能量回收装置、涡轮式能量回收装置以及 PX 能量回收装置。

4. 答：反渗透的工作过程中，原水逐步得到浓缩，而最终成为浓水，浓水经浓缩后各种离子浓度将成倍增加。自然水源中 Ca^{2+}、Mg^{2+}、Ba^{2+}、Sr^{2+}、HCO_3^-、SO_4^{2-}、SiO_2 等倾向于产生结垢的离子浓度积一般都小于其平衡常数，所以不会有结垢出现，但经浓缩后，各种离子的浓度积都有可能大大超过平衡常数，因此会产生严重的结垢。为防止结垢现象的发生，在反渗透系统中通常需要通过加药装置向系统中加入阻垢剂。

5. 答：(1) 首先对反渗透本体装置进行化学清洗。

(2) 配置 1% 的化学纯亚硫酸氢钠溶液。

(3) 将膜元件从膜壳中取出，将膜元件在配置好的亚硫酸氢钠溶液中垂直放置浸泡 1h 左右，取出垂直放置沥干后装入密封的塑料袋内，将塑料袋内的空气排出并封口，建议用膜生产商原来的包装袋。

6. 答：胶体和颗粒等的污堵会严重影响反渗透膜元件的性能，如大幅度降低淡水产量，有时也会降低脱盐率，胶体和颗粒污染的初期症状是反渗透膜组件进出水压差增加。

判断反渗透膜元件进水胶体和颗粒最通用的办法是测量水中的 SDI 值，有时也称 FI 值（污染指数）。

7. 答：回收率主要有两方面的影响因素。

(1) 浓水中的微溶盐的浓度。反渗透脱盐系统回收率越高，原水中的微溶盐被浓缩的倍率越高，产生结垢的可能就越大。

(2) 膜元件的最低浓水流速。为防止浓水极化现象发生，膜元件生产商对系统中膜元件的最低浓水流速作了要求。同时膜厂家也对膜元件最大回收率也作了规定，在设计过程中需要遵循。

8. 答：预处理系统中，常见防止结垢的措施主要有加药、水质软化。

(1) 加药包括：①加酸调整 pH 值；②加阻垢剂。

(2) 水质软化。随着火电厂节水措施的加强，反渗透逐步在废水处理上得到应用。当原水水质比较恶劣时，靠加酸和加阻垢剂也无法控制水中盐类结垢时，则需要对原水进行软化处理。

用于反渗透预处理的软化工艺包括石灰软化、钠软化和弱酸阳树脂软化。

9. 答：内容见下表。

反渗透膜元件对进水水质的要求

水源类型	地表水	地下水	海水	废水
SDI（淤泥密度指数）	≤5.0	≤4.0	≤4.0	≤5.0
浊度	≤1.0NTU	≤1.0NTU	≤1.0NTU	≤1.0NTU
游离氯	复合膜＜0.1mg/L			
pH	3～11			
温度	＜30℃			
其他	有些膜元件对化学耗氧量和铁也有一定的要求 COD（$KMnO_4$法）＜1.5mg/L　Fe＜0.05mg/L			

第四章　发电厂冷却水处理

一、选择题

1. D；2. B；3. C；4. C；5. D；6. B。

二、填空题

1. 直流、开式循环、闭式循环冷；

2. 用水量大、水质；

3. 有 CO_2 散失和盐类浓缩，易产生结垢和腐蚀问题；水中有充足的溶解氧，有光照，再加上温度适宜，有利于微生物的滋生；由于冷却水在冷却塔内洗涤空气，会增加黏泥的生成；

4. 没有蒸发而引起的浓缩、补充水量少、一般都使用除盐水作为补充水；

5. 3～5、20；

6. 3mg/（cm^2·月）；

7. 蒸发散热、接触散热、1kg、1℃；

8. 50～80kg；

9. 1/3～1/2；

10. 循环水不加酸处理、Ca 的滴定终点拖后或不明显，用除盐水稀释后滴定；

11. 排污法、外部处理法、内部处理法；

12. 降低碳酸盐硬度或结垢物质含量、稳定碳酸盐硬度、联合处理；

13. 石灰处理法、氢离子交换法、钠离子交换法、反渗透法；

14. MBT、BTA；

15. 负移、正移、电导率。

三、问答题

1. 答：（1）有 CO_2 散失和盐类浓缩，易产生结垢和腐蚀问题。

（2）水中有充足的溶解氧，有光照，再加上温度适宜，有利于微生物的滋生。

（3）由于冷却水在冷却塔内洗涤空气，会增加黏泥的生成。

2. 答：循环水量；系统水容积；水滞留时间；凝汽器出水最高水温；冷却塔进、出水温差；蒸发损失；吹散及泄漏损失；排污损失；补充水量、凝汽器管中水的流速等。

3. 答：

式中，P_B 为补充水率，%；P_Z 为蒸发损失率，%；P_F 为吹散及泄漏损失率，%；P_P 为排污损失率，%；φ 为浓缩倍率；c_B 为补充水中的含盐量，mg/L；c_X 为循环水中的含盐量，mg/L。

4. 答：

$$\Delta A = \varphi_{cl} - \varphi_A = \frac{c_{X,cl}}{c_{B,cl}} - \frac{c_{X,A}}{c_{B,A}} < 0.2$$

应用条件：循环水不加酸处理。

$$\Delta B = \varphi_{cl} - \varphi_B = \frac{c_{X,cl}}{c_{B,cl}} - \frac{c_{X,Ca}}{c_{B,Ca}} < 0.2$$

注意事项：Ca 的滴定终点拖后或不明显时，可以加隐蔽剂或用除盐水稀释后滴定。

5. 答：（1）$CaCO_3$ 的溶解度，一般为 0.6～0.8mmol/L。

（2）石灰的过剩量，一般控制在 0.2～0.4mmol/L（以 1/2CaO 计）。

6. 答：

式中，H_C 为经石灰处理后水的残留硬度，mmol/L（$1/2Ca^{2+} + 1/2Mg^{2+}$）；H_F 为原水中的非碳酸盐硬度，mmol/L（$1/2Ca^{2+} + 1/2Mg^{2+}$）；A_C 为经石灰处理后水的残留碱度，mmol/L（$1/2CO_3^{2-}$）；c（H^+）为凝聚剂剂量，mmol/L。

7. 答：在药剂的总量保持不变的情况下，复配药剂的缓蚀阻垢效果高于单一药剂的缓蚀阻垢效果。

8. 答：（1）可提高设备出力，降低投资，由于单台设备出力提高近 1 倍，使设备台数减少近一半，减少了占地面积，降低了投资。

（2）节省树脂 12.5% 左右，在双流式交换器中，在相同再生剂比耗下，残留失效树脂占单位树脂体积的比例下降。此外，由于再生层高度约为运行树脂层的 2 倍，使再生剂得到充分利用，这些都使相同比耗条件下，双流交换器树脂的工作交换容量略高于单流式交换器，从而可节省树脂用量，同时降低了再生剂比耗。

（3）自用水率低。由于出水区树脂的再生度较高，不会发生因再生作用而减少了正洗水量，自用水率可由单流式的 7% 左右下降到 5% 左右。

9. 答：（1）循环冷却水在循环过程中，水质恶化，不能达到冷却水水质标准，要求进行旁流处理。例如循环冷却水在循环过程中，由空气带入的灰尘、粉尘等悬浮固体物的污染，使水中悬浮物的含量不断升高，即影响稳定处理的效果，还会加重黏泥的附着，往往要求进行旁流过滤。

再如，使用三级处理后的废水，作为开式循环冷却系统的补充水时，由于水中的有机物含量很高，在循环过程中，会产生较多的黏泥，也要求进行旁流过滤。

（2）为了提高冷却系统的浓缩倍率。当循环水中的某一项或几项成分超出允许值时，也可考虑采用旁流处理。

10. 答：（1）在黄铜合金中，添加微量砷、铝和锑等抑制剂，能有效的抑制黄铜脱锌，其中最有效的是砷。一般在黄铜中加 0.02%～0.03% 的砷，就可抑止脱锌腐蚀。

（2）做好黄铜管投运前及投运时的维护工作，促使黄铜管表面形成良好的保护膜。

（3）管内流速不应低于 1m/s，保持铜管内表面清洁。

11. 答：（1）选用能形成高强度保护膜，耐冲击腐蚀的管材，如钛管、不锈钢管、铜镍合金管。

（2）限制冷却水流速不超过 2m/s。对铝黄铜管，悬浮物含量最好不超过 20mg/L。

（3）在铜管入口端部安装尼龙套管。在入口端易发生冲击腐蚀的 100～150mm 以内的涡流区用尼龙套管遮住。

（4）在铜管入口端涂防腐涂料。通常在对凝汽器管板用防腐涂料防腐的同时，对铜管的入口端一起刷涂。

（5）改善水室结构，使水流不在管端形成急剧变化的湍流。

（6）进行硫酸亚铁成膜。

（7）防止异物进入铜管。在铜管中的异物会造成局部流速过大，产生涡流等而破坏保护膜。

12. 答：（1）管口涂胶。通常涂胶的深度为 7～15cm。涂胶的胶层要均匀，厚度要薄，不要影响胶球的通过。

（2）加塑料套管。塑料套管的长度通常为 20cm 左右。由于塑料套管有一定的厚度，所以只适应不带胶球清洗的系统。

（3）牺牲阳极。在管板上加装牺牲阳极，减缓冲刷腐蚀。

四、计算题

1. 解：（1）循环水的循环周期：$1÷1.5×60=40$（min）

（2）循环水设计流量：$1548×50=77\ 400$（t/h）

（3）循环水系统的水容积：$77\ 400÷1.5=51\ 600$（m^3）

2. 解：节约补充水的量：$Q×(P_p-P_p)=120\ 000×\left(\dfrac{1}{5-1}-\dfrac{1}{6-1}\right)×1.4\%=84$（t/h）

3. 解：$\left[D'×(1+20\%)\right]/D=\left[\dfrac{1}{4-1}×1.2\right]÷\dfrac{1}{3-1}×100\%=80\%$，$1-80\%=20\%$ 药品费用比原来减少了 20%

第五章　火电厂废水处理

一、选择题

1. D；2. B；3. B；4. D。

二、填空题

1. 污水综合排放标准；

2. 车间排水口或车间处理设施排出口、排污单位的排放口；

3. 集中处理、分类处理；

4. COD、Fe；

5. 浮油、分散油、乳化油、溶解油；

6. 火电厂内部废水的综合利用、外部废水资源的利用；

7. pH 值。

三、问答题

1. 答：循环水的水质特征是含盐量高、水质安定性差，容易结垢，有机物、悬浮物也比较高。大部分电厂的循环水系统含有丰富的藻类物质。

2. 答：水质特点：①灰水的含盐量很高；②pH 较高，最高可以大于 11；③水质不稳定，安定性差。

灰水循环使用的处理流程如下。

（1）厂内闭路循环处理：灰水—灰浆浓缩池—浓灰浆送往灰场；清水进入回收水池。

（2）灰场返回水：灰水—灰场—澄清水进入回收水池（一般需要加酸或加阻垢剂处理）—回收水泵—厂内回收水池或冲灰水前池。

3. 答：特点为：①废水显酸性或碱性；②含盐量很高，其中大部分为中性盐。

4. 答：特征包括：①高浓度的悬浮物；②含盐量很高，包括钙离子、镁离子、氯离子、硫酸根离子、亚硫酸根离子、氟离子、磷酸根等；③含有重金属离子；④COD 很高；⑤氟化物含量很高。

5. 答：来源：煤码头、煤场、输煤栈桥等处收集的雨水、融雪以及输煤系统的喷淋、冲洗排水等，为间断性废水。废水收集点比较分散。

水质特点为：水中煤粉含量很高，呈黑色；大部分含有油污。

6. 答：生活污水的水质与其他工业废水差异较大，有臭味，色度、有机物、悬浮物、细菌、油、洗涤剂等成分含量较高，含盐量比自来水稍高一些。

7. 答：第一类污染物，指能在环境或动植物体内积蓄，对人体健康产生长远不良影响的污染物。含有此类有害污染物质的废水，不分行业和排放方式，也不分受纳水体的功能类别，一律在车间或车间处理设施排出口取样。

第二类污染物，指其长远影响小于第一类的污染物质，在排污单位排出口取样。

8. 答：经常性排水包括锅炉补给水处理系统再生排水、凝结水精处理系统再生排水、原水预处理系统的排水和化验室排水、锅炉排污、汽水取样系统排水等。

处理流程：废水贮存池—pH 调整池—混合池—澄清池（器）—最终中和池—清水池—排放或回用。

9. 答：处理流程为：高 COD 废水—废水贮存池（压缩空气搅拌）—氧化—pH 调整池—混合池—澄清池（器）—最终中和池—清水池—排放或回用。

10. 答：隔油池的原理是利用油的密度比水的密度小的特性，将油分离于水的表面并撇除。油粒的粒径越大，越容易去除。

在火电厂，隔油池主要用于油库、输油系统等处含油量很高的废水的第一级处理。

11. 答：（1）格栅：拦截大尺寸的悬浮杂质，如树枝、漂浮物等，以防堵塞后级设备。

（2）污水调节池：收集沟道汇集的污水，因生活污水的水质和流量波动很大，因此，污水调节池的主要作用是缓冲污水流量的变化，均化污水水质，减小污水处理设备的进水水质和流量的变化幅度。其调节能力取决于污水调节池的容积。

（3）初沉池：其作用是将污水中大颗粒、易沉淀的悬浮物、砂粒等除去，以减轻后级设备的负担。

（4）接触氧化池：这部分设备是污水处理的核心，通过连续曝气，细菌在填料表面生长成膜，分解水中的有机物。

12. 答：按脱水原理可分为压滤脱水、离心脱水及真空过滤脱水三大类。

带式压滤脱水机的脱水原理是将污泥送入两条张紧的、可以对污泥进行过滤作用的滤带之间，通过滤带的挤压，把污泥层中的游离水挤压出来形成泥饼，从而实现污泥的脱水。

离心脱水机的原理是利用高速旋转的轮毂产生的离心力，使密度较大的污泥颗粒和水发生分离。

真空皮带脱水机也叫固定真空室式橡胶带式过滤机，包括间歇过滤和连续过滤。间歇过滤是用真空泵等机械产生过滤压力，间歇地交替进行生成滤饼、脱水和滤饼剥离等工序，适用于软少量污泥的处理。连续过滤是用真空泵等机械使装在旋转体内的滤材两侧产生过滤压差，连续地重复进行生成滤饼、脱水和滤饼剥离等工序，广泛适用于较大量污泥的处理，有不少过滤机种适用于难过滤污泥的连续处理。

13. 答：由于循环水系统排污水的含盐量很高，必须使用反渗透除盐系统。但反渗透装置对进水有严格的水质要求，因此还要设置完善的预处理系统，以去除对反渗透膜元件有污染的杂质，包括有机物、悬浮物、胶体、低溶解度的致垢盐类等。由于反渗透的预处理系统很复杂，所以目前循环水排水的回收处理难度较大，主要在于回用处理的系统庞大，建设费用和运行成本都比较高。

14. 答：（1）污水中含有大量的细菌和有机物，有可能在系统中形成生物黏泥；如果黏泥沉积在凝汽器铜管（或不锈钢管）的表面，除了影响换热效果外，还有可能引起金属表面的腐蚀。

（2）污水中氯离子浓度是否超过凝汽器管的耐受范围。

（3）氨氮的浓度。污水中发生的硝化反应会大幅度降低循环水的 pH 值，进而引起系统的腐蚀；氨氮是进行硝化反应的重要条件。

15. 答：原理：利用特殊的填料作为微生物的载体，利用填料表面生成的微生物膜，分解水中的有机物、去除氨氮；同时填料又可起到过滤的作用，可以滤除一部分悬浮物。

优点如下。

（1）滤池内微生物浓度大，活性高，处理负荷高，占地面积小。

（2）出水水质优，性能稳定；对氨氮有很好的去除效果。适用于火电厂 B/C 值较低的污水处理。

（3）运行灵活，管理方便。

（4）工艺流程简单，将 BOD 降解、硝化、反硝化集于一个处理单元内，不设二沉池，简化了工艺流程。

第六章　凝结水处理

一、选择题

1. D；2. B；3. C；4. A。

二、填空题

1. 凝结水精处理运行不正常；

2. 树脂粉末过滤器、电磁过滤器、线绕滤芯式过滤器；

3. 0.007%、0.000 5%；

4. 5μm；

5. 0.2MPa；

6. 50%～70%；

7. 0.6～0.99；

8. 150；

9. 10%～20%、还原剂；

10. 0.5。

三、问答题

1. 答：凝结水中所含的悬浊物大多是不可溶解的，如氧化铁、氢氧化铁等腐蚀产物。它们不能通过离子交换被除去。如果不对凝结水中的腐蚀产物进行处理，它们将被送往锅炉，并在热负荷高的部位沉积，生成铁垢，这将对炉管的传热和安全运行产生影响。所谓的凝结水过滤处理就是用过滤器设备对这些腐蚀产物进行过滤处理。

2. 答：一般在下列情况下应设置前置过滤器。

（1）因为机组调峰需要，要经常启停的直流锅炉或亚临界汽包锅炉。

（2）需要回收大量的疏水或凝结水。

（3）需要除掉悬浮物以避免阴树脂污染。

（4）为了延长混床的运行周期，对高 pH 值的凝结水进行除氨。

（5）在进行阴离子交换以前必须除掉凝结水中的阳离子，以避免阴树脂表面生成不溶解的氢氧化物。

（6）锅炉的补给水含有较大量的胶体硅或不能保证不发生凝汽器泄漏而冷却水中含有大量的胶体硅。

（7）凝结水混床所用的树脂机械强度差，且设计的流速过高。

3. 答：为了除去凝结水中的铁离子和胶体铁，在凝结水混床前串联一个阳树脂离子交换器叫做前置阳床过滤器。它所用的树脂应是耐热的（有时温度可达到 100℃）强酸型或弱酸型阳离子交换树脂。树脂的粒径为 0.3～1.2mm，并带有静电荷，对悬浮的物质具有过滤能力，对阳离子具有交换能力。使用前置阳床的主要目的是，除去凝结水中的铁和氨，延长凝结水混床的运行周期。它的除铁效率一般为 50%～70%。

4. 答：（1）残留树脂。从树脂与凝结水的平衡特性可以推知，在混床因失效将要推出运行前，树脂层的顶部达到了最大交换容量。为了使出水保持一定要求的纯度，树脂床的底部必须保持一定的钠交换容量。但是，这些树脂在进行体外再生进行传输树脂的过程中，不可能将 100% 的树脂全部都排出。有些已经失效的钠型树脂留在交换器中。

（2）再生度。阳树脂在再生时不能将树脂中的钠 100% 置换除去。

（3）交叉污染。树脂在分离时可能有部分阳树脂混入阴树脂中，部分阴树脂混入阳树脂中。在再生时形成交叉污染。

（4）使用的酸（通常是盐酸或硫酸）再生剂中含有钠离子，使阳树脂的再生水平下降。

（5）使用的碱（通常是氢氧化钠）再生剂中含有氯离子，使阴树脂的再生水平下降。

5. 答：无论冷却水是海水还是江河水或地下水，如果凝汽器发生泄漏时，大多表现为凝结水中的含钠量显著增高。这时凝结水除盐设备的主要目的是除去以钠离子为主要阳离子的各种盐。当然，在除去钠离子的同时，硬度成分被优先除去。

在凝汽器没有发生泄漏时，H 型阳树脂的失效主要是因为铵离子的穿透，而树脂的钠交换容量非常低。在凝汽器开始发生泄漏时，树脂的钠交换容量可显著提高。这时凝结水除盐设备可继续运行一段时间而出水水质没有明显变化。然而，一旦凝汽器泄漏停止，树脂的钠交换容量就降低，于是树脂就开始释放钠。另外，如果采用氨型阳树脂，由于 NH_4^+ 对 Na^+ 的选择系数比 H^+ 对 Na^+ 的选择系数低得多，也许在很短的时间内 NH_4-OH 型混床的出水就可能漏钠。如果分别将 H-OH 和 NH_4-OH 两种方式进行比较，凝汽器无论是短时间泄漏还是较长时间泄漏，氨型混床的出水水质都明显差。所以，在凝汽器发生泄漏时，凝结水混床应采用 H/OH 方式运行。

另外，如果凝结水混床前设置阳离子交换器用于除氨，在凝汽器发生泄漏时，可使凝结水混床的出水水质保证更长的运行时间，并使出水 Na^+ 漏量更低。但这时凝结水混床就更没有必要采用铵型运行。

四、计算题

1. 解：（1）理论上可除去氨：$\pi r^2 h \times 1.2 = 3.14 \times 1.7^2 \times 0.7 \times 1.2 \times 1000 = 7622$（mol）

（2）阳床的运行周期：$7622 \div (1190 \div 2 \times 24 \times 10^3 \times 88.98 \times 10^{-6}) = 6$（天）

2. 解：$RH + NH_4^+ = RNH_4 + H^+$

$$K_H^{NH_4} = \frac{[RNH_4] \times [H^+]}{[RH] \times [NH_4^+]} = \frac{\overline{x}_{NH_4} \times 10^{-pH}}{\overline{x}_H \times [NH_4^+]}$$

式中 $\overline{x}_{NH_4}$ 和 $\overline{x}_H$ 分别为树脂中 NH_4^+ 和 H^+ 的摩尔分率，并且 $\overline{x}_{NH_4} + \overline{x}_H \approx 1$（因为还有极少量的 $\overline{x}_{Na}$）。

已知 $K_H^{NH_4} = 3.0$，$\overline{x}_{NH_4} = 10\%$，凝结水混床刚投运初期 pH 应为 7.0 时，代入式中得

$$[NH_4^+] = \frac{\overline{x}_{NH_4} \times 10^{-pH}}{\overline{x}_H \times K_H^{NH_4}} = \frac{10\% \times 10^{-7}}{90\% \times 3.0} = 3.7 \times 10^{-9} \text{（mol/L）} = 0.063 \text{（}\mu g/L\text{）}$$

3. 解：$RNa + NH_4^+ = RNH_4 + Na^+$

$$K_{Na}^{NH_4} = \frac{[RNH_4] \times [Na^+]}{[RNa] \times [NH_4^+]}$$

由 $NH_3 \cdot H_2O = NH_4^+ + OH^-$ 可知 $[NH_4^+] \approx [OH^-] = 10^{-4.5}$

由于 $\dfrac{[RNa]}{[RNH_4]} = \dfrac{0.3\%}{1 - 0.3\%}$

$$K_{Na}^{NH_4} = 1.6$$

将以上数据代入式中后整理得

$$[Na^+] = \frac{0.3\% \times 10^{-4.5} \times 1.6}{(1 - 0.3\%)} = 1.52 \times 10^{-7} \text{（mol/L）} = 3.5 \text{（}\mu g/L\text{）}$$

第七章　锅炉给水处理

一、选择题

1. B；2. D；3. B。

二、填空题

1. AVT (R)；

2. AVT (O)；

3. OT；

4. 8.8~9.3、9.0；

5. 7μg/L、还原性；

6. 腐蚀速率；

7. TOC、氯离子。

三、问答题

1. 答：（1）根据材质选择给水处理方式。除凝汽器外，水汽系统不含铜合金材料，首选 AVT (O)；如果有凝结水精处理设备并正常运行，最好通过试验后采用 OT。

除凝汽器外，水汽系统含铜合金材料，首选 AVT (R)；也可通过试验，确认给水的含铜量不超标后采用 AVT (O)。

（2）根据给水水质选择不同的处理方式。给水的氢电导率无法保证，首选 AVT (R)；给水的氢电导率长期保持在 0.3μS/cm 以下可选 AVT (O)；给水的氢电导率长期保持在 0.15μS/cm 以下可通过试验选择 OT。

（3）根据机组的运行状况选择不同的处理方式。如果机组因负荷需求经常启停，或机组本身不能长期稳定运行，最好选择 AVT (R)。

2. 答：为了减轻或防止锅炉给水对金属材料的腐蚀，减少随给水带入锅炉的腐蚀产物和其他杂质，防止因采用给水减温引起混合式过热器、再热器和汽轮机积盐。

3. 答：（1）因为给水采用加氨处理，氨对电导率的影响远大于杂质的影响。

（2）由于氨在水中存在以下的电离平衡：$NH_3 \cdot H_2O \rightleftharpoons NH_4^+ + OH^-$，经过 H 型离子交换后可除去 NH_4^+，并生成等量的 H^+，H^+ 与 OH^- 结合生成 H_2O。由于水样中所有的阳离子都转化 H^+，而阴离子不变，即水样中除 OH^- 以外，各种阴离子是以对应的酸的形式存在，是衡量除 OH^- 以外的所有阴离子的综合指标，其值越小说明其阴离子含量越低。

4. 答：给水处理是指向给水加入水处理药剂，改变水的成分及其化学特性，如 pH 值、氧化还原电位等，以降低给水系统的各种金属的综合腐蚀速率。相比较而言，金属在纯净的中性水中的腐蚀速率往往比在弱碱性的水中高。所以，几乎所有的锅炉给水都采用弱碱性处理。

四、计算题

解：对于锅炉给水，由于氯离子浓度很低，可以近似按无限稀释的理论值计算。由于经过氢交换柱后水中的所有阳离子都转化为 H^+，这时水中只有盐酸和水本身电离的 H^+ 和 OH^- 对电导率有贡献。盐酸电离出的 H^+ 与 Cl^- 浓度相等，并对水的电离有抑制作用。水电离出的 H^+ 与 OH^- 浓度相等，即 $[H^+] = [OH^-] + [Cl^-]$。

$$H_2O = H^+ + OH^-$$

根据题意
$$([OH^-] + [Cl^-]) \times ([OH^-]) = K_w \tag{1}$$

$$350\,000[H^+] + 198\,000[OH^-] + 76\,340[Cl^-] = 0.2 \tag{2}$$

即
$$350\,000\frac{K_w}{[OH^-]} + 198\,000[OH^-] + 76\,340[Cl^-] = 0.2 \tag{3}$$

化简为
$$121\,660[OH^-]^2 - 0.2[OH^-] + 426\,340K_w = 0$$

解方程得 $\qquad$ $[OH^-]=2.16\times10^{-8}$，代入式中得

$\qquad\qquad\qquad\qquad[Cl^-]=4.41\ (\times10^{-7}mol/L)$

即 $\qquad\qquad\qquad\qquad[\ Cl^-]=15.7\ (\mu g/L)$

第八章 锅炉炉水处理

一、选择题

1. C；2. D。

二、填空题

1. 磷酸盐处理、氢氧化钠处理、全挥发处理；

2. 给水的硬度、炉水处理；

3. 硅化合物、铝化合物、氧化物、胶体硅；

4. 19.3；

5. 1mg/L；

6. 0.3%。

三、问答题

1. 答：（1）减少给水、炉水的含铁量。除了对炉水进行适当的排污外，主要是防止给水系统发生运行腐蚀和停用腐蚀，以减少给水的含铁量。

（2）减少组成给水的各部分水中的含铁量。除了对补给水、凝结水进行把关外，还应重点监控疏水和生产返回凝结水。

（3）防止锅炉局部热负荷过高或水循环不良，使炉水中的氧化铁蒸干并发生沉积。

2. 答：（1）减少进入给水中杂质的含量。制备高纯度的补给水，彻底除去水中的各种容易结垢的杂质。防止凝汽器管发生腐蚀泄漏，并及时查漏堵漏。对于生产返回的凝结水、疏水必须严格控制，必要时也要进行相应软化或除盐处理，有时还要进行除油、除铁处理。

（2）防止水、汽系统发生腐蚀，尽量减少给水铜、铁含量。采用的方法有：高压给水系统采用除氧、加氨水的方法防止铁腐蚀；低压给水系统如果加热器含铜合金时，加联氨和氨水的方法防止铜腐蚀，不含铜合金时也可以不加联氨，但必须加氨水调节 pH 值。凝汽器管为铜管时，空抽区选用镍铜管防止氨腐蚀。此外，在机组启动过程中，要加强水、汽质量监督，对不合格的水质要及时排放或换水。

（3）采用适当的炉水处理方法。汽包锅炉炉水采用磷酸盐处理之所以应用广泛，就是因为这种方法能将钙镁杂质生成水渣，通过连续排污排出，能有效防止锅炉结钙镁水垢。但是要注意，若磷酸盐过量或使用不当，容易发生隐藏现象并生成磷酸盐铁垢。

3. 答：（1）加强锅炉的排污。

（2）在低负荷、短时间向炉水中加入络合剂（如氨水等），使炉水中的铜离子形成稳定的络合物，并使部分铜垢溶解，利用排污除去。凝汽器为黄铜管时应注意氨腐蚀。

（3）减少给水的铜含量。应从防止凝结水系统和给水系统含铜设备的腐蚀着手。对于凝结水系统，如凝汽器管采用耐氨腐蚀的管材或空抽区采用镍铜合金的管材。有条件时应对凝结水进行精处理。对于给水系统，如果含有铜合金材料，应采用给水 AVT（R）处理方式，使铜的腐蚀量最小。

4. 答：（1）可消除炉水中的硬度。

（2）提高杂质对炉管腐蚀的抵抗能力。对炉水进行磷酸盐处理可维持炉水的 pH 值，提高炉水的缓冲能力，即提高杂质对炉管腐蚀的抵抗能力。当凝汽器泄漏而又没有凝结水精处理时，或有精处理设备但运行不正常时，或补给水中含有机物时，都可能引起炉水 pH 值下降。这时采用磷酸盐处理的炉水，其缓冲能力要比其他处理方式强。

（3）减缓水冷壁的结垢速率。在三种炉水处理方式中，采用炉水磷酸盐处理，锅炉的结垢速率要低些。

（4）改善蒸汽品质，改善汽轮机沉积物的化学性质，减缓汽轮机酸性腐蚀。

5. 答：（1）改变炉水的钠磷摩尔比。通常是将钠磷摩尔比提高到 3.0～4.0。

（2）改善锅炉的运行工况。

1）改善燃烧工况，使炉膛内各部分的炉管受热均匀；防止炉膛结渣，避免局部热负荷过高。

2）改善锅炉水的流动工况，以保证水循环正常进行。

6. 答：确定锅炉在不同运行工况下的汽、水品质变化规律，考查锅炉内部汽、水分离装置的工作效能，在保证蒸汽质量的前提下确定锅炉在不同参数下的炉水水质，确定能保证蒸汽品质合格的最佳排污量，确定给水溶解氧合格时除氧器排气门的最小开度，以达到节能降耗的目的。

四、计算题

1. 解：按照 DL/T 805.2—2004 的要求，应使用分析纯的磷酸三钠，即 $\varepsilon \approx 100\%$

$$Q_{LI} = \frac{1}{0.25} \times \frac{1}{\varepsilon} \times \frac{1}{1000} \times V_G \ (S_{LI} + 28.36H)$$

$$= \frac{1}{0.25} \times \frac{1}{100\%} \times \frac{1}{1000} \times 124.4 \ (3 + 28.36 \times 0.2)$$

$$= 4.3 \ (kg)$$

2. 解：$Y_{LI} = \frac{1}{0.25} \times \frac{1}{\varepsilon} \times \frac{1}{1000} \times \ (28.36HW_{GE} + W_P S_{LI})$

$$= \frac{1}{0.25} \times \frac{1}{100\%} \times \frac{1}{1000} \times \ (28.36 \times 0.2 \times 10^{-3} \times 1025 + 3 \times 2)$$

$$= 0.047 \ (kg/h)$$

第九章 蒸汽系统的积盐

问答题

1. 答：（1）给水水质。在正常设计中，最大喷水量为给水流量的 3%～5%。如果给水水质较差，给水在过热蒸汽中被完全蒸干的过程中，盐类就可能析出。

（2）机械携带。汽包的汽、水分离效果差，产生机械携带，会引起过热器的积盐。

（3）溶解携带。蒸汽有溶解携带各种杂质的能力。压力越高溶解携带杂质的能力就越强。当蒸汽经过过热器降压后，有些盐类可能会因超过其溶解度而析出。

2. 答：（1）保证给水质量：对于采用喷水减温的锅炉，应保证给水质量与蒸汽标准所规定的各项化学指标相当。

（2）使锅炉处于最佳运行工况，减少杂质的机械携带。

（3）控制适当的锅炉排污。汽包锅炉的排污率不得小于 0.3%。

（4）根据锅炉运行特性和给水水质选用合理的炉水处理方式。

3. 答：锅炉在相同的运行工况下，不同的炉水处理方式对蒸汽品质的影响很大。

（1）汽包运行压力超过 19.3MPa 时不应采用磷酸盐处理。这时最好应改为全挥发处理。

（2）如果锅炉给水的含硅量较大，二氧化硅可能是污染蒸汽的主要杂质。为了减少蒸汽溶解携带分子态 SiO_2 的含量，炉水不宜全挥发处理。建议炉水采用磷酸盐处理或氢氧化钠处理。

（3）如果炉水磷酸盐隐藏现象严重，炉水宜采用低磷酸盐、平衡磷酸盐或全挥发处理。

4. 答：按一般规则，盐、酸和碱在炉水中的离子化程度总是随温度的升高而降低。不带电的非离子化物质更容易进入蒸汽中。因此，只要可形成不带电的物质，它们总是成为从炉水向蒸汽中携带的主要路径。如炉水采用磷酸盐处理时，蒸汽主要以磷酸分子溶解携带；采用氢氧化钠处理时，蒸汽主要以钠与氢氧根 1:1 的比例溶解携带；采用全挥发处理时蒸汽主要以氨分子溶解携带。

5. 答：如果给水含有微量氯离子并采用加氨处理，所以炉水中存在 NH_4Cl 和 HCl 的混合物。通常氯离子是以 HCl 和 NH_4Cl 的形式同时被溶解携带到蒸汽中去，两者的比例取决于炉水的 pH 值和温度。在 AVT 工况下，高温炉水的 pH 值很低，蒸汽主要以 HCl 的形式的溶解携带氯离子。如果炉水采用磷酸盐或氢氧化钠处理，由于这两种物质在高温炉水中仍然有较强的碱性，所以炉水中 HCl 浓度减少，NH_4Cl 浓度增加，蒸汽溶解携带氯离子的途径就以 NH_4Cl 形式为主。

6. 答：在 OT 工况下对炉水中铜的携带影响较大，因为它能将金属铜和低价 Cu_2O 氧化成 Cu^{2+} 的化合物。$Cu(OH)_2$ 是铜化合物中挥发性最大的。这就增加了铜向蒸汽中的转移。因此，除凝汽器外，有铜合金材料的机组给水不宜采用 OT，否则会使蒸汽含铜量增高，并会使汽轮机结铜垢，严重时影响汽轮机的安全和出力。

第十章　发电机内冷却水处理

一、选择题

1. D；2. B；3. B；4. D。

二、填空题

1. 8.5 左右；

2. 凝结水、冷却水；

3. 补充水率、旁路处理；

4. 0.2～0.3mg/L；

5. 9.0；

6. 通水面积；

7. 电阻率、材质、方向、流量、内充液、温度。

三、问答题

1. 答：（1）由于内冷却水的铜离子超过了它的溶解度，而产生氧化铜或氢氧化铜的沉淀。

（2）氧化铜脱落重新溶解。如果内冷却水的溶解氧含量由高降低后，部分高价氧化铜会转换成为低价氧化铜。由于低价氧化铜的溶解度很低，很容易形成过饱和而产生沉淀。

（3）金属铜的沉积。采用水—氢—氢冷却方式，发电机向冷却水箱漏氢气，将氧化铜还原成金属铜。

2. 答：（1）使用高阻抗的测量仪表。

（2）测量池材质选用不锈钢材料制作，测量池可靠接地，防止在电极上会产生静电干扰信号。

（3）电极布置方向为并联布置。

（4）控制水样流量为 100～200mL/min。水样流量过大，会造成流动电势增加。水样流量过小，测量又存在滞后现象。

（5）将参比电极内充液的液位灌注至最高，使参比电极内充液和水保持畅通，可有效保持参比电极低电阻，达到稳定测量的目的。在线 pH 表可采用高位瓶法解决此问题。

（6）冷却至 25℃测量。水样温度不同，水的电离常数也不同，因而测出的 pH 值不同。

四、计算题

解：（1）$pH_{25℃} = pH_t + C_f (25-t) = 6.6 - 0.031 \times (25-40) \approx 7.1$

所以，pH 合格。

（2）$pH_{25℃} = pH_t + C_f (25-t) = 7.2 - 0.031 \times (25-15) \approx 6.9$

所以，pH 不合格。